Leila Akremi · Nina Baur · Sabine Fromm (Hrsg.)

Datenanalyse mit SPSS für Fortgeschrittene 1

Leila Akremi · Nina Baur
Sabine Fromm (Hrsg.)

Datenanalyse mit SPSS für Fortgeschrittene 1

Datenaufbereitung und
uni- und bivariate Statistik

3., überarbeitete
und erweiterte Auflage

VS VERLAG

Bibliografische Information der Deutschen Nationalbibliothek
Die Deutsche Nationalbibliothek verzeichnet diese Publikation in der
Deutschen Nationalbibliografie; detaillierte bibliografische Daten sind im Internet über
<http://dnb.d-nb.de> abrufbar.

1. Auflage 2004
2. Auflage 2008
3., überarbeitete und erweiterte Auflage 2011

Lektorat: Frank Engelhardt

VS Verlag für Sozialwissenschaften ist eine Marke von Springer Fachmedien.
Springer Fachmedien ist Teil der Fachverlagsgruppe Springer Science+Business Media.
www.vs-verlag.de

Umschlaggestaltung: KünkelLopka Medienentwicklung, Heidelberg
Druck und buchbinderische Verarbeitung: MercedesDruck, Berlin
Gedruckt auf säurefreiem und chlorfrei gebleichtem Papier
Printed in Germany

ISBN 978-3-531-17015-2

Inhalt

Vorwort:
Zur Benutzung dieses Buches

Leila Akremi, Nina Baur und Sabine Fromm

In vielen sozialwissenschaftlichen Studiengängen erwerben Studierende in den ersten Studiensemestern jeweils gesondert Kenntnisse in Wissenschaftstheorie, Methoden der empirischen Sozialforschung, in Statistik, in soziologischer Theorie, in den speziellen Soziologien und im Umgang mit diversen Programmpaketen. Diese Wissensgebiete und Kenntnisse im Forschungsprozess zu integrieren, ist eine schwierige Aufgabe. In diesem Buch fokussieren wir den Bereich der quantitativen Datenanalyse, indem wir zeigen, wie sich konkrete empirische Fragestellungen in statistische Auswertungsstrategien umsetzen lassen, und diskutieren dabei typische Probleme, die in diesem Prozess auftreten.

Wir wenden uns mit diesem Buch an Interessierte, die über Vorkenntnisse in Statistik, Methodenlehre und Wissenschaftstheorie verfügen und Grundlagen im Umgang mit SPSS[1] – oder einer anderen Statistiksoftware – erworben haben, aber noch kaum Erfahrung mit der eigenständigen Umsetzung von Forschungsfragen im Prozess der Datenanalyse besitzen. Am Ende des Vorworts nennen und kommentieren wir Literatur, die geeignet ist, etwaige Lücken in den genannten Wissensbereichen zu schließen. Diese Grundkenntnisse setzen wir voraus. Zudem schlagen wir in jedem Kapitel weiterführende Literatur vor.

In der Darstellung konzentrieren wir uns darauf, wie statistische, methodische und wissenschaftstheoretische Fragen im Forschungsprozess berücksichtigt und umgesetzt werden sollten. Dabei sollten die hier dargestellten Lösungen nicht als einzig richtige, universell anwendbare Standardrezepte gesehen werden. Sich Lösungsmuster anzueignen, erleichtert zwar den Einstieg in die Auswertung, kann aber nur ein erster Schritt zur Entwicklung eigener Auswertungsstrategien sein.

Ebenso wenig wie an Anfänger ohne Vorkenntnisse richtet sich dieses Lehrbuch an Profis mit langer Forschungserfahrung: Statt alle Auswertungsmöglichkeiten darzustellen, beschränken wir uns zunächst auf die leicht begreifbaren, um Studieren-

---

[1] SPSS („Statistical Package for the Social Sciences") kam 1968 erstmals auf den Markt und ist heute neben Stata und R eines der am weitesten verbreiteten Statistikpakete für die sozialwissenschaftliche Datenanalyse. 2009 wurde die Firma SPSS von IBM aufgekauft, das Programm wurde in PASW („Predictive Analytics SoftWare") umbenannt. Seit 2010 heißt das Programm wieder SPSS bzw. IBM SPSS Statistics.

den den Einstieg zu erleichtern. Nur Besonderheiten, die üblicherweise in der Methodenliteratur vernachlässigt werden, diskutieren wir ausführlicher. Dieses Buch soll Studierenden der Soziologie und anderen Interessierten dabei helfen zu lernen, wie man mit realen Daten (also auch mit entsprechenden Mängeln) Schritt für Schritt eine Forschungsfrage bearbeitet. Dabei werden die Studierenden bewusst mit den realen Problemen des Forschungsprozesses von der Dateneingabe bis zur Präsentation der Ergebnisse konfrontiert. Die Daten, auf die wir uns beziehen, haben – soweit in den einzelnen Kapiteln nicht ausdrücklich genannt – Soziologie-Studierende an der Otto-Friedrich-Universität Bamberg im Rahmen des Soziologischen Forschungspraktikums (unter Leitung von Gerhard Schulze und Daniela Watzinger) erhoben. Alle Datensätze finden sich auf der Webseite des VS-Verlags (www.vs-verlag.de; siehe auch die Übersicht in *Tabelle 1*).

Die Verwendung realer, nicht für didaktische Zwecke erhobener oder aufbereiteter Daten bedeutet aber auch, dass häufig Kompromisse eingegangen werden müssen: Die Ergebnisse sind fast nie eindeutig, Anwendungsvoraussetzungen werden teilweise verletzt usw. Dies ist durchaus beabsichtigt: Solche Probleme treten in jedem realen Forschungsprozess auf, und es ist Aufgabe der Methodenausbildung, sie zu erkennen, zu benennen und Strategien im Umgang mit ihnen zu erlernen. Die kritische Auseinandersetzung mit den Daten zu üben, ist Teil des Arbeitsprogramms.

Alle Operationen mit SPSS wurden per Syntax (und nicht über das Menü) erstellt. Diese Vorgehensweise wollen wir dringend empfehlen: Einerseits entsteht so eine lückenlose Dokumentation des eigenen Vorgehens, was insbesondere in Hinblick auf Datentransformationen etc. unabdingbar ist. Andererseits ist die Arbeit mit der Syntax wesentlich effizienter. Häufig durchzuführende Operationen können

Tabelle 1: Übersicht über die verwendeten Datensätze

Name des Datensatzes	Erhebungs-zeitraum	Thema	Stichpro-benumfang
leblauf.sav	Frühjahr 1992	Lebensläufe im Wandel. Vergleich dreier Geburtskohorten hinsichtlich Ausbildung, Familienverlauf, Freizeit, Einstellungen.	333
sozfoprakt2000.sav	Frühjahr 2000	Berufsausbildung und Arbeit bei jungen Erwachsenen. Lebensläufe und Institutionen im Wandel.	161
Rohdaten_FoPra_2000-2001.sav Datensatz_FoPra_2000-2001.sav	Frühjahr 2001	Lebensraum Stadt und seine Gestaltung. Städtevergleich Bamberg, Erlangen, Forchheim, Nürnberg	493
Datensatz_FoPra_2001-2002.sav	Frühjahr 2002	Lebensraum Stadt und seine Gestaltung II in Bamberg	450

so weitgehend automatisiert werden. Die Notation der Befehlssyntax folgt derjenigen des SPSS-Syntax Guide: Feststehende Elemente eines Befehls werden in GROSSBUCHSTABEN dokumentiert, variable Bestandteile in kleinbuchstaben. Runde Klammern () kennzeichnen notwendige Elemente des Befehls, eckige Klammern [] zeigen optionale Befehlselemente an.

Zwei Möglichkeiten bieten sich nun an, dieses Buch zu nutzen. Die erste ist die „herkömmliche": Sie können die Kapitel lesen, die Sie interessieren. In der Einleitung diskutieren wir einige Aspekte des Verhältnisses von Soziologie und Statistik. Teil I befasst sich mit Problemen der Datensatzerstellung und Datenbereinigung und der Konstruktion neuer Variablen. Außerdem geben wir Hinweise auf nützliche Software und Datenquellen.[2] Im zweiten Teil erläutern wir, wie im Rahmen der beschreibenden Statistik (auch: deskriptive Statistik) spezifisch sozialwissenschaftliche Fragestellungen in statistische Auswertungskonzepte umgesetzt werden. Der Schwerpunkt dieses Bandes liegt dabei auf der uni- und bivariaten Statistik, dem in den Sozialwissenschaften bedeutsamen Ordinalskalenproblem sowie dem Umgang mit Drittvariablen.[3] Im dritten Teil werden wichtige Konzepte und Probleme der schließenden Statistik (auch: induktive bzw. Inferenzstatistik) erläutert: Was muss man beim Testen statistischer Hypothesen bzw. dem Schätzen von Konfidenzintervallen beachten? Der vierte Teil schließlich widmet sich der Ergebnispräsentation – der Gestaltung von Tabellen und Grafiken sowie von Powerpoint-Präsentationen.

Wir empfehlen allerdings eine andere Vorgehensweise: Wir haben dieses Buch in Zusammenhang mit unserer Lehrtätigkeit als einsemestrigen Kurs konzipiert und erprobt. Das Gerüst dieses Kurses bildet eine Reihe von Aufgaben, die jeweils andere Analyseprobleme zum Inhalt haben. Für jede Woche des Semesters soll eine variierende Anzahl dieser Aufgaben unter Heranziehung der einschlägigen Kapitel des Buches und weiterführender Literatur bearbeitet werden. Zu jeder Aufgabe existieren ausführliche Musterlösungen. Somit eignet sich der Kurs sowohl zum Einsatz in der Lehre wie auch zum Selbststudium. Die Aufgaben sind ausgerichtet auf die inhaltlichen Themen „Mobilität im städtischen Raum" sowie „Soziales Engagement. Freiwillige Vereinigungen und Bürgerbeteiligung in Bamberg."

---

[2] In der zweiten Auflage war in diesem Teil ein Kapitel zur Skriptprogrammierung in SPSS enthalten. Da sich durch den Eigentümerwechsel der Software in den vergangenen Jahren mit jeder Lizenz die Skriptsprache geändert hat, ist die Wahrscheinlichkeit groß, dass dieses Kapitel beim Erscheinen dieses dritten Bandes trotz Änderungen bereits veraltet wäre, weshalb wir uns entschieden haben, abzuwarten, bis sich IBM für eine entgültige Lösung bzgl. der Skriptorgrammierung entschieden hat und den Beitrag zumindest für diese Auflage wegzulassen.

[3] Band 2 (*Fromm* 2010) führt dann in ausgewählte multivariate Verfahren ein. Hierzu gehören Verfahren der Dimensionsanalyse (Faktoren- und Reliabilitätsanalyse, Korrespondenzanalyse), der Typenbildung (Clusteranalyse) sowie der Kausalanalyse (Varianzanalyse, multiple lineare und logistische Regressionsanalyse, Diskriminanzanalyse).

Die Zusatzmaterialien auf der Webseite des VS-Verlags (www.vs-verlag.de) enthalten neben den Aufgaben und Musterlösungen auch einen Vorschlag für einen Arbeitsplan für einen Kurs im Umfang von 2 SWS bzw. 2 LP nach ECTS. Dieser sieht vor, dass die Studierenden entweder parallel zu diesem Kurs eine Statistikvorlesung besuchen oder bereits in der vorlesungsfreien Zeit die in den vorherigen Semestern erworbenen Statistikkenntnisse wiederholen und vertiefen, so dass sofort in der ersten Vorlesungswoche neuer Stoff besprochen werden kann. Während des Semesters treffen sich die Studierenden wöchentlich für zwei Stunden mit dem Kursleiter in einem CIP-Pool. Der Arbeitsplan sieht vor, dass der Kursleiter zunächst in ein neues Thema einführt, und die Studierenden dann die dazugehörenden Aufgaben selbständig am PC lösen. Alternativ lässt sich das Programm selbstverständlich über zwei Semester strecken oder als Kompaktkurs von zwei bis vier Tagen durchführen. Am Ende des Kurses sind Studierende in der Lage, Kreuztabellen und bivariate Maße zu berechnen und ihre Ergebnisse zu präsentieren. Band 2 ist als Aufbaukurs gedacht und widmet sich multivariaten Verfahren. Das Kursprogramm hat sich in den vergangenen zehn Jahren in Bamberg, Eichstätt und Berlin bewährt – für Verbesserungshinweise sind wir dankbar.

Berlin & Göttingen, August 2010   Leila Akremi, Nina Baur, Sabine Fromm

Einführungstexte: Wissenschaftstheorie
Behnke und *Behnke* (2006) richten sich an Studienanfänger und andere Personen, die sich noch nie mit Wissenschaftstheorie beschäftigt haben. *Chalmers* (2007) bietet eine leicht verständliche, dabei aber umfassende und systematische Einführung in die Wissenschaftstheorie. Sein Schwerpunkt liegt zwar auf der Wissenschaftstheorie der Naturwissenschaften, doch ist eine Auseinandersetzung mit diesen Positionen gerade auch für Sozialwissenschaftler wichtig. Rezensenten beklagen allerdings die Mängel der deutschen Übersetzung. Eine sehr gute, kritische und leicht verständliche Einführung in zentrale Themen der sozialwissenschaftlichen Methodologie findet sich bei *Opp* (2005). Die mehrbändige Einführung in die Wissenschaftstheorie von *Seiffert* (1969 ff.) ist nach Themen und Disziplinen gegliedert und behandelt u. a. Sprachanalyse, geisteswissenschaftliche Methoden, Handlungs- und Systemtheorie. Band 4 der Reihe ist ein Wörterbuch der Wissenschaftstheorie. Eine sehr verbreitete und gute Einführung in die Wissenschaftstheorie ist das relativ knappe Buch von *Ströker* (1992). Weiterführende Darstellungen zum Verhältnis von Wissenschaftstheorie und Soziologie, zur Soziologie der Forschung und zum Verhältnis von Daten und Theorie sind auf Anfrage erhältlich bei *Schulze* (www.gerhardschulze.de/).

Behnke, Joachim/*Behnke*, Nathalie (2006): Grundlagen der statistischen Datenanalyse. Eine Einführung für Politikwissenschaftler. Wiesbaden: VS-Verlag
Chalmers, Alan F. (2007): Wege der Wissenschaft. Einführung in die Wissenschaftstheorie, 6. verb. Auflage, Berlin u. Heidelberg: Springer Verlag
Opp, Karl-Dieter (2005): Einführung in die Methodologie der Sozialwissenschaften. Eine Einführung in Probleme ihrer Theoriebildung und praktische Anwendung, 6. Auflage, Wiesbaden: VS-Verlag für Sozialwissenschaften.
Seiffert, Helmut (1969 ff.): Einführung in die Wissenschaftstheorie. 4. Bde. München: Beck (zahlreiche überarbeitete u. erweiterte Auflagen)
Stegmüller, Wolfgang (1973 ff.): Probleme und Resultate der Wissenschaftstheorie und analytischen Philosophie. Berlin u. a.: Springer
Ströker, Elisabeth (1992): Einführung in die Wissenschaftstheorie, 4. Auflage, Darmstadt: Wissenschaftliche Buchgesellschaft

Einführungstexte: Methoden der empirischen Sozialforschung
Alemann (1984), *Behnke* et al. (2010), *Bortz* und *Döring* (2006), *Diekmann* (2007), *Friedrichs* (2006), *Kromrey* (2009), *Häder* (2010) sowie *Schnell* et al. (2008) bieten gut verständliche Einführungen in wichtige Themen der Methoden der (quantitativ orientierten) empirischen Sozialforschung und Wissenschaftstheorie. Sie erörtern ausführlich die Phasen des Forschungsprozesses. Diekmann (Hg.) (2006) gibt einen Überblick über aktuelle Debatten in der deutschen quantitativ orientierten Methodenforschung.

Alemann, Heine von (1984[2]): Der Forschungsprozess. Einführung in die Praxis der empirischen Sozialforschung. Studienskripten zur Soziologie, Bd. 30. Teubner Verlag: Stuttgart
Bortz, Jürgen/*Döring*, Nicola (2006): Forschungsmethoden und Evaluation für Human- und Sozialwissenschaftler. Berlin/Heidelberg: Springer
Behnke, Joachim/*Behnke*, Nathalie/*Baur*, Nina (2010): Empirische Methoden der Politikwissenschaft. Paderborn: Ferdinand Schöningh
Diekmann, Andreas (Hg.) (2006): Methoden der Sozialforschung. Sonderheft 44 der KZfSS. Wiesbaden: VS-Verlag
Diekmann, Andreas (2007): Empirische Sozialforschung. Grundlagen, Methoden, Anwendungen. Reinbek: Rowohlt
Friedrichs, Jürgen (2006): Methoden empirischer Sozialforschung. Wiesbaden: VS-Verlag
Kromrey, Helmut (2009): Empirische Sozialforschung. Stuttgart: UTB
Häder, Michael (2010): Empirische Sozialforschung. Wiesbaden: VS-Verlag
Schnell, Rainer/*Hill*, Paul B./*Esser*, Elke (2008): Methoden der empirischen Sozialforschung. München: Oldenbourg

Einführungstexte: SPSS für Windows
Angele (2010) sowie *Wittenberg* und *Cramer* (2003) schreiben für Einsteiger, die noch nie mit Statistik-Programmpaketen zu tun hatten. *Angele* (2010) konzentriert sich auf die wichtigsten Konzepte und gibt einen schnellen Überblick. *Wittenberg* und *Cramer* (2003) stellen einzelne Aspekte von SPSS ausführlicher dar und gehen auf Vieles ein, was in anderen Büchern nicht erklärt wird. Den Syntax-Guide von SPSS finden Sie im Menü „Hilfe" von SPSS. Dort sind alle Befehle, über die SPSS verfügt, aufgeführt und erklärt.

Angele, German (2010): SPSS Statistics 18 (IBM SPSS Statistics 18). Eine Einführung. Bamberg: Schriftenreihe des Rechenzentrums der Otto-Friedrich-Universität Bamberg. http://www.uni-bamberg.de/fileadmin/uni/service/rechenzentrum/serversysteme/dateien/spss/skript.pdf

SPSS Inc. (2009): PASW Statistics 18 Command Syntax Reference Guide

Wittenberg, Reinhard/*Cramer*, Hans (2003): Datenanalyse mit SPSS für Windows. Stuttgart: Lucius & Lucius

Einführungstexte: Deskriptive uni- und bivariate Statistik
Krämer (2010) schreibt für diejenigen, die mit Mathematik und Statistik schon immer auf Kriegsfuß standen. Er erklärt die wichtigsten Konzepte der Statistik, damit weiterführende Literatur nicht wie ein Buch mit sieben Siegeln erscheint. Bei allen anderen angeführten Titel handelt es sich um grundlegende Einführungen in die uni- und bivariate Statistik, die auch die Berechnung der Konzepte erläutern.

Behnke, Joachim/*Behnke*, Nathalie (2006): Grundlagen der statistischen Datenanalyse. Eine Einführung für Politikwissenschaftler. Wiesbaden: VS-Verlag
Benninghaus, Hans (2007): Deskriptive Statistik. Eine Einführung für Sozialwissenschaftler. Wiesbaden: VS-Verlag
Bortz, Jürgen (2005): Statistik für Human- und Sozialwissenschaftler. Berlin/Heidelberg: Springer
Diaz-Bone, Rainer (2006): Statistik für Soziologen. Konstanz: UVK
Field, Andy (2009): Discovering Statistics Using SPSS. London et al.: Sage
Jann, Ben (2005): Einführung in die Statistik. München/Wien: R. Oldenbourg Verlag. S. 1-98
Krämer, Walter (2010): Statistik verstehen. Eine Gebrauchsanweisung. München/Zürich: Piper
Kühnel, Steffen M./*Krebs*, Dagmar (2007): Statistik für die Sozialwissenschaften. Grundlagen – Methoden – Anwendungen. Reinbek: Rowohlt

Einführungstexte: Schließende Statistik
Beck-Bornholdt und *Dubben* (2006, 2003) erläutern anhand alltäglicher Beispiele die Grundlagen der schließenden Statistik sowie typische Denkfehler im Umgang mit ihr. *Behnke* und *Behnke* (2006) erklären, wie Signifikanztests konstruiert sind und wie man grundsätzlich beim Testen vorgehen sollte. Murphy und Myors (2009) zeigen, wie man Power-Analysen macht. In Kanji (2006) finden sich 100 verschiedene Tests.

Beck-Bornholdt, Hans-Peter/*Dubben*, Hans-Hermann (2006): Der Hund, der Eier legt. Erkennen von Fehlinformationen durch Querdenken. Reinbek: Rowohlt
Beck-Bornholdt, Hans-Peter/*Dubben*, Hans-Hermann (2003): Der Schein der Weisen. Irrtümer und Fehlurteile im täglichen Denken. Reinbek: Rowohlt
Behnke, Joachim/*Behnke*, Nathalie (2006): Grundlagen der statistischen Datenanalyse. Eine Einführung für Politikwissenschaftler. Wiesbaden: VS-Verlag
Kanji, Gopal K. (2006) 100 Statistical Tests. London et al.: Sage
Murphy, Kevin R./*Myors*, Brett/Wolach, Allen (2009): Statistical Power Analysis: A Simple and General Model for Traditional and Modern Hypothesis Tests, Third Edition. New York [u.a.]: Routledge

Einführungstexte: Multivariate Verfahren
Nicht in diesem Band, sondern in Band 2 (Fromm 2010) werden die auf der uni- und bivariaten Statistik aufbauenden multivariaten Verfahren behandelt. Baur und Lamnek (2007) systematisieren multivariate Verfahren. Bortz (2005) Clauß et al. (2004), und Fahrmeir et al. (1996) sind speziell an Sozialwissenschaftler gerichtet. *Hartung* et al. (2009) und *Hartung* und *Elpelt* (2007) decken fundiert die meisten statistischen Verfahren ab. Die Bücher eignen sich also für diejenigen, die es gerne genauer wissen. Eine Alternative hierzu sind die Bücher aus der Reihe „Quantitative Applications in the Social Sciences", die im Sage-Verlag erscheint: Jedes Buch führt in ein einziges statistisches Verfahren ein. Auf jeweils 80 bis 120 Seiten werden anschaulich, leicht verständlich und mit vielen Beispielen Fragestellungen, Probleme und Konzepte des Verfahrens dargestellt. Einen Überblick über den State of the Art der statistischen Forschung bieten *Salkind* (Hg.) (2006) sowie *Scott* und *Xie* (Hg.) (2005). In den Wirtschaftswissenschaften wird „Statistik" oft unter dem Stichwort „Ökonometrie" gehandelt. Eine Einführung bietet z. B. *Hackl* (2008). *Backhaus* et al. (2008) und Fromm (Hg.) (2010) geben einen Überblick über eine große Bandbreite multivariater Analyseverfahren mit SPSS. Sie beschränken sich dabei auf die Syntax-Befehle. Jeder Autor erklärt auf knapp 50 Seiten die Grundlagen eines statistischen Verfahrens und seine Umsetzung mit SPSS. *Brosius* (2008) ist dagegen für diejenigen geeignet, die das Menü bevorzugen.

Backhaus, Klaus/*Bernd* Erichson/*Wulff* Plinke/*Rolf* Weiber (2008): Multivariate Analysemethoden. Berlin: Springer-Verlag
Baur, Nina/*Lamnek*, Siegfried (2007): Multivariate Analysis. In: *Ritzer*, George (Hg.) (2007): Encyclopedia of Sociology. Blackwell. S. 3120-3123
Bortz, Jürgen (2005): Statistik für Human und Sozialwissenschaftler. Heidelberg: Springer Medizin Verlag.
Brosius, Felix (2008): SPSS 16. Bonn: MITP-Verlag
Clauß, Günter/*Finze*, Falk-Rüdiger/*Partzsch*, Lothar (2004): Statistik. Frankfurt a. Main: Harri
Fahrmeir, Ludwig/*Hamerle*, Alfred/*Tutz*, Gerhard (Hg.) (1996): Multivariate statistische Verfahren. Berlin/New York: Gruyter
Fromm, Sabine (2010): Datenanalyse mit SPSS für Fortgeschrittene 2: Multivariate Verfahren. Wiesbaden: VS-Verlag
Hackl, Peter (2008): Einführung in die Ökonometrie. Pearson Studium
Hartung, Joachim/*Elpelt*, Bärbel (2007): Multivariate Statistik. Lehr- und Handbuch der angewandten Statistik. München: Oldenbourg
Hartung, Joachim/*Elpelt*, Bärbel/*Kösener*, Karl-Heinz (2009): Statistik. Lehr- und Handbuch der angewandten Statistik. München: Oldenbourg
Reihe: Quantitative Applications in the Social Sciences. Erschienen bei Sage. Verschiedene Herausgeber
Salkind, Neil J. (Hg.) (2006): Encyclopedia of Measurement and Statistics. London et al.: Sage
Scott, J./*Xie*, Y. (Hg.) (2005): Quantitative Social Science. London et al.: Sage

Einleitung:
Die Rolle von SPSS im Forschungsprozess

Nina Baur und Sabine Fromm

Gegenstand dieses Buches sind Fragen der Aufbereitung und Analyse quantitativer Daten. Dabei wollen wir uns nicht auf bloß auswertungstechnische Fragen beschränken, sondern zeigen, wie sich wie sich konkrete empirische Fragestellungen in statistische Auswertungsstrategien umsetzen lassen und diskutieren dabei typische Probleme, die in diesem Prozess auftreten. Zunächst soll der Prozess der Datenaufbereitung und Auswertung in den Forschungsprozess insgesamt eingeordnet werden. *Grafik 1.1* gibt einen Überblick über typische Phasen eines Forschungsprozesses (vgl. z. B. auch *Alemann* 1984, *Behnke* et al. 2010, *Diekmann* 2007, *Friedrichs* 2006, *Kromrey* 2009 sowie *Schnell* et al. 2008).[1] Ob tatsächlich alle Schritte des Forschungsprozesses in einem konkreten Projekt durchlaufen werden, hängt davon ab, ob eigene Daten erhoben oder aber bereits bestehende Datensätze verwendet werden sollen. Die Auswertung selbst erhobener Daten wird als *Primäranalyse* bezeichnet, die Auswertung von Daten, die ursprünglich für ein anderes Projekt erhoben wurden, als *Sekundäranalyse*. Sollen frühere Ergebnisse nachgeprüft und repliziert werden, spricht man von *Re-Analysen* bzw. *Replikationsstudien*.

Der erste Schritt dieses Prozesses – die sogenannte *„Konzeptspezifikation"* – besteht darin, überhaupt eine Frage zu formulieren. Häufig ist zunächst nur eine sehr vage Vorstellung von dem interessierenden Problem vorhanden. Auf der Basis des vorhandenen inhaltlichen Vorwissens zu diesem Gegenstand sowie allgemeiner theoretischer und methodologischer Zugänge muss dann erarbeitet werden, was genau man denn eigentlich wissen möchte, und welche Aspekte des Themas unterschieden und untersucht werden sollen.

Dieser ersten Phase der Exploration und Eingrenzung des Themas schließt sich das *Aufstellen eines Forschungsdesigns* (Phase 2) an – die Planung und Abstimmung der einzelnen Forschungsphasen sowie die Entscheidung darüber, ob eine eigene Erhebung oder aber eine Sekundäranalyse bereits vorhandener Daten durchgeführt werden soll.

---

[1] Der Klarheit der Darstellung wegen stellen wir den Forschungsprozess linear dar. In den meisten Fällen – insbesondere bei qualitativer Sozialforschung – verläuft der Forschungsprozess aber eher spiralförmig, d.h. man durchläuft die mittleren Phasen 3 bis 8 des dargestellten Prozess mehrfach (*Creswell* 1998; *Flick* 2007).

Grafik 1.1: Phasen des Forschungsprozesses

	Wissenschaftstheorie Forschungsethik
Forschungsfrage (Bezug zur soziologischen Theorie, Speziellen Soziologien)	

Forschungsdesign und Operationalisierung

	Qualitative Sozialforschung	Quantitative Sozialforschung
Daten(träger)auswahl	❷ bewusste Auswahl ❷ wenig Fälle	❷ Zufallsauswahl ❷ viele Fälle

Datenerhebung
 	
Primärerhebung
verbal
 	
visuell
 	
Reanalyse
	❷ offene Verfahren
	❷ viele Informationen pro Fall
	
	❷ offene Befragung, z.B.
	  Leitfaden, narrativ, Experten,
	  Delphi, Gruppendiskussion
	❷ schwach strukturierte
	  Beobachtung
	❷ Befragungen und
	❷ prozessproduzierte Daten, z.B.
	  Karten, Pläne, Dokumente
		❷ geschlossene Verfahren
		❷ wenige Informationen pro Fall
		
		❷ standardisierte Befragung, z. B.
		  persönlich, telefonisch, postalisch,
		  online
		❷ stark strukturierte Beobachtung
		
		❷ Befragungen und Beobachtungen
		❷ prozessproduzierte Daten, z. B.
		  Log-Files, Kundendatenbanken

Datenaufbewahrung	❷ Archivierungstechniken ❷ Infrastruktureinrichtungen	❷ Archivierungstechniken ❷ Infrastruktureinrichtungen
Datenaufbereitung	❷ Transkription ❷ Einlesen in QDA-Programm	❷ Einlesen in den Datensatz ❷ Datenumformung (z.B. Data Mining)

Datenauswertung	❷ Auswertung mit QDA-
	  Programm (z.B. MAXqda,
	❷ min. 50 verschiedene
	  Auswertungstraditionen,
	  z.B. Grounded Theory
	❷ Basistechniken des Verstehens,
	  Kodierens, Strukturierens
		❷ Auswertung mit Statistik-
		  Programm (z.B. SPSS, Stata,
		  deskriptiven Statistik, i.E.
		❷ univariate Statistik
		❷ bivariate Statistik
		❷ multivariate Statistik (Kausal-,
		  Längsschnitts-, Dimensions-,
		  Mehrebenen-, Netzwerkanalyse,
		  Typenbildung)

Verallgemeinerung	❷ theoretische Verallgemeinerung	❷ induktive Statistik

Forschungsbericht (wissenschaftliches Schreiben)

Im Fall einer Sekundäranalyse besteht der nächste Schritt in der Auswahl und Beschaffung geeigneter Datensätze. Im Fall einer Primärerhebung wird nun eine *Stichprobe* von „Merkmalsträgern" gezogen (Phase 3), an denen die interessierenden Daten erhoben werden sollen. Dazu müssen geeignete Erhebungsinstrumente konstruiert und die *Datenerhebung* durchgeführt werden (Phase 4), und es entstehen spezifische methodische Probleme. Insbesondere geht es hier um

Stichproben- und Messfehler. In Hinblick auf die verwendeten Daten ist hierbei die Unterscheidung zwischen Surveydaten und prozessproduzierten Daten von Bedeutung (vgl. *Grafik 1.2*):

Surveydaten werden mittels einer standardisierten Befragung erhoben.[2] Das Ziel der Datenerhebung ist entweder ihre Auswertung in einem konkreten Forschungsprojekt oder aber die Bereitstellung von Daten für andere Auswertungsinteressen. So wird etwa das Sozio-ökonomische Panel (SOEP), das vom DIW betrieben wird, auch in Forschungsprojekten des DIW ausgewertet, aber auch in einer Vielzahl anderer Projekte verwendet.

Prozessproduzierte bzw. prozessgenerierte Daten entstehen nicht oder zumindest nicht in erster Linie im Kontext eines Forschungsprojekts, sondern vor allem im Rahmen des Verwaltungshandelns von Institutionen oder Organisationen. Besonders wichtig sind hier Sozialversicherungsdaten, aber auch Kundendaten von Unternehmen oder Daten der amtlichen Statistik. Die Verwendung von prozessproduzierten Daten, die im Rahmen von Meldeverfahren bei den Sozialversicherungsträgern entstehen, unterliegt strengen datenschutzrechtlichen Bestimmungen. Die Nutzung derartiger Daten ist nur im Rahmen wissenschaftlicher Projekte und auf Antrag möglich. Dabei wird in Regel ein stark anonymisierter sog. „Scientific Use File" (SUF) zur Verfügung gestellt.[3]

Unabhängig davon, ob Daten prozessproduziert oder forschungsinduziert sind, werden sie – oder zumindest Informationen *über* sie – im Idealfall von Institutionen wie der GESIS und dem RatSWD archiviert und so anderen Wissenschaftlern bekannt oder zugänglich gemacht (siehe Kapitel 2).

Bei selbst erhobenen Daten folgt der Konzeptspezifikation, der Aufstellung eines Forschungsdesigns, der Stichprobenziehung und der Datenerhebung üblicherweise Phase 5 im Forschungsprozess –die „*Datenaufbewahrung*". Diese umfasst Arbeitsschritte wie zum Beispiel die Anonymisierung von Fragebögen, die Archivierung und

---

[2]   Ein eigener Unterzweig der Methodenforschung – die Survey Methodology bzw. Umfrageforschung – widmet sich der Frage, welche *(Stichproben- und Mess-)Fehler* bei standardisierten Befragungen auftreten können, wie man sie vermeidet bzw. mit ihnen umgeht, wenn man sie nicht vermeiden kann. Den Gesamtfehler von standardisierten Befragungen nennt man „*Total Survey Error*" (TSE) (vgl. hierzu ausführlich *Groves* et al. 2009).

[3]   Da prozessproduzierte Daten für einen anderen Zweck erhoben wurden, enthalten sie auch nur die Informationen, die für diesen Zweck erforderlich sind. So erfasst zum Beispiel die Bundesagentur für Arbeit nur Individualdaten abhängig Beschäftigter, nicht aber von Selbständigen. Nur abhängig Beschäftigte haben „Datenkontakt" mit der Bundesagentur, sei es in Form der Zahlung von Beiträgen zur Arbeitslosenversicherung bzw. Leistungen daraus, im Rahmen der Arbeitsvermittlung und als Teilnehmer an Maßnahmen. Die Ausfälle an Daten sind also nicht etwa in Stichprobenfehlern etc. begründet, sondern haben sachliche Gründe. Damit man keine fehlerhaften Aussagen trifft, ist es wichtig, bei der Datenanalyse diese Lücken in den Daten zu kennen. Man spricht deshalb in diesem Fall nicht – wie im Fall von Surveys – von einer *Fehlerkunde*, sondern von einer *Datenkunde*.

bei Längsschnittstudien die Sicherstellung der Panelpflege (Phase 5). Ein nicht zu vernachlässigender Schritt, der teils vor, teils nach und teils im Zuge der Datenaufbewahrung stattfindet, besteht in der *Dateneingabe, -bereinigung und -aufbereitung* (Phase 6). Wie man diese Schritte mit SPSS durchführt, wird in Teil 1 dieses Buches erläutert.

Grafik 1.2: Verschiedene Varianten standardisierter Datenanalyse

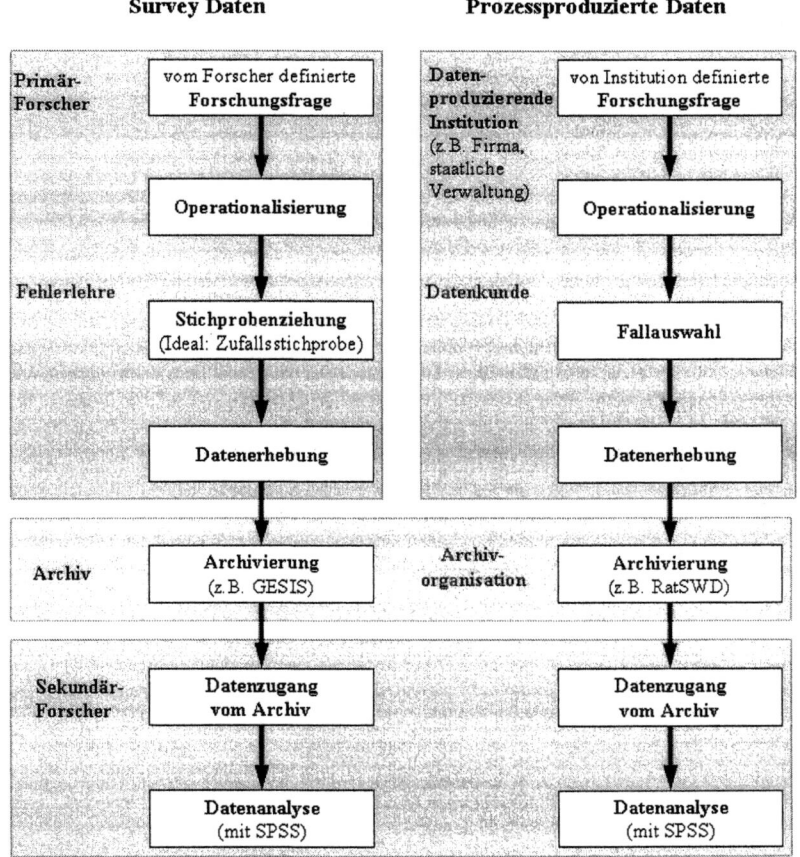

Der *Auswertungsprozess* (Phase 7) besteht darin, Strategien für die Strukturierung des erhobenen Materials zu entwickeln, die der Informationsverdichtung in Hinblick auf die Forschungsfrage(n) dienen und diese mit geeigneten Programmen umzusetzen. Die Darstellung von Auswertungsstrategien mit SPSS ist ein Ziel dieses Buches.

Methoden der *deskriptiven Statistik*, denen sich Teil 2 dieses Bandes (uni- und bivariate Statistik) sowie Band 2 (multivariate Statistik) widmen, dienen dabei der Beschreibung der Verteilung einzelner Variablen (univariate Statistiken) oder der Beziehung zwischen zwei und mehr Variablen (bi- und multivariate Statistik). Beispiele für Auswertungsziele der univariaten Statistik sind die Berechnung von Mittelwerten oder einfachen Häufigkeitsverteilungen. In der bi- und multivariaten Statistik geht es um die Zusammenhänge zwischen zwei oder mehr Variabeln. Grob lassen sich diese in kausalanalytische Verfahren und Verfahren der Mustererkennung ohne kausale Abhängigkeiten zwischen Variablen unterscheiden. Viele Verfahren, zum Beispiel Regressionsanalysen, können auf Querschnitts- aber auch auf Längsschnittsdaten angewendet werden. Eine weitere Differenzierung wird durch Verfahren erreicht, die Daten auf unterschiedlichen Aggregationsebenen (zum Beispiel Merkmale von Schülern und ihrer Schulklassen) verwenden (Mehrebenenanalyse).

Die Forschungsergebnisse sollen grundsätzlich das Kriterium der Verallgemeinerbarkeit erfüllen: Aussagen sollen nicht nur auf Zusammenhänge im analysierten Datensatz beschränkt bleiben, sondern man möchte i.d.R. mit Hilfe der Daten aus der Stichprobe auch etwas über die Struktur der Grundgesamtheit aussagen. Dazu werden in der quantitativen Forschung meist Methoden der *induktiven Statistik* angewendet (auch: schließende Statistik, folgernde Statistik, mathematische Statistik, statistische Inferenz oder Inferenzstatistik) (Phase 8).[4] Wie man Verfahren der schließenden Statistik mit SPSS umsetzt, wird in Teil 3 dieses Bandes erläutert.

Der *Forschungsbericht*, mit dessen Erstellung der Forschungsprozess abgeschlossen wird (Phase 9), dokumentiert nicht nur die Ergebnisse, sondern auch den Forschungsprozess, also die Umsetzung zentraler Elemente der vorausgehenden Phasen und die dabei aufgetretenen Schwierigkeiten – die Konstruktion der Stichprobe, Erhebungsmethoden und Instrumente sowie Auswertungsmethoden. Dabei endet die Darstellung der Ergebnisse nicht mit dem Ausweisen statistischer Maßzahlen oder Interpretationen qualitativer Daten. Entscheidend ist, dass die Ergebnisse nun interpretativ auf die forschungsleitenden Fragen zurückbezogen werden – also eine soziolgische Interpretation geleistet wird.

---

[4]   Voraussetzung ist dafür allerdings eine unverzerrte Zufallsstichprobe (vgl. hierzu ausführlich *Behnke* et al. 2010).

Weiterführende Literatur
Creswell (2008) erläutert ausführlich, wie man ein Forschungsdesign aufstellt. In *Behnke* et al. (2010) findet sich in Kapitel 6.2 ein Überblick über Grundprobleme der Primärerhebung bei standardisierten Befragen, in Kapitel 6.4 bei stark strukturierten Beobachtungen. In Kapitel 6.6 wird der Umgang mit Sekundärdaten, in Kapitel 6.5 mit prozessproduzierten Daten erläutert. Ausführlicher führen *Biemer* und *Lyberg* (2003), *Groves* et al. (2009), *Groves* (2004) und *Lyberg* (1997) in die Probleme der Survey Methodology, also die Primär- und Sekundäranalyse bei Umfragedaten ein. *Rippl* und *Seipl* (2007), *Harkness* et al. (2003), *Hoffmeyer-Zlotnik* und *Harkness* (2005) sowie *Hoffmeyer-Zlotnik* und *Wolf* (2003) erläutern zusätzliche Probleme, die bei interkulturell vergleichenden Umfragen entstehen. Einen Überblick über Probleme mit prozessproduzierten Daten geben *Bick* et al (1984) und *Baur* (2009).

Baur, Nina (Hg.) (2009): Social Bookkeeping Data: Data Quality and Data Management. Special Issue of Historische Sozialforschung/Historical Social Research (HSR). 34 (3)
Behnke, Joachim/*Baur*, Nina/*Behnke*, Nathalie (2010): Empirische Methoden der Politikwissenschaft. Paderborn u. a.: Schöningh
Bick, Wolfgang/*Mann*, Reinhard/*Müller*, Paul J. (Hg.) (1984): Sozialforschung und Verwaltungsdaten. Stuttgart: Klett-Cotta
Biemer, Paul/*Lyberg*, Lars (2003): Introduction to Survey Quality. New York: Wiley
Creswell John W. (2008): Research Design: Qualitative, Quantitative, and Mixed Methods Approaches. London et al.: Sage
Groves, Robert M. (2004): Survey Errors and Survey Costs. New York: Wiley
Groves, Robert M./*Fowler*, Floyd J./*Couper*, Mick P. (2009): Survey Methodology. New York: Wiley
Harkness, Janet/*van de Vijver*, Fons/*Mohler*, Peter, (Hg.) (2003): Cross-Cultural Survey Methods. New York: John Wiley & Sons Inc
Hoffmeyer-Zlotnik, Jürgen H.P./*Harkness*, Janet, (Hg.) (2005): Methodological Aspects in Cross-National Research. Mannheim: ZUMA
Hoffmeyer-Zlotnik, Jürgen H.P./*Wolf*, Christof, (Hg.) (2003): Advances in Cross-National Comparison. Kluwer Academic Publishers
Lyberg, Lars, et al. (Hg.) (1997): Survey Measurement and Process Quality. New York: Wiley
Rippl, Susanne/*Seipel*, Christian (2007): Methoden kulturvergleichender Sozialforschung. Wiesbaden: VS-Verlag

Teil 1:
Datenaufbereitung

Kapitel 1
Vom Fragebogen zum Datensatz

Detlev Lück und Nina Baur

1 Wie kommen die Daten in den Datensatz? Arbeitsschritte vom Fragebogen zum fertigen Datensatz

Wie wir im vorherigen Kapitel gezeigt haben, benötigt man SPSS (oder andere Statistikpakete) nur in zwei Phasen des Forschungsprozesses und nur für einen bestimmten Typus empirischer Sozialforschung: in der Aufbereitungs- und in der Auswertungsphase bei quantitativer Sozialforschung. Dieses Kapitel befasst sich mit der Aufbereitungsphase und geht zusätzlich auf die Verknüpfung der Datenerhebungsphase mit der Datenaufbereitungsphase ein. Anders formuliert, geht es um die Frage: Wie kommt man zu einem fertigen Datensatz?[1] Im Einzelnen müssen bis zu diesem Punkt folgende Arbeiten durchgeführt werden:

1) Erstellen des Fragebogens
2) Erstellen des Codeplans
3) Durchführen des Pre-Tests und Überarbeitung von Fragebogen und Codeplan
4) Durchführen der Haupterhebung
5) Datenerfassung
6) Nachkontrolle der Daten
7) Datenaufbereitung[2]

Im Regelfall kommt SPSS erst in Schritt 6 oder 7 zum Einsatz. Doch in jedem der sieben Arbeitsschritte werden Vorarbeiten geleistet, die sich auf die spätere Datenauswertung mit SPSS auswirken. Und in jedem der Arbeitsschritte sollten diese Auswirkungen mitbedacht werden, um eine erfolgreiche Datenauswertung zu gewährleisten.

---

[1] Am häufigsten verwenden quantitative Sozialforscher Daten, die aus standardisierten Befragungen entstanden sind. Dies muss aber nicht so sein. Beispielsweise können Datensätze auch mit Hilfe stark strukturierter Beobachtungen oder mit Hilfe prozessgenerierter Daten gewonnen werden. Näheres hierzu sowie zu den einzelnen Phasen des Forschungsprozesses finden Sie in *Behnke* et al. (2010).

[2] Diese Liste gilt, streng genommen, nur für die Paper & Pencil-Technik, bei der die Angaben der Befragten mit Stift auf einem gedruckten Fragebogen notiert werden. Auf die Variationen, die modernere Techniken mit sich bringen, geht vor allen der Abschnitt 4 ein.

2   Schritt 1: Erstellen des Fragebogens

Der erste Schritt vom Fragebogen zum Datensatz ist die Erstellung des Fragebogens selbst. Zwar sind bei der Gestaltung des Fragebogens vor allem inhaltliche und optische Gesichtspunkte[3] zu beachten (vgl. hierzu z. B. *Schulze* (2002a) oder *Behnke* et al. (2010)). Gleichzeitig verweist der Fragebogen aber schon auf die Datenerfassung, -aufbereitung und -auswertung. Man erspart sich viel Arbeit, wenn man sich schon bei der Fragebogengestaltung Gedanken darüber macht, mit welchen Verfahren und mit welchem Programm man die Daten später auswerten will. Manche Auswertungsverfahren sind sogar unmöglich, wenn der Fragebogen nicht ein bestimmtes Format aufweist.

Unter anderem ist zu beachten, dass bestimmte Verfahren der Datenanalyse ein bestimmtes Skalenniveau voraussetzen. Oft kann man die Frage so formulieren, dass das gewünschte Skalenniveau erreicht wird, z. B.:

– *Frage:* Lesen Sie Zeitung? *Antwortmöglichkeiten:* Ja / Nein. *Skalenniveau:* Nominalskala.
– *Frage:* Wie oft lesen Sie Zeitung? *Antwortmöglichkeiten:* Nie / Sehr selten / Selten / Oft / Sehr oft. *Skalenniveau:* Ordinalskala.
– *Frage:* Wie viele Stunden pro Tag lesen Sie Zeitung? *Antwortmöglichkeiten:* 0 bis 24 Stunden. *Skalenniveau:* Ratioskala.

Viele multivariate Verfahren der Datenanalyse setzen voraus, dass im Datensatz viele Variablen desselben Skalenniveaus und mit gleich vielen Ausprägungen existieren. Will man beispielsweise die untenstehenden Fragen einer Faktorenanalyse unterziehen (vgl. hierzu Fromm 2010), ist Option A gegenüber den Optionen B und C vorzuziehen.

– Option A: *Frage1:* Wie oft lesen Sie Zeitung? *Antwortmöglichkeiten:* Nie / Sehr selten / Selten / Oft / Sehr oft. *Frage2:* Wie oft sehen Sie fern? *Antwortmöglichkeiten:* Nie / Sehr selten / Selten / Oft / Sehr oft. *Skalenniveau:* beide Ordinalskala. *Zahl der Ausprägungen:* beide 5.
– Option B: *Frage1:* Wie oft lesen Sie Zeitung? *Antwortmöglichkeiten:* Nie / Sehr selten / Selten / Oft / Sehr oft. *Frage2:* Wie oft sehen Sie fern? *Antwortmöglichkeiten:* Nie / Selten / Oft. *Skalenniveau:* beide Ordinalskala. *Zahl der Ausprägungen:* einmal 5, einmal 3.
– Option C: *Frage1:* Wie viele Stunden pro Tag lesen Sie Zeitung? *Antwortmög-*

---

[3] Optische Gesichtspunkte spielen vor allem dann eine Rolle, wenn von den Befragungsteilnehmern erwartet wird, dass sie den Fragebogen selbst ausfüllen – sei es in der traditionellen Paper & Pencil-Technik, sei es bei einer Online-Erhebung, wie sie immer häufiger zum Einsatz kommt. Werden Interviewer eingesetzt, ist eine gute Interviewerschulung unter Umständen wichtiger als ein sich selbst erklärender Fragebogen.

lichkeiten: 0 bis 24 Stunden. *Frage2:* Wie oft sehen Sie *fern? Antwortmöglich-keiten:* Nie / Sehr selten / Selten / Oft / Sehr oft. *Skalenniveau:* einmal Ordinalskala, einmal Ratioskala. *Zahl der Ausprägungen:* einmal 25, einmal 5.

Programme zur Datenanalyse bieten außerdem unterschiedliche Auswertungsmöglichkeiten. Mit SPSS z. B. kann man mit Hilfe des RECODE-Befehls später noch Variablenausprägungen andere Zahlen zuweisen. Gleichzeitig weist SPSS gegenüber anderen Programmen spezifische Einschränkungen oder Besonderheiten auf. Beispielsweise sind in SPSS kaum Verfahren für ordinalskalierte Daten umgesetzt. Ebenso wenig kann SPSS mit der Mokken-Skalierung umgehen.[4] Deshalb sollte der Forscher das EDV-Programm, mit dem er später auswerten will, schon vor der Auswertung genau kennen und bei der Erstellung des Codeplans seine Besonderheiten berücksichtigen. Eventuell muss er auf ein anderes Statistikprogramm zurückgreifen. In Kapitel 2 führen wir eine Reihe alternativer Statistik-Programme an.

Die Zusatzmaterialien auf der Verlagswebseite (www.vs-verlag.de) enthalten den Fragebogen des soziologischen Forschungspraktikums 2000/2001 an der Otto-Friedrich-Universität Bamberg sowie Hintergrundinformationen dazu. Eine Reihe der oben vorgestellten Grundsätze sind in der Gestaltung dieses Fragebogens aus didaktischen Gründen bewusst missachtet worden. Damit soll angeregt werden, den Forschungsprozess immer wieder zu überdenken: Was haben die Praktikumsteilnehmer gemacht? Warum haben sie dies gemacht? Hätte ich etwas anders gemacht? Warum? Welche Fehler haben sie gemacht? Wie hätte man diese Fehler vermeiden können? Welche Konsequenzen haben diese Fehler für die Analysen? Sind die Ergebnisse überhaupt noch gültig? Wenn sie nur eingeschränkt gültig sind – inwiefern sind sie gültig, inwiefern nicht?

3   Schritt 2: Erstellen des Codeplans

Die Fragen im Fragebogen müssen als nächstes numerisch umgesetzt werden. Die Zahlen sollen dabei homomorph zu den Antwortkategorien sein.[5] Deshalb erstellt man einen Codeplan (für das Forschungspraktikum 2000/2001: siehe Zusatzmaterialien auf der Verlagswebseite). Dieser enthält die Informationen, wie die Fragen bzw. deren Antwortvorgaben numerisch umgesetzt werden sollen. Der Codeplan richtet sich an zwei Zielgruppen: Die Personen, die die Daten in den Datensatz eingeben, entnehmen dem Codeplan, wie sie bestimmte Angaben in Zahlen umsetzen sollen. Die Personen, die die Daten auswerten, entnehmen dem Codeplan, wie bestimmte Zahlen im Datensatz zu interpretieren sind.

---

[4]   Die Begriffe „Ordinalskala" und „Mokken-Skalierung" werden z. B. in *Akremi* 2007 erläutert.
[5]   Der Begriff „Homomorphie" wird z. B. in *Behnke* et al. 2010 erläutert.

Der Codeplan hält fest, ...
- ... *welche Variablennamen welchen Fragen zugewiesen werden*, z. B. v44 für die Frage „Sind Sie berufstätig oder in Ausbildung / in der Schule bzw. im Studium?"
- ... *welche Zahlen welchen Antwortkategorien zugewiesen werden sollen*, z. B. „1" für „Nein" und „2" für „Ja". Man sollte die Zahlen so wählen, dass man sie später ohne viele Datentransformationen leicht auswerten kann (vgl. hierzu Kapitel 5 und 6).
- ... *wie fehlende Werte (= „missing values") und Residualwerte*[6] *behandelt werden sollen*, also wie Personen gehandhabt werden sollen, die nicht geantwortet haben, auf die eine Frage nicht zutraf, die mit „weiß nicht" geantwortet haben usw. SPSS bietet verschiedene Möglichkeiten, fehlende Werte zu behandeln. Diese verschiedenen Möglichkeiten haben wiederum unterschiedliche Vor- und Nachteile.

Eine Möglichkeit ist, die Felder im Datensatz einfach leer zu lassen. Solche leeren Felder nennt man „system missing values" („systembedingte fehlende Werte"). Der Vorteil systembedingter fehlender Werte ist, dass man sich meist keine Gedanken mehr darüber machen muss, wie diese Werte von SPSS behandelt werden – sie werden bei Statistiken immer automatisch aus statistischen Analysen ausgeschlossen.[7] Im Fall unser Beispieluntersuchung wurden Felder einfach leer gelassen, wenn der Befragte eine Angabe verweigert hatte, wenn er gesagt hatte, die Frage treffe nicht auf ihn zu, oder wenn er die Frage einfach nicht beantwortet hatte.

Eine zweite Möglichkeit, mit fehlenden Werten umzugehen, ist es, eine eigene Zahl für sie zu vergeben. Der Nachteil dieser Methode ist, dass man diese Werte später mit dem MISSING VALUES-Befehl als „user missing values" (= „benutzerdefinierte fehlende Werte") definieren muss. Man hat also mehr Arbeit und handelt sich nebenbei eine zusätzliche Fehlerquelle ein, denn ein fehlender Wert, von dem vergessen wird, ihn als solchen zu definieren, wird in Berechnungen mit einbezogen und kann so die Analyseergebnisse grob verfälschen.

---

[6] Bestimmte Gründe, warum ein (gültiger) Wert nicht erfasst wird, werden oft schon als zulässige Antwortkategorien im Fragebogen vorgesehen: etwa die Antwortmöglichkeiten „weiß nicht" oder „will ich nicht beantworten". Wird eine solche Antwortmöglichkeit ausgewählt, fehlt der Wert im engeren Sinne nicht; er lässt sich nur in der Regel nicht inhaltlich (allenfalls methodisch) auswerten. Solche Antwortkategorien heißen Residualkategorien, die entsprechenden Werte Residualwerte. Sie zu erfassen, hat den Sinn, abschätzen zu können, welchen Einfluss die Ausfälle auf die Ergebnisse haben (vgl. weiter unten).

[7] Die Betonung liegt auf dem Wort „meist"! Bei multivariaten Verfahren muss man sich durchaus noch Gedanken darüber machen, ob fehlende Werte paarweise oder listenweise ausgeschlossen oder durch Mittelwerte ersetzt werden sollen (vgl. hierzu *Behnke* et al. 2010).

Der Vorteil benutzerdefinierter fehlender Werte ist, dass man verschiedene Gründe für das Fehlen eines Wertes unterscheiden sowie diese Werte später noch in die Analyse mit einbeziehen kann.[8] Das ist nicht nur für methodische, sondern auch für viele inhaltliche Fragen interessant. Wenn beispielsweise auf die Frage nach dem Geburtsjahr des ältesten Geschwisters viele Befragte mit „trifft nicht zu" antworten, weil sie keine Geschwister haben, ist das keine fehlende, sondern eine akkurate Information. Sie stellt die Analyseergebnisse in keiner Weise in Frage. Anders wäre es, wenn auf die gleiche Frage viele Befragte die Antwort verweigern würden oder sich nicht erinnern könnten. Wenn beispielsweise bei einer Frage soziale Erwünschtheit eine große Rolle spielt (z. B. „Wie hoch ist Ihr Netto-Einkommen?" oder „Haben Sie schon einmal bei einer 0190-‚Sex-Hotline' angerufen?"), muss man annehmen, dass Antwortverweigerungen die Verteilung in Richtung der sozialen Erwünschtheit verzerren (beschönigen). Für technische Ausfälle ist das nicht der Fall.

Um Verwechslungen zu vermeiden, sollten für fehlende Werte eindeutig unrealistische Zahlen vergeben werden. Konvention in den Sozialwissenschaften ist, dass man negative Zahlen, die Zahl „0" oder Zahlen am oberen Ende der Skala („9", „99", „999" usw.) vergibt.[9]

– *... in welcher Reihenfolge die Variablen abgespeichert werden sollen.* Variablen, die man später zusammen analysieren will, sollten im Datensatz hintereinander stehen, weil man sich so bei der Auswertung viel Arbeit ersparen kann. Der Befehl FREQUENCIES V02 TO V07. fordert z. B. die Häufigkeitsverteilungen aller Variablen an, die *im Datensatz* zwischen v02 und v07 stehen. Unten folgen drei fiktive Datensätze, in denen die Variablen in unterschiedlicher Reihenfolge hintereinander stehen. Damit wirkt der FREQUENCIES-Befehl auch unterschiedlich:

Im ersten Beispieldatensatz folgen die Variablen v02, v03, v04, v05, v06, v07 und v08 im Datensatz aufeinander (siehe unten). Führt hier man den Befehl FREQUENCIES V02 TO V07. aus, werden die Häufigkeitsverteilungen der Variablen v02, v03, v04, v05, v06 und v07 ausgegeben.

---

[8] Voraussetzung dafür ist, dass die Gründe für das Fehlen des Wertes rekonstruierbar sind – beispielsweise weil sie im Fragebogen in Form von zusätzlichen Antwortkategorien erfasst wurden.

[9] Natürlich kann man auch andere Zahlen verwenden. Die meisten Forscher verwenden jedoch immer diese Zahlen, damit sie selbst und andere Forscher sich schneller im Datensatz zurechtfinden sowie damit sie den Datenaufbereitungsaufwand minimieren. Aus denselben Gründen sollte man, soweit möglich, für alle Variablen des Datensatzes denselben Wert für die gleiche Art von benutzerdefinierten fehlenden Werten vergeben (z. B. „997 für „trifft nicht zu", „998" für „weiß nicht" und „999" für Antwortverweigerungen und sonstige fehlende Werte).

id	(...)	v02	v03	v04	v05	v06	v07	v08	(...)
(...)	(...)	(...)	(...)	(...)	(...)	(...)	(...)	(...)	(...)
137	(...)	3	3	10	2	2	2	13	(...)
138	(...)	6	3	9	1	5	2	16	(...)
139	(...)	5	5	0	3	3	0	,	(...)

Im zweiten Beispieldatensatz steht die Variable v08 nicht hinter der Variablen v07, sondern zwischen den Variablen v04 und v05 (siehe unten). Dies hat Folgen: Führt man den Befehl FREQUENCIES V02 TO V07. aus, wird nun zusätzlich zu den Häufigkeitsverteilungen der Variablen v02, v03, v04, v05, v06 und v07 auch die Häufigkeitsverteilung der Variablen v08 ausgegeben – weil sie im Datensatz zwischen v02 und v07 steht.

id	(...)	v02	v03	v04	v08	v05	v06	v07	(...)
(...)	(...)	(...)	(...)	(...)	(...)	(...)	(...)	(...)	(...)
137	(...)	3	3	10	13	2	2	2	(...)
138	(...)	6	3	9	16	1	5	2	(...)
139	(...)	5	5	0	,	3	3	0	(...)

Im letzten Beispiel steht die Variable v02 direkt vor der Variable v07 im Datensatz (siehe unten). Führt man den Befehl FREQUENCIES V02 TO V07. aus, werden nun nur noch die Häufigkeitsverteilungen der Variablen v02 und v07 ausgegeben, weil keine andere Variable zwischen ihnen steht.

id	(...)	v03	v04	v05	v06	v02	v07	v08	(...)
(...)	(...)	(...)	(...)	(...)	(...)	(...)	(...)	(...)	(...)
137	(...)	3	10	2	2	3	2	13	(...)
138	(...)	3	9	1	5	6	2	16	(...)
139	(...)	5	0	3	3	5	0	,	(...)

Die meisten Menschen nehmen intuitiv an, dass Zahlen, die aufeinander folgen, auch im Datensatz hintereinander stehen. Wenn es keine triftigen Gründe gibt, es anders zu organisieren, sollte man den Datensatz so aufbauen, dass er dieser Intuition entspricht. Damit wird eine Fehlerquelle ausgeschaltet – nämlich die, dass jemand, der die Daten auswertet, nicht in den Codeplan schaut und vergessen hat, dass die Variablen in einer ungewöhnlichen Reihenfolge im Datensatz stehen. Der Datensatz des soziologischen Forschungspraktikums 2000/2001 ist deshalb entsprechend dem obigen Beispiel aufgebaut: Die Variablen v02, v03, v04, v05, v06 und v07 stehen auch im Datensatz in dieser Reihenfolge direkt hintereinander.

– ... *welche sonstigen wichtigen Informationen für die Auswertung von Bedeutung sind.* Hier gibt es viele Möglichkeiten: Manchmal werden bei der Erhebung Fehler gemacht oder pragmatische Entscheidungen getroffen: Zum Beispiel kann in einer international vergleichenden Studie entschieden werden, dass eine bestimmte Frage, die in einem bestimmten Land Reaktivität erzeugen würde oder einfach keinen Sinn ergäbe, dort nicht (oder anders) gestellt wird. Solche oder ähnliche Dinge sollten ebenfalls im Codeplan festgehalten werden.

4   Schritte 4 und 5 – und ihre Alternativen: Durchführen der Haupterhebung und Datenerfassung bei verschiedenen Erhebungstechniken

Datenerfassung heißt, die in der Feldphase erhobenen Daten – z.B. per Hand ange-kreuzte Fragebögen – in eine digitale Form zu bringen, etwa in Zahlenwerte in einem SPSS-Datenfenster. Dieser Arbeitsschritt ist – an dieser Stelle und in dieser Form – nur mit der Paper & Pencil-Technik erforderlich, bei der tatsächlich (noch) Kreuze mit dem Stift in einen auf Papier gedruckten Fragebogen gemacht werden. Das ist heute nicht mehr selbstverständlich, da (in großen Umfragen in den führen-den Industrieländern) Antworten mittlerweile im Regelfall gleich digital erfasst werden (vgl. Abschnitt 4.1). Doch diese moderneren Erhebungstechniken ersparen einem den Arbeitsschritt der Datenerfassung nicht wirklich, sie verlagern ihn eher vor. Datenerhebung und Datenerfassung folgen also – je nach Erhebungstechnik – in unterschiedlicher Reihenfolge aufeinander:

	Möglichkeit A: klassische Umfrage (Paper & Pencil) (wurde im Forschungspraktikum 2000/2001 gewählt)	Möglichkeit B: Online-Umfrage / CATI-Umfrage / CAPI-Umfrage / andere Formen der computergestützten Umfrage
4. Schritt	Datenerhebung	Programmierung der Eingabemaske für den Fragebogen
5. Schritt	Datenerfassung Möglichkeiten der Dateneingabe: – Eingabe direkt in das SPSS-Datenfenster – Manuelle Datenerfassung im ASCII-Format / Einlesen über Steuerdatei – Manuelle Datenerfassung über *Data-Entry* (das ist ein spezielles SPSS-Programmmodul) oder eine andere Datenverwaltungssoftware – Scannen von Fragebögen (z. B. Teleform)	Datenerhebung

Im Rahmen des soziologischen Forschungspraktikums 2000/2001 wurde die Möglichkeit A (klassische Umfrage) gewählt. Den Datenerhebungs- und -erfassungs-prozess für Paper & Pencil-Umfragen beschreiben wir in den Abschnitten 5 und 6 dieses Kapitels. Vorher möchten wir aber noch einige Bemerkungen zu den Al-ternativen der klassischen Umfrage machen: zu Formen der computergestützten Umfrage sowie zu Reanalysen.

4.1   Formen der computergestützten Umfrage

Die Unterscheidung zwischen Datenerhebung und -erfassung entfällt, wenn die Daten bereits während des Interviews digital erfasst werden. Genau das wäre Anfang der 1990er Jahre noch kaum vorstellbar gewesen. Heute ist es, vor allem in der kommerziellen Markt- und Meinungsforschung (in Westeuropa und Nordamerika), kaum noch vorstellbar, dass Umfragen *nicht* computergestützt durchgeführt werden. Voraussetzung ist, dass der Interviewer oder der Interviewte beim Interview Zugang zu einem Computer hat und die Antworten jeweils per Mausklick oder Tastendruck in den Computer eingegeben werden. Die Angaben werden also nicht, wie in der herkömmlichen „Paper & Pencil"-Technik mit Kreuzen auf gedruckten Fragebögen erfasst, sondern digital auf einem Datenträger. Die Erhebungstechniken, die die Datenerfassung zunehmend überflüssig machen, sind:

- *CATI* (**C**omputer **A**ided **T**elephone **I**nterviewing), also die Telefonbefragung, bei der der Interviewer in einem „Call-Center" sitzt, mit seinem Interviewpartner telefoniert und die Antworten während des Interviews direkt in einen PC eingibt,
- *CAPI* (**C**omputer **A**ssisted **P**ersonal **I**nterviewing), also die persönliche Befragung durch einen Interviewer vor Ort (Face-to-face-Interview), der während des Interviews anstelle eines gedruckten Fragebogens einen digitalen Fragebogen in einem Laptop ausfüllt, und
- die *Online-Befragung*, bei der der Interviewte aufgefordert wird, einen Fragebogen im Internet in Form eines Online-Formulars selbst auszufüllen.

Die Vor- und Nachteile dieser Verfahren lassen sich diskutieren. Die Online-Befragung etwa wird bis auf Weiteres kaum repräsentative Daten für die Gesamtbevölkerung liefern können, da es immer noch eine sehr selektive Bevölkerungsgruppe ist, die das Internet regelmäßig nutzt, und es immer eine selektive Gruppe Interessierter (oder Gelangweilter) sein wird, die sich die Zeit nimmt, dem Aufruf zur Beteiligung an der Online-Befragung zu folgen. CAPI und CATI sind dagegen etablierte Alternativen zu „Paper & Pencil". Insbesondere CATI ist aufgrund seiner Wirtschaftlichkeit (Fahrtkosten und -zeiten entfallen) heute weit verbreitet.

Der wesentliche Vorteil der computergestützten Erhebungsweise ist, dass die Erfassung der Daten, also die *nachträgliche* Digitalisierung, entfällt. Allenfalls die Konvertierung der Daten in ein anderes Format fällt noch an. Dies ist organisatorisch wie wissenschaftlich ein erheblicher Unterschied:

- Datenerfassung ist in der Regel *teuer*. Computergestützte Erfassungstechniken erlauben es, auch bei kleinerem Etat eigene Erhebungen durchzuführen. Diese Tatsache hat „Paper & Pencil" schnell aus der kommerziellen Markt- und Meinungsforschung verdrängt.

- Datenerfassung ist in der Regel *zeitaufwändig*. Computergestützte Erfassungstechniken ermöglichen es, Ergebnisse schneller und somit aktueller zu präsentieren.
- Bei der Datenerfassung können *Fehler* auftreten, d. h. Daten gehen verloren oder werden verfälscht. (Das kann beispielsweise passieren, indem sich ein Codierer „vertippt" oder ein Scanner ein undeutliches Kreuz nicht erkennt.)

Grundsätzlich bietet die computergestützte Erhebungsweise also Möglichkeiten an, die Datenerfassung einfacher und somit schneller und fehlerfreier zu gestalten. Darüber hinaus erlaubt es ein programmierter Fragebogen, Orientierungshilfen einzubauen, die ebenfalls das Fehlerrisiko verringern, so etwa eine automatisierte Filterführung, die den Interviewer von ganz allein zur nächsten Frage führt, die auch wirklich ausgefüllt werden soll (also z. B. Fragen zum Arbeitsplatz, den Arbeitszeiten etc. überspringt, nachdem die Frage nach der Berufstätigkeit verneint wurde). Zusätzlich können bereits während der Datenerhebung Plausibilitätstests durchgeführt werden. Wenn eine unrealistische Angabe gemacht wird (z. B. das Alter mit 545 angegeben wird) oder eine Angabe einer früheren Auskunft widerspricht, kann eine Fehlermeldung eingeblendet werden oder ein Warnton erklingen. Solche Plausibilitätstests sind sonst erst im sechsten Schritt, im Zuge der Nachkontrolle der Daten, möglich, wo zwar noch ein Fehler festgestellt aber nicht mehr nachgefragt werden kann, was die korrekte Information ist.

Es gibt aber auch Gründe, die dafür sprechen, dass die „Paper & Pencil"-Technik *weniger* Fehler produziert als die computergestützte Datenerhebung: Dafür spricht zunächst, dass die Paper & Pencil-Technik den meisten Menschen vertrauter ist. Für die Handhabung von CATI oder CAPI müssen Interviewer intensiver geschult werden.[10] Dafür spricht ferner, dass auch bei der Gestaltung und Programmierung von Fragebögen und automatischen Filterführungen Fehler gemacht werden können, die der Interviewer im Falle von „Paper & Pencil" eher noch ausgleichen kann. Wenn der Interviewer z. B. feststellt, dass ein arbeitslos gemeldeter Befragter ein nennenswertes Einkommen ohne Lohnsteuerkarte erzielt, kann er das auf einem gedruckten Fragebogen auch dann noch (als Kommentar am Seitenrand) notieren und es kann mit erfasst werden, auch wenn eine solche Information im Fragebogendesign gar nicht vorgesehen war. Wenn eine automatisierte Filterführung in einem programmierten Fragebogen die Einkommensfrage überspringt, ist eine solche Ergänzung normalerweise nicht möglich. Zudem kann mit der Datenerfassung auch eine zusätzliche Kontrolle und Fehlerbeseitigung einhergehen.

---

[10] Das Ausfüllen von Online-Fragebögen ist allerdings mittlerweile auch schon vielen Menschen geläufig.

Ökonomische Argumente ergeben sich ebenfalls in beiden Richtungen: Computerge-stützte Erhebungen sparen neben den Kosten für die Datenerfassung auch den Druck von Fragebögen ein. Sie setzen aber auch Investitionen in Hardware und Software voraus. Hinzu kommt die Programmierung des Fragebogens, die eben-falls Zeit und Geld kostet und zudem ein erhebliches Fachwissen voraussetzt.

Beide Vorgehensweisen haben also Vor- und Nachteile. Welche Erhebungs-technik vorzuziehen ist, ist von Fall zu Fall zu entscheiden. Für ein einzelnes kleines Forschungsprojekt wird „Paper & Pencil" oft günstiger sein. Und sofern die Zeit für die Datenerfassung zur Verfügung steht, ist „Paper & Pencil" wahrschein-lich die sinnvollere Alternative. Für Institute, die regelmäßig größere Studien durchführen, sind CATI und CAPI mittlerweile quasi alternativlos. Für sie lohnt die Investition in Hard- und Software finanziell. Und sie können schneller fertige Datensätze liefern. Sie können auch schon während der Erhebung vorläufige Daten-sätze liefern. Das Zeitargument gilt ebenso für Unternehmen, die unter besonders hohem Zeitdruck arbeiten. Attraktiv sind computergestützte Verfahren selbst für kleine Forschungsprojekte, sofern sie über einen Etat verfügen, der es ihnen erlaubt, die Erhebung an ein kommerzielles Umfrageinstitut zu delegieren. Eine Online-Erhebung ist unter Umständen ebenfalls eine attraktive Methode für kleine Projekte oder einzelne Forscher (oder für Studierende, die ihre Abschlussarbeit schreiben). Nachdem mittlerweile mehrere Online-Dienstleister die (kostenpflich-tige, aber bezahlbare) Möglichkeit anbieten, im Internet einen Fragebogen ohne Programmierkenntnisse (allerdings mit bestimmten anbieterspezifischen Restrikti-onen) benutzerfreundlich zu gestalten und für eine Online-Befragung freizuschal-ten, erfordert diese Technik heute weder einen großen Etat noch eine umfassende Zusatzqualifikation. Allerdings kann die Online-Erhebung nur bestimmte Ziel-gruppen erreichen (Baur/Florien 2008): Geht es darum, eine Befragung unter Stu-dierenden oder Mitarbeitern einer IT-Firma durchzuführen, ist sie bestens geeignet. Geht es darum, die Einstellungen von Rentnern zu erfragen oder gar eine repräsen-tative Stichprobe für Deutschland zu erfassen, ist sie ungeeignet.

4.2 Reanalysen

Eine weitaus grundlegendere Methode, Zeit und Kosten in der quantitativen Forschung einzusparen, ist es, bereits existierende Datensätze zu analysieren. Bei dieser Vorgehensweise entfallen alle Arbeitsschritte bis zur Fertigstellung des Da-tensatzes: hinsichtlich Zeit- und Kostenersparnis ohne Frage die optimale Lösung. Die Datenqualität hängt von der Vorgehensweise der Primärforscher ab. Zuwei-len müssen Daten von anderen Dateiformaten in SPSS konvertiert und / oder aus

Datenbanken zusammengestellt werden.[11] Als Hauptaufgabe stellt sich aber die Recherche nach qualitativ zufriedenstellenden Daten, die sowohl inhaltlich als auch in Bezug auf Erhebungszeitraum, Stichprobengröße etc. der eigenen Fragestellung entsprechen. In Kapitel 2 nennen wir einige Fundorte für Sekundärdaten.

5   Schritt 4 (bei der klassischen Umfrage): Datenerhebung

Die Teilnehmer des soziologischen Forschungspraktikums 2000/2001 erhoben ihre Daten klassisch mit der „Paper & Pencil"-Methode. Die Datenerhebung ging also der Datenerfassung voraus: Jeder Praktikumsteilnehmer führte mehrere Interviews durch. Hierzu kopierten sich die Praktikumsteilnehmer die Fragebögen in entsprechender Anzahl. Für jede Person, die sie befragten, füllten sie einen Fragebogen aus. Wenn eine angesprochene Person nicht an der Befragung teilnehmen wollte oder nicht in der Stadt wohnte, in der die Befragung durchgeführt wurde, füllten sie stattdessen ein Ausfallprotokoll aus. Die ausgefüllten Ausfallprotokolle und Fragebögen leiteten die Interviewer an die Praktikumsleitung weiter. Jeder Fragebogen bekam eine Nummer. Dies ist nötig, weil die Fragebögen anonymisiert sind. Man könnte die Fragebögen deshalb später verwechseln, wenn sie keine Nummer hätten. Die Nummern wurden einfach in der Reihenfolge vergeben, in der die Fragebögen abgegeben wurden. Die Die Zusatzmaterialien auf der Verlagswebseite (www.vs-verlag.de) enthalten drei dieser ausgefüllten Fragebögen. Am Beispiel von Fragebogen Nr. 205 auf der nächsten Seite erkennt man die Besonderheiten des ausgefüllten Fragebogens:

Das Interview wurde von Andreas Schneider (Name geändert) durchgeführt. Andreas Schneider hatte die Interviewer-Nummer „41". Deshalb hat er in den Fragebogen in das Feld „int" die Nummer 41 eingetragen. Auf allen anderen Fragebögen, die Andreas Schneider ausgefüllt hat, steht in diesen zwei Feldern ebenfalls die Nummer „41". Später kann man so überprüfen, welche Interviews Andreas Schneider geführt hat. Andreas führte eine Straßenbefragung in Forchheim durch, weshalb er im Feld „Befragungssituation" „Straße" ankreuzt und im Feld „Stadt" „Forchheim". Diese Felder füllte er aus, bevor er eine Person ansprach. Dann sprach er die erste Person an und stellte ihr die Frage: „Wohnen Sie hier in Forchheim"? Die Person antwortete mit „Ja", und Andreas kreuzte im Fragebogen „Ja" an. Als nächstes fragte Andreas: „In welchem Stadtteil wohnen Sie"? Die Befragte antwortete mit „Ost", was Andreas in den Fragebogen schrieb. So stellte Andreas Frage um Frage und vermerkte die Antworten im Fragebogen. Im Nachhinein lässt sich natürlich nicht mehr überprüfen, ob

---

[11]   Mit Data Mining und Data Warehousing tun sich hier völlig neue Forschungsfelder auf. *Knobloch* (2001) sowie *Knobloch* und *Weidner* (2000) geben einen Überblick über dieses Thema. *Cabena* u. a. (1997) führen grundlegender in Data Mining ein. *Schur* (1994) führt in Datenbanken ein.

er sich nicht irgendwo verschrieben hat oder eine Antwort akustisch falsch verstanden hat. Im Allgemeinen sind diese Probleme bei standardisierten Umfragen eher gering.

0 0 0 2 0 5   Otto-Friedrich Universität Bamberg

Soziologisches Forschungspraktikum 2000/2001
Prof. Dr. Gerhard Schulze
Dipl. Soz. Daniela Watzinger
PD Dr. Thomas Müller-Schneider

☎ 0951/ 863-2629, - 2609
e-mail: daniela.watzinger@sowi.uni-bamberg.de

Lebensraum Stadt und seine Gestaltung

Fragebogen

Befragungssituation:		INT
	1 ☐ Telefon	SIT
	2 ☒ Straße	
Stadt:	1 ☐ Bamberg	
	2 ☒ Forchheim	
	3 ☐ Erlangen	STADT
	4 ☐ Nürnberg	

(Nur bei Straßenbefragung)		
1. Wohnen Sie hier in...(BA / FO / ER / NÜ)...?	1 ☐ nein *(Befragung abbrechen)* 2 ☒ ja	In Ausfall-protokoll eintragen
2. In welchem Stadtteil wohnen Sie? *(Bei Unklarheiten Straße notieren)*	...........Ost...............(Stadtteil) Code: ......04..	V01
3. Wie lange wohnen Sie schon in diesem Stadtteil?	....Monate *(wenn 1 Jahr od. kürzer)* .....13.....Jahre	V02
4. Was ist das für eine Art von Wohn-gebäude, in dem Sie wohnen? Ist es ein......	1 ☐ alleinstehendes Einfamilienhaus (mit Einliegerwohnung) 2 ☐ Doppelhaus 3 ☒ Reihenhaus 4 ☐ Mehrparteienhaus (2 bis ca. 6 Wg.) 5 ☐ Wohnblock (mehrere Eingänge) 6 ☐ Hochhaus (mehr als 6 Stockwerke) 7 ☐ sonstiges, und zwar:...................	V03

(Nur bei Telefonbefragung)
Wieviele erwachsene Personen (18 Jahre und älter)

Nach Ende des Interviews schaut der Praktikumsteilnehmer – im Beispiel hier: „Andreas Schneider" – noch im Codeplan nach, welchen Code die Stadtteile Forchheim-Ost (Frage 2) und Forchheim-Nord (Frage 8) haben. Er trägt diese Codes (4 bzw. 2) in den Fragebogen ein. Nachdem Andreas den Fragebogen ausgefüllt hat, gibt er ihn bei der Praktikumsleitung ab. Vorher wurden bereits 204 ausgefüllte Fragebögen abgegeben – Andreas' Fragebogen ist der 205., weshalb er oben die Nummer „000205" bekommt. Die anderen beiden Fragebögen auf der Webseite wurden von einer anderen Person ausgefüllt – Melanie Müller (Name geändert), die die Interviewer-Nummer 31 hatte. Es handelt sich bei diesen Fragebögen um den 478. und den 480. abgegebenen Fragebogen.

6   Schritt 5 (bei der klassischen „Paper & Pencil"-Umfrage): Datenerfassung

Wurden die Daten mit der „Paper & Pencil"-Technik erhoben, gibt es verschiedene Möglichkeiten der Dateneingabe, z. B. die manuelle Dateneingabe über das SPSS-Datenfenster oder eine Eingabemaske sowie das automatische Einlesen der Fragebögen. Diese drei Möglichkeiten stellen wir in diesem Abschnitt vor.

6.1   Manuelle Dateneingabe über das SPSS-Datenfenster

Im Rahmen des soziologischen Forschungspraktikums 2000/2001 wurden die Daten über das SPSS-Datenfenster erfasst. Am Beispiel der drei Fragebögen 205, 478 und 480 zeigen wir im Folgenden, wie dies funktioniert.

6.1.1   Aufrufen von SPSS

Zunächst ruft man SPSS auf. Der *Daten-Editor* von SPSS hat zwei Fenster (zu den einzelnen Bestandteilen von SPSS vgl. *Angele* (2010)). Das erste Fenster ist die *Datenansicht* (obere Grafik auf der nächsten Seite). Da noch keine Variablennamen vergeben und keine Daten eingegeben wurden, ist dieses Fenster noch völlig leer. Dasselbe gilt für die *Variablenansicht*, das zweite Fenster des Daten-Editors von SPSS (untere Grafik auf der nächsten Seite). Während man in der Datenansicht die Daten anschauen kann, sind in der Variablenansicht alle Variablen und ihre Formatierungen aufgelistet, die im Datensatz enthalten sind. Auf die Variablenansicht kommt man, indem man mit der Maus auf „Variablenansicht" klickt.

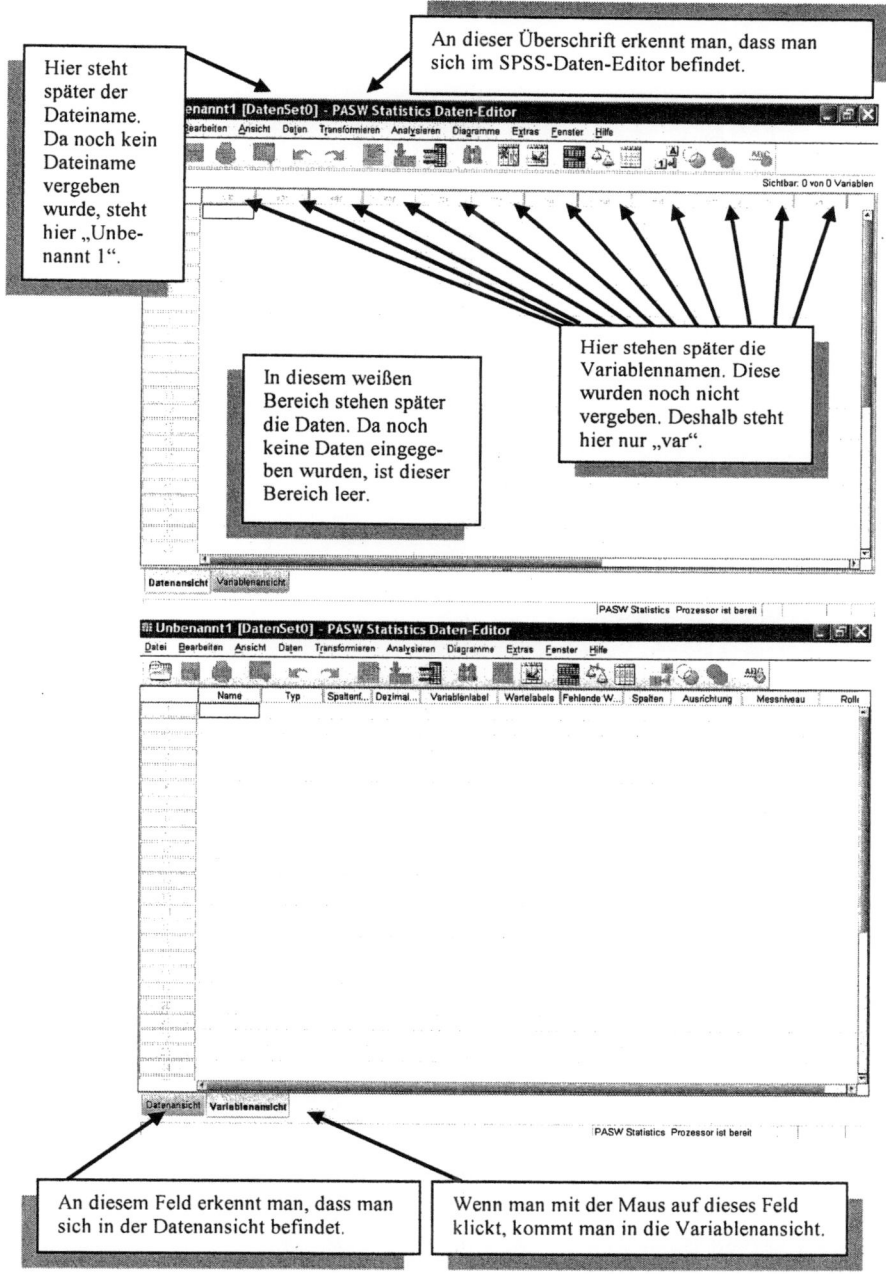

An dieser Überschrift erkennt man, dass man sich im SPSS-Daten-Editor befindet.

Hier steht später der Dateiname. Da noch kein Dateiname vergeben wurde, steht hier „Unbenannt 1".

In diesem weißen Bereich stehen später die Daten. Da noch keine Daten eingegeben wurden, ist dieser Bereich leer.

Hier stehen später die Variablennamen. Diese wurden noch nicht vergeben. Deshalb steht hier nur „var".

An diesem Feld erkennt man, dass man sich in der Datenansicht befindet.

Wenn man mit der Maus auf dieses Feld klickt, kommt man in die Variablenansicht.

6.1.2 Variablennamen eingeben

Der erste Schritt der Datenerfassung ist die Festlegung der Eigenschaften der Variablen. Die Variablen des soziologischen Forschungspraktikums 2000/2001 sollen in der Reihenfolge aufgenommen werden, in der sie im Codeplan stehen: Die erste Variable ist die Fragebogennummer, die zweite die Interviewernummer, die dritte die Befragungssituation, die vierte der Befragungsort, die fünfte der Stadtteil, in dem der Befragte wohnt, usw. Der Variablenname ist bereits im Codeplan festgehalten: Für „Fragebogennummer" wurde der Variablenname „id" vergeben, für „Interviewernummer" „int", für „Befragungssituation" „sit", für „Befragungsort" „stadt", für „Stadtteil" „v01" usw. Der Forscher entscheidet, welche Variablennamen er vergibt.[12] Er könnte auch andere Variablennamen vergeben – wichtig ist, dass diese Variablennamen im Codeplan festgehalten werden, damit andere ihre Bedeutung nachvollziehen können. Der Datenerfasser gibt in der Variablenansicht des SPSS-Datenfensters in die Spalte „Name" der Reihe nach die Variablennamen ein. Nachdem die ersten 13 Variablennamen erfasst wurden, sieht dies so aus:

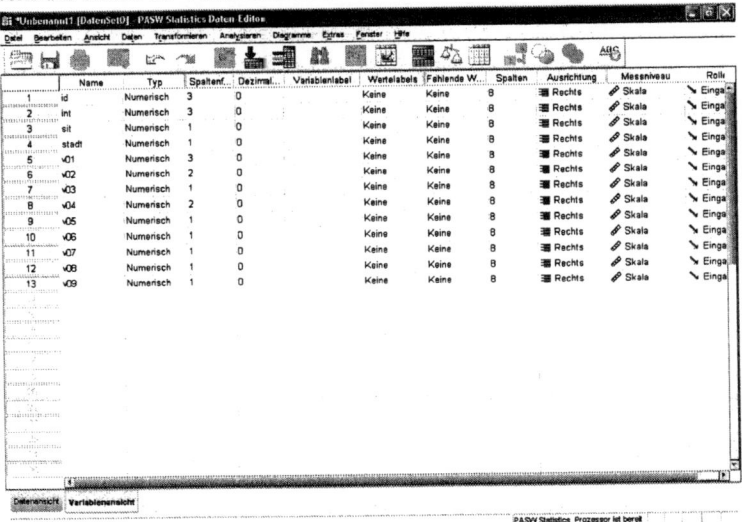

In der Spalte „Typ" gibt man an, um welche Art von Variable es sich handelt: eine Zahl oder eine Textvariable. Gibt man nichts an, wird die Variable per Voreinstellung

---

[12] Bis zur Version 12 ließen sich in SPSS nur Variablennamen vergeben, die maximal acht Zeichen lang waren und bestimmte Zeichen nicht enthielten. Der Variablenname „Fragebogennummer" hätte also zum Beispiel nicht vergeben werden können. Die Regeln, die bei der Vergabe von Variablennamen zu beachten sind, beschreibt *Angele* (2010).

als „numerisch" – also als Zahl – definiert. Der Fragebogen für das soziologische Forschungspraktikum 2000/2001 enthält nur numerische Variablen.

In der Spalte „Spaltenformat" gibt man an, wie lang Ausprägungen der Variable maximal werden können. Für die Länge muss man auch Nachkommastellen sowie Kommata einrechnen. Der Wert „21,99" zum Beispiel hat demnach fünf Stellen. Näheres hierzu finden Sie in *Angele* (2010). Die maximale Variablenlänge entnimmt man dem Codeplan und den Hintergrundinformationen zum Datensatz. Beispielsweise wurden im Rahmen des soziologische Forschungspraktikums 2000/2001 493 Personen befragt. Es gibt also 493 Fragebogennummern. Die Zahl „493" hat drei Stellen vor dem Komma, aber keine Nachkommastellen. Also benötigt man eine dreistellige Zahl. Man gibt bei Spaltenformat „3" und bei „Dezimalstellen" „0" an. Entsprechend verfährt man mit den anderen Variablen. Man kann auch auf die Eingaben in den Spalten „Spaltenformat" und „Dezimalstellen" verzichten – dann vergibt SPSS automatisch ein Spaltenformat. Das weitere Arbeiten mit SPSS wird normalerweise nicht dadurch beeinträchtigt, dass man auf diese Eingaben verzichtet. Die Variablen können auch mit Hilfe des Syntax-Befehls FORMATS formatiert werden.

6.1.3 Daten eingeben

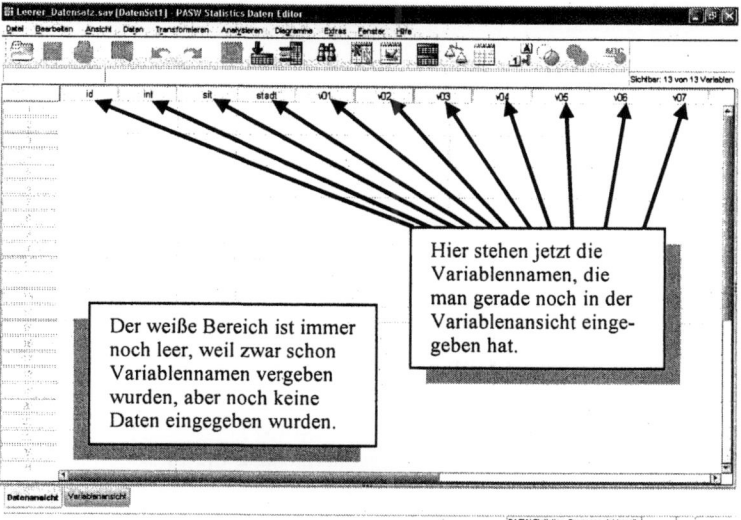

Der weiße Bereich ist immer noch leer, weil zwar schon Variablennamen vergeben wurden, aber noch keine Daten eingegeben wurden.

Hier stehen jetzt die Variablennamen, die man gerade noch in der Variablenansicht eingegeben hat.

Hat man alle Variablennamen eingegeben, erfolgt als nächstes die Dateneingabe. Hierzu schaltet man zuerst wieder auf die Datenansicht um. Vergleicht man die Datenansicht vor der Eingabe der Variablennamen (vgl. S. 35) mit der Datenein-

sicht danach (Grafik auf der vorherigen Seite), sieht man, dass sich das Bild
verändert hat. Der Datensatz ist immer noch leer, aber jetzt stehen in der Kopfzeile die Variablennamen, die man gerade eben in der Variablenansicht festgelegt hat, und zwar in der Reihenfolge, in der man sie in der Variablenansicht
festgelegt hat.

Nun kann man die Daten eingeben. Nehmen wir an, wir wollen zunächst die
Informationen eingeben, die in Fragebogen 205 enthalten sind. Wir geben jetzt
in die erste Zeile des weißen Feldes in die Spalte „id" die Fragebogennummer
ein: 205. Sobald man in einer Zeile den ersten Wert eingegeben hat, erscheinen
in allen übrigen Feldern der Zeile Kommata:

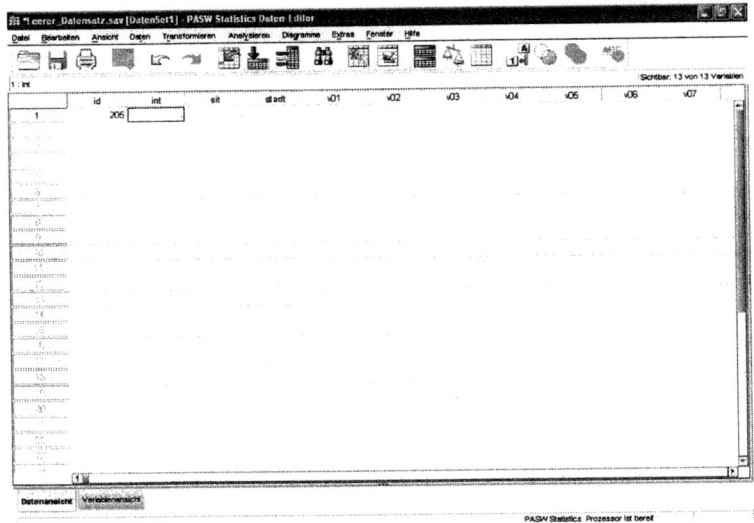

Die Kommata bedeuten, dass SPSS (noch) keine Informationen hat, welche Werte
hier stehen sollen – es handelt sich um (systembedingt) fehlende Werte.

Nach und nach gibt man die Informationen für den Datensatz weiter ein: Der
Fragebogen 205 wurde von Andreas Schneider ausgefüllt. Man gibt aber in den
Datensatz nicht „Andreas Schneider" ein, sondern eine Zahl, die Andreas Schneider
repräsentiert: die Interviewer-Nummer. Andreas hatte die Interviewer-Nummer 41.
Deshalb gibt man in die erste Zeile der Spalte „int" „41" ein. Es handelte sich bei dem
Interview um eine Straßenbefragung. Auch hier gibt man nicht „Straßenbefragung"
ein, sondern eine Zahl. Diese Zahl muss homomorph mit dem Inhalt „Straßenbefragung" sein (vgl. hierzu *Behnke* et al. (2010)). Welche Zahl für „Straßenbefragung"
eingegeben werden soll, entnimmt man dem Codeplan: 2. Deshalb gibt man in die

erste Zeile der Spalte „sit" „2" ein. Entsprechend verfährt man mit den übrigen Fragen: Die Stadt Forchheim hat den Code „2" – man gibt in die erste Zeile der Spalte „stadt" „2" ein. Die Befragte wohnte in Forchheim-Ost. Forchheim-Ost hat den Code „4" – man gibt in die erste Zeile der Spalte „v01" „4" ein. Die Befragte wohnte seit 13 Jahren in Forchheim. Man gibt in die erste Zeile der Spalte „v02" „13" ein. So gibt man nach und nach alle Informationen ein, die im Fragebogen 205 enthalten sind:

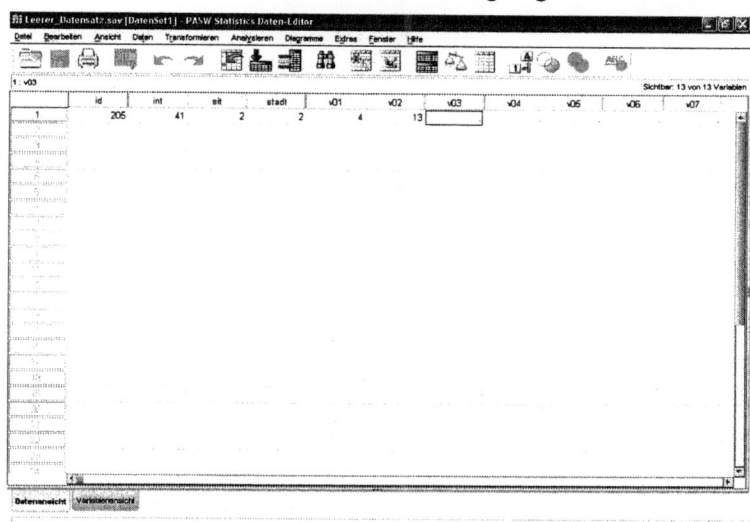

Gibt man danach die Informationen ein, die in den Fragebögen 478 und 480 enthalten sind, ergibt der Datensatz das Bild auf der folgenden Seite oben. Man sollte zwischendurch nicht vergessen, die Daten zu speichern.

6.2   Manuelle Dateneingabe mit Hilfe einer Eingabemaske

Bei großen Datensätzen ist die manuelle Dateneingabe direkt in den Datensatz umständlich und zeitraubend. Eingabemasken erleichtern diese Arbeit. Eingabemasken kann man z. B. mit SPSS Data Entry oder dem Datenbank-Programm Access erstellen. Sie zeigen jeweils einen Fall möglichst kompakt, wenn möglich vollständig, auf einer Bildschirmansicht. Bei der Eingabe springt der Cursor automatisch ins nächste auszufüllende Feld, so dass derjenige, der die Daten erfasst, „blind" tippen kann und sich das Anklicken des nächsten Feldes erspart. Außerdem können – ähnlich wie bei digitalen Fragebögen – Hilfen programmiert werden, wie ein Bestätigungston beim Springen ins nächste Feld, ein Warnton bei unzulässigen Werten, eine automatische Filterführung etc.

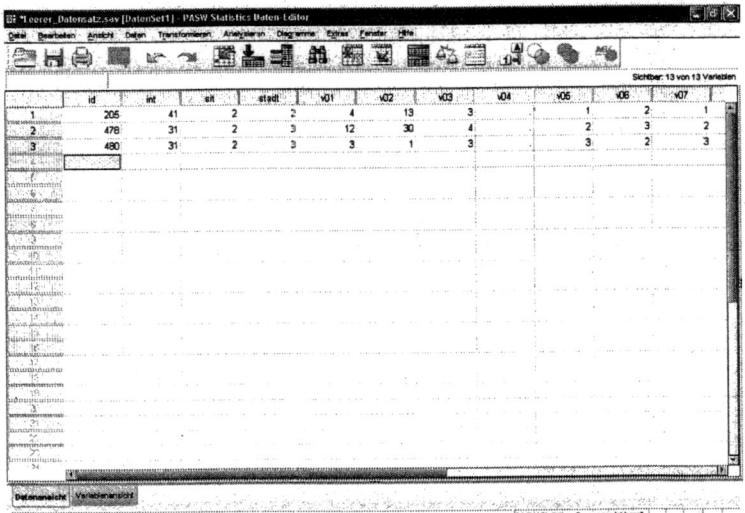

Moderne Eingabemasken formatieren die Daten gleich in der gewünschten Weise. Sie bündeln also vor allem Ziffern zu mehrstelligen Zahlenwerten, speichern sie als Ausprägung einer Variablen ab und vergeben Variablennamen. Access speichert die Daten zwar nicht im SPSS-Format (.sav) ab, jedoch in Formaten, die von SPSS gelesen werden können (z. B. im Excel-Format .xls). Anbei ein Beispiel für eine Eingabemaske zur Datenerfassung in Access:

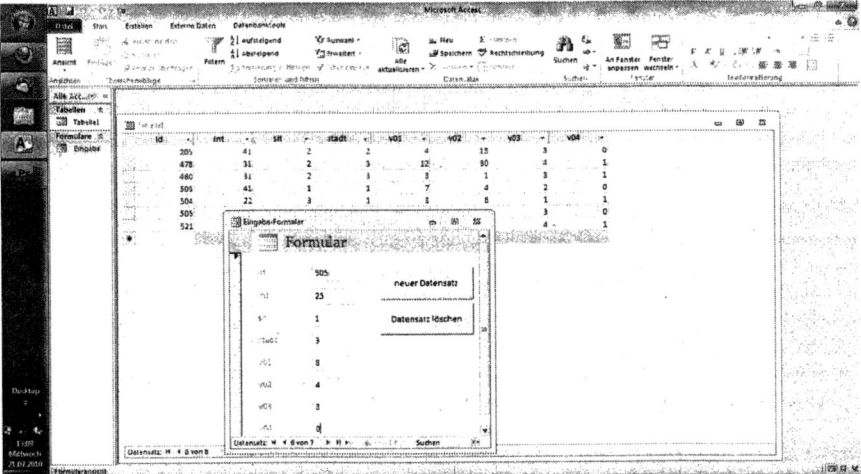

6.2.1 ASCII-Daten

ASCII-Daten sind unformatierte Daten, also Zeilenkolonnen aus Ziffern- oder Buchstabenfolgen. Ohne weitere Informationen ist ihnen nicht anzusehen, welche Zeichen jeweils eine Variablenausprägung darstellen, wie die Variablen heißen, welche Werte für welche Antworten stehen usw. Um daraus einen formatierten Datensatz zu machen, der sich auswerten lässt, müssen ASCII-Daten mittels einer Steuerdatei in SPSS eingelesen werden. Es fällt also ein weiterer Arbeitsschritt an. Diese Vorgehensweise ist zwar heute überholt, ältere Datensätze bekommt man aber mitunter in dieser Form. Nachstehend ein Beispiel für einen ASCII-Datensatz:

```
rohdaten.txt - Editor                                                      _|□|x|
Datei  Bearbeiten  Format  ?
00693512                000088020            290820181249102 1112030
302 2                          1121333333122443141320204 5000   4311000
                        313
0073330110    2000210121                     3108802852210041                102010
5     2010   010 1100022      392504 54444443400242543345 54414  4110010
1001001000001000000   01420
0133340111    20091  10                       41092   92100  43              101091
1                             5 1409554350555002432332344550  4302000
1001000000000000000000001401
0203320110    10031   11                      230870285221   2 1102040
5    300131010 3080025        2 120402044345400241322434400211133 3110
1001001000000000000   01313
0233510110    30 299010                        1  930093124  1                102010
604                           4 1304044250554002435543455240   4203000
1001010000000000000   09001
0443330111    10991  10                       320960492221  1                103030
5    201033000 1140023        3 210349223455200152221314412 0  2121000
1001001000000000000   01303
0459421121999991  23 110                      310
1001001000010000 99100        2304445550434002434344300551 5 4211211
0791330110    100521 110                      21082  82189102                102011
1                             34044445505950144444454 55000    4313333
1001001000000000000   01501
0818341110    201125 011                      210830182239102 1102070
2032                          4214045444404444444244433444 30   4322321
1001001000000000000   01890
0841321120199830  1  10                       210   81183002                102010
4    3000    1 91400540720713522215944443444303333442444332333303932
1001001100000000000   01200
0878   3                      171999330203209200922891 11                102010
5    3000    1 1010013        3 2209999999999999999999999999999999999
0101101000000000000   02200
0888330110    10021  11                       3109615812
```

Was man den Daten ansehen oder zumindest erahnen kann, ist, wo ein neuer Fall beginnt, wie viele Fälle es gibt und wie viel Fragen jeder Befragte ungefähr beantwortet hat. Es gibt immerhin Zeilen und Zeilenumbrüche. In jeder Zeile können maximal 80 Zeichen gespeichert werden. Gibt es pro Fall mehr Daten, als sich mit 80 Stellen speichern lassen (das sind z. B. 80 einstellige oder 20 vierstellige Variablen), muss jeder Fall in mehreren Zeilen gespeichert werden. In der Regel wird nicht bei jeder Zeile das Maximum von 80 Zeichen ausgeschöpft (weil z. B. am Ende noch drei Stellen frei wären, die nächste Variable aber fünfstellig ist). Daher weisen die Rohdaten ein regelmäßiges Muster von Zeilenlängen auf. Im obigen Beispiel besteht jeder Fall – jede befragte Person – aus drei Zeilen: die erste hat jeweils bis zu 78 Zeichen, die zweite bis zu 68, die dritte Zeile enthält die verbleibenden 26 Zeichen. Auch Lücken – fehlende Werte – treten mit einer gewissen Regelmäßigkeit auf. Mehr noch als fehlerhafte Angaben prägt hier die Filterführung das Bild: In der ersten Zeile jeden Falles taucht im Beispiel oben oft im mittleren und im hinteren Teil eine Lücke von 21 bzw. 12 fehlenden Zeichen auf.

SPSS muss diese Rohdaten nun einlesen. Dazu genügen im Grunde zwei Befehle. Der SET-Befehl kann vorausgeschickt werden, um das Einlesen vorzubereiten. Dabei werden Voreinstellungen für das Datenfenster definiert, etwa die Behandlung fehlender Werte:

```
SET BLANKS=SYSMIS UNDEFINED=WARN.
```

Danach folgt der entscheidende DATA LIST-Befehl: Man gibt SPSS zunächst in der Zeile FILE = "..." an, wie die Datei mit den Rohdaten heißt und in welchem Verzeichnis sie zu finden ist. Eine zweite Zeile (FIXED RECORDS) definiert, dass (in diesem Beispiel!) jeder Fall aus drei Zeilen besteht. Nun folgt die Zuweisung der Zeichen zu Variablen, die SPSS dann automatisch bildet. Mit /1 wird die Definition der Zeichen in der ersten Zeile eingeleitet, unter /2 werden Zeichen der zweiten Zeile zugewiesen, unter /3 die Zeichen der dritten Zeile. Jede Zuweisung erfolgt durch einen Variablennamen – hier: id, int, a1, a2, a3 usw. –, gefolgt von der Information, welche Stellen zu dieser Variablen gehören: id besteht aus den ersten drei Zeichen der ersten Zeile, int ist eine einstellige Variable und steht in Position 4, die Ausprägung für die zweistellige Variable a1 ist an den Stellen 5 und 6 zu finden.

```
DATA LIST FILE = "C:\XY-Projekt\Rohdaten\rohdaten.txt"
    FIXED RECORDS = 3 TABLE
    /1 id 1-3 int 4 a1 5-7 a2 8 a3 9 a3a 10-14 a4 15
       a4a 16 a4b 17-18 a5 19 a5a 20 a5b 21 a5c 22 a6 23
       a6a 24-28 a10 29-31 a10a 32-33 a10b 34 a12 35-36
       a13 37-40 a14a 41-42 a14b 43-44 a14c 45 b1 46 b2
       47 b2a 48 c1 49-50 c2 51-52 c3 53-54 c4 55 c5 56
       c6 57 c6a 58 c6b 59 c7 60 c7a 61 c8a 62 c8b 63
       c8c 64 c9 65 c9a 66 c10 67 c10a 68 c11 69 c11a 70
       c12 71 c12a 72 c13 73 c13a 74 c14 75 c14a 76 c15
       77 c15a 78
    /2 c16 1 c16a 2-3 c17 4 c18 5 c19 6 c19a 7 c19b 8
       c19c 9 c20a 10 c20b 11 c20c 12 c20d 13 c20e 14
       c21 15 c22 16 c22a 17 c23 18 c23a 19 c23b 20 c24
       21 c25 22 c26 23-25 c26a 26-27 c26b 28-29 d1 30
       d2 31 d3 32 d4 33 d4a 34 m1 35 m2 36 m3 37 m4 38
       m5 39 m6 40 m7 41 m8 42 m9 43 m10 44 m11 45 m12
```

```
46 m13 47 m14 48 m15 49 m16 50 m17 51 m18 52 m19
53 m20 54 m21 55 m22 56 m23 57 m24 58 m25 59 m26
60 m27 61 m28 62 m29 63 m30 64 m31 65 m32 66-68
/3 eink1 1 eink2 2 eink3 3 eink4 4 eink5 5 eink6
6 eink7 7 eink8 8 eink9 9 eink10 10 eink11 11
eink12 12 eink13 13 eink14 14 eink15 15 eink16 16
eink17 17 eink18 18 eink19 19 einksnst 20-21
einkmax 22-23 eink 24 einkverm 25 verb 26.
```
EXECUTE.

Diese Befehlsstruktur ist im Prinzip einfach zu schreiben, wobei sich allerdings sehr leicht Tippfehler einschleichen. Diese können zu einer Fehlermeldung führen. Es kann aber auch sein, dass der Befehl „funktioniert", aber aufgrund eines Flüchtigkeitsfehlers in manchen Variablen falsche Werte stehen. Dies unterstreicht, wie wichtig es ist, die Dateneingabe anschließend zu kontrollieren (siehe unten).

6.3 Einscannen der Fragebögen

Statt Daten manuell einzugeben, können die Fragebögen auch gescannt werden. Dabei muss jede Seite des Fragebogens mit einem Scanner digitalisiert werden. Ähnlich einer Schrifterkennung wird die Seite jedoch nicht (nur) als Bilddatei gespeichert. Stattdessen werden an bestimmten, vorher definierten Stellen auf der Seite (den anzukreuzenden Kästchen) weiße oder dunkle Stellen als nichtangekreuzte oder angekreuzte Antwortvorgaben ausgewertet. Der Fragebogen wird also gelesen im Sinne von Variablen und Variablenausprägungen. Dazu sind Vorarbeiten *bereits bei der Fragebogengestaltung* nötig:

Ähnlich den Eingabemasken und ähnlich den digitalen Fragebögen muss auch die Erkennungssoftware programmiert werden, um zu „wissen", welche Variablen es gibt, auf welcher Seite sie wo nach Kreuzen suchen und wie sie sie interpretieren soll. Oft ist ein bestimmtes Fragebogenlayout nötig, damit die Software die Seiten auslesen kann. Z. B. gibt es Markierungspunkte in den Ecken, damit auch leicht schräg eingezogene Seiten richtig gelesen werden. In der Regel muss bereits die Fragebogengestaltung mit einer entsprechenden speziellen Software umgesetzt werden, die auf die Erkennungssoftware abgestimmt ist. Die Fragebögen müssen deutlich und mit bestimmten Farben (im Zweifelsfall schwarz) ausgefüllt werden. Andernfalls kann die Unterscheidung von Kreuz und Nicht-Kreuz misslingen. In Abhängigkeit von der Art und Weise, in der Fragebögen ausgefüllt wurden, muss die Software auch dahingehend angewiesen werden, welche Graustufen in welchem Bereich (im oder um das Kästchen herum) noch als Kreuz zu lesen sind. Die ausgefüllten Fragebögen schließlich müssen aufgeschnitten werden, um dann Blatt für Blatt vom Scanner eingezogen werden zu können. Das Ordnen bzw. In-Ordnung-Halten der Papierstapel ist dann ggf. eine weitere ernste Herausforderung.

Auch beim Scannen von Fragebögen entwickeln sich Technik und Preise natürlich weiter. Und auch auf diesem Terrain dürften wir in Zukunft attraktivere Lösungen mit einer weiteren Verbreitung erleben. Dennoch wird das Scannen wahrscheinlich eine Art der Datenerfassung bleiben, die einen gewissen Spezialisierungsgrad erfordert. Für größere Institute wird sich die Frage stellen, ob Scanner und Software angeschafft werden, um dann einen entsprechend geschulten Mitarbeiter mit dieser Aufgabe zu betrauen. Danach können dann regelmäßig Fragebögen im eigenen Hause mittels Scanner erfasst werden. Für kleine Institute oder Lehrstühle wird es eine Alternative sein, das Erfassen der Daten (inklusive Fragebogendesign) an ein Institut mit Scanner und Spezialisten auszulagern.

6.4   Überblick über Vor- und Nachteile von Datenerfassungstechniken

Tabelle 1.1 gibt abschließend noch einmal einen Überblick über die Techniken der Datenerfassung und ihre jeweiligen Vor- und Nachteile:

Tabelle 1.1: Technik der Datenerfassung

Technik	Vorteile	Nachteile	Einsatz sinnvoll
Eingabe direkt in das SPSS-Datenfenster	keine Vorarbeiten, keine technischen Voraussetzungen, Fehlerkontrolle des Faktors Mensch	hoher Zeit- und Arbeitsaufwand, zusätzliche Fehlerquelle durch Faktor Mensch	bei sehr geringer Fallzahl, bei kurzen Fragebögen (bis ca. 100 Fälle und 30 Variablen)
Manuelle Datenerfassung über Windows-gestützte Software: z. B. Data Entry, Access	Fehlerkontrolle durch Faktor Mensch und durch Filterregelungen	zusätzliche Fehlerquelle durch Faktor Mensch, zusätzliche Arbeit: Erstellung der Datenmaske, u. U. hohe Anschaffungskosten für neue Software	bei geringer bis mittlerer Fallzahl, bei umfangreichem Fragebogen, bei unsauber ausgefüllten Fragebögen (z. B. schriftliche Befragung)
Manuelle Datenerfassung im ASCII-Format + Einlesen über Steuerdateien	geringe technische Voraussetzungen, Fehlerkontrolle durch Faktor Mensch	relativ hoher Zeit- und Arbeitsaufwand, zusätzliche Fehlerquelle durch Faktor Mensch, zusätzliche Arbeiten: Codeplan, Erstellung der Datenmaske, Steuerdatei, u. U. Vorcodierung	überholt (Allerdings liegen ältere Datensätze z.T. noch im ASCII-Format vor und müssen für Reanalysen mittels Steuerdatei eingelesen werden.)
Scannen von Fragebögen (z. B. Teleform)	geringer Zeit- und Arbeitsaufwand, u. U. Fehlerkontrolle durch Filterregelungen	Technikabhängigkeit u. U. zusätzliche Fehlerquelle, Fragebogendesign muss systemgerecht sein und daher i. d. R. mit ausgelagert werden, Fragebögen müssen systemgerecht ausgefüllt sein	bei hoher Fallzahl, bei geringer Seitenzahl, bei sauber und zuverlässig ausgefüllten Fragebögen (geschulte Interviewer)

7   Schritt 6: Nachkontrolle der Dateneingabe mit LIST

An die Dateneingabe sollte sich eine Fehlerkontrolle anschließen, z. B. mit dem LIST-Befehl.[13] Der nachstehende Befehl erzeugt eine Auflistung aller eingegebenen Daten unserer drei Beispielfragebögen:

```
LIST VARIABLES = id TO v04.
```

SPSS führt den Befehl aus und schaltet auf das Ausgabefenster um. Dieses zeigt folgendes Ergebnis:

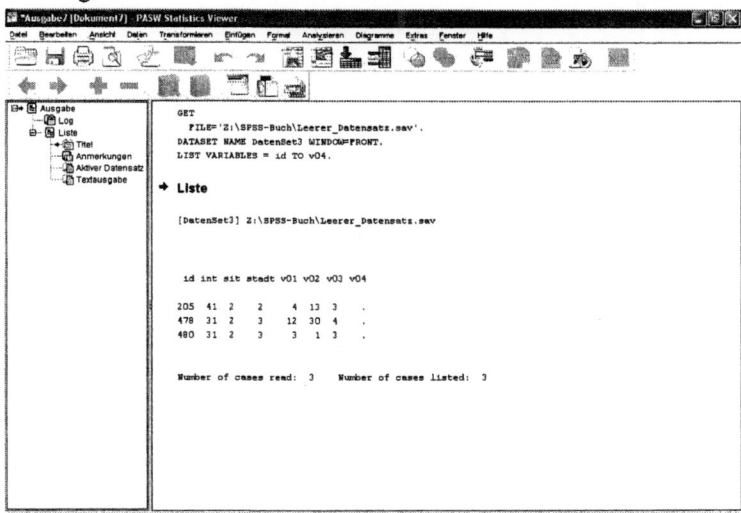

Die Ausgabe führt also alle Werte an, die bei den betreffenden Variablen im Datensatz stehen. Diesen Zahlen kann man ihre Bedeutung mit Hilfe von SPSS nicht entlocken – man benötigt hierzu den Codeplan. Ob diese Angaben korrekt sind, muss man mit Hilfe der Fragebögen überprüfen. Es ist also erforderlich, alle Fragebögen nochmals durchzugehen. Es reicht jedoch nicht, dass man nur diese Variablen überprüft – mit Hilfe weiterer LIST-Befehle muss man auch alle übrigen Variablen überprüfen. Bei kleinen Datensätzen genügt der Befehl:

```
LIST VARIABLES all.
```

Nachdem man sich vergewissert hat, dass alle Daten korrekt eingegeben worden sind, darf man nicht vergessen, den Datensatz nochmals abzuspeichern. Wichtig ist, dass man den Datensatz im Daten-Editor, die Ausgabe im Viewer sowie die Syntaxen im Syntax-Editor jeweils getrennt abspeichern muss.

---

[13]   Zum LIST-Befehl vgl. *Angele* 2010, *Wittenberg / Cramer* 2003 und *SPSS Inc.* 2006.

Nachdem die Dateneingabe erfolgreich abgeschlossen ist, ist der sogenannte
Rohdatensatz fertig. Der Datensatz „Datensatz_drei_Faelle.sav" ist der Rohdatensatz für die Befragten Nr. 205, 478 und 480. Genauso, wie es hier beschrieben
wurde, wurden im Rahmen des Forschungspraktikums 2000/2001 auch die übrigen
Fragebögen eingegeben. Der Rohdatensatz für alle Fragebögen des Forschungspraktikums 2000/2001 ist unter dem Namen „Rohdaten_FoPra_2000-2001.sav"
auf der Verlagswebseite abgelegt. Er ist folgendermaßen aufgebaut:

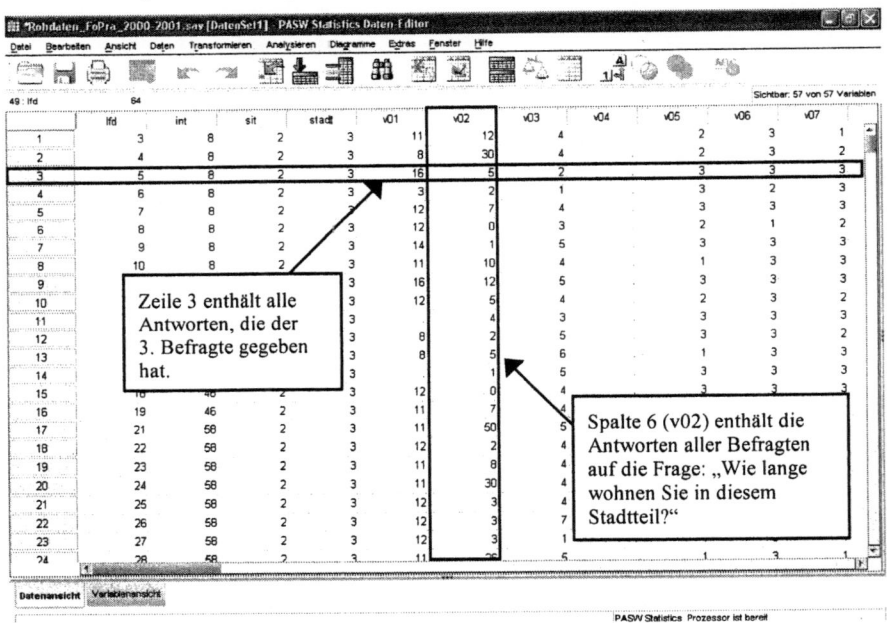

- *Zeilen:* Die Zeilen enthalten die Antworten, die ein Befragter auf die einzelnen
  Fragen gegeben hat. Beispielsweise wohnt die Person in der dritten Zeile in Erlangen (stadt = 3), wohnt seit 5 Jahren im selben Stadtteil (v02 = 5), wohnt in
  einem Reihenhaus (v03 = 3) usw.
- *Spalten:* Die Spalten enthalten die Antworten aller Befragter auf eine bestimmte Frage. Beispielsweise enthält die 6. Spalte (Überschrift: v02) die Antworten,
  die die Befragten auf die Frage gegeben haben: „Wie lange wohnen Sie in diesem Stadtteil?" Die Person in der ersten Zeile wohnt seit 12 Jahren (v02 = 12),
  die Person in der zweiten Zeile seit 30 Jahren (v02 = 30), die Person in der dritten Zeile seit 5 Jahren (v02 = 5) und die Person in der vierten Zeile seit 2 Jahren in ihrem Stadtteil (v02 = 2).

8 Exkurs:
Wie kommt man vom Datensatz zu statistischen Maßzahlen?

Der Rohdatensatz enthält für jede Variable die Werte für jeden Befragten. Der Datensatz, dessen Eingabe wir im Abschnitt 6.1 dieses Kapitels beschrieben haben, enthält beispielsweise die Informationen, welche Antworten die Befragten Nr. 205, 478 und 480 auf die Fragen gegeben haben (vgl. S. 39). Soziologen interessieren sich aber nicht für die einzelne Person sondern für soziale Kollektive. Ein interessanter Gesichtspunkt hierbei sind Verteilungen und Zusammenhänge von Variablen im Kollektiv. Man möchte also die Informationen über die einzelnen Variablen verdichten. Wie geht man hierzu in SPSS vor?

Nehmen wir an, wir wollen berechnen, wie lange die Befragten im Durchschnitt in ihrem Stadtteil gewohnt haben. Würde man den Mittelwert per Hand berechnen, würde man die Werte der einzelnen Befragten zusammenzählen und durch die Gesamtzahl der Befragten teilen: Befragte 205 hat 13 Jahre in ihrem Stadtteil gewohnt, Befragter 478 30 Jahre und Befragter 480 1 Jahr – das macht zusammen 44. Geteilt durch drei (weil drei Personen befragt wurden), ergibt dies etwa 15 Jahre.

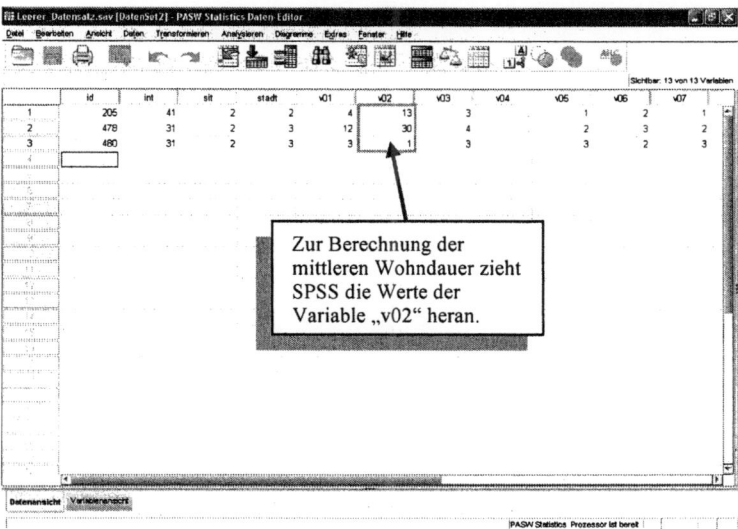

Genauso macht es SPSS auch: Zur Berechnung des Mittelwerts zählt SPSS die Werte aller Befragten in einer Variable zusammen und teilt sie durch die Gesamtzahl der Befragten, die zur entsprechenden Frage eine Auskunft gegeben haben. Wie wir in Abschnitt 7 erläutert haben, stehen die Antworten, die die

Befragten auf eine Frage gegeben haben, alle in einer Spalte. SPSS muss also nur alle Werte in dieser Spalte aufaddieren und durch die Anzahl der gültigen werte in dieser Spalte teilen.

Bei anderen univariaten Maßen und bei Tabellen arbeitet SPSS auch mit der entsprechenden Logik: Will man eine Häufigkeitstabelle berechnen, zählt SPSS zusammen, wie oft welcher Wert in einer Spalte vorkommt, und stellt diese Werte tabellarisch dar. Will man den Modus berechnen, zählt SPSS erst die Werte in einer Spalte zusammen und überprüft dann, welcher Wert am häufigsten vorkommt, usw. Bei bivariaten Maßen ist das Vorgehen dasselbe, nur dass SPSS nun die Werte von zwei Spalten verwendet. Bei multivariaten Verfahren (z. B. multiple lineare Regressionsanalyse und Faktorenanalyse) werden mehr als zwei Spalten verwendet.

Wie aber „weiß" SPSS, für welche Variablen es welche Maße und Tabellen berechnen soll? Dies muss der Forscher dem Programm über einen Befehl mitteilen. Hierzu öffnet man den Syntax-Editor und gibt den entsprechenden Befehl ein. Die mittlere Wohndauer kann man beispielsweise mit Hilfe des folgenden Befehls berechnen:

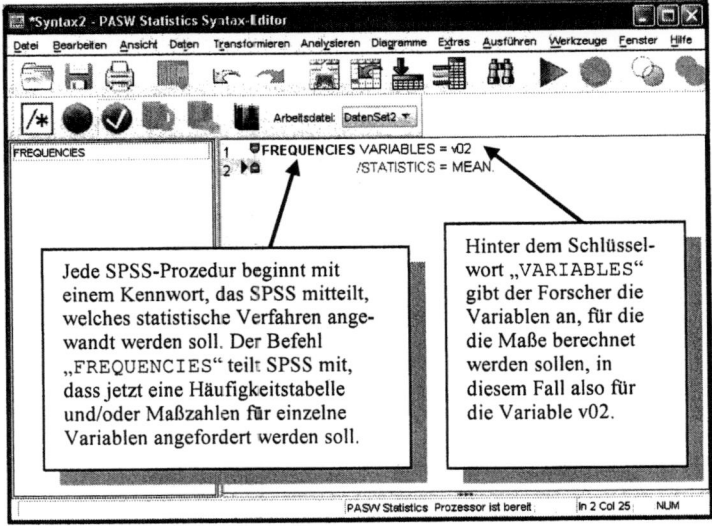

Man lässt SPSS den Befehl ausführen, und das Ausgabefenster öffnet sich. In diesem Fall gibt es u. a. folgende Informationen aus:

Statistiken

v02

N	Gültig	3
	Fehlend	0
Mittelwert		14,67

Der Mittelwert beträgt 14,67. Im Mittel wohnen die Befragten also schon etwa 15 Jahre in ihrem Stadtteil. Man könnte diese Werte auch einfach per Hand berechnen. Allerdings hat SPSS einen entscheidenden Vorteil: Bei großen Datensätzen ist es viel schneller. Müsste man beispielsweise per Hand rechnen, wie lange die fast 493 Befragten des soziologischen Forschungspraktikums 2000/2001 im Durchschnitt bereits in ihrem Stadtteil wohnen, würde dies sehr lange dauern – SPSS hat das Ergebnis in wenigen Sekunden berechnet. Teil II dieses Buches behandelt verschiedene statistische Verfahren detaillierter.

9   Schritt 7: Datenvorbereitung und Datenaufbereitung

Nach der Datenerfassung ist man aber noch nicht so weit, dass man statistische Maßzahlen berechnen kann. Auch wenn man die Daten bei der Dateneingabe noch einmal kontrolliert hat, kann der Rohdatensatz noch Fehler enthalten. Es kann auch sein, dass die Interviewer Fragebögen falsch ausgefüllt haben. Manche Variablen sind noch nicht in der Form, dass man sie für die spätere Analyse verwenden kann oder möchte. Die Datenvor- und -aufbereitung enthält alle erforderlichen Arbeitsschritte, um den Rohdatensatz in eine analysierbare Form zu bringen. Insbesondere zählen hierzu folgende Schritte:

1) Datenformatierung
2) Datenbereinigung
3) Umformen von Datensätzen
4) Bilden neuer Variablen

9.1   Datenformatierung

Ebenso wie die Rohdaten erscheinen auch die Ergebnisse, die SPSS liefert, nur als Zahlen. Nehmen wir beispielsweise an, man will überprüfen, wie die Antworten der drei Befragten 205, 478 und 480 auf folgende Frage verteilt sind: „Im folgenden geht es um Ihre Wohnumgebung. Welche der folgenden Feststellungen stimmen, welche stimmen teilweise, welche stimmen nicht? Erstens: Die Umgebung ist zu laut." Das kann man mit Hilfe eines FREQUENCIES-Befehls tun:

```
FREQUENCIES    VARIABLES = v05
               /STATISTICS = NONE.
```

SPSS gibt dann die Ausgabe auf der nächsten Seite aus. Diese ist folgendermaßen zu interpretieren: Ein Drittel der Befragten hat bei der Variable v05 den Wert „1", ein Drittel den Wert „2" und ein Drittel den Wert „3" angegeben – das ist jeweils genau ein Befragter. Will man wissen, was der Variablenname und die Zahlen inhaltlich bedeuten, muss man im Codeplan nachschauen: Jeweils ein Befragter stimmt der Aussage, dass seine Wohnumgebung zu laut sei, ganz zu, teilweise zu bzw. nicht zu. Dieses Nachblättern kann lästig sein. Außerdem kann man solche SPSS-Ausgaben nicht für Forschungsberichte und Präsentationen verwenden. Damit die SPSS-Ausgaben ordentlich beschriftet sind, müssen die Daten formatiert werden. Im Einzelnen kann man festlegen:

- Skalenniveau (VARIABLE LEVEL) (vgl. *SPSS Inc.* (2006))
- abhängig vom Erkenntnisinteresse: Fehlende Werte (MISSING VALUES) (vgl. hierzu *Angele* (2010)).
- Variablenbeschriftung[14] (VARIABLE LABELS) (vgl. *Angele* (2010))
- Wertebeschriftung[12] (VALUE LABELS) (vgl. *Angele* (2010))

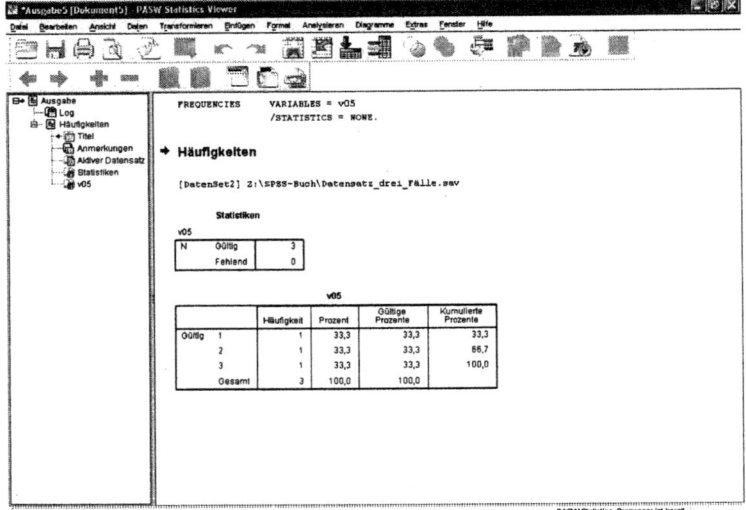

9.1.1 Prozedur VARIABLE LEVEL

Mit der Prozedur VARIABLE LEVEL kann man das Skalenniveau[15] einer Variablen festlegen. Die Prozedur hat folgende Syntax:

---

[14]   In Anlehnung an den englischen Ausdruck „label" („Etikett") wird oft auch im Deutschen von Variablenlabel und Wertelabel gesprochen.

[15]   Zur Erläuterung des Skalenniveaus vgl. Kapitel 4.2 in *Behnke* et al. 2010.

```
VARIABLE LEVEL  variablenliste (SCALE)
                /variablenliste (ORDINAL)
                /variablenliste (NOMINAL).
```

Mit dem Unterbefehl SCALE definiert man eine Variable als metrisch, mit dem Unterbefehl ORDINAL als ordinalskaliert und mit dem Unterbefehl NOMINAL als nominalskaliert. Diese Angaben wirken sich aber nicht auf die Berechnungen aus, die SPSS durchführt. Sie dienen nur zur Übersicht. Dies bedeutet: SPSS berechnet einen Mittelwert über eine nominalskalierte Variable (z.B. einen „durchschnittlichen Stadtteil"), auch wenn das Skalenniveau der Variablen im Datensatz definiert wurde. Sie müssen also selbst darauf achten, dass Sie nur Verfahren anwenden, deren Anwendung bei dem entsprechenden Skalenniveau auch sinnvoll ist. Dennoch ist es wichtig, sich vor jeder Datenanalyse darüber Gedanken machen, welches Skalenniveau die Variablen haben. Ist es niedriger als das Skalenniveau, das das gewünschte Verfahren voraussetzt, ist eine wichtige Anwendungsvoraussetzung für das Verfahren verletzt.

9.1.2 Prozedur MISSING VALUES

Mit dem Befehl MISSING VALUES werden bestimmte Werte als benutzerdefinierte fehlende Werte definiert und damit aus den Berechnungen ausgeschlossen.[16] Das ist für bestimmte Antwortkategorien sinnvoll, die keine inhaltlichen Informationen, sondern Gründe für das Fehlen der Information darstellen: die sogenannten Residualkategorein (vg. Abschnitt 3 in diesem Kapitel). Wenn man beispielsweise für die Variable v02 („Wie lange wohnen Sie in diesem Stadtteil?") den Wert „−1" als fehlenden Wert definiert, die Fälle, in denen aus unterschiedlichen Gründen keine inhaltliche Antwort erfasst werden konnte, jeweils mit „−1" erfasst und dann den Mittelwert berechnet, geht der Wert „−1" nicht in die Berechnung des Durchschnittsalters ein. Alle Fälle mit dem Wert „−1" werden aus dieser Berechnung (und den meisten anderen) ausgeschlossen. Das ist wichtig, weil sonst eine unsinnige durchschnittliche Wohndauer berechnet würde − die theoretisch sogar einen negativen Wert annehmen könnte. Lässt man sich die Häufigkeitsverteilung für eine Variable anzeigen, werden die als fehlend definierten Werte in der Spalte „gültige Prozente" ausgeschlossen.

Man kann für eine Variable mehrere fehlende Werte definieren. Beispielsweise kann man alle negativen Werte oder alle Werte, die größer als 90 sind, als fehlende Werte definieren.

---

[16] Es gibt Ausnahmen: Bei manchen Berechnungen können die Werte mit einbezogen werden, aber das muss man dann ausdrücklich einstellen.

Man kann für unterschiedliche Variablen unterschiedliche fehlende Werte definieren. Beispielsweise kann man für die Variable v02 alle negativen Werte als fehlende Werte definieren, für die Variable v03 den Wert „9", für v04 die Werte „0", „8" und „9" usw. Wenn man Berechnungen mit der Variable v02 macht, wird auch der Wert „9" mit analysiert, bei der Variable v03 werden alle negativen Werte mit analysiert (wenn es welche geben sollte). Manchmal interessiert auch gerade, welcher Anteil der Personen mit „weiß nicht" geantwortet hat. In diesem Fall würde man in einer Häufigkeitstabelle die Spalte „Prozent" (nicht „gültige Prozente") zurate ziehen, in der auch die als fehlend definierten Werte einbezogen werden.

Der Befehl MISSING VALUES verändert den Datensatz selbst – also die Werte in der Datenmatrix – nicht. Deshalb kann man ihn jederzeit rückgängig machen. Stattdessen werden bei der entsprechenden Variablen bestimmte Zahlen als fehlende Werte vermerkt, ähnlich wie bei Variablen- und Wertelabeln. Die Befehlsstruktur lautet folgendermaßen:

MISSING VALUES variablenname (werteliste).

Nach den Worten MISSING VALUES setzt man die Namen der Variable ein, für die fehlende Werte definiert werden sollen. In die Klammer kommen die Werte, die als fehlend definiert werden sollen. Für das obige Beispiel würde der Befehl lauten: MISSING VALUES V02 (LO THRU -1). „LO" steht für den kleinsten Wert, „HI" stünde für den größten. Will man die Definition fehlender Werte wieder aufheben, lässt man einfach die Klammer leer: MISSING VALUES V02 (). Ab jetzt werden alle Werte, auch die negativen, in die Analyse mit einbezogen. Wichtig: Sie können auch später Werte als user missing value definieren oder user missing value aufheben. Der MISSING VALUES-Befehl kann im Auswertungsprozess beliebig oft durchgeführt werden. Beispiel: Man hat an einem früheren Punkt der Datenanalyse die Kategorie „4" („weiß nicht") der Variablen v05 als user missing value definiert. Jetzt will man aber wissen, wie viele Personen mit „weiß nicht" geantwortet haben. Also hebt man alle fehlenden Werte der Variablen v05 mit folgendem Befehl wieder auf: MISSING VALUES V05 (). Hierzu ein weiteres fiktives Beispiel. Gegeben sind folgende Variablen:

sex	Geschlecht	auto	Häufigkeit des Autofahrens	fahrrad	Häufigkeit des Fahrradfahrens
0	Weiblich	1	Sehr selten	1	Sehr selten
1	Männlich	2	Selten	2	Selten
-1	Keine Angabe	3	Gelegentlich	3	Gelegentlich
		4	Oft	4	Oft
		5	Sehr oft	5	Sehr oft
		8	Weiß nicht	8	Weiß nicht
		9	Keine Angabe	9	Keine Angabe

Will man untersuchen, ob bei Männern ein Zusammenhang zwischen der Häufigkeit des Autofahrens und der Häufigkeit des Fahrradfahrens besteht, lautet die Syntax folgendermaßen (auch andere Lösungen sind möglich):

```
MISSING VALUES  sex  (-1)
                /auto fahrrad (8,9).
EXECUTE.
TEMPORARY.
SELECT IF (sex = 1).
CROSSTABS auto BY fahrrad
          /CELLS = TOTAL
          /STATISTICS = BTAU GAMMA.
```

9.1.3 Prozeduren VARIABLE LABELS und VALUE LABELS

Mit den Befehlen VARIABLE LABELS und VALUE LABELS wird die Beschriftung der Variablen bzw. der Ausprägungen in der SPSS-Ausgabe gesteuert. In Abschnitt 9.1 haben wir beispielsweise eine Häufigkeitsverteilung der Variable v05 angefordert. Um diese zu beschriften, müssen vor dem FREQUENCIES-Befehl die Variablen- und Wertelabels definiert werden:

```
VARIABLE LABELS v05  'Wohnumgebung zu laut'.

VALUE LABELS    v05  1 'Stimmt'
                     2 'Stimmt teilweise'
                     3 'Stimmt nicht'
                     4 'Weiß nicht'.

FREQUENCIES     VARIABLES = v05
                /STATISTICS = NONE.
```

Die SPSS-Ausgabe sieht nun folgendermaßen aus:

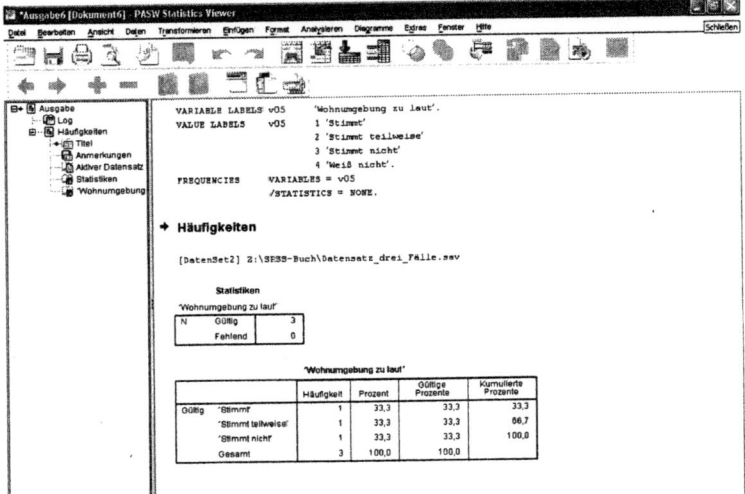

Vergleicht man diese Ausgabe mit der Ausgabe vor der Datenformatierung, so stellt man fest, dass sich an der Häufigkeitsverteilung nichts geändert hat: Noch immer stimmt jeweils ein Befragter der Aussage, dass seine Wohnumgebung zu laut sei, ganz zu, teilweise zu bzw. nicht zu. Was sich geändert hat, ist lediglich die Beschriftung: Statt „v05" steht nun „Wohnumgebung zu laut" in der Tabelle, statt dem Wert „1" „Stimmt", statt „2" „Stimmt teilweise" und statt „3" „Stimmt nicht". (Im Menü „Bearbeiten" – „Optionen" – „Beschriftung der Ausgabe" lässt sich auch voreinstellen, dass Variablenname *und* Variablenlabel sowie dass Werte *und* Wertelabel in der Ausgabe angezeigt werden.)

An der Ausgabe hat sich nur die Beschriftung geändert – aber hat SPSS vielleicht Veränderungen am Datensatz vorgenommen? Betrachtet man die Datenansicht, stellt man fest, dass nach der Datenformatierung sowohl die Variablennamen als auch die Zahlen dieselben geblieben sind:

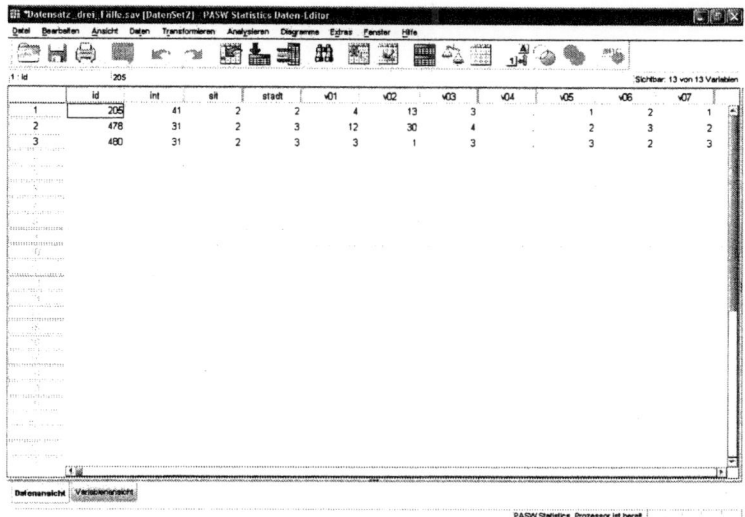

Schaltet man dagegen auf die Variablenansicht um, sieht man, dass sich hier tatsächlich etwas geändert hat – in der Spalte „Variablenlabel" steht bei der Variable „v05" „Wohnumgebung zu laut" – das ist genau der Text, der vorhin über den Befehl VARIABLE LABELS definiert wurde. Mit diesem Text werden alle Ausgaben beschriftet, die Berechnungen für diese Variable enthalten. Er ist der Titel für diese Berechnungen. Auch in der Spalte „Wertelabels" steht nun Text, den man aber nicht genau lesen kann:

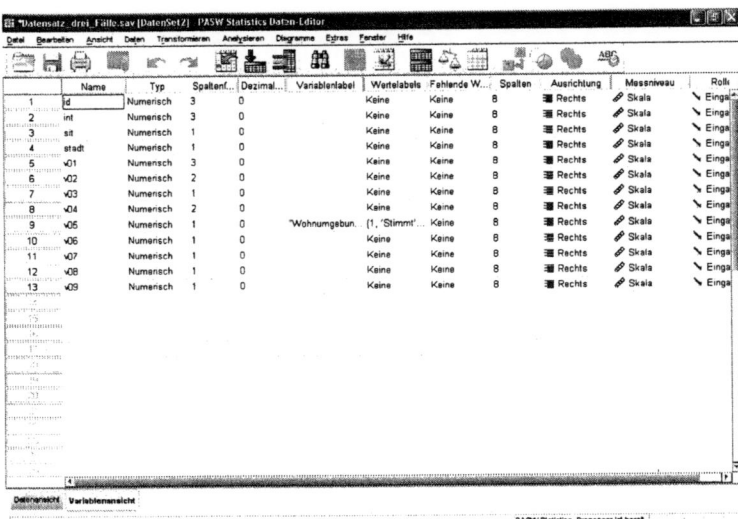

Um zu lesen, was in der Spalte „Wertelabels" bei der Variable v05 steht, muss man dieses Feld zuerst anklicken. Es erscheint ein graues Kästchen rechts von diesem Feld:

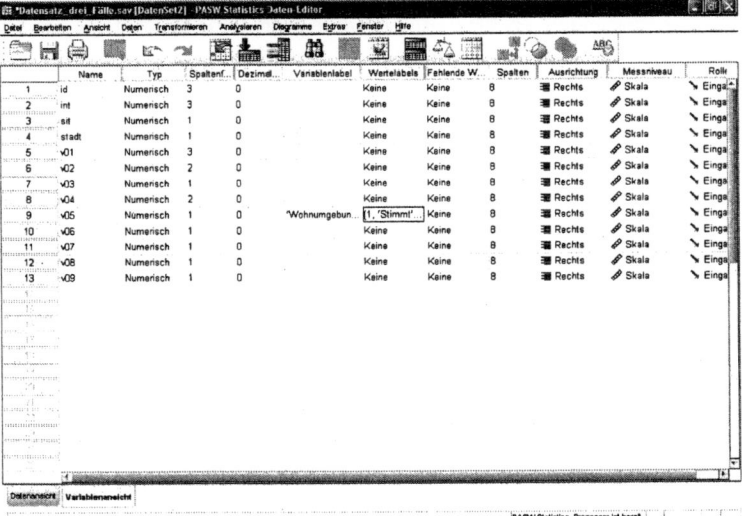

Klickt man mit der Maus auf dieses graue Kästchen, erscheint folgendes Feld:

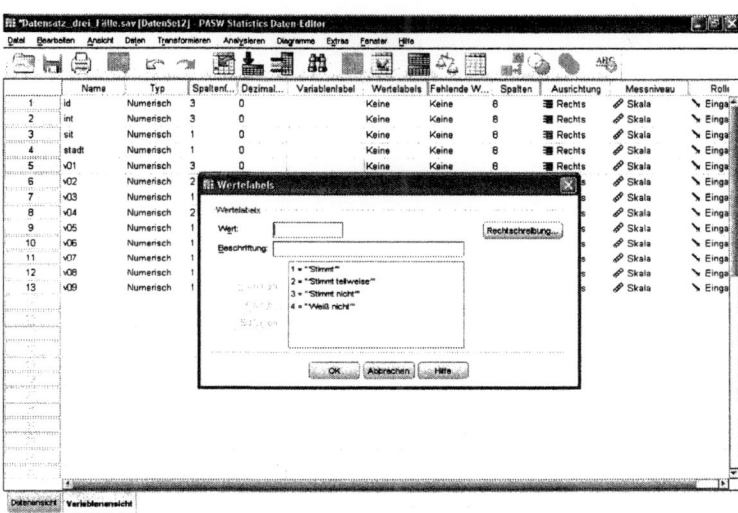

Hier stehen die Texte, die den Werten der Variablen v05 zugeordnet sind. Es sind genau die Texte, die vorher mit dem Befehl VALUE LABELS festgelegt wurden.

9.1.4 Zusammenfassung

Zusammenfassend lässt sich festhalten: Datendefinitionsbefehle verändern weder die Variablennamen noch die Zahlen, die im Datensatz stehen. Sie steuern lediglich die Beschriftung der Ausgaben bzw. die Definition fehlender Werte. Diese Informationen werden in der Variablenansicht des Daten-Editors festgehalten.

9.2   Datenbereinigung

Eine weitere Phase der Datenaufbereitung ist die Datenbereinigung. In dieser Phase werden falsche Codierungen, Formatierungen und Werte identifiziert und wenn möglich korrigiert. Ist eine Fehlerkorrektur nicht möglich, löscht man die entsprechenden Werte oder markiert sie als benutzerdefinierte fehlende Werte. Wie man hierbei vorgeht, wird in Kapitel 3 beschrieben.

9.3   Umformung von Datensätzen

Auch das Umformen von Datensätzen gehört zu den Vorarbeiten. Bei diesen Umformungen verändert man den Datensatz selbst. Es gibt folgende Möglichkeiten, die in den Kapiteln 4 bis 6 beschrieben werden:

–   *Datenselektion (Splitten / Filtern von Datensätzen)*: Der Datensatz wird in verschiedene Teilgruppen unterteilt, die getrennt analysiert werden. Alternativ werden ganze Fälle oder Fallgruppen aus dem Datensatz entfernt.

–   *Matchen von Datensätzen*: Man fügt dem Datensatz neue Fälle oder Variablen aus anderen Datensätzen hinzu.

–   *Wechsel der Analyseebene*: Manchmal kommt es vor, dass man in einer Erhebung Daten verschiedener Analyseebenen erhebt, z. B. kann es sein, dass man Informationen über einen Haushalt hat (Zahl der Haushaltsmitglieder, Haushaltseinkommen, Wohnort usw.) und gleichzeitig die einzelnen Haushaltsmitglieder befragt hat. Man führt eine so genannte Mehrebenenanalyse durch. Wie fügt man diese Informationen sinnvoll zusammen?

9.4   Bilden neuer Variablen

Schließlich kann man auch die Variablen verändern (siehe Kapitel 5 und 9):
–   Ändern der Werte bestehender Variablen (Rekodieren)
–   Bilden von Dummy-Variablen und Filtern
–   Zusammenfassen verschiedener Variablen / Bilden von Indizes
–   z-Transformieren von Variablen.

Kapitel 2
Nützliche Software und Fundorte für Daten

Nina Baur und Sabine Fromm

Die statistischen Analysen in diesem Lehrbuch werden mit dem Programm SPSS durchgeführt, einer der am weitesten verbreiteten Statistiksoftware in der sozialwissenschaftlichen Methodenausbildung und Forschungspraxis. Obwohl SPSS für viele Auswertungsprobleme sehr gut geeignet ist, birgt der Einsatz nur eines Programms stets die Gefahr, die eigene Arbeit durch die Auswertungsmöglichkeiten dieses Programms zu standardisieren und über Alternativen nicht mehr nachzudenken. Wir wollen in diesem Kapitel deshalb auf andere Statistiksoftware hinweisen, die zum Teil als Alternative, zum Teil als Ergänzung zum Einsatz von SPSS gesehen werden kann. Weiterhin verweisen wir auf Data Mining-Tools sowie auf Programme zur qualitativen Analyse. Für einige der genannten Programme sind Demoversionen als Freeware verfügbar und können von der jeweiligen Website herunter geladen werden.

Ein weiteres Problem, das sich gerade Forschungsanfängern häufig stellt, ist die Frage, woher Daten für eine Sekundäranalyse bezogen werden können, da eine eigene Erhebung häufig aus Zeit- und Kostengründen nicht möglich ist. Der zweite Teil dieses Kapitels umfasst deshalb eine Zusammenstellung wichtiger Fundorte für Daten.

1 Nützliche Programme

Wir setzen an dieser Stelle die gängigen Programme für Textverarbeitung, Tabellenkalkulation, Grafikbearbeitung, Präsentation usw. als bekannt voraus und beschränken uns auf Software für die eigentliche Auswertungsarbeit.

Zu den bekanntesten Statistikprogrammpaketen, d. h. Statistiksoftware, die eine Vielzahl von Auswertungsmöglichkeiten bietet, gehören neben SPSS (www.spss.de) Stata (www.stata.com), R (http://cran.r-project.org/) und SAS (www.sas.de). Auch für spezifischere Auswertungsprobleme existiert eine Vielzahl unterschiedlicher Programme, u.a.:

Verfahren	Programm	Homepage
Clusteranalyse	Clustan	www.clustan.com
Dimensionsanalyse mit Mokkenskalierung	SPSS-Makro von Leila Akremi	erhältlich auf Anfrage bei: leila.akremi@tu-berlin.de
Kausalanalyse; Strukturgleichungsmodelle	Lisrel	www.ssicentral.com
Ereignisanalyse; Sequenzanalyse	TDA	http://steinhaus.stat. ruhr-uni-bochum.de
Sequenzanalyse; Optimal Matching Analyse	Optimize	http://home.uchicago.edu/ ~aabbott/
Strukturelle Netzwerkanalyse (SNA)	Ucinet	www.analytictech.com/ ucinet/ucinet.htm

Gleichermaßen mächtig wie Statistik-Programme sind in ihren Auswertungsmöglichkeiten und in der Bewältigung sehr großer Datenmengen auf relationalen Datenbanken die großen Data Mining-Tools wie die SAS-Produkte zur Marketing Automation oder zum Webmining (www.sas.de) oder der IBM Intelligent Miner (www-306.ibm.com/software/data/iminer/). Software für Text Mining erlaubt die Verarbeitung von Texten in Datenbanken. Ein Beispiel ist der IBM SPSS Modeler. Eine Vielzahl kleiner Data Mining-Tools ist z. B. auf folgenden Websites zusammengefasst: www.kdnuggets.com/index.html und www.the-data-mine.com/. Viele dieser Tools können von dort als Freeware herunter geladen werden. Grundsätzlich lohnt auch die Nachfrage bei Lehrstühlen für Statistik, Data Mining, Methoden der empirischen Sozialforschung u. ä.; häufig sind hier selbst programmierte Auswertungstools, meist für einzelne Auswertungsverfahren, verfügbar.

Eine wesentliche Arbeitserleichterung können Tools zum automatisierten Einlesen von Fragebögen erbringen (vgl. hierzu auch Kapitel 1). Hierzu benötigt man allerdings für jedes Programm ein spezifisches Fragebogenformat – welches, sollte man deshalb unbedingt vor der Untersuchung klären. Gibt man die Daten per Hand ein, können Programme zur Fragebogengestaltung und Eingabehilfen nützlich sein, z. B. SPSS Data Entry (www.spss.de). Zur Durchführung von computergestützen Umfragen eignet sich z. B. WinCati (www.sawtooth.com), zur Durchführung von Online-Erhebungen Unipark (www.unipark.de) oder Der Befrager (www.befrager.de). Verwendet man geographische Daten (z. B. die Arbeitslosenquote nach Bundesländern) und will diese grafisch darstellen, sollte man überlegen, ob man eine Software für Geoinformationssysteme (GIS) verwendet. Das bekannteste Beispiel ist Google Earth (http://earth.google.de/), eine Liste freier GIS-Programme findet sich unter www.freegis.org/. Das SPSS-Zusatzprogramm SPSS Maps erlaubt ebenfalls die Verarbeitung geographischer Daten (www.spss.de).

Auch zur Analyse qualitativer Daten existiert eine Vielzahl von Programmen, die unter dem Oberbegriff QDA-Software („Qualitative Data Analysis Software"; auch: CAQDAS – „Computer Aided Qualitative Data Analysis Software") zusammengefasst werden. Dazu müssen die Daten allerdings in digitaler Form vorliegen: Interviews werden in der Regel transkribiert, es ist aber auch möglich (digitale) Audiofiles zu codieren. Eine weitere Möglichkeit ist das Scannen von Texten bzw. Bildern. Schließlich sind viele Dokumente bereits in digitalisierter Form verfügbar (CD-Rom-Ausgaben von Zeitungen und Zeitschriften, Dokumente im Internet etc.). Grundkonzept der Analyse ist stets das Kodieren relevanter Textpassagen, sowie die kombinierte Suche über diese Codes einerseits bzw. der Aufbau semantischer Netzwerke aus den Codes andererseits. Zu den bekanntesten und besten QDA-Programmen gehören MAXqda (www.maxqda.de) und Atlas/ti (www.atlasti.de). Beide Programme erlauben das Einlesen von Text-, Bild- und Tondateien.

2 Fundorte für Datensätze

In der Forschung werden häufig Daten verwendet, die in anderen Kontexten entstanden sind. Dabei ist zu unterscheiden zwischen individuellen und Aggregatdaten (= Maßzahlen und Indikatoren), die explizit zu Forschungszwecken erhoben wurden, und zwischen prozessgenerierten Daten, also Daten, die nicht für Forschungszwecke entstanden sind.

Sekundäranalysen ersparen den Aufwand der Datenerhebung, nicht aber die Verantwortung zu überprüfen, ob die Daten gültig und verallgemeinerbar sind. Insbesondere folgende Fragen müssen deshalb beantwortet werden: Wer hat die Studie durchgeführt, wer hat die Daten erhoben? Für wen wurde die Studie durchgeführt? Was war die ursprüngliche Forschungsfrage? Mit welchem Erhebungsverfahren wurden die Daten erhoben? Wie wurde die Stichprobe gezogen? Ist die Stichprobe systematisch verzerrt? Wenn ja, welche Verzerrungen sind für die Daten im konkreten Fall zu erwarten? Gab es Probleme bei der Erhebung? Wenn ja, welche? Wie sah der ursprüngliche Fragebogen aus? Welche Mängel hat er? Traten Probleme bei der Datenerhebung und -aufbereitung auf? Inwiefern verschlechtern diese Mängel die Aussagekraft der Daten für die Forschungsfrage?

Oft liefern die Primärforscher mit den Daten den ursprünglichen Datensatz und einen ausführlichen Bericht, in dem diese Fragen beantwortet sind. Jeder Forschungsbericht sollte grundsätzlich auf Stichprobenprobleme und Schwächen der Daten hinweisen sowie erörtern, ob und wie sich dies auf die konkrete Untersuchung auswirkt. Zusätzlich sollte auf Literatur verwiesen werden, die diese Fragen diskutiert. Fehlen diese Angaben, kann daraus nicht geschlossen werden, dass es keine Probleme gab – im Gegenteil: Es ist wahrscheinlicher, dass sie im ursprünglichen Auswertungsprozess nicht beachtet wurden. In diesem Fall ist es wichtig, diese Informationen nachträglich einzuholen. Beispielsweise geben Markt- und Meinungsforschungsinstitute fast immer an, ihre Daten basierten auf einer „repräsentativen" Stichprobe der deutschen Bevölkerung. Das bedeutet jedoch in aller Regel nicht, dass – wie man annehmen könnte – eine Zufallsauswahl erfolgte. Meist stellt sich heraus, dass vielmehr eine Quotenstichprobe gezogen wurde.

Wie kommt man an Daten für Sekundäranalysen heran? Eine Möglichkeit besteht darin, die Primärforscher direkt anzuschreiben – in vielen Fällen sind sie die Einzigen, die Zugriff auf die Daten haben. Dies gilt insbesondere für Daten, die mit Hilfe offener Verfahren gewonnen wurden. Es gibt aber auch Institutionen, die Daten sammeln und für die Reanalyse bereitstellen. Die wichtigsten sozialwissenschaftlichen Datensätze findet man u. a. bei folgenden Instituten, die entweder Produzenten dieser Daten sind oder aber sie sammeln und für weitere Forschungen zur Verfügung stellen:

Institut	Art der Datensätze
GESIS – *Leibniz-Institut für Sozialwissenschaften* Postfach 12 21 55 ● 68072 Mannheim ● Tel.: 0621-1246-0 www.gesis.org	Informationen über zahlreiche Umfrage- und amtliche Mikrodaten. Die Datensätze sind teilweise über das Internet erhältlich, müssen aber auch oft (bei amtlichen Daten immer) beim Datenproduzenten beantragt werden. Beispiele sind: Historische Soziologie; DISI (Soziale Indikatoren); Mikrozensus (Scientific Use File), ALLBUS (Allgemeine Bevölkerungsumfrage der Sozialwissenschaften); GML (German Microdata Lab); ISSP (International Social Survey Programme); EVS (European Values Study); Eurobarometer; Politbarometer; DJI Familiensurvey;
International Federation of Data Organizations for the Social Science (IFDO) Kontaktadresse: ZA in Köln (siehe oben) ● www.ifdo.org	Zusammenschluss internationaler Archive (wie das ZA), die sozialwissenschaftliche Daten sammeln und für die Forschung bereitstellen, mit der Unterorganisation CESSDA (Council of European Social Science Data Archives).
Statistisches Bundesamt Statistischer Informationsservice ● Gustav - Stresemann - Ring 11 ● 65189 Wiesbaden ● Tel.: 0611/75-2405 ● www.destatis.de	Verschiedene aggregierte statistische Maßzahlen für Deutschland, die über Datenbanken (Bsp. Genesis Online und Statistik Regional) zugänglich sind; Zugang zu amtlichen Mikrodaten wie Mikrozensus und Einkommen- und Verbrauchsstichprobe, Links zu den Statistischen Landesämtern und den Statistischen Ämtern anderer Länder.

Institut	Art der Datensätze
Eurostat Statistisches Bundesamt (i-Punkt Berlin / Eurostat Data Shop) • Otto-Braun-Straße 70/72 • 10178 Berlin • Tel.: 01888 / 644-9427 • http://epp.eurostat.ec.europa.eu/	Verschiedene Datensätze, u. a. mehrere Datenbanken, die Längsschnittanalysen europäischer Regionen zulassen, darunter New Cronos, Regio, Comext und Europroms
Rat für Sozial- und Wirtschaftdaten (RatSWD) c/o DIW Berlin • Königin-Luise-Str. 5 • 14195 Berlin • Tel.: 030/89789-463 • www.ratswd.de	Übersicht über wichtige Mikrodatensätze bei unterschiedlichen Forschungsdatenzentren und Datenservicezentren (v. a. aus der amtlichen Statistik und von öffentlichen Einrichtungen, z. B. des Statistischen Bundesamtes, der Statistischen Ämter der Länder, der Bundesagentur für Arbeit (BA) und der Gesetzlichen Rentenversicherung)
Max-Planck-Institut für demografische Forschung Konrad-Zuse-Straße 1 • 18057 Rostock • Tel: 0381/2081-0 • http://www.demogr.mpg.de	Daten zur Bevölkerungsentwicklung (insbesondere Geburtenentwicklung und Sterbefälle)
European Social Survey (ESS) Central Co-ordinating Team • Centre for Comparative Social Surveys • City University • Northampton Square • London EC1V 0HB • Großbritannien • Tel.: +44 (0) 20/7040-4901 • www.europeansocialsurvey.org	ESS (European Social Survey)
Deutsches Institut für Wirtschaftsforschung Berlin (DIW) Postfach • 14191 Berlin • Tel.: 030-897-89-0 • www.diw.de	SOEP (Das Sozio-oekonomische Panel)
Institut für Arbeitsmarkt- und Berufsforschung (iab) FDZ (Forschungsdatenzentrum) • Bundesagentur für Arbeit (BA) • Regensburger Str. 104 • 90478 Nürnberg • Tel.: 0911/179-1752 http://fdz.iab.de	Zugang zu den prozessproduzierten, aufbereiteten Mikrodaten der BA und zu Umfragedaten des IAB. Darunter sind Daten zu Personen, Haushalten, Betrieben und kombinierte Firmen-Personen-Daten (Linked-Employer-Employee-Daten)
IDSC Schaumburg-Lippe-Strasse 5-9 • 53113 Bonn • Tel.: 0228/3894-0 • http://metadata.iza.org/	Übersicht und Informationen (Metadaten) über deutsche und internationale Arbeitsmarkt- und Berufsforschungsdaten
Luxembourg Income Study (LIS) 17, rue des Pommiers • 2343 Luxembourg • Tel: +35 / 226 00 30 20 • www.lisproject.org	Luxembourg Income Study (LIS); Luxembourg Employment Study (LES); Luxembourg Wealth Study (LWS)
Max-Planck-Institut für Bildungsforschung Lentzeallee 94 • 14195 Berlin • Tel.: 030/ 82406-0 • www.mpib-berlin.mpg.de	Zahlreiche Längsschnittdatensätze zur Bildungssoziologie und Lebenslaufforschung, z. B. GLHS (German Life History Study); PISA (Programme for International Student Assessment) und TIMSS (3rd International Mathematics and Science Study)

Institut	Art der Datensätze
NEPS Nationales Bildungspanel Wilhelmsplatz 3 • 96047 Bamberg • Tel: +49-(0)951-863-3404 http://www.uni-bamberg.de/neps/	Daten zur Entwicklung von Kompetenzen über den Lebenslauf vom Kindergarten über die Schule bis zur Erwachsenenbildung
HIS Hochschul-Informations-System GmbH Goseriede 9 • 30159 Hannover • Tel.: 0511/1220-0 • www.his.de	Daten zu Studierenden, Absolventen, Steuerung, Finanzierung und Evaluation im Hochschulwesen
Medienwissenschaftliches Lehr- und Forschungszentrum (MLFZ) Wirtschafts- und Sozialwissenschaftliche Fakultät • Universität Köln • Lindenburger Allee 15 • 50931 Köln • Tel.: 0221/470-3953 • www.mlfz.uni-koeln.de	Daten der MA (Media-Analyse) und LA (Leseranalyse), d. h. über Verbreitungsgrad und Zielpublikum verschiedener Medien sowie Mediennutzungsverhalten
FDZ-RV (Forschungsdatenzentrum der Rentenversicherung) Deutsche Rentenversicherung Bund • Hallesche Straße 1 • 10963 Berlin • Tel.: 030 / 865-89542 • http://forschung.deutsche-rentenversicherung.de	Mikrodatensätze aus dem Bestand prozessproduzierten Daten der Deutschen Rentenversicherung zum Thema Alterssicherung und Altersforschung
Bundesamt für Justiz Adenaueralle 99 - 103 • 53113 Bonn • Tel.: 0228/99410 - 40• www.bundesjustizamt.de	Daten zu Straftaten im deutschen Raum, gespeichert im: Bundeszentralregister; Gewerbezentralregister; Zentralen Staatsanwaltschaftlichen Verfahrensregister
Unternehmensregister Bundesanzeiger Verlagsgesellschaft mbH Postfach 10 05 34 • 50445 Köln • Tel. 0221/97668-0 • https://www.unternehmensregister.de	Daten über *alle* deutschen Unternehmen (aus dem Bundesanzeiger; dem elektronischen Handels-, Genossenschafts- und Partnerregister; dem Handels-, Genossenschafts- und Partnerschaftsregister sowie der Wertpapieremittenten), z.B. Fonds- und Kapitalmarktinformationen; Rechnungslegung / Finanzberichte; Gesellschaftsbekanntmachungen; Insolvenzen
Forschungszentrum der Deutschen Bundesbank Wilhelm-Epstein-Strasse 14 • 60431 Frankfurt am Main • Tel.: 069/9566-1• http://www.bundesbank.de/vfz/vfz.php	Daten zu volkswirtschaftlichen Themenfelder, z. B. der Konjunkturanalyse, Bankenaufsicht und Risikomodellierung
KfW Bankengruppe Palmengartenstraße 5-9 • 60325 Frankfurt am Main • Tel: 069/7431-0 • www.kfw.de/kfw/DE_Home/Research/	Daten zur Gründungs- und Mittelstandsforschung, u. a. KfW-Mittelstandspanel und KfW-Gründungsmonitor
OECD OECD Büro Berlin • Albrechtstrasse 9/10, 3. OG • 10117 Berlin-Mitte • Tel: (49-30) 288 8353 • email: berlin.contact@oecd.de • www.oecd.org/statportal/	Weltweit vergleichend gesammelte ökonomische Aggregatdaten

Institut	Art der Datensätze
Weltbank Development Data Group • The World Bank • 1818 H Street, N.W. • Washington, DC 20433 • U.S.A. • Tel.: ++ 01 / 202 473 7824 • www.worldbank.org	World Development Indicators; Länderspezifische und globale Indikatoren
Bundesamt für Bauwesen und Raumordnung Referat I 6 (Raum- und Stadtbeobachtung) oder Referat I 4 (Regionale Strukturpolitik und Städtebauförderung) • Fasanenstraße 87 • 10623 Berlin • Tel.: 0188/401-2258 oder -2320 • www.bbr.bund.de	Inkar und Inkar Pro (regionalstatistische Indikatoren für Deutschland zu folgenden Themen: Demographie, Wirtschaftliche Entwicklung, Bildung, soziale und kulturelle Infrastruktur, Verkehr und Energie, Wohnstruktur)
gis-news.de Dr. Franz-Josef Behr • Im Brunnenfeld 20a • 76228 Karlsruhe www.gis-news.de/links/daten.htm	Übersicht über frei verfügbare Geodaten
NetWiki http://netwiki.amath.unc.edu/	Übersicht über frei verfügbate Daten für die soziale Netzwerkanalyse

Schließlich lohnt es sich, häufig aktualisierte Link-Sammlungen im Internet zu nutzen, wie z. B. „Data on the Net", eine Website der University of California (http://3stages.org/idata/) oder „Inter-University Consortium for Political and Social Research (ICPSR)" (www.icpsr.umich.edu).

Weiterführende Literatur
Behnke et al. (2010) erläutern, wie man mit Sekundärdaten (insbesondere Aggregatdaten und prozessgenerierten Daten) umgehen sollte. Sie geben außerdem Hinweise, wie man Sekundärdaten für die qualitative Datenanalyse findet. *Kuckartz* (2007) erläutert Schritt für Schritt, wie man eine qualitative Datenanalyse mit Hilfe eines QDA-Programms durchführt. Im Anhang vergleicht er verschiedene QDA-Programme. *Ramez* und *Navathe* (2006) erläutern die Grundlagen von Datenbanksystemen, die u. a. für Data Mining und GIS erforderlich sind. *Han* und *Kamber* (2006), *Kumar* et al. (2005) sowie *Witten* und *Frank* (2005) führen ebenfalls in Data Mining ein.

Behnke, Joachim/*Behnke*, Nathalie/*Baur*, Nina (2010): Empirische Methoden der Politikwissenschaft. Paderborn: Ferdinand Schöningh
Han, Jiawei/*Kamber*, Micheline (2006): Data Mining. Concepts and Techniques. Morgan Kaufmann Publishers
Kuckartz, Udo (2010): Einführung in die computergestützte Analyse qualitativer Daten. Wiesbaden: VS-Verlag
Kumar, Vipin/*Steinbach*, Michael/*Tan*, Pang-Nin (2005): Introduction to Data Mining. London: Addison Wesley Publishing Company
Ramez Elmasri/*Navathe*, Shamkant B. (2006): Fundamentals of Database Systems. Addison Wesley
Witten, Ian H./*Frank*, Eibe (2005): Data Mining. Practical Machine Learning Tools and Techniques. Morgan Kaufmann Publishers

Kapitel 3
Mängel im Datensatz beseitigen

Detlev Lück

Zwar erfordert die Datenbereinigung kaum besondere methodische Kenntnisse und es lassen sich auch wenig allgemeingültige Hinweise über die Vorgehensweise geben. Doch gerade bei der Datenbereinigung tut sich eine starke Diskrepanz zwischen Lehre und Forschungspraxis auf, die geschlossen werden sollte: Weil Studierende und Forscher (nahezu) nie mit dieser Frage konfrontiert wurden und weil es den Ergebnissen einer Studie auf den ersten Blick nicht anzusehen ist, ob die Daten bereinigt wurden, ist die Versuchung groß, diesen Arbeitsschritt ganz und gar „unter den Tisch fallen zu lassen". Akademische Methodenlehre und Lehrbücher thematisieren die Datenbereinigung kaum.[1] Dabei ist er für die Qualität der Ergebnisse von großer Bedeutung. Es mag sein, dass in vier von fünf Erhebungen keine nennenswerten Fehler im Datensatz zu entdecken sind. Doch angesichts der Tatsachen, dass immer häufiger „fremde" Daten *re*-analysiert werden und dass bei „eigenen" Studien die Erhebung oft an Dritte delegiert wird, sollte es selbstverständlich sein, dass man sich der Qualität der Daten versichert.

1 Plausibilitätstests

Zunächst geht es darum, fehlerhafte Werte zu *finden*. Es lassen sich mehrere einfache Techniken einsetzen, die erfahrungsgemäß gute Chancen bieten, Fehler in den Daten zu erkennen. Im weitesten Sinne können wir diese als Plausibilitätstests bezeichnen. In der Reihenfolge der „Größe der Geschütze" sind dies:

- Sichtung des Datenfensters,
- Berechnen und Sichten von Häufigkeitsverteilungen,
- Berechnen und Sichten von Extremwerten,
- Berechnen und Vergleichen von Häufigkeitsverteilungen,
- Berechnen und Sichten von Kreuztabellen,
- Berechnen und Sichten von Fehler-Indikatoren,
- Filtern und Auflisten von fehlerhaften Fällen.

Die nachfolgenden Abschnitte werden diese Techniken erläutern.

---

[1] Zwei Ausnahmen, von denen die erste nicht zuletzt durch die erste Auflage dieses Buches inspiriert ist, finden sich bei *Raithel* (2008: 92f.) und *Diekmann* (2007: 666-668).

1.1   Sichtung des Datenfensters

Zunächst lohnt es, das SPSS-Datenfenster in Augenschein zu nehmen – nicht vollständig, Zeile für Zeile, nur bestimmte Bereiche, etwa die obersten Fälle, die untersten Fälle und einige Fälle in der Mitte der Matrix. Allerdings macht es Sinn, alle *Spalten* von links nach rechts durchzusehen. Dabei können – auch ohne allzu akribisches Lesen der Werte – ein paar Dinge auffallen:

Gibt es an bestimmten Stellen Häufungen leerer Zellen? Falls ja, mag dies durch Filterregelungen zustande kommen. Es könnten aber z. B. auch Werte aufgrund technischer Pannen fehlen. Auch leicht zu erkennen: Gibt es in einer Variable mit Wertelabels einzelne Werte ohne Label? (Die Wertelabels lassen sich per Knopfdruck anstelle der Werte im Datenfenster anzeigen.) Taucht z. B. in einer Spalte zwischen vielen „männlich"- und „weiblich"-Einträgen irgendwo eine Zahl „4" auf? Ein Wert ohne Wertelabel ist oft ein nicht zulässiger Wert.

1.2   Häufigkeitsverteilungen

Ein zweiter Schritt wäre es, über alle Variablen eine Häufigkeitsverteilung zu erzeugen (FREQUENCIES all.). Auch hier muss nicht jede Zahl in Augenschein genommen werden. Nur ein paar Aspekte sind interessant, die sich beim Querlesen entdecken lassen:

Bei der Identifikationsnummer oder „laufenden Nummer" sollte in der Spalte für absolute Häufigkeiten eine „2" oder „3" ins Auge springen. Eine doppelte oder mehrfache Zuteilung der gleichen Identifikationsnummer darf natürlich nicht vorkommen.

Bei anderen Variablen sind i. d. R. die niedrigsten und höchsten Ausprägungen spannend. Gerade bei Variablen mit vielen Ausprägungen (etwa Einkommensangaben oder Geburtsjahre) macht es Sinn, sich auf diese zu konzentrieren. Ist ein Wert falsch erfasst worden, kann er (wenn man Glück hat) unrealistisch hoch oder niedrig ausfallen und dann als ein Ausreißer-Wert auffallen (z.B. das Geburtsjahr 1856 oder eine Wohnung mit 1200 Quadratmetern). Sind die niedrigsten und höchsten Ausprägungen also realistisch?

Bei Variablen mit Wertelabeln werden – wie schon bei der Sichtung des Datenfensters – Ausprägungen ohne Wertelabel ins Auge springen. (Dazu sollte bei den Voreinstellungen vorgegeben werden, dass Werte *und* Wertelabel im Output angezeigt werden.) Wiederum gilt der Verdacht: Was keinen Wertelabel hat, ist oft ein nicht zulässiger Wert.

Ob Werte realistisch sind, lässt sich natürlich nur beurteilen, soweit das Spektrum möglicher Antwortvorgaben eingrenzbar ist. Das ist aber in aller Regel der Fall. Es gibt Grenzen des logisch Vorstellbaren (z.B. für die Variable Geschlecht: nur männlich oder weiblich), Grenzen dessen, was an Antwortvorgaben im Fragebogen vorgegeben war (z.B. Zufriedenheit mit der Arbeit der Bundesregierung: „voll und ganz", „eher", „eher nicht", „überhaupt nicht"), Grenzen dessen, was aufgrund des alltagserprobten Allgemeinwissens realistisch erscheint (die Anzahl der Kinder sollte im Regelfall 10, das Alter 110 nicht übersteigen), und Grenzen dessen, was aufgrund des zusätzlich recherchierten Expertenwissens des Wissenschaftlers als realistisch anzusehen ist (z.B. sollte als monatliches Grundgehalt eines Professors der Besoldungsgruppe W2 etwas über 4.000 Euro brutto angegeben sein).

Oft sind Informationen auch nicht *nachweislich falsch*, sondern nur unwahrscheinlich: z. B. eine zweistellige Anzahl Kinder im Haushalt, ein extrem hohes Einkommen oder ein extrem hohes Alter. Dann lohnt es sich zunächst, diesen konkreten Fall genauer anzuschauen: Gibt es noch mehr ungewöhnliche Werte in diesem einen Interview? Falls ja: Passen diese zumindest logisch zueinander (z. B. viele Kinder, viel Kindergeld, dreimal verheiratet,...)? Oder sieht der Fall in der Gesamtschau eher nach einem groben Fehler in der Datenerhebung aus (z. B. könnte eine Datenzeile um eine Stelle verrutscht sein oder ein Interviewpartner könnte aus Jux unmögliche Antworten gegeben haben)? Falls nur der eine Wert als unwahrscheinlich heraussticht, muss der Forscher eine Entscheidung treffen: Ist der Wert glaubhaft oder nicht? Soll er im Datensatz belassen oder ausgeschlossen werden? Für diese Entscheidung gibt es keine Pauschallösung.

Nur selten gibt es unzulässige Werte auch *innerhalb* des Spektrums gültiger Werte. In diesem Fall würde der Wert nicht am oberen oder unteren Ende der Häufigkeitsverteilung ins Auge springen. Es muss dann gezielt danach geschaut werden. Z. B. wäre es denkbar, dass Studierende das Semester angeben sollen, in dem sie eine bestimmte Veranstaltung besucht haben, die nur im Wintersemester angeboten wird. Der Studiengang sieht möglicherweise nur Immatrikulationen zum Wintersemester vor, so dass als Antwort immer ein *ungerades* Semester genannt werden müsste. In diesem Fall ließe sich kontrollieren, ob sich bei den Antworten nicht eine gerade Zahl „dazwischengemogelt" hat. Eine solche Suchstrategie ist zeitraubender als die bisher genannten – aber auch eher selten erforderlich.

Ansonsten sind generell hohe Anteile fehlender Werte von Interesse. Dass für eine einzelne Frage eine zweistellige Prozentzahl von Befragten keine gültige Antwort gegeben hat, sollte nicht vorkommen, kommt aber in den meisten Datensätzen vor. Auch hier könnte wiederum eine Filterregelung die Erklärung liefern: Wenn eine Frage nur an Erwerbstätige, nur an Eltern oder nur an Ausländer gestellt wurde, gibt es notwendigerweise viele „Ausfälle". Eventuell handelt es sich auch um eine besonders heikle Frage, etwa um das Einkommen oder die Anzahl der sexuellen Kontakte in den vergangenen drei Monaten. Auch dann wäre eine Hohe Ausfallquote glaubhaft. Wenn weder die eine noch das andere Erklärung greift, steht zu befürchten, dass irgendetwas auf dem Weg zum fertigen Datensatz schiefgelaufen ist. Das könnte eine falsch programmierte Filterführung in einem CATI-Fragebogen sein, eine falsch programmierte Software zur Erkennung eingescannter Fragebögen, ein Interviewer, der Interviews gefälscht hat, und manches andere mehr.

1.3 Extremwerte

Bei der Suche nach unrealistischen Werten interessieren, wie gesagt, vor allem die kleinsten und die größten Werte. Beim Sichten von Häufigkeitstabellen sind diese am oberen oder unteren Ende der Tabelle relativ leicht zu finden. Für metrische Variablen mit vielen Ausprägungen (z.B. Einkommen, Alter) ist es die Suche noch einfacher, wenn man sich statt der Häufigkeitstabellen in den univariaten Statistiken jeweils den kleinsten und den größten Wert anzeigen lässt. Beim Sichten dieser Werte stellt sich dann die gleiche Frage: Sind diese realistisch?

1.4 Voraussetzungen für weitere Tests: Redundanzen

Die oben aufgeführten Techniken dienen dazu, (unzulässig) fehlende Werte, unmögliche bzw. unrealistische Werte und fehlerhafte Variablenformatierungen auszumachen (vgl. Tab. 2, die ersten drei Zeilen). Die Einträge können – ohne Vergleiche innerhalb des Datensatzes – sofort als falsch oder unglaubwürdig identifiziert werden: entweder weil kein zusätzliches Wissen erforderlich ist, um diese Entscheidung zu treffen, oder weil sich die Angaben mit Informationen *außerhalb* des Datensatzes überprüfen lassen. Es genügt entweder eine theoretische Vorstellung davon, welche Werte logisch denkbar sind (Geschlecht), das Wissen darum, welche Werte durch den Fragebogen vorgegeben waren (Zufriedenheit auf 4er-Skala), das alltagserprobte Allgemeinwissen (mehr als zehn Kinder wären zumindest ungewöhnlich) oder ein Expertenwissen (z. B. die derzeitige Höhe des beziehbaren Kindergeldes oder des Grundgehalts einer bestimmten Besoldungsgruppe).

Die folgenden Techniken setzen *redundante Informationen* voraus: Entweder gibt es Angaben im Datensatz, die im weitesten Sinne doppelt erfragt wurden (etwa das Einkommen in Zahlen und das Einkommen als Listeneintrag) oder solche, die miteinander in Beziehung stehen (etwa die Anzahl der eigenen Kinder und der Bezug von Kindergeld).

Ein häufiger Sonderfall von Angaben, die miteinander in Beziehung stehen, sind *Filterführungen*, bei denen eine zweite Frage nur dann zu beantworten ist, wenn auf die erste Frage die „passende" Antwort gegeben wurde (die Angabe

eines persönlichen Einkommens z. B. setzt voraus, dass der Befragte sich als
erwerbstätig einstuft). Manchmal werden auch mehrere Personen im gleichen
Haushalt zu gemeinsam geteilten Lebensbereichen gefragt, so dass Informationen doppelt erfasst werden und sich u. U. widersprechen können (Geburtsjahr
der Kinder laut Mutter – Geburtsjahr der Kinder laut Vater). In all diesen Fällen
können Angaben geprüft werden, indem sie mit anderen Angaben im Datensatz
verglichen werden.

1.5   Abgleichen von Häufigkeitsverteilungen

Das Abgleichen zweier Häufigkeitstabellen von Variablen, die miteinander in
Beziehung stehen, kann einen ersten Hinweis geben, ob Daten plausibel sind.
Wenn z. B. die Anzahl derjenigen, die angeben, ein eigenes Gehalt zu beziehen,
wesentlich von der Anzahl derer abweicht, die angeben, erwerbstätig zu sein,
dann sind vermutlich falsche Angaben gemacht oder Filterführungen verletzt
worden. Diese Strategie ist jedoch noch nicht sehr effektiv. Sie findet nur den
Hinweis darauf, dass es (irgendwo) im Datensatz Fehler geben muss. Wenn
solch ein Hinweis gefunden wird, muss genauer gesucht werden, wie viele Fälle
genau widersprüchliche Angaben enthalten und welche das sind.

1.6   Kreuztabellen

Effektiver ist es, Variablen, die logisch miteinander in Beziehung stehen, miteinander zu kreuztabellieren. Es reicht ein Blick auf die absoluten Häufigkeiten:
In den Zellen, die einen Widerspruch darstellen sollte eine „0" stehen. Beispielsweise sollten Befragte, die als höchsten allgemeinen Schulabschluss
Hauptschule angeben, nicht ankreuzen, dass sie einen *Hochschulabschluss* haben. Das lässt sich sehr einfach überprüfen:

```
CROSSTABS bildung BY hochsch.
```

Bei solchen Kreuztabellen ist es oft nötig, auch und gerade die Werte zu berücksichtigen, die als fehlend (missing) definiert sind (z. B. „trifft nicht zu" für Min-
derjährige bei der Frage nach der zuletzt gewählten Partei). Immerhin soll ja
auch festgestellt werden, ob ein Befragter bei einer bestimmten Variable mit
gutem Grund keinen gültigen Wert vorzuweisen hat. Die als fehlend definierten
Werte werden in Kreuztabellen jedoch nicht angezeigt. Daher ist es u. U. nötig,
die vom Benutzer als fehlend definierten Werte *vorübergehend* aufzuheben und
systembedingt fehlenden Werten (system missing) *vorübergehend* einen – bislang noch nicht vergebenen – Wert zuzuweisen, bevor man die Kreuztabelle
berechnen lässt. (Damit man es nicht vergisst, sollte man gleich danach die Aus-

gangssituation wieder herstellen: fehlende Werte wieder als fehlende Werte definieren und leere Zellen wieder in leere Zellen verwandeln.) Im Beispiel unten wird die Definition als fehlend für den Wert 9 aufgehoben; systembedingt fehlende Werte (leere Zellen) werden in eine 99 verwandelt.

```
RECODE wahl_z (SYSMIS = 99).
EXECUTE.
MISSING VALUES wahl_z ().
CROSSTABS wahl_z BY volljae.
MISSING VALUES wahl_z (9).
RECODE wahl_z (99 = SYSMIS).
EXECUTE.
```

In der Kreuztabelle erscheinen dann – zusätzlich zu den Zeilen, die „normale" gültige Werte enthalten (im Beispiel: Parteien, die zuletzt gewählt wurden) – auch die Zeilen „9" und „99", die ohne die Befehle RECODE und MISSING VALUES nicht angezeigt worden wären. Es wird also auch angezeigt, wie viele Befragte „trifft nicht zu" angekreuzt haben (weil sie zuletzt nicht zur Wahl gegangen sind) und wie viele gar keinen Wert zugewiesen bekommen haben (weil sie z.B. die Antwort verweigert haben). Die Zelle mit der Kombination Wahl: „trifft nicht zu" (9) und Volljährig: nein darf besetzt sein. Die Kombination Wahl: keine Angabe (99) und Volljährig: nein ist ebenfalls möglich. Ansonsten sollte die Spalte Volljährig: nein leer sein.

1.7   Fehler-Indikatoren

Findet man mittels Kreuztabellen heraus, dass widersprüchliche Kombinationen im Datensatz vorkommen, sollte man die entsprechenden Fälle genauer in Augenschein nehmen. Dazu muss man dise Fälle allerdings erst einmal finden. Zu diesem Zweck macht es Sinn, Fehlerindikatoren zu bilden. Es wird eine Dummy-Variable (mit den Ausprägungen 0 und 1) berechnet, die genau dann eine „1" anzeigt, wenn sich bestimmte Angaben widersprechen:

```
COMPUTE err01 = (bildung < 3 & hochsch = 1).
EXECUTE.
```

Zunächst lässt sich (ähnlich wie mit Hilfe von Kreuztabellen) anzeigen, ob es überhaupt widersprüchliche Angaben im Datensatz gibt und – falls ja – wie häufig das vorkommt.

```
FREQUENCIES err01.
```

Die Sichtung mit Hilfe von Fehler-Indikatoren ist vor allem dann sinnvoll, wenn mehr als zwei Variablen oder wenn Variablen mit sehr vielen Ausprägungen an der Prüfung beteiligt sind, wenn also Kreuztabellen zu unübersichtlich sind.

1.8   Filtern und Auflisten von fehlerhaften Fällen

Wenn ein Fehler-Indikator Widersprüche ausweist – wenn also der Befehl
FREQUENCIES err01. oben mindestens einen Fall mit dem Wert 1 ausweist –
stellt sich die Frage, *welche* der Angaben, die miteinander verglichen wurden,
falsch ist – im Beispiel: Hat der Befragte doch ein Abitur oder hat er doch keinen Hochschulabschluss? Oder hat er seine Hochschulzulassung anders, z. B.
auf dem zweiten Bildungsweg erworben? Wenn das nicht ohne weiteres zu beantworten ist, auch nicht mit Hilfe von Kreuztabellen, lassen sich fehlerhafte
Fälle genauer unter die Lupe nehmen. Sie können zunächst herausgefiltert werden, indem der Fehler-Indikator als Filter benutzt wird:

FILTER BY err01.

Dadurch sind die Fälle im Datenfenster markiert. Man kann die entsprechenden
Zeilen im Datenfenster nun suchen und Variable für Variable anschauen. Vielleicht gibt es Hinweise auf eine Erklärung (im Beispiel: auf eine Hochschulreife
auf dem zweiten Bildungsweg)? Vielleicht gibt es Hinweise dafür, dass der
komplette Fall nicht ernsthaft erfasst wurde (z. B. reihenweise fehlende oder
unrealistische Einträge)?

Praktischer als im Datenfenster nach dem Fall zu suchen, ist es allerdings,
sich die aussagekräftigen Variablen in einer Tabelle anzeigen zu lassen. (Das gilt
vor allem bei großen Datensätzen.) Neben der Identifikationsnummer (um den
Fall ggf. auch als Zeile im Datenfenster oder als ausgefüllter Fragebogen im
Archiv zu finden) können alle Informationen aufgelistet werden, die relevant
sind, um die Fehlerursache beurteilen zu können. Im Beispiel „Hochschulausbil-
dung trotz Hauptschulabschluss" könnten das z. B. Angaben zum Bildungsweg
nach dem Schulabschluss, Angaben zur Berufskarriere oder offene Kommentare
sein. Im Beispiel unten wird – mit Hilfe des Filters – eine Tabelle aller wider-
sprüchlicher Fälle erzeugt und dabei die Identifikationsnummer, die im Widerspruch stehenden Angaben zu Schul- und Hochschulabschluss, das Alter, der
Berufsstatus und das Einkommen angezeigt:

```
FILTER BY err01.
SUMMARIZE /TABLES = id bildung hochsch alter beruf eink
          /FORMAT = LIST NOCASENUM TOTAL
          /CELLS = NONE.
FILTER OFF.
```

2   Fehlerdiagnose und Fehlerkorrektur

Bis jetzt wurden Techniken für Plausibilitätstests vorgestellt. Es ging darum, festzustellen, ob es Fehler im Datensatz gibt und welche Fälle das ggf. betrifft. In einem nächsten Schritt geht es um die *Fehlerdiagnose*, also darum festzustellen, worin der Fehler besteht: Welcher Wert ist falsch (wenn sich mehrere widersprechen)? Wie kommt der Fehler zustande? Welche Angabe wäre (vermutlich) richtig?

Diesen Arbeitsschritt zu systematisieren, ist nicht einfach. Natürlich leuchtet es ein, dass in dem Fall, dass eine einzelne Angabe gegen fünf andere steht, wohl die *eine* fehlerhaft sein wird. Doch oft ist die Situation weniger eindeutig und das Verhältnis eins zu eins.

Um einen Anhaltspunkt zu bekommen, sollen zunächst einmal – gemessen an den in den Daten sichtbaren „Symptomen" – verschiedene *Arten von Fehlern* unterschieden werden. Die nachfolgende Tabelle listet diese auf, gibt Beispiele und nennt die Techniken, mit Hilfe derer sich die Fehler entdecken lassen sollten:

Tabelle 1:   Arten von Fehlern im Datensatz

Fehlerart	Beispiel	Technik	mögl. Quelle
Wert außerhalb des gültigen Bereichs	Geschlecht = 3	FRE	E H I J
Wert außerhalb des realistischen Bereichs	Anzahl Zimmer = 14	FRE	A B C E H I J
ungültiger fehlender Wert	Geburtsjahr = sysmis	FRE	A B C E H I J
Inkonsistenz innerhalb des Fragebogens	pers. Einkommen = „2500 €" Haushaltseink. = „1800 €"	CRO	A B C D E G H I J
ungültiger Wert trotz Filterführung (Spezialfall einer Inkonsistenz innerhalb des Fragebogens)	Filterfrage = „kinderlos" Alter des 1. Kindes = „9"	CRO	A B C E H I J
Widerspruch zu bestimmten anderen Fällen (z. B. bei Befragung von Paaren)	Mann: „Frau nimmt Pille." Frau: „Wir verhüten nicht."	Matchen + CRO	A B C D E F G H I J
Widerspruch gegenüber der Gesamtheit oder Informationen außerhalb der Datenerhebung	Pers. X: Kindergeld = „60 €" andere Pers./Recherche: 184 €	FRE	A B C D E F H I J
realistischer konsistenter Wert	bevorzugte Partei = „FDP" reale Präferenz: SPD	—	A B C D E F G H I J

Die Beispiele sind in ähnlicher Form bereits angesprochen worden. Nachzutragen wäre, worauf die letzte Tabellenzeile hinweisen soll: Selbst bei der gewissenhaftesten Fehlersuche kann nicht jeder Fehler in den Daten gefunden werden. Wenn ein Interviewer bei der Frage nach der bevorzugten Partei versehentlich „FDP" statt „SPD" versteht, wird das falsche Kreuz später nicht auffallen. Und wahrscheinlich gibt es selbst beim Verdacht, die Angabe könnte falsch sein, keine Möglichkeit dies nachzuweisen, es sei denn, man wollte die befragte Person noch einmal anrufen. Wenn man also eine Erhebung zu Kontrollzwecken nicht vollständig wiederholen möchte, gibt es keine Grundlage, die es einem erlauben würde, *jeden* falschen Eintrag zu identifizieren. Es muss immer eine zweite Information geben, mit der ein zu kontrollierender Wert verglichen werden kann: eine zweite Variablenausprägung des gleichen Falles, ein zweiter Eintrag im Datensatz in einem anderen Fall (Beispiel: Paarbefragung) oder das Vorwissen des Wissenschaftlers um vorstellbare und realistische Werte.

Tabelle 2: Mögliche Ursachen und Korrektur von Fehlern im Datensatz

Fehlerquelle	Nachweis	Korrektur / Konsequenz
A) *Fehler im Erhebungsinstrument* (z. B. falsche Filterführung, fehlende Antwortvorgabe)	Vergleich mit Fragebogen	falls möglich: RECODE über alle Fälle, sonst: Suche nach Information im Originalfragebogen, sonst: ➜ *Missing*
B) *Interpretation des Fragebogens durch den Befragten bzw. durch den Interviewer* (Missverständnis)	Vergleich mit Fragebogen / Häufung von Fehlern bei einem Interviewer: CRO mit Interviewer-Nr. / Rücksprache mit dem Interviewer	falls möglich: RECODE über alle Fälle des Interviewers, sonst: Suche nach Information im Originalfragebogen, sonst: ➜ *Missing*
C) *Kommunikation zwischen Interviewer und Befragtem* (Missverständnis)	Rücksprache mit dem Interviewer	falls möglich: Korrektur anhand der mündlichen Auskunft, sonst: ➜ *Missing*
D) *Fälschung von Interviews durch den Interviewer*	Häufung von Fehlern bei einem Interviewer: CRO mit Interviewer-Nr.	➜ *Missing*
E) *bewusst falsche Auskunft* (z. B. „aus Jux" oder wegen Vorbehalten gegen Sozialforschung)	Häufung von eindeutigen Fehlern in einem einzelnen Fall / Rücksprache mit dem Interviewer	➜ *Missing*
F) *Irrtum* (z. B. Verwechslung, falsche Erinnerung)	evtl. im Zusammenhang zu verstehen: CRO mit anderen Variablen	falls möglich: Korrektur anhand anderer Informationen, sonst: ➜ *Missing*
G) *Reaktivität* („Schönen der Antworten")	geringe Abweichung in typische Richtung / evtl. im Zusammenhang zu verstehen: CRO mit anderen Variablen	*keine Korrekturmöglichkeit, da im Einzelfall nicht zu identifizieren*
H) *Fehler in der Steuerdatei bei der Datenerfassung*	i. d. R „Verrutschen" der Daten im Datenfenster	Korrektur in der Steuerdatei / erneutes Einlesen
I) *Tippfehler bei der Datenerfassung*	einzelner, typischer Fehler (z. B. „Zahlendreher") / Vergleich mit Original-Fragebogen	Korrektur anhand des Original-Fragebogens
J) *Lesefehler beim Scannen* (Datenerfassung)	einzelner Fehler/ Vergleich mit Original-Fragebogen	Korrektur anhand des Original-Fragebogens

Die Spalte „Technik" deutet an, welche der im Abschnitt über Plausibilitätstests genannten Techniken geeignet ist, den Fehler zu finden. FRE steht für Fehler, die *ohne* einen Vergleich mehrerer Angaben im Datensatz, also allein durch *Sichtung des Datenfensters*, durch *Häufigkeitsverteilungen* und durch Anzeigen der *Extremwerte* identifiziert werden können. CRO steht für Fehler, bei denen mehrere Angaben im Datensatz miteinander in Beziehung gesetzt werden müssen, um sie zu entdecken. Das erfordert die Techniken: *Kreuztabellen, Fehler-Indikatoren* sowie *Filtern und Auflisten* von fehlerhaften Fällen.

Die letzte Spalte – „mögliche [Fehler]quelle" – schlägt die Brücke zur nachstehenden *Tabelle 2*: Für jede der genannten Fehlerarten kommen mehrere mögliche *Fehlerursachen* in Betracht. Welche Ursache für welche Fehlerart genau in Frage kommt, geben die Buchstaben A bis J an, die jeweils einer Zeile in der *Tabelle 2* bzw. in den weiteren Ausführungen entsprechen. Dort werden denkbare Fehlerquellen genannt, Recherchemöglichkeiten vorgeschlagen, wie die Ursache nachzuweisen sein könnte, und Möglichkeiten der *Fehlerkorrektur* vorgeschlagen.

Diese Liste stellt *mögliche* Fehlerquellen vor. Sie erhebt keinen Anspruch auf Vollständigkeit. Je nach Forschungsdesign einer Studie fallen u. U. bestimmte mögliche Fehlerquellen, Nachweis- und Korrekturmöglichkeiten weg, während andere hinzukommen können. Nachfolgend werden die Strategien näher erläutert.

A) *Fehler im Erhebungsinstrument:* Das Erhebungsinstrument selbst, also meist der Standardrepräsentativfragebogen, kann fehlerhaft sein. Z. B. können Fragestellung oder Antwortmöglichkeit unpräzise formuliert sein, Antwortmöglichkeiten fehlen oder sich überschneiden, Filterführung falsch angelegt sein etc. Auf diese Weise werden Interviewer und Interviewpartner „genötigt", eine falsche oder zumindest in der Logik des Fragebogens widersprüchliche Angabe zu machen bzw. eine Angabe auszulassen. Ein solcher Fehler ist leicht nachzuweisen, wenn man den Fragebogen gegenliest. Dabei müsste klar werden, an welcher Stelle sich für welche befragten Personen Unstimmigkeiten ergeben. Möglicherweise entsteht ein solcher Widerspruch nur für bestimmte Personengruppen, z. B. für Befragte, die Kinder adoptiert haben, die daher auf die Frage nach leiblichen Kindern (wahrheitsgemäß) 0 geantwortet haben und dann von einem Filter aufgefordert wurden, Angaben zum Geschlecht und Alter der Kinder zu überspringen. So ergeben sich u. U. auch Hinweise darauf, was die richtige Information gewesen wäre. Ein Fehler, der bei mehreren Personen auftaucht, lässt sich eventuell mit einem RECODE-Befehl für all diese Personen in einem „Aufwasch" beheben. Für die Identifikation dieser Art von Fehler ist es vorteilhaft, wenn man mit „Paper & Pencil"-Technik gearbeitet hat und gedruckte Fragebögen auf Papier vorliegen. Dann sollte man den ausgefüllten Originalfragebogen des fehlerhaften Falles in die Hand zu nehmen. Oft notieren Interviewer bei Unstimmigkeiten im Fragebogen z. B. Vermerke am Rand.

B) *Interpretation des Fragebogens durch den Befragten bzw. durch den Interviewer:* Selbst wenn der Fragebogen im Grunde fehlerfrei ist, kann es sein, dass ein Interviewer bzw. ein Teilnehmer der Befragung, der den Fragebogen selbst ausfüllt, eine Formulierung missversteht. Z. B. könnte ein Befragter statt seines Brutto-Einkommens das Netto-Einkommen angeben. (Um dies zu vermeiden, sind Interviewerschulungen und die übersichtliche Gestaltung von Fragebögen entscheidend.) Die Grenze zwischen einer fehlerhaften, missverständlichen oder auch nur ein wenig umständlichen Formulierung und einer einwandfreien Formulierung, die der Interviewer aus Unaufmerksamkeit heraus *trotzdem* missversteht, ist fließend. Ähnlich unbestimmt sind daher auch die Chancen, den Fehler nachzuweisen und zu korrigieren: Ein Blick in den (Original-)Fragebogen *könnte* einen *Hinweis* darauf geben, wie der Interviewer bzw. der Selbstausfüller die Frage interpretiert und was er mit seiner Angabe gemeint hat.

Im Unterschied zu Fehlerquelle A würde es hier ggf. Sinn machen, alle Fälle des *einen bestimmten Interviewers* in Augenschein zu nehmen, der die Frage offenbar falsch interpretiert hat. Der Interviewer ist i. d. R. anonymisiert in Form einer Interviewer-Nummer gespeichert. Selbst ohne den Interviewer als Person zu identifizieren, kann nach dieser Nummer gefiltert werden, um die betreffenden Fälle zu isolieren. Der Blick auf diese Fälle – mittels Filter aufgelistet oder mittels Kreuztabelle in einer eigenen Spalte den übrigen Fällen gegenübergestellt – kann die Vermutung bestätigen, dass es ein bestimmter Interviewer war, der die Frage anders interpretiert hat. Mit Hilfe einer DO IF-Schleife, die die betroffene Interviewer-Nummer „herausfiltert", können die falschen Einträge dann u. U. mit einem RECODE-Befehl korrigiert werden.

Wenn das nicht funktioniert, wenn sich die Fehlinterpretation nicht nachvollziehen lässt, der fehlerhafte Fall ein Einzelfall ist oder der Fragebogen vom Teilnehmer selbst ausgefüllt wurde, kann (neben dem Blick in den gedruckten Original-Fragebogen) ein Anruf beim Interviewer oder dem befragten Teilnehmer weiterhelfen.

C) *Kommunikation zwischen Interviewer und Befragtem:* Wenn ein Interviewer beteiligt ist, ist eine weitere Kommunikationshürde das Gespräch zwischen Interviewer und Interviewtem. Selbst wenn der Fragebogen einwandfrei ist und vom Interviewer richtig interpretiert wird, kann der Befragte die Frage missverstehen oder der Interviewer die Antwort. Ein bestimmter Jargon, Dialekt oder

Akzent mag das wahrscheinlicher machen, doch selbst ohne solche Hindernisse kommen Missverständnisse vor. Diese Fehlerquelle kann eigentlich nur erahnt werden, vielleicht weil die Angabe (ähnlich wie in den Fehlerquellen A und B) Sinn machen würde, wenn man die Frage etwas anders gestellt hätte. Bestätigen oder erhärten lässt sich der Verdacht u. U. bei einer Rücksprache mit dem Interviewer, der sich evtl. noch an die Situation erinnern kann. Mit Glück lässt sich aus dieser Rücksprache dann auch die zutreffende Antwort rekonstruieren.

D) *Fälschung von Interviews durch den Interviewer:* Dieser Verdacht drängt sich erst dann auf, wenn sich falsche Angaben in bestimmten Fällen häufen und Missverständnisse schwer vorstellbar sind – etwa weil die Formulierung eindeutig ist oder weil die eingetragenen Werte auch bei unterschiedlicher Auslegung der Frage nicht zutreffen können. Ähnlich wie bei Fehlerquelle B bietet es sich bei diesem Verdacht an, alle Fälle des betreffenden Interviewers in Augenschein zu nehmen. Es wird also wiederum eine Dummy-Variable gebildet, bei der die Ausprägung 1 alle Fälle mit der entsprechenden Interviewer-Nummer markiert. Dann werden Variablen mit dieser Dummy-Variablen gekreuzt, oder die Dummy-Variable wird als Filter benutzt und die Fälle in einer Tabelle aufgelistet. Bestätigt sich die Vermutung, dass sich die Fehler auf einen bestimmten Interviewer konzentrieren, sollte dieser kontaktiert werden, um den Fälschungsverdacht zu bestätigen oder auszuräumen. Gefälschte Interviews können naturgemäß nicht korrigiert werden, da keine (wahre) Information über die Befragten vorliegt. Die einzige Möglichkeit wäre eine Nacherhebung.

E) *Bewusst falsche Auskunft des Befragten:* Auch dieser Verdacht wird erst entstehen, wenn Angaben *eindeutig* falsch sind und sich keine plausible Erklärung im Sinne eines Missverständnisses einstellen will. Im Unterschied zu Fehlerquelle D werden hier die Antworten ganz bewusst unrealistisch sein (während ein Interviewer beim Fälschen eher bemüht sein wird, realistische Angaben zu machen). Die Tatsache, *dass* Angaben falsch sind, wird also leicht zu erkennen sein. Außerdem sollte es sich um Einzelfälle handeln, die sich nicht bei einem bestimmten Interviewer konzentrieren. Als Motive kommen zum einen Vorbehalte gegen den Interviewer oder gegen die Umfrageforschung allgemein in Frage (etwa die Angst vor dem Überwachungsstaat oder die Sorge, in Zukunft mehr Werbung oder eine versehentlich abonnierte Zeitschrift im Briefkasten zu finden). Zum anderen könnte der in dem Fall wenig erheiternde Humor des Befragten ein Motiv sein, der sich einen Spaß daraus macht, Unsinn anzugeben. Bestätigen lassen müsste sich der Verdacht in einer Rücksprache mit dem Interviewer – falls ein Interviewer beteiligt war. Korrigieren lassen sich die Angaben kaum, zumal die bewusst falsche Auskunft einer Antwortverweigerung gleichkommt.

F) *Irrtum des Befragten:* Eine Interviewpartner kann auch *versehentlich* falsche Angaben machen, etwa indem er sich falsch erinnert (z. B. wie alt die eigene Tochter ist) oder Dinge verwechselt (z. B. die Warm- mit der Kaltmiete). Hier wird es sich oft um realistische und glaubhafte Angaben handeln, zumal sie der Befragte ja selbst geglaubt hat. Nur selten wird es andere Angaben im gleichen Fall geben, anhand derer sich der Fehler nachvollziehen lässt. Beispielsweise könnten bei einer Paarbefragung beide Partner nach den Geburtsdaten ihrer Kinder oder nach der Verhütungsmethode befragt werden. (Bei Widersprüchen wird in der Praxis der Mutter eher geglaubt als dem Vater.) In anderen Surveys könnte z. B. neben dem Haushaltseinkommen noch eine Abfrage der einzelnen möglichen Einkommensposten (Verdienst für Erwerbsarbeit, Bezug einer Rente, Bezug von BAFÖG etc.) enthalten sein. In diesem Fall kann mit der Summe der einzelnen Einkommensquellen die Angabe des Haushaltseinkommens überprüft werden. Doch selbst wenn eine solche Kontrollmöglichkeit besteht, ist es Glück, wenn sich eindeutig beurteilen lässt, welche der Angaben falsch ist und welches der richtige Wert wäre.

G) *Reaktivität des Befragten:* Eine der bekanntesten Fehlerquellen in der Methodenlehre ist die Reaktivität, also das „Schönen der Antworten": Entweder wird Nicht-Wissen, Keine-Meinung-Haben oder eine sozial unerwünschte Tatsache (z. B. eine ausländerfeindliche Gesinnung) nicht zugegeben, weil man selbst besser dastehen möchte, oder der Befragte hat das Gefühl, den Interviewer zu enttäuschen, wenn er keine Angaben machen kann, und antwortet aus „Höflichkeit" über sein Wissen oder seine Meinung hinaus. Z. B. neigen Befragte dazu, sich bei Fragen nach dem Einkommen in Richtung eines mittleren Einkommens besser bzw. schlechter darzustellen. Oder sie geben Urteile zu angeblichen Politikern ab, die nicht wirklich existieren, weil sie nicht zugeben wollen, den vermeintlichen Politiker nicht zu kennen. Dass Reaktivität die Daten (immer) verzerrt, weiß der Forscher und kann das Ausmaß schätzen, indem er Häufigkeiten im Datensatz mit bekannten Häufigkeiten in der Grundgesamtheit vergleicht. Wenn also die Einkommensverteilung der Grundgesamtheit bekannt ist, kann diese mit der Einkommensverteilung im Datensatz verglichen werden. Dass im *Einzelfall* unzutreffende Antworten gemacht werden, wird sich aber i. d. R. nicht nachweisen lassen. Dazu müsste entweder eine zweite Angabe im Datensatz enthalten sein, die der Befragte korrekt gemacht hat und die der ersten widerspricht. Oder es muss eine Kontrollfrage geben: z. B. zwischen mehreren Fragen nach der Zufriedenheit mit bestimmten Politikern eine Frage nach einem fiktiven Politiker. Ersteres ist selten der Fall. Und falls es doch eine zweite Angabe gibt, ist es oft schwer zu entscheiden, welche der beiden Angaben korrekt ist. Kontrollfragen werden ebenfalls selten gestellt (u.a. weil Interviewzeit kostbar ist). Und selbst wenn es eine Kontrollfrage gibt, lässt sich nach dem Prinzip „Wer einmal lügt,..." auch nur vermuten, *dass* andere Angaben geschönt sein dürften, aber es lässt sich nicht nachweisen *welche*. Der Nachweis im Einzelfall ist also schwierig und die Korrektur meist nicht möglich.

H) *Fehler in der Steuerdatei bei der Datenerfassung:* Wenn beim Einlesen mittels DATA LIST (siehe Kapitel 1, Abschnitt 6.3) in einer Steuerdatei ein Fehler passiert, hat das in der Regel zur Folge, dass in nahezu allen Fällen in oder ab einer bestimmten Variablen unrealistische Werte eingetragen werden. Ein solcher Fehler fällt oft schon beim Sichten des Datenfensters auf, spätestens bei der Sichtung der Häufigkeitstabellen. Nachgewiesen werden kann er leicht, indem man die Steuerdatei auf Syntax-Fehler hin überprüft. Korrigiert man den Fehler in der Syntax und liest die Rohdaten erneut ein, ist auch der Fehler im Datensatz schnell korrigiert.

I) *Tippfehler bei der (manuellen) Datenerfassung:* Werden Fragebögen von Hand erfasst, also abgetippt, können natürlich Tippfehler passieren. Dabei handelt es sich gewöhnlich um einzelne Fehler, die typische nachvollziehbare Muster haben: Es gibt einen „Zahlendreher" (statt 17 wird das Alter des Sohnes mit „71" angegeben), oder eine Ziffer entspricht der Taste unmittelbar neben einem realistischen Wert (z. B. Geschlecht = „3" statt Geschlecht = „2"). Kommt der Verdacht auf, genügt ein Blick in den Original-Fragebogen, um ihn zu bestätigen und den Fehler zu korrigieren.

J) *Lesefehler beim Scannen (als Technik der Datenerfassung):* Ebenso wie bei der manuellen Erfassung unterläuft bei der Datenerfassung mittels Scanner zuweilen ein Fehler. Das kann daran liegen, dass ein Kreuz zu blass, mit einem ungeeigneten Stift oder neben das Kästchen gemacht wurde, dass Schmutz auf dem Fragebogen war, ein Blatt schief eingezogen wurde etc. Auch hier ist der Nachweis mit einem Blick in den Original-Fragebogen schnell erbracht und der Fehler schnell behoben.

3 Fehlersuche in der Praxis

Auch wenn manche Fehler leicht zu finden und eindeutig zu korrigieren sind, ist der Umgang mit fehlerhaften Werten heikel: Fehlerkorrektur und (zusätzliche) Verfälschung von Daten liegen eng beieinander! Oft gibt es eben *nur* gute Gründe für die *Annahme*, der wahre Wert dürfte dieser oder jener gewesen sein, aber eben keine *Gewissheit*. Im Zweifelsfall sollte eine nicht gesicherte Ausprägung daher gelöscht bzw. mit einem separaten Wert gekennzeichnet und als Missing definiert werden. Tauchen zu viele Fehler auf oder können Fehler, die die Ergebnisse nennenswert verfälschen, nicht korrigiert werden, sollte auf die Auswertung der entsprechenden Variablen (oder des Datensatzes!) ganz verzichtet werden.

Schwierig ist auch die Frage, wie viel *Aufwand* gerechtfertigt ist, um in einem Datensatz nach Fehlern zu suchen. In der Praxis wird die verfügbare Zeit dabei entscheidend sein. Empfehlenswert ist ein mehrstufiges Vorgehen: Sind beim ersten groben Sichten des Datensatzes (z. B. mit FREQUENCIES all.) keine Fehler zu erkennen, wird mit der Auswertung begonnen. Tauchen später doch Fehler auf oder wird man im Zuge der Auswertung auf Widersprüche aufmerksam, wird gezielt weiter nach Fehlern gesucht.

Weiterführende Literatur
Wer computergestützte Erhebungen durchführen will, sollte sich näher mit der Wirtschaftsinformatik, insbesondere mit Datenbanksystemen auseinandersetzen. *Ferstl* und *Sinz* (2008) führen in dieses Thema ein. Als weiterführende deutsche Literatur eignen sich *Küsters* (2001) und *Stuber* (2003). Englischsprachige Einführungen in Data Mining sind z. B. *Han* und *Kamber* (2006), *Kumar* et al. (2005), *Ramez* und *Navathe* (2006) sowie *Witten* und *Frank* (2005). *Engel* (1998) sowie *Saldern* (Hg.) (1986) führen in die Mehrebenenanalyse ein.

Engel, Uwe (1998): Einführung in die Mehrebenenanalyse. Grundanlagen, Auswertungsverfahren und praktische Beispiele. Opladen: Westdeutscher Verlag
Ferstl, Otto K./*Sinz*, Elmar J. (2008): Grundlagen der Wirtschaftsinformatik. Band 1. 4., überarbeitete und erweiterte Auflage. München: Oldenbourg
Han, Jiawei/*Kamber*, Micheline (2006): Data Mining. Concepts and Techniques. Morgan Kaufmann Publishers
Kumar, Vipin/*Steinbach*, Michael/*Tan*, Pang-Nin (2005): Introduction to Data Mining. London: Addison Wesley Publishing Company
Küsters, Ulrich (2001): Data Mining und Methoden: Einordnung und Überblick. In: *Hippner*, H./*Küsters*, U./*Meyer*, M./*Wilde*, K. D. (Hg.) (2001): Handbuch Data Mining im Marketing – Knowledge Discovery in Marketing Databases. Wiesbaden: Vieweg Verlag, S. 95-130. http://www.ku-eichstaett.de/Fakultaeten/WWF/Lehrstuehle/WI/Lehre/ACRM_bsc_PM/HF_sections/content/DM%203.pdf (14.7.2010)
Ramez, Elmasri/*Navathe*, Shamkant B. (2006): Fundamentals of Database Systems. Addison Wesley
Saldern, Matthias von (Hg.) (1986): Mehrebenenanalyse. Beiträge zur Erfassung hierarchisch strukturierter Realität. Weinheim/München: Psychologie Verlags Union/Beltz
Stuber, Ralph (2003): Data Preprocessing – Datenvorverarbeitungsschritte des Prozessmodells. erstellt am 16.01.2003, DIKO-Projekt an der Universität Oldenburg. http://www-is.informatik. uni-oldenburg.de/publications/2954.pdf (14.7.2010)
Witten, Ian H./*Frank*, Eibe (2005): Data Mining. Practical Machine Learning Tools and Techniques. Morgan Kaufmann Publishers

Kapitel 4
Zusammenführen von Datensätzen und Wechsel der Analyseebene

Detlev Lück

Wie Kapitel 1 gezeigt hat, sind viele Schritte nötig, um zu einem fertigen Datensatz zu kommen. Doch selbst wenn ein fertig erhobener und formatierter Datensatz zur Reanalyse beschafft wird – und alle in Kapitel 1 vorgestellten Arbeitsschritte wegfallen – fallen vor der Datenauswertung häufig weitere Vorarbeiten an. Beispielsweise sollen verschiedene Erhebungswellen einer Panel-Befragung gleichzeitig ausgewertet werden und müssen daher erst zu einem Datensatz zusammengeführt werden. Oder es soll eine Auswertung auf Haushaltsebene durchgeführt werden, es liegen aber nur Individualdaten vor.[1]

Das beste Beispiel für derartige Schwierigkeiten ist das Sozio-oekonomische Panel (SOEP), das ohne Frage zu den wertvollsten sozialwissenschaftlichen Datenquellen in Deutschland gehört (vgl. Kapitel 2). Das SOEP liegt jedoch nur als „Baukasten-System" vor, so dass es dem Benutzer nicht erspart bleibt, zunächst „Bausteine" zu einem Datensatz zusammenzufügen, der sich auch sinnvoll auswerten lässt. Dieses Kapitel verwendet daher das SOEP als Anwendungsbeispiel und geht auf ein paar seiner Besonderheiten ein.

1 Der ADD FILES-Befehl – Fälle hinzufügen

Der Befehl ADD FILES fügt einem Datensatz Fälle und Daten eines zweiten (ggf. auch eines dritten, vierten,...) Datensatzes hinzu. Er geht dabei davon aus, dass die *Variablen* in beiden Datensätzen – überwiegend – identisch sind, dass sich aber in jedem Datensatz andere *Fälle* bzw. Merkmalsträger (also i. d. R. befragte Personen) befinden.

---

[1] Für bestimmte Analyseverfahren sind spezielle und umfangreiche Formen der Datenaufbereitung nötig, die hier nicht näher thematisiert werden können. Das betrifft insbesondere die Mehrebenenanalyse (vgl. z.B. *Hinz* 2009) sowie die Ereignisanalyse (z.B. *Beck* 2009).

In der schematischen *Abbildung 1* steht – analog zum SPSS-Datenfenster – jeweils eine Zeile für einen Fall (eine Person) im Datensatz (Pers. A, Pers. B,...),
eine Spalte für eine Variable (Var. 1, Var. 2,...) und ein „X" für eine beliebige
Merkmalsausprägung, also einen vorhandenen Wert.

Abb. 1:   *Schematische Darstellung für Fälle hinzufügen*

	file 1							
	Var. 1	Var. 2	Var. 3	Var. 4	Var. 5	Var. 6	Var. 7	Var. 8
Pers. A	X	X	X	X	X	X	X	X
Pers. B	X	X	X	X	X	X	X	X
Pers. C	X	X	X	X	X	X	X	X

	file 2							
	Var. 1	Var. 2	Var. 3	Var. 4	Var. 5	Var. 6	Var. 7	Var. 8
Pers. D	X	X	X	X	X	X	X	X
Pers. E	X	X	X	X	X	X	X	X
Pers. F	X	X	X	X	X	X	X	X

	ergebnis							
	Var. 1	Var. 2	Var. 3	Var. 4	Var. 5	Var. 6	Var. 7	Var. 8
Pers. A	X	X	X	X	X	X	X	X
Pers. B	X	X	X	X	X	X	X	X
Pers. C	X	X	X	X	X	X	X	X
Pers. D	X	X	X	X	X	X	X	X
Pers. E	X	X	X	X	X	X	X	X
Pers. F	X	X	X	X	X	X	X	X

Es gibt mehrere Anwendungsbeispiele. Zum Beispiel kann es vorkommen, dass ein
erster Rücklauf an Fragebögen schon erfasst und als Datensatz abgespeichert wird
und dann einige Wochen später auch die „Nachzügler" gescannt und in einem
zweiten Datensatz abgelegt werden. Oder es teilen sich mehrere Kodierer, die
Fragebögen von Hand erfassen, die Stapel auf. Im SOEP gibt es den Anwendungsfall, dass Kinder bis 16 Jahren in einem separaten Datensatz abgespeichert sind.
Will man eine vollständige Welle über alle Personen in der Stichprobe auswerten,
muss der „Kinder-Datensatz" (im Beispiel: „okind.sav" aus der Welle „O", also 1998)
dem „normalen" Personendatensatz hinzugefügt werden. Der SPSS-Befehl dazu
könnte so aussehen:

```
ADD FILES /FILE = *
          /FILE = "C:\okind.sav".
EXECUTE.
```

FILE = * kennzeichnet, dass der erste „Baustein" der bereits geöffnete Datensatz
– die „Arbeitsdatei" – sein soll. Das setzt natürlich voraus, dass der „Erwachsenen-

Datensatz" der Welle „O" vor dem Ausführen des Befehls tatsächlich bereits geöffnet ist. `FILE = "C:\okind.sav"` kennzeichnet einen weiteren Baustein, der zum ersten hinzugefügt werden soll, wobei in den Anführungszeichen der vollständige Dateiname inklusive Pfadangabe stehen muss. (In diesem Beispiel wird unterstellt, dass der Datensatz direkt unter C:\ auf der Festplatte gespeichert ist. In der Regel dürfte er eher in einem Unterverzeichnis eines Unterverzeichnisses liegen. Dann müssen alle Verzeichnisse und Unterverzeichnisse nacheinander, mit „\" getrennt, aufgelistet werden.) `EXECUTE.` ist nötig, um den Befehl tatsächlich auszuführen.

Damit die Datensätze korrekt zusammenfügt werden, müssen gleiche Variablen auch gleich heißen. Variablen, die nur in einem der Ausgangsdatensätze enthalten sind, tauchen im Ergebnis auf, wobei die aus dem jeweils anderen Datensatz stammenden Fälle dann über keine Ausprägungen verfügen.

2 Der MATCH FILES-Befehl – Variablen hinzufügen

Auch der Befehl MATCH FILES dient dazu, zwei oder mehrere Datensätze aneinanderzufügen. Er geht allerdings davon aus, dass die *Fälle* in beiden Datensätzen – überwiegend – identisch sind und sich in jedem Datensatz unterschiedliche *Variablen* befinden. Das ist z. B. der Fall, wenn in einem Panel die gleichen Personen in aufeinander folgenden Jahren wiederholt befragt wurden und für jedes Jahr jeweils ein Datensatz existiert.

Abb. 2: Schematische Darstellung für Variablen hinzufügen (identische Fälle)

	file 1				file 2			
	Var. 1	Var. 2	Var. 3	Var. 4	Var. 5	Var. 6	Var. 7	Var. 8
Pers. A	X	X	X	X	X	X	X	X
Pers. B	X	X	X	X	X	X	X	X
Pers. C	X	X	X	X	X	X	X	X
Pers. D	X	X	X	X	X	X	X	X
Pers. E	X	X	X	X	X	X	X	X
Pers. F	X	X	X	X	X	X	X	X

	ergebnis							
	Var. 1	Var. 2	Var. 3	Var. 4	Var. 5	Var. 6	Var. 7	Var. 8
Pers. A	X	X	X	X	X	X	X	X
Pers. B	X	X	X	X	X	X	X	X
Pers. C	X	X	X	X	X	X	X	X
Pers. D	X	X	X	X	X	X	X	X
Pers. E	X	X	X	X	X	X	X	X
Pers. F	X	X	X	X	X	X	X	X

Um die Datensätze zusammenfügen zu können, ist (mindestens) eine *Schlüssel-variable* notwendig, die es erlaubt, die Fälle einander richtig zuzuordnen. Dies ist eine Variable, die in beiden Datensätzen enthalten ist und jeden Fall eindeutig identifiziert. Nimmt also z. B. eine Person an einer Befragung teil, erhält sie eine Nummer, etwa die 467. Diese Nummer darf zuvor noch nie vergeben worden sein und auch später an keine andere befragte Person vergeben werden. Nimmt jedoch dieselbe Person an einer späteren Erhebungswelle der Studie noch einmal teil, müssen ihre Angaben dann wiederum mit der 467 gekennzeichnet werden.

Die Variable, die diese Informationen speichert, muss in allen zusammenzu-fügenden Datensätzen gleich heißen und sollte möglichst auch gleich formatiert sein. In den meisten Datensätzen gibt es zu diesem Zweck eine *Identifikations-nummer* (kurz: id) oder eine *laufende Nummer* (lfnr), die jedem Interviewpartner einen eindeutigen und anonymen Zahlencode zuweist. Es können aber auch Haushaltsnummern (wie im SOEP), Betriebsnummern oder Namen verwendet werden.

Bevor die Datensätze zusammengefügt werden können, muss *jeder* von ihnen nach der Schlüsselvariable sortiert werden:

```
SORT CASES BY id.
```

Anschließend wird einer der Datensätze – im Beispiel „file1.sav" – geöffnet und mit einem MATCH FILES-Befehl mit dem zweiten – hier „file2.sav" – verknüpft:

```
MATCH FILES
      /FILE = *
      /FILE = "C:\file2.sav"
        /BY id.
EXECUTE.
```

FILE = * kennzeichnet auch hier wieder, dass der erste „Baustein" der bereits geöffnete Datensatz (file1.sav) sein soll. Auch hier muss wieder in der Zeile FILE = "C:\file2.sav" die Pfadangabe angepasst werden, wenn die Datei file2.sav nicht direkt unter C:\ auf der Festplatte abgelegt ist. Der Befehl EXECUTE. ist wiederum nötig, um den Befehl tatsächlich auszuführen.

Soll eine dritte (vierte, fünfte, ...) Datei gleichzeitig verknüpft werden, so muss diese ebenfalls die Variable id enthalten und ebenfalls nach id sortiert worden sein. Dann kann im MATCH FILES-Befehl oben als vorletzte Zeile ein Unterbefehl eingefügt werden, etwa:

```
      /FILE = "C:\daten\file3.sav"
```

2.1   Exkurs: Schlüsselvariablen im SOEP

Eine Besonderheit des SOEP besteht darin, dass es *drei* Identifikationsnummern gibt: eine (unveränderliche) *Personen-Identifikationsnummer* persnr, eine (un-veränderliche) *Haushaltsnummer* hhnr des Haushaltes, in dem die befragte Person zum ersten Mal erfasst wurde, und schließlich eine *aktuelle Haushaltsnummer* hhnrakt. Diese kann von einer Erhebungswelle zur nächsten wechseln, wenn ein Befragter umzieht. D. h. hhnrakt ist von Erhebungswelle zu Erhebungswelle eine *unterschiedliche* Variable, obwohl der Name der gleiche ist. In der Datei ppfad.sav, die alle Identifikationsnummern aller jemals erfassten Fälle enthält, sind auch die aktuellen Haushaltsnummern aller Befragungswellen enthalten. Dort heißen diese Variablen ahhnr, bhhnr, chhnr usw.

Nötig sind diese drei Identifikationsnummern, weil das SOEP sowohl personenbezogene als auch haushaltsbezogene Daten enthält. Es wird empfohlen, beim Matchen jeweils alle verfügbaren Identifikationsnummern (auf Personenebene i. d. R. drei, auf Haushaltsebene i. d. R. zwei) gleichzeitig als Schlüsselvariablen zu verwenden. Würde man also zum Beispiel mehrere SOEP-Datensätze mit personenbezogenen Informationen der Welle „O" zusammenfügen, würde man zunächst die Fälle in jedem dieser Datensätze mit folgendem Befehl sortieren:

```
SORT CASES BY hhnr hhnrakt persnr.
```

Der MATCH FILES-Befehl, mit dem man anschließend die Datensätze verknüpft, könnte zum Beispiel so aussehen:

```
MATCH FILES
      /FILE = *
      /FILE = "C:\Opgen.sav"
      /FILE = "C:\Opbrutto.sav"
      /BY hhnr hhnrakt persnr.
EXECUTE.
```

2.2   FILE *oder* TABLE?

Der MATCH FILES-Befehl erlaubt es, die Datensätze, die verknüpft werden sollen, entweder als „Datensatz" zu definieren, „der Fälle liefert", oder als „Schlüsseltabelle". Ein „Datensatz, der Fälle liefert", wird mit FILE gekennzeichnet. Dies muss bei mindestens einem Datensatz der Fall sein. Eine Schlüsseltabelle heißt in der SPSS-Syntax TABLE.

Der Unterschied macht sich nur dann bemerkbar, wenn die Datensätze nicht (genau) die gleichen Fälle enthalten. Das kann passieren, wenn z. B. bei einer Wiederholungsbefragung im Panel einzelne Personen im einen oder im anderen Jahr die Teilnahme verweigert haben. Wie sich TABLE und FILE in diesem Fall auswirken, soll graphisch erläutert werden.

2.2.1 Fall A: Beide Dateien liefern Fälle

Wenn beide Dateien Fälle liefern, entspricht die Syntax dem MATCH FILES-Befehl oben: Sowohl file1.sav als auch file2.sav sind als FILE definiert.

Abb. 3: *Schematische Darstellung für Variablen hinzufügen*
         – beide Datensätze liefern Fälle –

		file 1				file 2		
	Var. 1	Var. 2	Var. 3	Var. 4	Var. 5	Var. 6	Var. 7	Var. 8
Pers. A	X	X	X	X	X	X	X	X
Pers. B	X	X	X	X	X	X	X	X
Pers. C					X	X	X	X
Pers. D	X	X	X	X	X	X	X	X
Pers. E	X	X	X	X				
Pers. F	X	X	X	X	X	X	X	X

				ergebnis				
	Var. 1	Var. 2	Var. 3	Var. 4	Var. 5	Var. 6	Var. 7	Var. 8
Pers. A	X	X	X	X	X	X	X	X
Pers. B	X	X	X	X	X	X	X	X
Pers. C	sysmis	sysmis	sysmis	sysmis	X	X	X	X
Pers. D	X	X	X	X	X	X	X	X
Pers. E	X	X	X	X	sysmis	sysmis	sysmis	sysmis
Pers. F	X	X	X	X	X	X	X	X

Deswegen ist im neu gebildeten Datensatz sowohl Person C enthalten – die zwar in file2.sav enthalten ist, nicht aber in file1.sav – als auch Person E – die zwar in file1.sav enthalten ist, nicht aber in file2.sav. Den Fall E „liefert" file1.sav, den Fall C file2.sav.

So wird aus zwei Datensätzen mit jeweils fünf Fällen ein Datensatz mit sechs Fällen. Die Zellen von Person C für die Variablen 1 bis 4 bleiben ebenso leer („sysmis") wie die Zellen von Person E für die Variablen 5 bis 8.

2.2.2 Situation B: Externe Datei ist Schlüsseltabelle

Nun wird die externe Datei – also die Datei file2.sav, die noch *nicht* geöffnet ist – als Schlüsseltabelle definiert. Der Unterbefehl TABLE kommt also zum Einsatz:

```
MATCH FILES
      /FILE = *
      /TABLE = "C:\file2.sav"
      /BY id.
EXECUTE.
```

Dadurch liefert file2.sav keine zusätzlichen Fälle, d. h. der Fall C, der zwar in file2.sav enthalten ist, nicht aber in file1.sav, erscheint im Ergebnis nicht. Person E ist enthalten, da sie in file1.sav enthalten war, also in dem Datensatz, der „Fälle liefert". Die Fälle des Datensatzes ergebnis.sav entsprechen genau denen in file1.sav.

Abb. 4: *Schematische Darstellung für Variablen hinzufügen*
           – externe Datei ist Schlüsseltabelle –

| | *ergebnis* | | | | | | | |
	Var. 1	Var. 2	Var. 3	Var. 4	Var. 5	Var. 6	Var. 7	Var. 8
Pers. A	X	X	X	X	X	X	X	X
Pers. B	X	X	X	X	X	X	X	X
Pers. D	X	X	X	X	X	X	X	X
Pers. E	X	X	X	X	sysmis	sysmis	sysmis	sysmis
Pers. F	X	X	X	X	X	X	X	X

2.2.3 Situation C: Arbeitsdatei ist Schlüsseltabelle

In der letzten Situation ist die Arbeitsdatei – also die Datei file1.sav, die bereits geöffnet ist – „Schlüsseltabelle", während die externe Datei Fälle liefert:

```
MATCH FILES
     /TABLE = *
     /FILE = "C:\file2.sav"
     /BY id.
EXECUTE.
```

Die Person E erscheint im Ergebnis nicht. Person C ist jedoch enthalten. Die Fälle in ergebnis.sav entsprechen diesmal genau denen in file2.sav.

Abb. 5: *Schematische Darstellung für Variablen hinzufügen*
           – Arbeitsdatei ist Schlüsseltabelle –

| | *ergebnis* | | | | | | | |
	Var. 1	Var. 2	Var. 3	Var. 4	Var. 5	Var. 6	Var. 7	Var. 8
Pers. A	X	X	X	X	X	X	X	X
Pers. B	X	X	X	X	X	X	X	X
Pers. C	sysmis	sysmis	sysmis	sysmis	X	X	X	X
Pers. D	X	X	X	X	X	X	X	X
Pers. F	X	X	X	X	X	X	X	X

3   Anwendungsbeispiel für die „Schlüsseltabelle" im SOEP: Auswahl von Panel-Fällen

Man könnte sich auf den Standpunkt stellen „Lieber einen Fall zu viel als einen zu wenig", schließlich würde ein Fall ohne Ausprägung auf einer bestimmten Variable die gültigen Prozentwerte ohnehin nicht verändern. Es mag in der Tat oft eine Frage des „Ordnunghaltens" sein, wenn Fälle, die nicht ausgewertet werden sollen, auch nicht in der Arbeitsdatei stehen gelassen werden. Manchmal ist es auch eine Frage der Dateigröße und der Rechengeschwindigkeit.

Doch es geht auch darum, eine Fehlerquelle auszuschalten: Würde man etwa zwei Wellen in einem Panel auf Aggregatebene miteinander vergleichen (z. B. „1986 haben noch 24% geäußert, dass sie rosa Pudel schön finden; 1998 ist dieser Anteil auf 11% gesunken."), so wäre es wünschenswert, dass sich beide Auswertungen auf dieselbe Stichprobe beziehen, so dass sie vergleichbar sind und Selektionseffekte vermieden werden. Dazu sollten alle Fälle, die nur in *einer* der beiden Wellen befragt wurden, von der Analyse ausgeschlossen, also nicht mit in die Arbeitsdatei aufgenommen werden.

Dies wäre auch schon ein klassischer Anwendungsfall: Das Bilden eines Längsschnittfiles mit mehreren Wellen eines Panels, in dem nur *echte Panel-Fälle* enthalten sind, also Befragte, die an *jeder* Welle teilgenommen haben.

Im „Baukastensystem" SOEP würde man, um eine solche Datei zu bauen, auf die bereits erwähnte Pfad-Datei als „Grundgerüst" zurückgreifen. Dies ist ein Datensatz, der keine inhaltlichen Informationen, aber die Identifikationsnummern aller Personen (ppfad.sav) bzw. aller Haushalte (hpfad.sav) enthält, die *jemals* im SOEP erfasst wurden. Gleichzeitig sind Indikatoren enthalten, die kennzeichnen, ob eine Person bzw. ein Haushalt auch in der ersten Welle 1984 (anetto), in der zweiten Welle 1985 (bnetto), 1986 (cnetto) usw. befragt wurde. Wenn man also beispielsweise einen Datensatz mit personenbezogenen Daten erzeugen wollte, der die Wellen 1986 („C"), 1992 („I") und 1998 („O") umfasst, so würde man zunächst ppfad.sav öffnen:

```
GET FILE = "C:\Soep\ppfad.sav"
    /KEEP = hhnr chhnr ihhnr ohhnr persnr
            cnetto inetto onetto.
EXECUTE.
```

Allerdings öffnet der obige Befehl nicht den *vollständigen* Datensatz. Schon in diesem ersten Schritt macht es Sinn, aus der Fülle des SOEP-Daten-„Baukastens" diejenigen „Bauklötze" herauszupicken, die man wirklich benötigt. Genau das tut der Unterbefehl „keep": Er wählt bestimmte Variablen aus, die im Datensatz „ppfad.sav" gespeichert sind. Und obwohl in „ppfad.sav" viel

mehr Variablen gespeichert sind, enthält der durch den obigen Befehl *geöffnete*
Datensatz auch wirklich nur die ausgewählten acht Variablen: neben den Indikatoren für die Teilnahme an den Wellen 1986, 1992 und 1998 (cnetto, inetto,
onetto) die personen- und haushaltsbezogenen Identifikationsnummern.

Im nächsten Schritt werden unnötige Fälle gelöscht. Der geöffnete Datensatz
wird auf echte Panel-Fälle reduziert, also auf die Fälle, die an allen drei Erhebungswellen beteiligt waren. Die Teilnahme wird in den Indikatoren cnetto,
inetto bzw. onetto durch die Werte 1 bis 4 angezeigt; war ein Fall nicht beteiligt,
ist das mit dem Wert 0 oder einem negativen Wert gekennzeichnet. Ein echter
Panel-Fall muss also in allen drei Variablen einen Wert größer Null haben. Fälle, die diese Bedingung nicht erfüllen, werden im nachfolgenden Befehl gelöscht:

```
SELECT IF (cnetto > 0 & inetto > 0 & onetto > 0).
EXECUTE.
```

Die Teilnehmer im engeren Sinne sind durch den Wert 1 gekennzeichnet. 2 steht
für einen Eintrag als Kind bis 16 Jahren, für das nur rudimentäre Informationen
erfasst sind. 3 steht für einen Eintrag nur im Adressprotokoll. 4 kennzeichnet
Einträge aus einer Nacherhebung. Man könnte also auch strenger auswählen:

```
SELECT IF (cnetto = 1 & inetto = 1 & onetto = 1).
EXECUTE.
```

An diese Datei – die nun die gewünschte Auswahl von Fällen, aber noch gar
keine inhaltlich relevanten Informationen enthält – werden nun andere Datensätze
angehängt, die Variablen aus den Jahren 1986, 1992 und 1998 beisteuern. Sie sollen jedoch keine neuen Fälle liefern, da diese dann keine echten Panel-Fälle wären,
sondern Befragte, die nur an einer oder zwei Wellen beteiligt waren.

Wie im obigen Exkurs erwähnt, existieren im SOEP drei Identifikationsnummern, die als Schlüsselvariable verwendet werden können und sollen: die
Personen-Identifikationsnummer persnr, die (ursprüngliche) Haushaltsnummer
hhnr und eine wellenspezifische aktuelle Haushaltsnummer hhnrakt. Um auch
die aktuelle Haushaltsnummer beim Matchen verwenden zu können, muss im
Datensatz ppfad.sav zunächst eine Variable hhnrakt gebildet werden, die der
aktuellen Haushaltsnummer in dem File entspricht, der an ppfad.sav angehängt
werden soll. Dies sind für die drei Erhebungswellen *unterschiedliche* Variablen!

Beginnen wir mit den Daten aus 1998. Was in den Datensätzen für 1998
hhnrakt heißt, heißt im geöffneten Datensatz ppfad.sav ohnr. Also wird eine
Variable hhnrakt im geöffneten Datensatz ppfad.sav so gebildet:

```
COMPUTE hhnrakt = ohnnr.
```

```
EXECUTE.
```

Auch wenn zumindest der Variablenlabel technisch ohne Bedeutung für das weitere Vorgehen ist, seien der Vollständigkeit halber auch die Befehle zur *Formatierung* der neu gebildeten Variablen hhnrakt genannt:

```
VARIABLE LABELS hhnrakt "aktuelle HH-Nummer".
FORMATS hhnrakt (F8).
VARIABLE LEVEL hhnrakt (NOMINAL).
```

Nun kann ppfad.sav nach allen drei Schlüsselvariablen sortiert werden. Die vordere Variable hat jeweils die höhere Priorität. Es wird also nur innerhalb von Fällen mit dergleichen Haushaltsnummer nach der aktuellen Haushaltsnummer und nur innerhalb von Fällen mit gleichen aktuellen Haushaltsnummern nach der Personen-Identifikationsnummer sortiert.

```
SORT CASES BY hhnr hhnrakt persnr.
```

ppfad.sav wird nun – *unter anderem Namen!* – („teil01.sav") gespeichert, um später mit 1998er Datensätzen verknüpft zu werden.

```
SAVE OUTFILE = "C:\tmp\teil01.sav"
    /COMPRESSED.
```

Es sei generell angemerkt, dass die ursprünglichen Datensätze nie überschrieben werden sollten! Insbesondere wenn ein Datensatz reduziert wurde – wenn also z. B. mittels SELECT IF *Fälle oder mittels* GET FILE ... /KEEP *Variablen gelöscht wurden – sollte der Datensatz immer unter einem neuen Namen gesichert werden!!!*

Auch die Datensätze für 1998 müssen zunächst nach den Schlüsselvariablen sortiert sein. Es werden Variablen aus drei verschiedenen Datensätzen ausgewählt: zunächst aus opbrutto.sav – dem Datensatz mit personenbezogenen („p") Daten für 1998 („o"), die bereits von der Stichprobenziehung her bekannt sind („brutto"). Das sind z. B. Geburtsdatum, Geschlecht, Nationalität und Stellung im Haushalt.

```
GET FILE = "C:\Soep\Opbrutto.sav"
    /KEEP = hhnr hhnrakt persnr ogeburt osex opnat ostell.
EXECUTE.
SORT CASES BY hhnr hhnrakt persnr.
SAVE OUTFILE = "C:\tmp\teil02.sav"
    /COMPRESSED.
```

Auch diese Auswahl von Variablen wird nach der Sortierung natürlich unter einem *neuen* Namen („teil02.sav") gespeichert.

Nun weiter mit Daten aus op.sav, dem Datensatz mit personenbezogenen ("p") Daten für 1998 ("o"), die im Interview erfragt wurden (z. B. Wie wichtig ist für Sie Arbeit für Ihre Zufriedenheit? Wie wichtig ist Familie? ...):

```
GET FILE = "C:\Soep\op.sav"
    /KEEP = hhnr hhnrakt persnr op0801 op0802 [...]
SORT CASES BY hhnr hhnrakt persnr.
SAVE OUTFILE = "C:\tmp\teil03.sav"
    /COMPRESSED.
```

Schließlich werden Variablen aus oh.sav ausgewählt und sortiert, dem Datensatz mit haushaltsbezogenen ("h") Daten für 1998 ("o"), die im Interview erfragt wurden (z. B. Gibt es einen Farbfernseher im Haushalt? Einen Videorecorder? Eine Stereoanlage? ...).

```
GET FILE = "C:\Soep\oh.sav"
    /KEEP = hhnr hhnrakt oh6001 oh6003 oh6005 oh6007 [...].
EXECUTE.
SORT CASES BY hhnr hhnrakt.
SAVE OUTFILE = "C:\tmp\teil04.sav"
    /COMPRESSED.
```

Es könnte außerdem auf opgen.sav zurückgegriffen werden – personenbezogene Daten, die nachträglich generiert wurden –, auf ohbrutto.sav – haushaltsbezogene Daten, die bereits vor dem Interview bekannt waren – oder auf ohgen.sav – haushaltsbezogene, generierte Variablen. In unserem Beispiel wollen wir es bei drei Datensätzen für 1998 belassen.

Die Datensätze werden schließlich verknüpft. Dazu wird von der eingangs aus ppfad.sav gebildeten Datei teil01.sav ausgegangen. Sie enthält keine inhaltlichen Informationen, aber die richtige Auswahl an Fällen. Daher wird sie als FILE definiert – als (die) Datei, die Fälle liefert. Die übrigen Bausteine mit Informationen aus der 1998er Erhebung werden als TABLE definiert, als Schlüsseltabelle, damit sie *keine* zusätzlichen „falschen" Panel-Fälle erzeugen.

```
GET FILE = "C:\tmp\teil01.sav".
MATCH FILES
    /FILE = *
    /TABLE = "C:\tmp\teil02.sav"
    /TABLE = "C:\tmp\teil03.sav"
    /BY hhnr hhnrakt persnr.
EXECUTE.
```

Natürlich hätte man auch einen der Datensätze teil02.sav oder teil03.sav öffnen können, und teil01.sav hinzufügen können. Entscheidend im obigen Befehl ist nur, dass teil01.sav als FILE und die beiden übrigen Datensätze als TABLE definiert sind. Der Baustein teil04.sav, der aus oh.sav gebildet wurde, beinhaltet

Haushaltsdaten und verfügt nicht über die Personen-Identifikationsnummer persnr. Beim Matchen kann also nur auf zwei Schlüsselvariablen zurückgegriffen werden. Ein zusätzlicher MATCH FILES-Befehl ist notwendig:

```
MATCH FILES
    /FILE = *
    /TABLE = "C:\tmp\teil04.sav"
    /BY hhnr hhnrakt.
EXECUTE.
```

Da bei der Sortierung persnr an dritter Priorität gestanden hatte, ist ein erneutes Sortieren vor dem MATCH FILES-Befehl nicht notwendig. Der Ausgangsdatensatz ist bereits nach hhnr und hhnrakt sortiert.

Nun ist ein Datensatz fertig mit Panel-Fällen für die Wellen 1986, 1992 und 1998 und mit Informationen aus dem Jahre 1998. Es fehlen Informationen aus den Erhebungen 1986 und 1992. Für beide Wellen bieten sich wiederum jeweils sechs Datensätze an, aus denen Variablen ausgewählt werden müssen. Dabei wird analog vorgegangen. Diese Schritte daher nur in Stichworten:

Zunächst wird der Ausgangsdatensatz mit einer neuen aktuellen Haushaltsnummer – der für 1992 – versehen und neu sortiert:

```
COMPUTE hhnrakt = ihhnr.
EXECUTE.
SORT CASES BY hhnr hhnrakt persnr.
SAVE OUTFILE = "C:\tmp\teil01.sav"
    /COMPRESSED.
```

Dann werden aus den verschiedenen Datensätzen für 1992 (ipbrutto.sav, ip.sav, ipgen.sav, ihbrutto.sav, ih.sav, ihgen.sav) Variablen ausgewählt, ebenfalls sortiert und unter neuem Namen gespeichert (siehe die Arbeitsschritte oben zu opbrutto.sav, op.sav und oh.sav). Es folgen zwei weitere MATCH FILES-Befehle (analog zu den oben vorgestellten).

Und schließlich wird all das noch einmal für das Jahr 1986 wiederholt: Aus chhnr wird noch einmal eine neue aktuelle Haushaltsnummer gebildet. Aus den Datensätzen cpbrutto.sav, cp.sav, cpgen.sav, chbrutto.sav, ch.sav und chgen.sav werden erneut Variablen ausgewählt und mit zwei MATCH FILES-Befehlen angehängt. Am Ende wird der fertige Datensatz gespeichert.

4   Das zweite Anwendungsbeispiel: Wechsel von der Haushalts- auf die Individualebene

Die Befehlsprozedur im obigen Beispiel stellt auf den ersten Blick nur Daten aus drei verschiedenen Erhebungswellen zusammen. Der Unterbefehl /TABLE bei MATCH FILES bewirkt dabei, dass nicht mehr Fälle in die am Ende erzeugte Arbeitsdatei gelangen, als ursprünglich in ppfad.sav festgelegt: Es soll vermieden werden, dass Fälle berücksichtigt werden, die nur in einer oder in zwei der drei relevanten Wellen befragt wurden.

Doch es passiert noch mehr: Haushaltsdaten werden einem personenbezogenen Datensatz zugespielt! Um sich zu vergegenwärtigen, was das bedeutet, sei zunächst noch einmal geklärt, was wir uns unter Haushalts- bzw. unter Individualdaten vorzustellen haben:

– *Individualdaten* bzw. personenbezogene Daten verwenden Personen als Merkmalsträger. Ein Fall, eine Zeile im Datensatz, entspricht einer Person. Die Variablen beschreiben Merkmale, die wir einer Person zuschreiben könnten: Geschlecht, Alter, persönliches Einkommen, Einstellung zu Kernenergie etc. Im SOEP sind die Fälle durch die Identifikationsnummer persnr gekennzeichnet.

– *Haushaltsdaten* verwenden Haushalte als Merkmalsträger. Ein Fall, eine Zeile im Datensatz, entspricht einem Haushalt. Die Variablen beschreiben Merkmale, die wir einem Haushalt zuschreiben könnten: Anzahl der Personen im Haushalt, Haushaltseinkommen, Anbindung an den öffentlichen Personennahverkehr etc. Im SOEP sind die Fälle durch die Identifikationsnummer hhnrakt gekennzeichnet.

Analog lassen sich paarbezogene Daten, familienbezogene Daten, unternehmensbezogene Daten usw. erfassen. Im SOEP kommen diese Ebenen allerdings, ähnlich wie in den meisten anderen Datensätzen, nicht vor.

Jede Information, die sich dem Haushalt (oder irgendeinem Aggregat) zuschreiben lässt, lässt sich auch an der Person (oder einem kleineren Aggregat) festmachen, die Teil des (größeren) Aggregats ist: Auch von einem Individuum kann ich z. B. behaupten, dass es in einer Wohnung mit 120 Quadratmetern, in einem Haushalt mit 3.700 Euro Haushaltseinkommen oder in einem Land mit 80 Millionen Einwohnern lebt. Wenn ich solche Informationen auf Individualebene speichere, entstehen allerdings Redundanzen: Mehrere Personen – eben

Abb. 6:   *Schematische Darstellung: Individualdaten und Haushaltsdaten*

persnr	hhnrakt	*individual* sex	age	p_eink	kern
1	1	w	34	2.300	-1
2	1	m	33	2.100	-3
3	1	w	2	0	-
4	2	m	56	3.400	+1
5	2	w	53	80	+2

hhnrakt	*Haushalt* size	hh_eink	oepnv
1	3	5.400	1
2	2	3.480	0

die, die im gleichen Haushalt (oder im gleichen Land) leben – haben zwangsläufig die identischen Ausprägungen auf diesen Variablen. Alle Mitglieder desselben Haushaltes hätten in der Variablen „Wohnfläche" den Eintrag 120 Quadratmeter. (Dass die Zugehörigkeit zu einem bestimmten Haushalt, also die aktuelle Haushaltsnummer, auf Personenebene gespeichert wird, ist allerdings *nicht* redundant, sondern Voraussetzung dafür, dass Personen des gleichen Haushalts überhaupt identifiziert werden können.) Angesichts heutiger Festplattenspeicher stellen diese Redundanzen allerdings keinen Nachteil mehr dar. Und spätestens für die Auswertung müssen sie in Kauf genommen werden.

Wenn nun für die Auswertung ein eben solcher Datensatz gebildet werden soll – Individualdaten (eine Zeile = ein Individuum), die jedoch Informationen von der Haushaltsebene mit enthalten – so stößt der MATCH FILES-Befehl in seiner Grundlogik auf ein Problem: Die einzige Schlüsselvariable, nach der die Datensätze zusammengeführt werden können, ist die aktuelle Haushaltsnummer. Diese kommt im Individualdatensatz jedoch *mehrfach* vor, d. h. es ist keine *eindeutige* Zuordnung mehr definiert, welche Zeile im einen Datensatz mit welcher Zeile aus dem anderen Datensatz verknüpft werden soll.

Abb. 6:   *Schematische Darstellung:*
           Wechsel von der Haushalts- auf die Individualebene

	file 1 – individualebene				*file 2 – haushaltsebene*			
	persnr	hhnrakt	sex	age	hhnrakt	size	h_eink	qm
Pers. A	1	1	w	34	1	3	3.700	120
Pers. B	2	1	m	33	2	2	5.180	140
Pers. C	3	1	w	2	3	1	1.600	42
Pers. D	4	2	m	56				
Pers. E	5	2	w	53				
Pers. F	6	3	m	29				

	ergebnis – individualebene						
	persnr	hhnrakt	sex	age	size	h_eink	qm
Pers. A	1	1	w	34	3	3.700	120
Pers. B	2	1	m	33	3	3.700	120
Pers. C	3	1	w	2	3	3.700	120
Pers. D	4	2	m	56	2	5.180	140
Pers. E	5	2	w	53	2	5.180	140
Pers. F	6	3	m	29	1	1.600	42

Auch dieses Problem löst der Unterbefehl /TABLES: Ein Datensatz, der als TABLES definiert ist, liefert nicht nur keine *zusätzlichen* Fälle. Er *begrenzt* die Anzahl der Fälle auch nicht nach oben. Wenn die Schlüsselvariable hhnrakt im als FILE definierten Individualdatensatz mehrfach auftaucht (weil nun einmal jede Person, die im gleichen Haushalt lebt, auch dieselbe aktuelle Haushaltsnummer hat), wird die entsprechende Zeile im als TABLES definierten Haushaltsdatensatz *jedem* dieser Fälle angehängt, also entsprechend häufig kopiert. Es entsteht das gewünschte Bild – so, wie es die nachfolgende schematische Darstellung, andeutet.

Auch um diesen Effekt zu erzielen, war es im vorangegangenen Abschnitt wichtig, dass der vierte „Baustein" („teil04.sav"), der die haushaltsbezogene Information beisteuerte und einen separaten MATCH FILES-Befehl erforderte, mit TABLES verknüpft wurde. Hier noch einmal der Befehl zur Erinnerung:

```
MATCH FILES
     /FILE = *
     /TABLE = "C:\tmp\teil04.sav"
     /BY hhnr hhnrakt.
EXECUTE.
```

5 Ein Fall für sich:
Wechsel von der Individual- auf die Haushaltsebene

Der umgekehrte Wechsel von der Individualebene auf die Haushaltsebene ist grundsätzlich auch möglich, jedoch mit Einschränkungen. Nachdem pro Haushalt nur noch eine Datenzeile zur Verfügung steht, können natürlich nicht alle personenbezogenen Informationen einfach kopiert werden. Von einem Individuum kann ich behaupten, dass es auf ein Haushaltseinkommen von 3.000 Euro im Monat zurückgreifen kann. Von einem Haushalt kann ich nicht sagen, was das *eine* dazugehörige persönliche Einkommen ist. Es gibt zwei Lösungsmöglichkeiten:

- Entweder generiert man eine neue *zusammenfassende Information* aus den Individualdaten: etwa statt persönlichem Einkommen das *höchste* persönliche Einkommen im Haushalt, statt Geschlecht den *Anteil* der Männer im Haushalt, statt Erwerbsstatus die *Anzahl* der Erwerbstätigen im Haushalt, statt Alter den *Altersdurchschnitt* der Haushaltsmitglieder usw. (vgl. Abbildung 7, Variante 1).
- Oder es werden *alle Informationen* der Individualebene unverändert übertragen, indem für jede Person im Haushalt ein neuer Satz gleicher Variablen angelegt wird: Geschlecht der 1. Person im Haushalt / Alter der 1. Person im Haushalt / Einkommen der 1. Person im Haushalt / Geschlecht der 2. Person im Haushalt / Alter der 2. Person im Haushalt / Einkommen der 2. Person im Haushalt / usw. (vgl. Abbildung 7, Variante 2).

Abb. 7:   *Schematische Darstellung:*
            Wechsel von der Individual- auf die Haushaltsebene

file 1 – individualebene			
persnr	hhnrakt	sex	age
1	1	w	34
2	1	m	33
3	1	w	2
4	2	m	56
5	2	w	53
6	3	m	29

file 2 – haushaltsebene			
hhnrakt	size	h_eink	qm
1	3	3.700	120
2	2	5.180	140
3	1	1.600	42

ergebnis – haushaltsebene – variante 1						
hhnrakt	size	h_eink	qm	ratio_m	age_max	age_mean
1	3	3.700	120	0.33	34	23.0
2	2	5.180	140	0.5	56	54.5
3	1	1.600	42	1.0	29	29.0

ergebnis – haushaltsebene – variante 2									
hhnrakt	size	h_eink	qm	sex1	age1	sex2	age2	sex3	age3
1	3	3.700	120	w	34	m	33	w	2
2	2	5.180	140	m	56	w	53	sysmis	sysmis
3	1	1.600	42	m	29	sysmis	sysmis	sysmis	sysmis

Beide Lösungen greifen auf den Befehl AGGREGATE zurück, auf den zunächst näher eingegangen werden soll.

5.1   Der AGGREGATE-*Befehl – Wechsel auf eine höhere Analyseebene*

Werfen wir noch einmal einen Blick auf die *Abbildung 6*. Bislang war es darum gegangen, die Haushaltsdaten (rechte Seite) an die Fallzahl der Individualdaten (linke Seite) anzupassen. Dazu wurden die Zeilen des Haushaltsdatensatzes sozusagen vervielfältigt, und zwar so oft, wie es im jeweiligen Haushalt Personen gab: der erste Haushalt dreimal, der zweite zweimal, der dritte einmal. Entscheidend war also die Anzahl unterschiedlicher Personen-Identifikationsnummern pro Haushaltsnummer im Individualdatensatz (Spalte 1 und 2).

Abb. 8:   *Schematische Darstellung:*
            Wechsel von der Individual- auf die Haushaltsebene

				haushalt							
hhnrakt	size	hh_eink	oepnv	sex1	sex2	sex3	age1	age2	age3	p_eink1	p_eink2
1	3	5.400	1	w	m	w	34	33	2	2.300	2.100
2	2	3.480	0	m	w		56	53		3.400	80

Nun (Abbildung 7) passiert der umgekehrte Schritt: Der Haushaltsdatensatz bleibt unverändert. Stattdessen verändern wir den Individualdatensatz. Dabei sollen alle Personen des gleichen Haushaltes zu einem einzigen Fall „einge-dampft" werden. Personen des gleichen Haushaltes erkennen wir wiederum an der gleichen Haushaltsnummer. Diese wird also – ähnlich der Schlüsselvariablen beim MATCH-Befehl – eine entscheidende Funktion haben. Im AGGREGATE-Befehl heißt diese Variable, anhand derer Fälle zusammensortiert werden, die Break-Variable. Und wie beim MATCH-Befehl muss der Individualdatensatz zunächst nach der Break-Variablen sortiert werden:

SORT CASES BY hhnrakt.

Der Befehl AGGREGATE kann in einer einfachen Form so geschrieben werden, dass er tatsächlich nur Fälle zu Haushalten „eindampft". Das Ergebnis des „Grundmodells" eines AGGREGATE-Befehls würde einen Datensatz erzeugen, in dem – wie gewünscht – für jeden Haushalt genau ein Fall existiert, der allerdings nur eine einzige Variable enthält, und zwar die Haushaltsnummer:

```
AGGREGATE
        /OUTFILE = "D:\Auswertungen\aggr.sav"
        /BREAK = hhnrakt.
```

Das hängt damit zusammen, dass sich beim Wechsel von der Individual- auf die Haushaltsebene, also auf eine höhere Analyseebene, nicht automatisch ergibt, welche Informationen in die Zellen eingetragen werden sollen. Eine Variable-nausprägung mehrfach untereinander zu schreiben, weil Fälle vervielfältigt werden, ist möglich. Mehrere Variablenausprägungen in eine Zelle zu schreiben, weil sich die Fallzahl reduziert, ist nicht möglich. Es muss also jede weitere Variable, die im neu zu bildenden Haushaltsdatensatz ankommen soll, erst defi-niert werden. Dies geschieht mit einem Unterbefehl pro Variable.

Beispielsweise könnte die Haushaltsgröße als Variable eingefügt werden. Das ist vergleichsweise einfach: Dazu muss nur gezählt werden, wie viele Perso-nen, wie viele „alte Fälle" aus dem Individualdatensatz, jeweils zu einem Eintrag im Haushaltsdatensatz zusammengefasst wurden. Dies erledigt die Funktion NU (von englisch „**N**umber of **U**nits"). Es kann also mit der Zeile ...

```
        /hhgroes = NU
```

... eine zweite Variable gebildet werden, die die Anzahl der (erfassten) Personen im Haushalt angibt. Der Befehl lautet dann:

```
AGGREGATE
        /OUTFILE = "D:\Auswertungen\aggr.sav"
        /BREAK = hhnrakt
        /hhgroes = NU.
```

Im gleichen Stil können weitere Variablen ergänzt werden. Es muss aber stets eine Funktion eingesetzt werden, die der AGGREGATE-Befehl als Unterbefehl erkennt. *Tabelle 2* stellt die Auswahl möglicher Funktionen zusammen. Die nächsten beiden Abschnitte werden dafür noch Beispiele geben.

Tabelle 2: *Funktionen innerhalb des* AGGREGATE-*Befehls*

Beschreibung der Funktion	Syntax-Befehl
arithmetisches Mittel aller Ausprägungen	MEAN (name)
Ausprägung des ersten Falls in der Datei	FIRST (name)
Ausprägung des letzten Falls in der Datei	LAST (name)
Anzahl der aggregierten „alten" Fälle (gewichtet)	N
Anzahl der aggregierten „alten" Fälle (ungewichtet)	NU
Anzahl der gültigen Ausprägungen (gewichtet)	N (name)
Anzahl der gültigen Ausprägungen (ungewichtet)	NU (name)
Anzahl der (systembedingten und definierten) Missings (gewichtet)	NMISS (name)
Anzahl der (systembedingten und definierten) Missings (ungewichtet)	NUMISS (name)
Standardabweichung der Verteilung aller Ausprägungen	SD (name)
kleinste Ausprägung	MIN (name)
größte Ausprägung	MAX (name)
Summe aller Ausprägungen	SUM (name)
Anteil der Ausprägungen oberhalb eines Grenzwertes in Prozent	PGT (name 5)
Anteil der Ausprägungen unterhalb eines Grenzwertes in Prozent	PLT (name 5)
Anteil der Ausprägung oberhalb eines Grenzwertes als Dezimalzahl	FGT (name 5)
Anteil der Ausprägung unterhalb eines Grenzwertes als Dezimalzahl	FLT (name 5)
Anteil der Ausprägung innerhalb eines Grenzbereiches in Prozent	PIN (name 3 7)
Anteil der Ausprägung außerhalb eines Grenzbereiches in Prozent	POUT (name 3 7)
Anteil der Ausprägung innerhalb eines Grenzbereichs als Dezimalzahl	FIN (name 3 7)
Anteil der Ausprägung außerhalb eines Grenzbereichs als Dezimalzahl	FOUT (name 3 7)

Der Ausdruck „name" in der Spalte Syntax-Befehl steht jeweils für einen Variablennamen aus dem Ausgangsdatensatz auf Individualebene. Die Werte 3, 5 und 7 sind willkürliche Beispiele.

5.2 Generieren zusammenfassender Informationen

Wie eingangs gesagt, ist die erste Art, Informationen in den neu zu bildenden Haushaltsdatensatz zu übertragen, diejenige, die Informationen der Haushaltsmitglieder *zusammenzufassen*. Der Anteil der Männer im Haushalt, die Anzahl der Erwerbstätigen im Haushalt oder der Altersdurchschnitt der Haushaltsmitglieder sind Beispiele dafür. Weiter wäre vorstellbar, dass die Anzahl der Kinder unter einem bestimmten Alter interessiert, die Summe der Einkünfte aller Haushaltsmitglieder, das Äquivalenzeinkommen (ein gewichtetes Pro-Kopf-Einkommen, das z. B. in der Armutsforschung verwendet wird), etc.

Für all diese Informationen werden Funktionen aus der *Tabelle 2* benötigt: die absolute Anzahl (z. B. N, NU), ein Anteil (z. B. PGT, PLT), die Summe (SUM), das arithmetische Mittel (MEAN) oder die Standardabweichung (SD). Die Umsetzung ist jedoch einfach. Vom Äquivalenzeinkommen abgesehen (auf das hier nicht eingegangen werden soll, da es ein weiteres Kapitel rechtfertigen würde) genügt es, jeweils eine zusätzliche Zeile im AGGREGATE-Befehl einzufügen, so wie es im vorangegangenen Abschnitt erklärt wurde. Für die genannten Beispiele könnte die vollständige Befehlsstruktur lauten:

```
AGGREGATE
    /OUTFILE = "D:\Dissertation\haushalt.sav"
    /BREAK = hhnrakt
    /hhgroes = NU
    /maenner = FGT (sex 1)
    /erwerb = FIN (erwerb 5 5)
    /agemean = MEAN (age)
    /kids = FLT (age 6)
    /einksum = SUM (eink).
```

Von den oben angekündigten Variablen sind nur zwei noch nicht korrekt gebildet: Statt der *Anzahl* der Erwerbstätigen im Haushalt und der *Anzahl* der Kinder unter einem bestimmten Alter, sind jeweils deren *Anteile* (als Dezimalzahl zwischen 0 und 1) berechnet worden, weil die Funktion Anzahl für eine bestimmte Ausprägung nicht existiert. Dies muss im neu gebildeten Datensatz haushalt.sav noch korrigiert werden. Mit Hilfe der Haushaltsgröße hhgroes ist das jedoch auch nicht schwierig. Es genügt jeweils ein COMPUTE-Befehl:

```
COMPUTE erwerbn = erwerb * hhgroes.
COMPUTE kidsn = kids * hhgroes.
EXECUTE.
```

Im Stil dieser fünf Variablen lassen sich quasi beliebig viele neue Variablen in den neuen Datensatz integrieren, die Informationen der Individualebene auf die eine oder andere Art zusammenfassen.

5.3   Übertragen der Werte aus der Individualebene

Gelegentlich wird es wünschenswert sein, nicht nur eine zusammenfassende Information, sondern einen tatsächlichen Eintrag eines Individuums in den Haushaltsdatensatz zu schreiben. Das höchste persönliche Einkommen im Haushalt ist ein Beispiel dafür. Solange es um die kleinste oder größte Ausprägung einer Variablen innerhalb eines Haushaltes geht, können Befehlszeilen mit den Funktionen MIN und MAX das Problem lösen, analog zu den bisher vorgestellten Beispielen.

Schwieriger wird es, wenn mehrere oder gar *alle* Ausprägungen einer bestimmten Variablen der Individualebene (z. B. Alter) unverändert übertragen werden sollen. Dann muss, wie eingangs gesagt, für jede Variable des Individualdatensatzes und für jede Person im Haushalt eine neue Variable gebildet werden. Genau genommen müssen pro Variable des Individualdatensatzes so viele neue Variablen gebildet werden, wie es im größten Haushalt des Datensatzes Personen gibt (bzw. wie Personen erfasst werden sollen). Wenn also der größte Haushalt im Datensatz zwölf Personen enthält, müssen für eine Variable im Individualdatensatz zwölf Variablen im Haushaltsdatensatz gebildet werden.

Das erste Problem ist die Definition, welches Individuum in die erste, zweite, dritte etc. Variable geschrieben wird. Nach irgendeinem Kriterium müssen die Fälle im Haushalt sortiert werden. Zu diesem Zweck gibt es in einigen Datensätzen eine laufende Nummer der Person im Haushalt: eine Variable, die den Fällen eines jeden Haushaltes jeweils die Nummern 1, 2, 3, usw. zuweist, gleich nach welcher Logik.

Eine solche laufende Nummer im Haushalt wäre die ideale Ausgangslage. Wenn sie nicht existiert, sollte sie erstellt werden. Dazu bietet sich in SPSS der RANK-Befehl an, der Fälle anhand der Ausprägungen einer bestimmten (oder mehrerer) Variablen sortiert. Zu klären ist noch, welche Variable das sein soll. Sie gibt die Logik vor, nach der die Rangfolge gebildet wird. Entscheidend ist diese Auswahl aber nicht. Es wäre schön, wenn sie inhaltlich relevant wäre. Wichtiger ist aber der technische Aspekt, dass sie eine eindeutige Hierarchie vorgibt und kein Rang gepaart wird.

Das Alter könnte genommen werden. Oft gibt es eine Variable „Stellung der Person im Haushalt" mit den Ausprägungen „Haushaltsbezugsperson", „Partner der Haushaltsbezugsperson", „Kind der ..." usw. Dieser Indikator in Kombination mit dem Alter der Kinder und der übrigen Personen im Haushalt wäre eine zweite Lösung. Im SOEP bietet sich die Personen-Identifikationsnummer (persnr) an. Sie kennzeichnet jede befragte Person, und damit auch jede befragte Person im Haushalt, eindeutig (im Gegensatz zum Alter, da zum Beispiel zwei Zwillinge im Haushalt gleich alt sein könnten). Damit legt sie eine eindeutige Hierarchie fest. Im Folgenden soll also eine laufende Nummer der Person im Haushalt auf Basis der Personen-Identifikationsnummer gebildet werden:

```
SORT CASES BY hhnrakt.
SPLIT FILE BY hhnrakt.
RANK VARIABLES = persnr (A).
SPLIT FILE OFF.
```

Der Befehl SORT CASES sortiert die Fälle nach Haushalten. Das ist die Voraussetzung dafür, dass der nachfolgende SPLIT FILE-Befehl gelingt. Zwischen den Zeilen SPLIT FILE BY hhnrakt. und SPLIT FILE OFF. werden alle Befehle für jeden Haushalt separat ausgeführt. Diese Schleife sorgt also dafür, dass die gebildeten Ränge für jeden Haushalt neu bei 1 anfangen. (Andernfalls würde der RANK-Befehl eine fortlaufende Nummerierung der Personen im *Datensatz* erzeugen – ähnlich der Variablen persnr.) Der RANK-Befehl enthält ein (A) für „ascending", so dass aufsteigend sortiert wird. Das heißt, der Fall im Haushalt mit der kleinsten Personen-Identifikationsnummer bekommt Rang 1, die zweitkleinste Personen-Identifikationsnummer den Rang 2 usw. (Ein (D) für „descending" würde die Rangfolge umkehren.)

Der Name der neu gebildeten Variable wird dabei von SPSS automatisch festgelegt. Im Beispiel müsste er „Rpersnr" lauten. Typischerweise würde man diesen Namen nun noch ändern und die Variable formatieren:

```
RENAME VARIABLES (Rpersnr = persnrhhakt).
VARIABLE LABELS persnrhhakt "Nummer der Person im
Haushalt".
FORMATS persnrhhakt (F3).
VARIABLE LEVEL persnrhhakt (NOMINAL).
```

Damit ist eine entscheidende Vorarbeit abgeschlossen, und wir können uns wieder dem eigentlichen Problem zuwenden. Zur Erinnerung: Die Ausprägungen einer bestimmten Variablen der Individualebene (z. B. Alter) sollen in einen Haushaltsdatensatz übertragen werden. Dabei sollen jeweils die Ausprägungen *aller* Haushaltesmitglieder, die im Individualdatensatz untereinander (in verschiedenen Fällen, aber in einer Variablen) stehen, hintereinander (in einen Fall, aber in verschiedene Variablen) geschrieben werden.

Gleich ob eine laufende Nummer der Personen im Haushalt vorher existierte oder wie oben geschildert neu gebildet wurde: Sie wird nun dafür verwendet, den Datensatz zu sortieren. (Die aktuelle Haushaltsnummer muss allerdings stets der erste Sortierschlüssel bleiben. Sonst würde die Aggregation nicht funktionieren. Soertiert werden nur Personen innerhalb der verschiedenen Haushalte.) Einfach nach der laufende Nummer der Personen im Haushalt zu sortieren, liefert noch nicht das gewünschte Ergebnis, doch wir nähern uns der Lösung damit einen Schritt an:

```
SORT CASES BY hhnrakt persnrhhakt.
```

Nun können mit Hilfe der Funktionen FIRST und LAST immerhin Informationen der ersten und der letzten Person in dieser Hierarchie übertragen werden. Das heißt in diesem Beispiel, dass die Information der Person im Haushalt mit der niedrigsten und die Information der Person mit der höchsten Personen-

Identifikationsnummer in den Haushaltsdatensatz geschrieben werden können. Wenn die Information von Interesse das Alter ist, könnte das so aussehen:

```
AGGREGATE
    /OUTFILE = "D:\Dissertation\haushalt01.sav"
    /BREAK = hhnrakt
    /age1 = FIRST (age)
    /agex = LAST (age).
```

Das nächste Problem besteht nun darin, die Informationen (zum Alter) der zweiten, dritten, ... und vorletzten Person zu übertragen. Dazu existiert keine Funktion. Es muss also der Individualdatensatz neu sortiert werden. Z. B. muss in einem nächsten Schritt die Nummer 2 im Haushalt an die erste Stelle sortiert werden. Dann kann, wiederum vom Individualdatensatz ausgehend, ein zweiter Haushaltsdatensatz gebildet werden, der die Information dieser Nummer 2 erfasst. Danach muss der Fall mit der dritthöchsten Nummer an die erste Stelle sortiert werden usw. Dies muss so oft wiederholt werden, bis alle Personen im Haushalt einmal an erster Stelle standen und in einen Haushaltsdatensatz übertragen wurden. Allerdings reicht die laufende Nummer der Personen im Haushalt als Sortierschlüssel so nun nicht mehr aus.

Allerdings kann die Nummerierung der Personen im Haushalt in Dummy-Variablen geteilt werden. Für jede Position in der internen Haushaltshierarchie wird jeweils eine eigene Variable (z. B. pers01, pers02, pers03) gebildet, die den Wert 1 hat, wenn eine Person auf der entsprechenden Position (erster, zweiter, dritter Rang) steht, und eine 0, wenn das nicht der Fall ist.

```
COMPUTE pers01 = (persnrhhakt = 1).
COMPUTE pers02 = (persnrhhakt = 2).
COMPUTE pers03 = (persnrhhakt = 3).
                         [...]
EXECUTE.
```

Nun wird, statt nach persnrhhakt, jeweils nach einer solchen Dummy-Variablen sortiert. Der entscheidende Vorteil ist, dass nun jede Person einmal nach vorne sortiert werden kann. Die zweite Person im Haushalt kann mit der Dummy-Variablen pers02, die dritte mit der Dummy-Variablen pers03 nach vorn sortiert werden usw. Und so kann natürlich mittels des zuvor vorgestellten AGGREGATE-Befehls auch von jeder Person die Information auf die Haushaltsebene übertragen werden kann.

An einer Stelle ist dabei noch Vorsicht geboten: Wenn aufsteigend sortiert wird, steht die Ausprägung 1 *hinter* den anderen Individuen mit der Ausprägung 0! Das heißt, die entsprechende Person wird nicht nach vorn, sondern nach hinten sortiert. Dann muss im AGGREGATE-Befehl statt der Funktion FIRST die Funktion LAST verwendet werden, um die Information in den Haushaltsdatensatz zu übertragen. Alternativ kann in den SORT CASES-Befehlen am Ende jeweils ein (D) ergänzt werden, um absteigend zu sortieren. Dann steht die Person tatsächlich vorne. Im folgenden Beispiel wird nach hinten sortiert:

```
SORT CASES BY hhnrakt pers01.
AGGREGATE
    /OUTFILE = "D:\Dissertation\haushalt01.sav"
    /BREAK = hhnrakt
    /age1 = LAST (age).
SORT CASES BY hhnrakt pers02.
AGGREGATE
    /OUTFILE = "D:\Dissertation\haushalt02.sav"
    /BREAK = hhnrakt
    /age2 = LAST (age).
SORT CASES BY hhnrakt pers03.
AGGREGATE
    /OUTFILE = "D:\Dissertation\haushalt03.sav"
    /BREAK = hhnrakt
    /age3 = LAST (age).
```

[...]

Zuletzt müssen die so gebildeten zahlreichen aggregierten Teildatensätze, die jeweils Informationen zu nur *einer* Person im Haushalt enthalten, noch zusammengefügt und anschließend gespeichert werden:

```
MATCH FILES
    /FILE = *
    /TABLE = "D:\Dissertation\haushalt02.sav"
    /TABLE = "D:\Dissertation\haushalt03.sav"
    /BY hhnrakt.
EXECUTE.

SAVE OUTFILE = "D:\Dissertation\haushalt.sav"
    /COMPRESSED.
```

Das Ergebnis ist, wie gewünscht, (vgl. Abbildung 7, unten) ein Haushaltsdatensatz mit je einer Variablen für jede Person im Haushalt, im Beispiel die Altersangaben age1, age2, age3 usw. Soll analog etwa das (persönliche) Einkommen oder das Geschlecht der 1. Person im Haushalt, der 2. Person, der 3. Person usw. erfasst werden, muss dazu nur in den AGGREGATE-Befehlen eine entsprechende Zeile ergänzt werden:

```
SORT CASES BY hhnrakt pers01.
AGGREGATE
```

```
/OUTFILE = "D:\Dissertation\haushalt01.sav"
/BREAK = hhnrakt
/age1 = LAST (age).
/einkom1 = LAST (einkom).
/sex1 = LAST (sex).
SORT CASES BY hhnrakt pers02.
AGGREGATE
/OUTFILE = "D:\Dissertation\haushalt02.sav"
/BREAK = hhnrakt
/age2 = LAST (age).
/einkom2 = LAST (einkom).
/sex2 = LAST (sex).
SORT CASES BY hhnrakt pers03.
AGGREGATE
/OUTFILE = "D:\Dissertation\haushalt03.sav"
/BREAK = hhnrakt
/age3 = LAST (age).
/einkom3 = LAST (einkom).
/sex3 = LAST (sex).
```
[...]

So lassen sich im Prinzip alle Angaben der Individualebene übertragen. Es entstehen dann Sätze gleicher Variablen: Alter der 1. Person im Haushalt / Einkommen der 1. Person im Haushalt / Geschlecht der 1. Person im Haushalt / Alter der 2. Person im Haushalt / Einkommen der 2. Person im Haushalt / Geschlecht der 2. Person im Haushalt / usw. Wenn ein Haushalt weniger Mitglieder hat als der größte Haushalt, bleiben dort die letzten Variablen (sex7, sex8, age7, age8 usw.) leer.

5.4   Der letzte Schritt: Dateien zusammenfügen

Die eigentliche Herausforderung – das Übertragen von Daten von der Individual- auf die Haushaltsebene – ist damit abschließend erklärt. Es bleibt eine Formalie: Wenn die Daten der Individualebene in einem zuvor bereits vorhandenen Haushalsdatensatz ergänzt werden sollen – wie es in *Abbildung 7* angedeutet ist – dann steht natürlich abschließend noch ein MATCH FILES-Befehl aus. Der neu gebildete Haushaltsdatensatz, der die neu organisierten Informationen des Individualdatensatzes enthält, muss mit dem zuvor vorhandenen „richtigen" Haushaltsdatensatz zu einem Datensatz zusammengefügt werden. Unterstellt, dass der ursprünglich vorhandene Haushaltsdatensatz (in Abbildung 7: „file 2") bereits geöffnet ist und der neu gebildete Datensatz gemäß den Beschreibungen oben „haushalt.sav" heißt, kann der Befehl so aussehen:

```
MATCH FILES
    /FILE = *
    /TABLE = "D:\Dissertation\haushalt.sav"
    /BY hhnrakt.
EXECUTE.
```

6   Generieren einer Paar- oder Haushaltsebene aus Fremdauskünften in einem Individualdatensatz

In den vorangegangenen Abschnitten ist geschildert worden, wie sich Daten so umorganisieren lassen, dass die Analyseebene gewechselt wird: von der Haushalts- auf die Individualebene und von der Individual- auf die Haushaltsebene. Man könnte diese Vorgänge allgemeiner formulieren, indem man fragt, wie von einer höheren auf eine niedrigere bzw. wie von einer niedrigen auf eine höhere Analyseebene gewechselt wird. Analog lassen sich dann Daten von der Individual- auf die Paarebene, von der Kommunal- auf die Haushaltsebene oder von der Filial- auf die Konzernebene übertragen. Entscheidend ist immer nur, dass Merkmalsträger der niedrigeren Ebene (z.B. Individuen) Mitglieder der Merkmalsträger der höheren Analyseebene (z.B. Haushalte) sind und sich (z.B. über gemeinsame Haushaltsmitgliedschaft) gruppenweise zuordnen lassen. Bei dem geschilderten Wechsel von der niedrigeren auf die höhere Ebene (von Individuen zu Haushalten) wird außerdem vorausgesetzt, dass zu *allen* Merkmalsträgern der niedrigeren Ebene (Individuen), die den Merkmalsträgern der höheren Ebene (Haushalten) angehören, auch Daten vorliegen. Auf Deutsch: Es wird vorausgesetzt, dass zu jedem erfassten Haushalt jeweils auch alle Haushaltsmitglieder erfasst sind. Wenn zum Beispiel von einer Kernfamilie im Individualdatensatz lediglich die Mutter und die zwei ältesten Kinder, nicht aber der Familienvater und das jüngste Kind erfasst sind, dann werden für diesen Haushalt das Alter des jüngsten und vermutlich auch das Alter des ältesten Haushaltsmitglieds falsch bestimmt, ebenso vermutlich das höchste Erwerbseinkommen, natürlich die Haushaltszusammensetzung und vieles andere mehr.

Natürlich kann es in einer Haushalsbefragung immer vorkommen, dass einzelne Haushaltsmitglieder nicht erreichbar sind, die Teilnahme verweigern oder dass ein Kind noch zu jung ist, um befragt zu werden. Damit das nicht zu gravierenden Fehleinschätzungen der Haushaltszusammensetzungen führt, sollten die nicht befragten Haushaltsmitglieder zumindest pro forma in den Daten auftauchen. Sie sollten (mit den paar Informationen, die auch ohne Interview vorliegen, wie z.B. das Geschlecht) jeweils als ein Fall in den Individualdatensatz geschrieben werden. Im SOEP gibt es genau für diesen Zweck die mit „brutto" gekennzeichneten Individualdatensätze (apbrutto.sav, bpbrutto.sav usw.).

Es kann aber noch eine ganz andere Ausgangssituation vorliegen. Oft ist in einer Befragung nicht einmal versucht worden, alle Haushaltsmitglieder zu befragen – oder auch nur den zweiten Partner in einer Ehe oder Lebensgemeinschaft. Anhaltspunkte für einen Wechsel der Analyseebene gibt es möglicherweise dennoch: Die befragte Person hat möglicherweise Auskünfte zum Haushalt oder zu anderen Haushaltsmitgliedern gegeben. Oft wird zum Beispiel in Personenbefragungen nach der Erwerbssituation des Partners, dem Alter des ältesten und/oder jüngsten Kindes usw. gefragt.

Die Qualität dieser Angaben ist natürlich nicht die gleiche. Menschen wissen z.B. über das Einkommen ihres Partners weniger gut bescheid als über ihr eigenes. Befragt man Männer, stellen sie die Aufteilung der Hausarbeit egalitärer dar, als wenn man die dazu gehörigen Frauen befragt. Ein Haushalts- oder Paardatensatz, der sich auf Fremdauskünfte – auf Auskünfte über andere Personen – stützt, sollte daher kritischer betrachtet und mit größerer Vorsicht behandelt werden. Aus formalen Gründen soll hier auch nicht davon die Rede sein, dass man von der Individual- auf die Haushalts- oder Paarebene wechselt. Man konstruiert oder generiert eher eine Haushalts- oder Paarebene, und manchmal interpretiert man sie nur in die Daten hinein.

Abb. 8:   *Schematische Darstellung: Generieren einer Paarebene aus*
              Fremdauskünften in einem Individualdatensatz

			file 1 – individual			
persnr	sex	age	bildung	p_sex	p_age	p_bildung
1	w	34	3	m	33	3
2	w	24	1	m	24	2
3	m	61	1	w	59	2
4	m	56	2	w	53	1
5	w	22	3	m	25	3
6	m	29	2	w	30	2

			ergebnis – paarebene			
paarnr	m_age	w_age	age_dif	m_bildung	w_bildung	bildung_eq
1	33	34	-1	3	3	1
2	24	24	0	2	1	0
3	61	59	2	1	2	0
4	56	53	3	2	1	0
5	25	22	3	3	3	1
6	29	30	-1	2	2	1

Diese Konstruktion ist vergleichsweise einfach. Da nur eine Person pro Haushalt oder Paar befragt wurde, sind bereits alle Informationen zum Haushalt bzw. zum Paar in einem einzigen Fall organisiert. Es kommen weder Fälle hinzu, noch werden Fälle gelöscht. Die befragte Person wird als Repräsentant des Paares oder des Haushalts gedeutet, die stellvertretend für die Gruppe Auskunft gegeben hat. Umorganisiert werden muss nur die Variablenstruktur. Mitunter ist eine Umformung gar nicht mehr nötig. Dann ist es nur eine Frage der Interpretation, ob die Daten auf Individualebene oder auf Haushalts- bzw. Paarebene vorliegen.

Ein Beispiel: Wenn eine Person nach der Größe ihrer Wohnung, nach der Höhe des Haushaltseinkommens ihres Haushalts und der Anzahl der Haushaltsmitglieder befragt wird, dann lassen sich diese Angaben unmittelbar als Haushaltsdaten interpretieren. Zwar ist es auch ein Merkmal der Person, in einer 120 m^2-Wohnung zu wohnen; doch es ist eben auch eine Eigenschaft des Haushalts. Ob die Zeilen im Datensatz also Individuen oder Haushalte repräsentieren, ist Ansichtssache. Selbst mit der Absicht, eine Haushaltsbefragung durchzuführen, könnte man nicht viel anderes tun, als eine Person als Repräsentant des Haushalts nach diesen oder ähnlichen Angaben zu befragen.

Ähnliches gilt, wenn eine Person zum Beispiel nach dem Alter oder Geschlecht ihres jüngsten Kindes befragt wird. Zumindest bei einem Kleinkind gibt es auch nicht viele Alternativen, als einen Erwachsenen stellvertretend zu befragen und somit eine Fremdauskunft einzuholen. Und selbst den Befragten über ein erwachsenes Kind oder den Lebensgefährten zu befragen, ist nichts grundsätzlich anderes. Man kann in diesen Fällen, wie bereits angesprochen, kritisieren, dass die Auskünfte weniger zuverlässig sind, als wenn man die anderen Familienmitglieder selbst befragt hätte. Doch es ergibt sich noch immer keine Notwendigkeit, die Daten umzuorganisieren, und kein grundsätzliches Problem, die Daten als Haushaltsdaten zu lesen.

Ein Grund, die Daten umzuorganisieren, ergibt sich in der Regel nur dann, wenn Personen befragt werden, die aus unterschiedlichen *Perspektiven* berichten. So wird es für eine soziologische Analyse wichtig sein, zwischen dem Einkommen des Mannes und dem der Frau zu differenzieren. Ähnliches gilt für den höchsten Bildungsabschluss, das Alter, den relativen Beitrag zur Haus- oder Familienarbeit usw. Wenn also (wie in einer Personenbefragung üblich) teils Männer und teils Frauen befragt werden und jeweils zu *ihrem* Einkommen Auskunft geben und zu dem ihres *Partners*, dann sollten diese Auskünfte, je nach Geschlecht der befragten Person, in die Variablen *Einkommen des Mannes* und *Einkommen der Frau* umorganisiert werden. Das ist relativ leicht über DO IF-Schleifen zu lösen:

```
DO IF (sex = 1).
COMPUTE m_einkommen = einkommen.
COMPUTE w_einkommen = p_einkommen.
COMPUTE m_age = age.
COMPUTE w_age = p_age.
```

```
COMPUTE m_bildung = bildung.
COMPUTE w_bildung = p_bildung.
END IF.
DO IF (sex = 2).
COMPUTE m_einkommen = p_einkommen.
COMPUTE w_einkommen = einkommen.
COMPUTE m_age = p_age.
COMPUTE w_age = age.
COMPUTE m_bildung = p_bildung.
COMPUTE w_bildung = bildung.
END IF.
EXECUTE.
```

Aus den so organisierten Angaben zu verschiedenen Personen im Haushalt bzw. in der Partnerschaft können weitere Variablen gebildet werden, die dann tatsächlich nur noch als Haushalts- oder Paardaten interpretierbar sind. Beispielsweise kann aus dem Einkommen des Mannes und dem der Frau eine Einkommensdifferenz berechnet werden. Gleiches gilt für das Alter. Aus dem Bildungsgrad der Frau und dem des Mannes kann ein Indikator gebildet werden, der anzeigt, ob das Paar in Bezug Auf Bildung homogam ist (den gleichen Abschluss hat). Es kann ein Indikator gebildet werden, der anzeigt, welches der höchste Bildungsgrad im Haushalt ist usw. Die Befehle dazu erklärt das Kapitel 5.

Kapitel 5
Neue Variablen berechnen

Sabine Fromm

1   Einleitung

Beim Berechnen neuer Variablen geht es darum, Informationen, die im Datenerhe-
bungsprozess gewonnen wurden, entweder zu erweitern oder zu verdichten.[1] Neue,
zusätzliche Variablen werden an unterschiedlichen Stellen des Auswertungsprozesses
generiert: Nach der Bereinigung des Datensatzes um offensichtliche Eingabefehler,
dem Kodieren bzw. dem Ausschluss fehlender Werte und anderen Operationen der
Datenaufbereitung wird man z. B. häufig Mehrfachantworten zusammenfassen
oder mittels arithmetischer bzw. logischer Operationen neue Variablen berechnen,
die in dieser Form nicht mit dem Fragebogen erhoben werden konnten. Neue Variablen werden aber oft auch als Ergebnisse komplexer Auswertungen berechnet,
etwa wenn man Summenvariablen bildet, um die Ausprägungen einer Disposition
festzuhalten, oder Extremgruppen vergleicht. Die jeweils verwendeten Transformationsbefehle sind dabei die gleichen. Im Folgenden werden die am häufigsten verwendeten Befehle zur Berechnung neuer Variablen vorgestellt: RECODE, COMPUTE,
COUNT und IF.

Noch mehr als bei Befehlen zur Datenauswertung gilt für alle Prozesse der Datentransformationen der Grundsatz, alle Arbeitsschritte genau zu dokumentieren.
Man sollte unbedingt alle Transformationsbefehle in einer Datei speichern, um so
jederzeit nachvollziehen zu können, mittels welcher Transformationen bestehende
Variablen verändert bzw. neue berechnet wurden. Ohne genaue Dokumentation ist
der Datensatz schlicht wertlos – man wird sich nach kürzester Zeit nicht mehr daran
erinnern können, welche Operationen ausgeführt wurden.

2   Die Logik von Transformationsbefehlen

Transformationsbefehle enthalten arithmetische Operatoren, Funktionen, Vergleichsoperatoren sowie Variablen und Konstanten. Nachstehend zunächst ein Überblick

---

[1]   Auf andere Datengenerierungsinteressen, wie z. B. die Erzeugung von Zufallszahlen, gehe ich
nicht weiter ein.

über die Operatoren und Funktionen, die in den verschiedenen Transformationsbefehlen verwendet werden.

Tabelle 1: Operatoren und Funktionen in Transformationsbefehlen

arithmetische Operatoren	
+	Addition
–	Subtraktion
/	Division
*	Multiplikation
**	Potenzierung
Vergleichsoperatoren[2]	
EQ	=	equal to
NE	<>	not equal to
LE	<=	lower than or equal to
LT	<	lower than
GE	>=	greater than or equal to
GT	>	greater than
logische Operatoren	
AND	Boolesches „und": alle Bedingungen müssen erfüllt sein.
OR	Boolesches „oder": mindestens eine Bedingung muss erfüllt sein (es dürfen aber auch alle Bedingungen erfüllt sein).
NOT	Der Ausdruck wird logisch umgekehrt: Die Bedingung ist erfüllt, wenn der Ausdruck nicht zutrifft.
Funktionen[3]	
	(arithmetische Funktionen)
	(statistische Funktionen)
	(Verteilungsfunktionen)
	(Zufallszahlenfunktionen)
	(Funktionen für fehlende Werte)
	(logische Funktionen)
	(Datums- und Zeitfunktionen)
	(Textfunktionen)
	(Variablenfunktionen)

---

[2]   Die Buchstabenkürzel und die Symbole können in der SPSS-Befehlssyntax alternativ verwendet werden.

[3]   Eine knappe Auflistung aller Funktionen findet sich im SPSS-Syntax-Guide.

Die Operatoren werden in der nachstehenden Reihenfolge abgearbeitet:
1) Funktionen und arithmetische Operationen, wobei die üblichen mathematischen Regeln wie „Punkt vor Strich" angewendet werden;
2) Vergleichsoperatoren;
3) logische Operatoren, wobei AND vor OR ausgeführt wird.

Sollen die Elemente eines Befehls in einer anderen Reihenfolge ausgeführt werden, müssen entsprechend Klammern gesetzt werden.

Die Verwendung der Booleschen Operatoren bereitet anfangs manchmal Schwierigkeiten, insbesondere die Unterscheidung des Booleschen „und" bzw. „oder". Wenn wir zum Beispiel umgangssprachlich formulieren, dass wir zu einer Feier alle Freunde und Kollegen einladen wollen, so ist damit eigentlich gemeint – und so muss es in der SPSS-Syntax ausgedrückt werden –, dass wir sowohl eine Gruppe von Menschen einladen wollen, die mit uns befreundet ist, wie auch eine zweite, mit denen wir zusammenarbeiten. Die beiden Gruppen sind also im logischen Sinne mit „oder" verknüpft: es reicht aus, zu einer der Gruppen zu gehören, um eingeladen zu werden. Zugleich lässt die oder-Verknüpfung aber auch zu, dass man beiden Gruppen angehört (ein Kollege, mit dem man befreundet ist). Die Wirkungsweise dieser Operatoren lässt sich am besten anhand einer sogenannten Wahrheitstafel veranschaulichen.

Tabelle 2: Wahrheitstafel

Ausgangs-werte		Ergebnis	
p	q	Konjunktion (AND) $p \cap q$	Disjunktion (OR) $p \cup q$
1	1	1	1
1	0	0	1
0	1	0	1
0	0	0	0

– p, q stehen für zwei beliebige Sätze, z. B.: p = Person X ist Freund von Befragtem Y, q = Person X ist Kollege von Befragtem Y;
– 1, 0 steht für „wahr" bzw. „falsch"; bezogen auf die Datenebene ist damit gemeint, dass eine Eigenschaft vorhanden ist ('1') oder nicht vorhanden ist ('0').

In den Spalten 3 und 4 der Tabelle ist dargestellt, bei welchen Kombinationen von p und q eine Konjunktion bzw. eine Disjunktion als wahr bzw. als nicht wahr gilt. Bei einer Konjunktion müssen beide Sätze p und q wahr sein, damit die Konjunktion wahr ist, bei einer Disjunktion muss nur einer der Sätze wahr sein. Bei einer Konjunktion wird der Kreis der Merkmalsträger, der durch den IF-Befehl definiert wird, *eingeschränkt* (im Beispiel ist die Konjunktion nur dann wahr, wenn X gleichzeitig die Eigenschaften „Kollege" *und* „Freund" aufweist), bei einer Disjunktion *erweitert* (die Disjunktion ist dann wahr, wenn der Befragte mit X zusammenarbeitet oder befreundet ist oder beides).

Das nachstehende Beispiel soll die Konsequenzen der Anwendung von AND / OR bzw. des Einsatzes von Klammern demonstrieren. Gegeben sei ein Datensatz mit fünf Personen, an denen jeweils drei Variablen erhoben wurden; jede der Variablen hat die Ausprägungen '0' (trifft nicht zu) und '1' (trifft zu): v1 = Befragter ist ein Freund, v2 = Befragter ist ein Kollege, v3 = Befragter hat selbst bereits eingeladen.

Tabelle 3:   Beispiel zur Anwendung Boolescher Operatoren

Nr.	Name	v1	v2	v3
1	Michael	1		1
2	Uli		1	
3	Rita	1	1	
4	Matthias		1	1
5	Susanne	1	1	1

Mit einem SPSS-Befehl sollen nun die Freunde/Kollegen herausgefiltert werden, die selbst schon eingeladen haben. Je nach Spezifikation des Befehls (AND / OR, Setzen von Klammern) erzielt man ganz unterschiedliche Ergebnisse:

– *Beispiel 1:*

```
IF (v1 EQ 1 OR v2 EQ 1 AND v3 EQ 1) einlad1 = 1.
```

SPSS berücksichtigt erst die AND-Verknüpfung, d.h. es gibt hier zwei Möglichkeiten, eingeladen zu werden: auf die Person muss *gleichzeitig* zutreffen, dass sie ein Kollege ist und bereits eingeladen hat (Möglichkeit 1), oder sie ist ein Freund (Möglichkeit 2), in diesem Fall ist die Bedingung „hat selbst eingeladen" (v3) nicht notwendig. Eingeladen werden Michael, Rita, Susanne, Matthias.

– *Beispiel 2:*

```
IF ((v1 EQ 1 OR v2 EQ 1) AND v3 EQ 1) einlad2 = 1.
```

Durch das Setzen der inneren Klammer wird die vorrangige Berücksichtigung der AND-Verknüpfung von v2 und v3 aufgehoben. Eingeladen wird nun nur, wer selbst schon eingeladen hat, unabhängig davon, ob es sich um einen Freund oder um einen Kollegen handelt. Eingeladen werden: Michael, Matthias, Susanne.

– *Beispiel 3:*

```
IF (v1 EQ 1 AND v2 EQ 1 AND v3 EQ 1) einlad3 = 1.
```

Nun müssen alle drei Bedingungen erfüllt sein! Eingeladen wird nur Susanne.

Bei *allen* Befehlen zur Datentransformation ist zu beachten, dass diese erst beim Anfordern des nächsten Auswertungsbefehls (also z. B. „FREQUENCIES") ausgeführt werden. Soll die Datentransformation sofort durchgeführt werden, muss sich an den Transformationsbefehl in einer neuen Zeile der Befehl „EXECUTE." anschließen.

Die Datentransformationen in diesem Kapitel werden überwiegend mit dem Datensatz „sozfoprakt2000.sav" (siehe die Zusatzmaterialien auf der Verlagswebseite, www.vs-verlag.de) berechnet. Daneben wird ein fiktiver Mini-Datensatz mit der Bezeichnung „bankbeispiel.sav" verwendet.

3   Prozedur RECODE

3.1   Einführung

Mit dem Befehl RECODE werden die Ausprägungen einer oder mehrerer Variablen „rekodiert", das heißt, sie werden
– zusammengefasst oder
– neu definiert.

In jedem Fall muss entschieden werden, ob gleichzeitig mit der Rekodierung eine neue Variable angelegt werden oder aber die Werte der bestehenden Variable verändert werden sollen. Die Syntax des RECODE-Befehls hat die folgende Struktur:

```
RECODE variablenliste (werteliste alt = werteliste neu).
```

Oder, falls zugleich neue Variablen angelegt werden sollen:

```
RECODE    variablenliste (werteliste alt = werteliste neu)
          INTO variablenliste neu.
```

Wird bei der Rekodierung nicht mit der Erweiterung INTO eine neue Variable angelegt, so wird die Ursprungsvariable beim nächsten Speicherbefehl im Datensatz mit den neuen Werten überschrieben. Eine Wiederherstellung der ursprünglichen Werte ist in den meisten Fällen nicht mehr möglich. Wesentliche Elemente des RECODE-Befehls sind:

– LOW bzw. HI für "lowest" und "highest": angesprochen werden der niedrigste bzw. der höchste Wert einer Variable;

- ELSE: alle nicht anderweitig definierten Werte werden angesprochen (auch „SYSMIS"!);
- MISSING und SYSMIS: Ansprache aller bzw. der systemdefinierten fehlenden Werte;
- COPY: dient in der Kombination mit ELSE dazu, alle nicht angesprochenen Werte in die neue Variable zu kopieren. Beispiel: RECODE var_alt (1 THRU 5 = 1) (ELSE = COPY) INTO var_neu. Mit diesem Befehl erhalten alle Befragten, die bei Variable var_alt die Werte 1, 2, 3, 4 oder 5 hatten, bei var_neu den Wert '1'. Alle anderen Befragten erhalten bei var_neu die gleichen Werte, die sie bei var_alt hatten.

Im Folgenden einige Beispiele zur Veranschaulichung der Anwendungsmöglichkeiten des Recode-Befehls.

3.2   Dichotomisieren von Variablen

Für viele Fragestellungen ist es ausreichend, statt des gesamten Wertebereiches einer Variablen nur zu unterscheiden, ob eine der Ausprägungen vorliegt oder nicht. Zum Beispiel kann es manchmal sinnvoll sein, nur zu unterscheiden, ob Studierende BAföG erhalten oder nicht, nicht aber, wie hoch der Betrag ist. Im Folgenden geht es um die Religionszugehörigkeit von Befragten. Grundlage dieses und der nächsten Beispiele ist der Datensatz „sozfoprakt2000.sav". Die Variable v003 (Religionszugehörigkeit), deren Ausprägungen die Zugehörigkeit zu verschiedenen Religionen messen, soll durch eine dichotomisierte Variable „konf_zug" ergänzt werden, in der abgelegt wird, ob jemand irgendeiner Religion angehört oder nicht. Zunächst wird, wie man das immer tun sollte, die Häufigkeitsverteilung der Variable betrachtet. Es zeigt sich, dass der Wert '99' enthalten ist, mit dem im Datensatz benutzerdefinierte fehlende Werte kodiert werden. Dieser Wert wird auf „SYSMIS" gesetzt, d.h. er wird zu einem systemdefinierten fehlenden Wert. Anschließend wird die Häufigkeitsverteilung der Variablen v003 und konf_zug betrachtet, um zu überprüfen, ob die Wertebereiche übereinstimmen.

```
FREQ /VAR v003.
RECODE v003 (5 = 0) (99 = SYSMIS) (ELSE = 1) INTO konf_zug.
VARIABLE LABELS konf_zug 'Zugehörigkeit zu einer Religion'.
VALUE LABELS konf_zug 0 'nein' 1 'ja'.
FREQ /VAR v003 konf_zug.
```

Abb. 1:   *Religionszugehörigkeit (ursprüngliche Variable)*

v003

		Häufigkeit	Prozent	Gültige Prozente	Kumulierte Prozente
Gültig	1	88	54,7	54,7	54,7
	2	50	31,1	31,1	85,7
	4	4	2,5	2,5	88,2
	5	18	11,2	11,2	99,4
	99	1	,6	,6	100,0
	Gesamt	161	100,0	100,0	

Abb. 2:   *Religionszugehörigkeit (dichotomisierte Variable)*

Zugehörigkeit zu einer Religion

		Häufigkeit	Prozent	Gültige Prozente	Kumulierte Prozente
Gültig	nein	18	11,2	11,3	11,3
	ja	142	88,2	88,8	100,0
	Gesamt	160	99,4	100,0	
Fehlend	System	1	,6		
Gesamt		161	100,0		

Bei der ursprünglichen Variable v003 hatten die Befragten ohne Konfessionszugehörigkeit den Wert '5' erhalten (18 Befragte). Diese Gruppe erhält bei der neuen Variable die Ausprägung '0'. Alle anderen Befragten erhalten nun den Wert '1'; der Befragte, der keine Angabe gemacht hatte ('99'), wird als systemdefinierter fehlender Wert behandelt.

3.3   Zusammenfassen von Wertebereichen

Bei Variablen mit einer Vielzahl von Ausprägungen will man häufig den Wertebereich in einige wenige Kategorien aufteilen. Am einfachsten geht das mit dem RANK-Befehl, mit dem der Wertebereich in Perzentile, z. B. in Quartile aufgeteilt werden kann[4]. Häufig will man die ursprünglichen Werte jedoch nach anderen als statistischen Kriterien zusammenfassen. In diesem Fall wird man den Befehl „RECODE" verwenden. Im Beispiel soll die Variable „Geburtsjahr" (v001) so kategorisiert werden, dass die Geburtsjahre bis 1969 die erste Ausprägung bilden, die Jahre 1970 bis 1975 die zweite, alle Jahre ab 1976 die dritte Kategorie.

---

[4]   Z. B. RANK VARIABLES = v001 /NTILES(4). Zur Struktur des RANK-Befehls siehe den SPSS-Syntax Guide.

```
RECODE     v001 (low THRU 1969 = 1) (1970 THRU 1975 = 2)
                (1976 THRU hi = 3) INTO geb_neu.
FREQ /VAR geb_neu.
```

Mit der Anweisung „THRU" wird eine Reihe aufeinander folgender Werte angesprochen, wobei die vor und nach „THRU" genannten Werte noch eingeschlossen sind. Ein 1953 Geborener erhielte mit diesem Befehl den Wert '1' bei var_neu, ein 1970 Geborener den Wert '2', und ein 1980 Geborener den Wert '3'.

3.4   Gleichzeitiges Rekodieren mehrerer Variablen

In den Variablen v122, v162 und v173 ist die berufliche Stellung des Befragten bzw. die seiner Mutter und seines Vaters abgelegt. Alle drei Variablen sollen so rekodiert werden, dass die Qualifikationsstruktur besser erfasst wird als in der üblichen Unterscheidung nach Arbeitern, Angestellten und Beamten. Die Transformation der drei Variablen kann in einem einzigen Befehl ausgeführt werden. Auch hier zeigt die erste Betrachtung der Häufigkeiten, dass benutzerdefinierte fehlende Werte ('99') ausgeschlossen werden müssen. Ausgeschlossen werden muss auch der Wert '0' bei den Variablen v162 und v173, der zum Ausdruck bringt, dass die Person nie berufstätig war. Diese Operation kann ebenfalls in den RECODE-Befehl integriert werden. Nach der Transformation werden die ursprünglichen Variablen mit den jeweils neuen (v122_n, v162_n, v173_n) kreuztabuliert, um die Richtigkeit der Transformationen zu überprüfen.

```
FREQ /VAR v122 v162 v173.
RECODE     v122 v162 v173 (1,7 = 1) (2,3,4 = 2)
                (5,6,8,12 = 3) (9,13 = 4) (10,11,14,15 = 5)
                (99, 0 = SYSMIS) INTO v122_n v162_n v173_n.
crosstabs  /tables = v122 by v122_n
           /v162 by v162_n
           /v173 by v173_n.
```

Abbildung 3 zeigt die Kreuztabelle zwischen v122 und v122_n. In ihr sind die 73 Befragten enthalten, die bereits selbst berufstätig sind. Man kann nun leicht überprüfen, ob die mittels des Befehls zusammengefassten Ausprägungen von v122 sich auch wirklich in den jeweils definierten Ausprägungen von v122_n wieder finden. Z. B. haben alle Befragten, die bei v122 die Werte '2' oder '3' aufwiesen, nun den Wert '2' bei v122_n erhalten. Die Ausprägungen '1' und '7' waren bei den ursprünglichen Variablen nicht besetzt und werden deshalb in der Kreuztabelle nicht angezeigt.

Abb. 3:   *Rekodieren mehrerer Variablen*

v122 * v122_n Kreuztabelle

Anzahl

		v122_n				
		2,00	3,00	4,00	5,00	Gesamt
v122	2	10	0	0	0	10
	3	2	0	0	0	2
	5	0	2	0	0	2
	6	0	1	0	0	1
	8	0	8	0	0	8
	9	0	0	18	0	18
	10	0	0	0	12	12
	11	0	0	0	7	7
	14	0	0	0	10	10
	15	0	0	0	3	3
Gesamt		12	11	18	32	73

4   Prozedur COMPUTE

4.1   Einführung

Mit dem Compute-Befehl wird eine neue Variable angelegt, deren Werte in der Regel aus den Werten einer schon vorhandenen Variable berechnet werden[5].

COMPUTE neue Variable = zuweisender Ausdruck.

Der COMPUTE-Befehl ist äußerst vielseitig verwendbar. Als Ausdruck auf der rechten Seite der Gleichung, also als Definition der neuen Variable, können die zu Beginn des Kapitels genannten Operatoren und Funktionen bzw. deren Kombinationen sowie Kombinationen mit Variablen und Konstanten eingesetzt werden.

Ein einfaches Beispiel soll in die Verwendung des COMPUTE-Befehls einführen: In der Variable v001 des Datensatzes sozfoprakt2000.sav wurde das Geburtsjahr der Befragten festgehalten, in Variable v045 das Jahr, in dem die Befragten ihre Berufsausbildung begonnen haben. Nun soll eine neue Variable gebildet werden, die die Information enthält, wie alt die Befragten bei Beginn der Berufsausbildung waren. Diese neu zu berechnende Variable erhält die Bezeichnung b_alter. Nach dem COMPUTE -Befehl wird eine Häufigkeitsverteilung der neuen Variable angefordert:

```
COMPUTE b_alter = v045 - v001.
FREQ/ VAR b_alter.
```

[5]   Es kann auch eine Konstante definiert werden.

Abb. 4:   *Häufigkeitsverteilung des Alters der Befragten bei Ausbildungsbeginn*

b_alter

		Häufigkeit	Prozent	Gültige Prozente	Kumulierte Prozente
Gültig	15,00	2	1,2	4,0	4,0
	16,00	3	1,9	6,0	10,0
	17,00	3	1,9	6,0	16,0
	18,00	2	1,2	4,0	20,0
	19,00	12	7,5	24,0	44,0
	20,00	11	6,8	22,0	66,0
	21,00	10	6,2	20,0	86,0
	22,00	3	1,9	6,0	92,0
	23,00	1	,6	2,0	94,0
	24,00	1	,6	2,0	96,0
	26,00	1	,6	2,0	98,0
	30,00	1	,6	2,0	100,0
	Gesamt	50	31,1	100,0	
Fehlend	System	111	68,9		
Gesamt		161	100,0		

Wie aus der Häufigkeitsverteilung hervorgeht, haben die meisten Befragten ihre Berufsausbildung im Alter 19 bis 21 begonnen. Gleichzeitig sehen wir, dass nur 50 Befragte hier gültige Werte haben. Der Grund liegt darin, dass die meisten Befragten noch sehr jung und deshalb noch nicht in Ausbildung waren.

Hier muss ein sehr wichtiges Prinzip des COMPUTE -Befehls eingeführt werden: der Umgang mit fehlenden Werten. Der Algorithmus von SPSS unterscheidet hier zwischen einfachen arithmetischen Operationen und Funktionen: Weist ein Befragter bei einer der Berechnung zugrunde liegenden Variablen einen fehlenden Wert auf, so muss er bei der Durchführung einer arithmetischen Operation wie Addieren oder Dividieren auch bei der neuen Variable einen fehlenden Wert aufweisen.

Abbildung 5 verdeutlicht dies:[6] Die ersten drei Befragten haben bei der Variable v045 fehlende Werte, und deshalb auch fehlende Werte bei der Variable b_alter. Der Befragte in der vierten Zeile des Datensatzes hat bei beiden ursprünglichen Variablen gültige Werte (1971 und 1990). Bei Variable b_alter weist er den Wert '19' auf, hat also in diesem Alter seine Berufsausbildung begonnen. In diesem Beispiel ist das Vorliegen fehlender Werte unproblematisch: Jemand, der noch keine Berufsausbildung angefangen hat, muss bei der Variable b_alter

---

[6]   Aus Gründen der besseren Darstellbarkeit wurde für Abbildung 5 die Position der Variabeln v001 und v045 im Datensatz verschoben. In der Datensatzversion, die auf der Verlagswebseite (www.vs-verlag.de) abgelegt ist, befinden sich die Variablen in ihrer numerischen Reihenfolge.

selbstverständlich einen fehlenden Wert haben. Es sind jedoch auch andere Fälle denkbar, wo es sinnvoll sein kann, fehlende Werte in den Wert '0' umzuwandeln und sie somit als numerische Werte zu behandeln.

Abb. 5:   *Datensatz mit der neuen Variable b_alter*

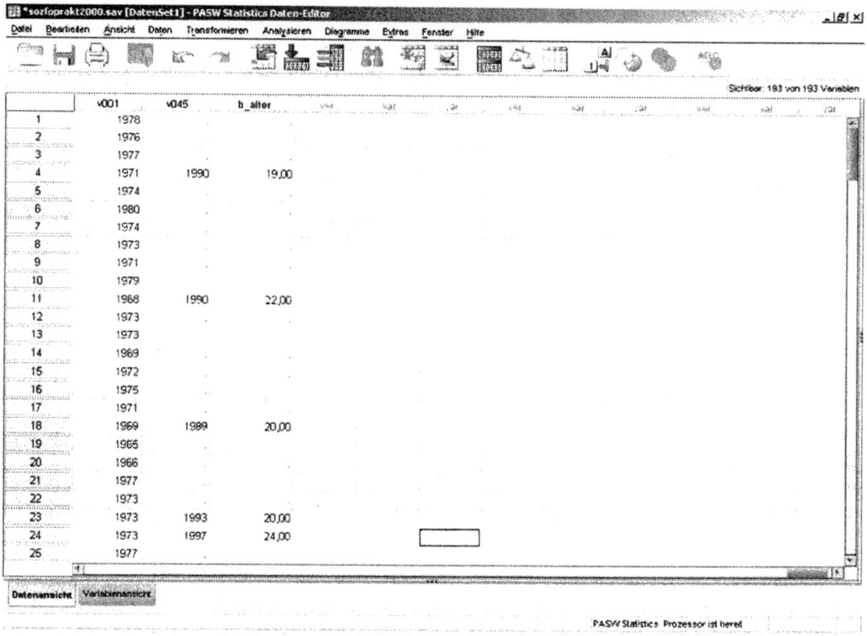

Dazu ein weiteres Beispiel (bankbeispiel.sav): Eine Bank bietet ihren Kunden als Möglichkeiten der Geldanlage ein Sparbuch (sparbuch), ein Wertpapierdepot (wdepot) und die Möglichkeit einer Festgeldanlage (festgeld) an. In jeder Variable ist der Betrag festgehalten, den ein Befragter bei dieser Anlageform gespart hat. Es soll festgestellt werden, wie hoch das gesamte, bei der Bank angelegte Guthaben der Kunden ist. Die entsprechende Syntax lautet:

```
COMPUTE guthaben = sparbuch + wdepot + festgeld.
```

Verfügt ein Befragter über mindestens eine Form dieser Guthaben *nicht*, hat an dieser Stelle also einen fehlenden Wert, so weist er auch bei der neuen Variable „guthaben" einen fehlenden Wert auf. Dies widerspricht offensichtlich dem Ziel der Auswertung, da für diese Befragten ja nicht zutrifft, dass sie kein Guthaben bei der Bank haben, sondern nur, dass sie nicht jede Anlageform nutzen. In diesem Fall wird es sinnvoller sein, die fehlenden Werte durch den Wert Null zu ersetzen. Dazu können entweder die vorhandenen Variablen sparbuch, wdepot und festgeld so rekodiert werden, dass systemdefinierte Missings in den Wert Null umgewandelt werden, oder aber man legt drei neue Variablen an. Ich habe neue Variablen (spar2, depot2, fest2) angelegt, um die Unterschiede zwischen den verschiedenen Strategien im Umgang mit fehlenden Werten zu verdeutlichen.

```
RECODE      sparbuch wdepot festgeld (SYSMIS = 0)
            (ELSE = COPY) INTO spar2 depot2 fest2.
EXECUTE.
COMPUTE     guthab2 = spar2 + depot2 + fest2.
EXECUTE.
```

Abb. 6:   *Umgang mit fehlenden Werten*

Aus *Abbildung 6* wird ersichtlich, dass nach der Umwandlung der systemdefinierten fehlenden Werte nun für alle Befragten ihr Gesamtguthaben berechnet wird (guthab2), auch wenn sie nur ein oder zwei Konten halten. Wie man mit fehlenden Werten umgeht, wird also stets von der konkreten Fragestellung abhängen. Unabdingbar ist es aber, *immer* vor der Berechnung neuer Variablen die Häufigkeitsverteilungen der Ursprungsvariablen zu betrachten, um Ausreißer, fehlende Werte usw. zu erkennen. Häufig werden systemdefinierte fehlende Werte ja im Prozess der Datenaufbereitung durch numerische Werte ersetzt. Vergisst man, diese auszuschließen, gehen sie in die Berechnung der neuen Variablen ein und bewirken gravierende Fehler.

Das Bankbeispiel soll nun erweitert werden: Wie kann man vorgehen, um herauszufinden, wie viel Geld die einzelnen Kunden durchschnittlich auf ihren Konten haben? Gefragt ist also nicht nach dem durchschnittlichen Anlagevermögen aller Kunden (das man leicht als Mittelwert von guthab2 bestimmen könnte), sondern nach dem Durchschnitt jedes Kunden über seine Konten. Würde jeder Kunde jede Anlageform nutzen, so könnte man das durchschnittliche Guthaben pro Konto einfach berechnen mit:

```
COMPUTE durch = (spar2 + depot2 + fest2) / 3.
```

Oder, noch einfacher:

```
COMPUTE durch = guthab2 / 3.
```

Dies wäre im Anwendungsbeispiel jedoch unsinnig, da die Kunden ja eine unterschiedliche Zahl von Konten halten. Um zu einer sinnvollen Durchschnittsberechnung zu gelangen, muss das Guthaben eines jeden Kunden durch die Zahl der von ihm gehaltenen Konten dividiert werden. Dazu gibt es zwei Vorgehensweisen: Am einfachsten ist es, mit einer Funktion zu arbeiten, in diesem Fall das arithmetische Mittel als Funktion der jeweils vorhandenen Merkmalswerte zu berechnen. Anders als bei der Berechnung mit einem arithmetischen Operator führen fehlende Werte bei einer der Ursprungsvariablen bei der Verwendung von Funktionen nicht zu fehlenden Werten bei der neuen Variable. Die Funktion „MEAN" errechnet den Durchschnitt immer als Funktion der jeweils *vorhandenen* Werte.

```
COMPUTE     durch_1 = mean (sparbuch, wdepot, festgeld)[7].
EXECUTE.
```

Deutlich umständlicher ist der „Umweg" über eine Hilfsvariable, der aber dennoch kurz dargestellt wird, um die Vorgehensweise aufzuzeigen. Die Werte der neu zu berechnenden Hilfsvariablen spar3, depot3 und fest3 geben für jeden Merkmalsträger an, ob er die jeweilige Anlageform besitzt oder nicht. Eine Summenvariable gibt dann die Zahl der Konten jedes Merkmalsträgers wieder.

```
RECODE      spar2 depot2 fest2 (0 = 0) (ELSE = 1)
            INTO spar3 depot3 fest3.
EXECUTE.
COMPUTE     hilfe = spar3 + depot3 + fest3.
EXECUTE.
COMPUTE     durch_2 = (spar2 + depot2 + fest2)/hilfe.
```

Auch diese Vorgehensweise kann in *Abbildung 6* nachvollzogen werden.

5   Prozedur COUNT

Eine ganz ähnliche Syntax wie COMPUTE weist der Befehl COUNT auf. Mit ihm wird eine neue Variable gebildet, in welcher abgelegt wird, wie oft ein Merkmalsträger einen bestimmten Wert (oder eine Reihe von Werten) bei einer Mehrzahl von Variablen aufweist.

```
COUNT neue Variable = variablenliste (zu zählende werte).
```

---

[7]   Da hier mit einer Funktion gearbeitet wird (MEAN), ist es für das Ergebnis ohne Bedeutung, ob man die rekodierten oder die ursprünglichen Variablen verwendet.

Häufig wird mit COUNT die Anzahl von Personen ermittelt, die bei einer Reihe von Variablen fehlende Werte (benutzerdefiniert oder systemdefiniert) aufweisen. Während der Befehl FREQUENCIES angibt, wie viele fehlende Werte bei einer oder mehreren Variablen auftreten, dient der COUNT-Befehl der Feststellung der Anzahl fehlender Werte bei *einem* Merkmalsträger. Anders ausgedrückt: Der FREQUENCIES -Befehl zählt Merkmalsausprägungen im Datensatz spaltenweise, der COUNT -Befehl zeilenweise. Im nachstehenden Beispiel wurde in der Variable „ausfall" die Information abgelegt, wie viele benutzerdefinierte fehlende Werte bei den Merkmalsträgern vorkommen. Diese Werte wurden im Datensatz mit '99' kodiert.

```
COUNT ausfall = v001 TO v182 (99).
FREQ /VAR ausfall.
```

Abb. 7:   *Zählen von Merkmalsausprägungen mit dem Befehl „COUNT ".*

ausfall

		Häufigkeit	Prozent	Gültige Prozente	Kumulierte Prozente
Gültig	,00	135	83,9	83,9	83,9
	1,00	17	10,6	10,6	94,4
	2,00	4	2,5	2,5	96,9
	3,00	1	,6	,6	97,5
	4,00	1	,6	,6	98,1
	5,00	1	,6	,6	98,8
	18,00	1	,6	,6	99,4
	32,00	1	,6	,6	100,0
	Gesamt	161	100,0	100,0	

Wie aus der *Abbildung 7* hervorgeht, haben 135 Merkmalsträger keinen einzigen benutzerdefinierten fehlenden Wert im gesamten Datensatz, 17 Personen haben einen fehlenden Wert, 4 Personen haben zwei fehlende Werte usw. Bei den einzelnen Merkmalsträgern bedeutet dies, dass jemand mit einem fehlendem Wert auch den Wert '1' erhält usw. Die extrem schiefe Verteilung der Variable „ausfall" kann als Gütekriterium für den Fragebogen gewertet werden: 84% der Befragten hatten keine Schwierigkeiten alle Fragen zu beantworten, weitere 11% nur an einer Stelle.

6 Typenvariable bilden: Der IF-Befehl (und seine Tücken)

6.1 Einführung

Anders als die Befehle COMPUTE und COUNT werden mit dem Befehl IF neue
Variablen erstellt, indem Bedingungen formuliert werden. Die allgemeine Struktur des IF-Befehls lautet:

```
IF (logischer Ausdruck) neue variable = zuweisender
Ausdruck.
```

In der Definition des „logischen Ausdrucks" ebenso wie des „zuweisenden Ausdrucks" können alle Elemente des COMPUTE-Befehls enthalten und miteinander
verknüpft sein. Ziel ist entweder das Aufstellen von Gleichungen für neue Variablen oder die Erzeugung von Typenvariablen. Beide Vorgehensweisen können
wiederum miteinander kombiniert werden. Mit dem IF-Befehl lassen sich sehr
komplexe Bedingungen formulieren, Plausibilitätstests sind hier deshalb besonders wichtig. Nachstehend versuche ich, an einigen Beispielen die Möglichkeiten und „Tücken" des Befehls zu demonstrieren.

6.2 Verwendung von Vergleichsoperatoren

Bsp.: Erzeugung einer Typenvariable zum Vergleich des Schulabschlusses der
Eltern. Es soll festgestellt werden, ob beide Eltern der Befragten identische oder
aber unterschiedliche Schulabschlüsse aufweisen. Die Variabeln v152 und v163
erfassen den Schulabschluss der Mutter bzw. des Vaters mit folgenden Ausprägungen:

Tabelle 4: Kodierung der Schulabschlüsse (v152 und v163)

Höchster Schulabschluss der Mutter (v152) bzw. des Vaters (v163)	
1	Sonderschulabschluss
2	Volks-/Hauptschulabschluss
3	Mittlere Reife, Fachschulreife
4	Fachhochschulreife
5	Abitur, Hochschulreife
6	sonstiges
0	weiß nicht

Die Ausprägungen ‚0' und ‚6' müssen aus der Analyse ausgeschlossen werden, da
sie keine Rangfolge widerspiegeln; ebenso der Wert ‚99', der einen benutzerdefinierten fehlenden Wert repräsentiert. Hinsichtlich der anderen Ausprägungen
werden die Abschlüsse dann verglichen:

```
MISSING VALUES          v152 163 (0,6,99).
IF (v152 = v163)        schule = 1.
IF (v152 < v163)        schule = 2.
IF (v152 > v163)        schule = 3.
VALUE LABELS schule     1 'identische Abschlüsse'
                        2 'höherer Schulabschluss Vater'
                        3 'höherer Schulabschluss Mutter'.
FREQ /VAR schule.
```

Abb. 8:   *Typenvariable zum Vergleich von Schulabschlüssen*

schule

		Häufigkeit	Prozent	Gültige Prozente	Kumulierte Prozente
Gültig	identische Abschlüsse	81	50,3	52,9	52,9
	höherer Schulabschluss Vater	52	32,3	34,0	86,9
	höherer Schulabschluss Mutter	20	12,4	13,1	100,0
	Gesamt	153	95,0	100,0	
Fehlend	System	8	5,0		
Gesamt		161	100,0		

6.3   Gleichungen zur Berechnung neuer Variablen aufstellen

Nehmen wir an, die Bank aus unserem Datensatz „bankbeispiel.sav" wolle ihre Kunden dazu animieren, ihr Guthaben vor allem in Form von Festgeld anzulegen. Kunden, deren Festgeld-Anteil am Gesamtanlagevolumen mindestens 50% beträgt und deren Gesamtguthaben mindestens 10.000 € umfasst, sollen deshalb eine Prämie von 1% auf ihr Festgeldguthaben erhalten.

```
IF          (festgeld/guthab2 GE 0.5 AND guthab2 GE 10000)
            praemie = festgeld*0.01.
```

Abb. 9:   I F-*Befehl mit verschiedenen, kombinierten Operationen*

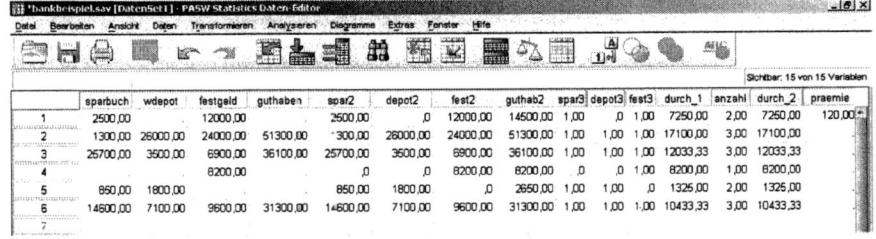

Wir sehen, dass nur einer der betrachteten Kunden in den Genuss dieser Prämie kommt.

6.4   *Probleme bei nicht-disjunkter Typendefinition*

Etwas schwieriger als die bisher betrachteten Anwendungsmöglichkeiten des IF-Befehls ist der Umgang mit nicht-disjunkten Typen. Natürlich wird man das Ziel haben, disjunkte Typen zu bilden. Dabei können sich jedoch Fehler einschleichen, die häufig nicht ohne weiteres erkannt werden und deren Wirkungsweise ich im Folgenden zeigen möchte. Als Beispiel dient eine Frage aus dem Datensatz sozfoprakt2000.sav, bei der es darum geht, Informationen über die Zusammensetzung des Haushaltes, in dem die Befragten leben, zu generieren. Die Frage lautete: „Frage 6: Mit wem wohnen Sie in einem Haushalt zusammen? (Mehrfachnennung)" Die Antworten auf diese Frage wurden durch ein Set von dichotomen Variablen erhoben, deren Ausprägungen im Datensatz jeweils mit '0' (trifft nicht zu) oder '1' (trifft zu) kodiert sind:

Tabelle 5: Mehrfachantworten zum Haushaltstyp

Variablenname	Variablenlabel
v008	wohne alleine
v009	mit Ehepartner/
v010	mit Partner/in
v011	mit Kind(ern)
v012	mit Mutter
v013	mit Vater
v014	mit Geschwistern
v015	mit Schwiegereltern
v016	mit sonstigen Personen (Freunde, WG)
v017	Zahl der Personen im Haushalt

Aus diesen Nennungen soll nun mit Hilfe des IF-Befehls eine Typenvariable gebildet werden, deren Ausprägungen verschiedene Haushaltstypen sind. Die erste Entscheidung bei der Auswertungsplanung besteht darin festzulegen, *welche* Haushaltstypen gebildet werden sollen. Ist es z. B. sinnvoll zu unterscheiden, ob jemand mit Partner oder mit Ehepartner lebt? Sollen Paare mit Kindern von solchen ohne Kinder unterschieden werden? Sollen Haushalte von Alleinerziehenden eine eigene Kategorie bilden? Wie man diese Fragen beantwortet, ist abhängig vom Forschungsinteresse und muss auf jeden Fall genau überlegt werden. In diese Überlegungen ist auch die Zahl der beobachteten Fälle einzubeziehen: Eine sehr verfeinerte Typenbildung, bei der einige Haushaltstypen dann nur mit wenigen Fällen besetzt sind, ist nicht sehr sinnvoll. Wie immer, steht am Anfang der Auswertung die Betrachtung der Häufigkeiten (v008 bis v017). Es zeigt sich, dass keiner der Befragten mit seinen Schwiegereltern lebt; v015 braucht also nicht weiter berücksichtigt werden. Ich unterscheide sechs Haushaltstypen: Alleinlebende, Befragte, die mit Partner und Kind leben (keine Unterscheidung Partner/Ehepartner), Befragte, die mit Partner aber ohne Kind leben, Alleinerziehende, Befragte, die in der Herkunftsfamilie leben (alle Kombinationen von Vater, Mutter, Geschwistern) und Befragte in sonstigen Haushaltsformen.

Für die Umsetzung in die SPSS-Syntax entstehen aus dieser Beschreibung zwei Probleme, die gerade Anfängern oft erhebliche Schwierigkeiten bereiten. Einerseits geht es um den richtigen Einsatz des Boolschen „OR" bzw. „AND", inklusive des richtigen Setzens von Klammern, andererseits um das Problem nicht-disjunkter Typen. So wie die Typen 1 bis 6 bisher definiert sind, handelt es sich nur um umgangssprachliche Beschreibungen. Definieren wir aber z. B. den Typ 5 mit: IF ((v012 EQ 1 OR v013 EQ 1 OR v014 EQ 1), so wird damit *nichts* darüber ausgesagt, wie die anderen Merkmale v009 bis v016 behandelt werden sollen! Es könnte dann also durchaus sein, dass in unserem Typ 5 auch Personen erfasst sind, die zwar in der Herkunftsfamilie leben – aber mit eigenem Kind.

Der Algorithmus von SPSS ist so aufgebaut, dass bei nicht-disjunkten Typen ein Merkmalsträger demjenigen Typ zugeordnet wird, der als *letzter* in der Befehlssyntax aufgeführt wird. Um dieses Problem und seine Implikationen zu verdeutlichen, wird zunächst die Variable hh_typ definiert, ohne das Problem der nicht-disjunkten Typen zu berücksichtigen. Danach werden die daraus resultierenden Konsequenzen aufgezeigt und schließlich alternative Vorgehensweisen dargestellt.

6.4.1 Anlegen einer neuen Variable

Im ersten Schritt wird eine neue Variable angelegt:

```
COMPUTE     hh_typ = 99.
```

Dieser Befehl ist nicht unbedingt notwendig. Er hat alleine die Funktion, systemdefinierten fehlenden Werten der neuen Variable hh_typ numerische Werte zuzuweisen. Fehlende Werte werden bei hh_typ entweder dann auftreten, wenn Fälle durch die IF-Bedingungen nicht beschrieben werden (was ein Problem der unzureichenden Variablenkonstruktution wäre) oder wenn Eingabefehler vorliegen. Da fehlende Werte, z. B. bei Kreuztabellen, nicht dargestellt werden, empfiehlt sich diese Vorgehensweise, um zu verdeutlichen, welchen Einfluss die unterschiedlichen Strategien der Definition des Haushaltstyps auf die Zuordnung der Fälle haben. Mit COMPUTE erhalten zunächst alle Fälle im Datensatz den Wert '99'.[8] Entsprechend den anschließenden IF -Befehlen, enthalten dann alle Fälle,

---

[8]   Welchen Wert man wählt, ist ziemlich gleichgültig, sinnvoll ist aber ein „auffälliger" Wert, damit man nicht vergisst, dass man hier mit fehlenden Werten zu tun hat.

auf die eine der Definitionen zutrifft, einen neuen Wert, so dass nur die nicht definierten Fälle den Wert '99' beibehalten.[9]

6.4.2 Haushaltstyp „Alleinlebende"

Schrittweise werden nun die Haushaltstypen definiert. Bei den Alleinlebenden führt der einfachste Weg über v008:

```
IF (v008 EQ 1) hh_typ = 1.
```

6.4.3 Haushaltstyp „Mit Partner und mit Kind"

```
IF ((v009 EQ 1 OR v010 EQ 1) AND v011 EQ 1) hh_typ = 2.
```

Die „Tücke" besteht hier erstens darin, die Variablen v009 und v010 mittels „OR" und nicht etwa mit „AND" zu verknüpfen, obwohl dies dem umgangssprachlichen Verständnis ungewohnt ist. Eine AND-Verknüpfung wäre aber nur dann wahr, wenn jemand mit Partner *und* Ehepartner lebt – was eher selten vorkommen dürfte. Zweitens muss man auf richtiges Klammern achten: Ließe man die innere Klammer weg, so wäre die Ausprägung hh_typ = 2 dann wahr, wenn jemand mit Ehepartner (unabhängig davon, ob noch mindestens ein Kind im Haushalt ist) oder mit Partner und gleichzeitig Kind lebt.

6.4.4 Haushaltstyp „Mit Partner, ohne Kind"

```
IF ((v009 EQ 1 OR v010 EQ 1) AND v011 EQ 0) hh_typ = 3.
```

6.4.5 Haushaltstyp „Alleinerziehende"

Am einfachsten wäre es hier, von v017 (Gesamtzahl der Personen im Haushalt) auszugehen und die Bedingung zu definieren als:

```
IF (v017 EQ 2 AND v011 EQ 1) hh_typ = 4.
```

Leider ergibt eine Überprüfung der Variable v017 aber, dass einige Datenfehler vorliegen, vermutlich weil manche Befragte sich selbst nicht in die Gesamtzahl einbezogen haben. Deshalb muss eine alternative Vorgehensweise gewählt werden:

```
IF (v009 EQ 0 AND v010 EQ 0 AND v011 EQ 1) hh_typ = 4.
```

6.4.6 Haushaltstyp „Herkunftsfamilie"

```
IF (v012 EQ 1 OR v013 EQ 1 OR v014 EQ 1) hh_typ = 5.
```

---

[9] Selbstverständlich könnte man auch so vorgehen, dass man erst die If-Befehle ausführt und dann mit dem Befehl „RECODE hh_typ (SYSMIS = 99)." die Variable transformiert.

Somit lassen wir alle denkbaren Kombinationen dieser Variablen zu: Es kann z. B. sein, dass jemand nur mit der Mutter lebt oder nur mit Geschwistern, aber eben auch, dass er mit beiden Elternteilen und Geschwistern lebt.

6.4.7 Haushalt mit sonstigen Personen

```
IF (v016 EQ 1) hh_typ = 6.
```

Schließlich wurden der neuen Variable hh_typ noch Wertelabels zugewiesen:

```
VALUE LABELS hh_typ  1 'alleinlebend'
                     2 'mit (Ehe-) Partner & Kind'
                     3 'mit (Ehe-)Partner, kein Kind'
                     4 'alleinerziehend'
                     5 'Herkunftsfamilie'
                     6 'sonstige'.
```

Abb. 10:   Häufigkeitsverteilung der Variable hh_typ

hh_typ

		Häufigkeit	Prozent	Gültige Prozente	Kumulierte Prozente
Gültig	alleinlebend	48	29,8	29,8	29,8
	mit (Ehe-) Partner & Kind	26	16,1	16,1	46,0
	mit (Ehe-)Partner, kein Kind	35	21,7	21,7	67,7
	alleinerziehend	3	1,9	1,9	69,6
	Herkunftsfamilie	32	19,9	19,9	89,4
	sonstige	15	9,3	9,3	98,8
	99,00	2	1,2	1,2	100,0
	Gesamt	161	100,0	100,0	

Um zu überprüfen, ob die einzelnen Typen auch die intendierten Fälle enthalten, fordere ich eine Reihe von Kreuztabellen an. Dabei zeigt sich, dass aus der nicht-disjunkten Typenbildung einige Verzerrungen resultieren. So haben bei der Variable v009 37 Befragte angegeben, dass sie mit ihrem Ehepartner zusammenleben. Wie *Abbildung 11* zeigt, wurden 36 davon in der beabsichtigten Weise zugeordnet: 23 leben mit Kind, 13 ohne, sie wurden den Kategorien '2' und '3' der Variable hh_typ zugewiesen. Ein Befragter lebt jedoch mit Ehepartner und sonstigen Personen. Auf ihn würde die Definition der Ausprägung 2 ebenso passen wie die der Ausprägung 6. SPSS ordnet ihm die Ausprägung 6 zu, weil diese als letzte definiert wurde.[10]

---

[10] Die Tabelle in Abbildung 11 enthält nur 112 Fälle, weil die 48 alleinlebenden Befragten und ein Befragter, der bei v008 keine Angabe machte, bei v009 den Wert 'sysmis' aufweisen.

Abb. 11:   *Kreuztabelle zur Überprüfung von hh_typ*

hh_typ * mit Ehepartner Kreuztabelle

Anzahl

		mit Ehepartner		
		0	1	Gesamt
hh typ	mit (Ehe-) Partner & Kind	3	23	26
	mit (Ehe-)Partner, kein Kind	22	13	35
	alleinerziehend	3	0	3
	Herkunftsfamilie	32	0	32
	sonstige	14	1	15
	99,00	1	0	1
Gesamt		75	37	112

Auch bei Befragten, die mit dem Partner zusammenleben oder die mit Mutter oder Vater zusammenleben, treten diese Verschiebungen auf. Um diese unerwünschten Zuordnungen zu verhindern, können zwei Strategien gewählt werden: Erstens kann man durch geschickte Anordnung der IF-Befehle erreichen, dass SPSS die Fälle dort zuordnet, wo man sie haben möchte. Zweitens können die Definitionen disjunkt formuliert werden, wobei man sich dann entscheiden muss, welcher der möglichen Gruppen diese Befragten zugeordnet werden sollen; auch die Definition eines weiteren Haushaltstyps ist eine Möglichkeit. Ich führe beide Berechnungen durch, um die Ergebnisse vergleichen zu können.

Zunächst die veränderte Anordnung der Befehle. Damit wird erreicht, dass Befragte, die sowohl dem Haushaltstyp 6 wie auch anderen Ausprägungen zugeordnet werden können, diesen anderen Typen zugeordnet werden. Die Information „wohnt (auch noch) mit sonstigen Personen" wird ignoriert. Dazu muss der IF-Befehl zur Definition des Typs „wohnt mit sonstigen Personen" an die erste Stelle der IF-Befehle gestellt werden. Die Ausprägung '6' muss nicht verändert werden. Zunächst wird wiederum eine neue Variable definiert, „hh_typ2":

```
COMPUTE hh_typ2 = 99.
IF (v016 EQ 1) hh_typ2 = 6.
IF (v008 EQ 0) hh_typ2 = 1.
IF ((v009 EQ 1 OR v010 EQ 1) AND v011 EQ 1) hh_typ2 = 2.
IF ((v009 EQ 1 OR v010 EQ 1) AND v011 EQ 0) hh_typ2 = 3.
IF (v009 EQ 0 AND v010 EQ 0 AND v011 EQ 1) hh_typ2 = 4.
IF (v012 EQ 1 OR v013 EQ 1 OR v014 EQ 1) hh_typ2 = 5.
```

```
VALUE LABELS hh_typ2 1 'alleinlebend' 2 'mit (Ehe-) Partner
& Kind' 3 'mit (Ehe-)Partner, kein Kind' 4
'alleinerziehend' 5 'Herkunftsfamilie' 6 'sonstige'.
FREQ /VAR hh_typ2.
```

Damit werden nun alle Befragten, die mit Ehepartner und Partner bzw. Herkunftsfamilie leben, den entsprechenden Kategorien zugeordnet:

Abb. 12:   *Kreuztabelle der Haushaltstypen bei unterschiedlicher Anordnung der* IF-*Befehle*

hh_typ * hh_typ2 Kreuztabelle

Anzahl

		hh_typ2							
		alleinlebend	mit (Ehe-) Partner & Kind	mit (Ehe-) Partner, kein Kind	alleinerzieh end	Herkunftsfa milie	sonstige	99,00	Gesamt
hh_typ	alleinlebend	48	0	0	0	0	0	0	48
	mit (Ehe-) Partner & Kind	0	26	0	0	0	0	0	26
	mit (Ehe-) Partner, kein Kind	0	0	35	0	0	0	0	35
	alleinerziehend	0	0	0	3	0	0	0	3
	Herkunftsfamilie	0	0	0	0	32	0	0	32
	sonstige	0	0	3	0	1	11	0	15
	99,00	0	0	0	0	0	0	2	2
Gesamt		48	26	38	3	33	11	2	161

Man sieht, dass sich nun insgesamt vier Personen, die bei hh_typ der Kategorie „sonstige" zugeordnet waren, in den Kategorien „mit (Ehe-)Partner, kein Kind" bzw. „Herkunftsfamilie" finden. Es muss deshalb entschieden werden, wie mit diesen Fällen umgegangen werden soll. Bei einer disjunkten Definition der Haushaltstypen erhalten sie den Wert „sysmis", da dann ja keine der Definitionen zutrifft. Da es sich nur um sehr wenige Fälle handelt, ist das hier nicht weiter problematisch. Bei einer größeren Fallzahl wäre zu überlegen, ob die Definition eines weiteren Haushaltstyps sinnvoll ist.

Nachstehend schließlich eine disjunkte Definition der Haushaltstypen: Für jeden vorgestellten Typus wird explizit ausgeschlossen, dass andere als die intendierten Personen mit im Haushalt leben dürfen.

```
IF   (v008 EQ 0) hh_typ3 = 1.
IF   ((v009 EQ 1 OR v010 EQ 1) AND v011 EQ 1 AND v012 EQ 0
      AND v013 EQ 0 AND v014 EQ 0 AND v016 EQ 0) hh_typ3 = 2.
IF   ((v009 EQ 1 OR v010 EQ 1) AND v011 EQ 0 AND v012 EQ 0
      AND v013 EQ 0 AND v014 EQ 0 AND v016 EQ 0) hh_typ3 = 3.
IF   (v009 EQ 0 AND v010 EQ 0 AND v011 EQ 1 AND v012 EQ 0
      AND v013 EQ 0 AND v014 EQ 0 AND v016 EQ 0) hh_typ3 = 4.
```

```
IF   ((v012 EQ 1 OR v013 EQ 1 OR v014 EQ 1) AND v009 EQ 0
     AND v010 EQ 0 AND v011 EQ 0 AND v016 EQ 0) hh_typ3 = 5.
IF   (v016 EQ 1and v009 EQ 0 AND v010 EQ 0 AND v011 EQ 0 AND
     v012 EQ 0 AND v013 EQ 0 AND v014 EQ 0) hh_typ3 = 6.
```

```
VALUE LABELS hh_typ3 1 'alleinlebend' 2 'mit (Ehe-) Partner
& Kind' 3 'mit (Ehe-)Partner, kein Kind' 4
'alleinerziehend' 5 'Herkunftsfamilie' 6 'sonstige'.
FREQ /VAR hh_typ3.
```

Abb. 13:   *Kreuztabelle disjunkte und nicht-disjunkte Haushaltstypen*

hh_typ * hh_typ3 Kreuztabelle

Anzahl

		hh_typ3							
		alleinlebend	mit (Ehe-) Partner & Kind	mit (Ehe-) Partner, kein Kind	alleinerzieh end	Herkunftsfa milie	sonstige	99,00	Gesamt
hh_typ	alleinlebend	48	0	0	0	0	0	0	48
	mit (Ehe-) Partner & Kind	0	26	0	0	0	0	0	26
	mit (Ehe-) Partner, kein Kind	0	0	36	0	0	0	0	36
	alleinerziehend	0	0	0	3	0	0	0	3
	Herkunftsfamilie	0	0	0	0	32	0	0	32
	sonstige	0	0	0	0	0	11	4	15
	99,00	0	0	0	0	0	0	2	2
Gesamt		48	26	35	3	32	11	6	161

Die 4 Personen, die mit Partner bzw. Herkunftsfamilie und sonstigen Personen zusammenleben, wurden nun der Kategorie '99', den fehlenden Werten, zugeordnet.

7   Weitere Transformationsbefehle

Neben den in diesem Kapitel dargestellten Transformationsbefehlen ermöglicht SPSS weitere Transformationen, die hier nur kurz genannt werden sollen. Nähere Informationen finden sich im SPSS-Syntax Guide. Dort sind alle Optionen der einzelnen Befehle aufgelistet.

1) ADD VALUE LABELS: Mit diesem Befehl erhalten bisher nicht definierte Werte einer Variable ein Variablenlabel, wobei die vorhandenen Labels erhalten bleiben.

2) FORMATS: Festlegen der Ausgabeformate der Variablen. Mit diesem Befehl kann z. B. gesteuert werden, ob die Variable numerisches oder String-Format erhalten soll bzw. die Zahl der Dezimalstellen. Selbstverständlich kann man

diese Operation auch unmittelbar in der Variablenansicht des SPSS-Fensters durchführen; der Befehl ist vor allem dann praktisch, wenn man eine große Zahl von Variablen hat, denen das gleiche Format zugewiesen werden soll.

3) AUTORECODE: Mit diesem Befehl können z. B. Daten im String-Format in numerische Integerwerte oder numerische Werte in Ränge umgewandelt werden.

Weitere Möglichkeiten der Erzeugung neuer Daten sind z. B. die Berechnung von Zeitreihen (CREATE) oder von Zufallszahlen (SET SEED).

Kapitel 6
Arbeitserleichterungen für geübte Nutzer

Leila Akremi

Die folgenden Tipps sollen dabei helfen, effizienter mit SPSS zu arbeiten. Dabei ist es wichtig, dass der Anwender bereits gut mit dem Programm vertraut ist. Es handelt sich um Hinweise zu jeweils unterschiedlichen Themenbereichen, so dass das Kapitel nicht chronologisch gelesen werden muss. Im Einzelnen werden folgende Themen behandelt:

- Abspeichern des Datensatzes in einer älteren SPSS-Dateiversion;
- Veränderung der Grundeinstellungen für Tabellen und Output mit dem SET-Befehl;
- Abkürzung der Syntax;
- richtiges Kommentieren;
- die Schlüsselwörter ANY und RANGE zur Vereinfachung der Datenselektion;
- die Funktion MEAN beim COMPUTE-Befehl;
- laufende Fallnummern mit der temporären Variable $CASENUM bilden;

1 Datensatz in einer älteren SPSS-Version abspeichern

Arbeiten mehrere Personen mit demselben Datensatz, aber mit unterschiedlichen SPSS-Versionen, kann es sein, dass Dateien, die mit neueren Versionen erstellt wurden, von älteren nicht geöffnet werden können. Um diesem Problem vorzubeugen, können Datensätze zur Sicherheit auch unter einer alten SPSS-Version abgespeichert werden.

Abb. 1: Datensatz in älterer SPSS-Version abspeichern

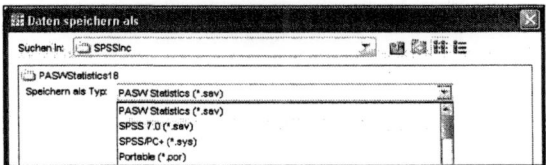

Der Datensatz wird dazu mit „Speichern unter" in der Dateiversion SPSS 7.0 abgespeichert, wie dies in *Abbildung 1* dargestellt ist. So lassen sich die Daten in jedem Fall von allen Versionen ab 7.0 lesen.

2   Grundeinstellungen verändern mit dem SET-Befehl

Über den SET-Befehl können die Grundeinstellungen in SPSS schneller mit der Syntax als über das Menü angepasst werden. Mit dem Befehl SHOW lassen sich die meisten aktuellen Einstellungen anzeigen.

2.1   Syntax im Ausgabedokument anzeigen

Zu Dokumentationszwecken kann die verwendete Syntax direkt im Ausgabefenster ergänzt werden:

SET PRINTBACK = ON.

Mit „SET PRINTBACK = OFF." lässt sich diese Funktion wieder abstellen.

2.2   Anzeige für Tabellen einstellen

Die Einstellung, ob Variablennamen und / oder -labels in den Überschriften von Tabellen angezeigt werden sollen, lässt sich ebenso über den SET-Befehl verändern. Das Schlüsselwort dafür ist TVARS, und die allgemeine Syntax ist folgendermaßen strukturiert:

```
SET TVARS =        {LABELS}
                   {NAMES}
                   {BOTH}.
```

Dies soll anhand der Variable v55 (Geschlecht des Befragten aus dem ALLBUS-Compact 2004) gezeigt werden (siehe *Tabellen 1 - 3*). Soll in der Überschrift zur Häufigkeitsverteilung der Variablen nur der Variablenname stehen, dann lautet der Befehl dafür:

SET TVARS = NAMES.

Tabelle 1: Tabellenüberschrift mit Variablennamen

v55

		Häufigkeit	Prozent	Gültige Prozente	Kumulierte Prozente
Gültig	1 MANN	1454	49,4	49,4	49,4
	2 FRAU	1492	50,6	50,6	100,0
	Gesamt	2946	100,0	100,0	

Will man nur die Labels der Variablen, muss man folgendes eingeben:

SET TVARS = LABELS.

Tabelle 2: Tabellenüberschrift mit Variablenlabel

GESCHLECHT, BEFRAGTE

		Häufigkeit	Prozent	Gültige Prozente	Kumulierte Prozente
Gültig	1 MANN	1454	49,4	49,4	49,4
	2 FRAU	1492	50,6	50,6	100,0
	Gesamt	2946	100,0	100,0	

Wenn beides angezeigt werden soll, ist der Befehl entsprechend:

SET TVARS = BOTH.

Tabelle 3: Tabellenüberschrift mit Variablennamen und -label

v55 GESCHLECHT, BEFRAGTE

		Häufigkeit	Prozent	Gültige Prozente	Kumulierte Prozente
Gültig	1 MANN	1454	49,4	49,4	49,4
	2 FRAU	1492	50,6	50,6	100,0
	Gesamt	2946	100,0	100,0	

Dasselbe gilt für die Ausprägungen der Variablen. In den *Tabellen 1-3* sind sowohl die Werte für männlich („1") und weiblich („2") angegeben, als auch die Labels „Mann" und „Frau". Dies kann mittels des SET-Befehls und dem Schlüsselwort TNUMBERS verändert werden:

```
SET TNUMBERS =    {VALUES}
                  {LABELS}
                  {BOTH}.
```

2.3   Outputsprache ändern

Deutsche SPSS-Versionen geben deutschsprachige SPSS-Tabellen aus, wie z. B. *Tabelle 4* illustriert. Die Häufigkeitsverteilung zeigt, wie die Briten in der 4. Welle (1999/2000) der Europäischen Wertestudie auf die Frage geantwortet haben, ob eine glückliche sexuelle Beziehung wichtig für eine erfolgreiche Ehe sei.

*Tabelle 4:   Häufigkeitsverteilung der Variable d036 aus der Europäischen
              Wertestudie 1999/2000 – Großbritannien*

d036 Important for succesful marriage: Happy sexual relationship

		Häufigkeit	Gültige Prozente	Kumulierte Prozente
Gültig	1 Very	636	64,4	64,4
	2 Rather	309	31,3	95,6
	3 Not very	43	4,4	100,0
	Gesamt	988	100,0	
Fehlend	-2 No answer	1		
	-1 Don´t know	11		
	Gesamt	12		
Gesamt		1000		

Es fällt auf, dass die Variablennamen und Wertelabels Englisch, alle anderen
Angaben auf Deutsch sind. Es wäre in diesem Fall besser, wenn die Outputs
ebenfalls auf Englisch erscheinen würden und man die Übersetzung nicht extra
bei jeder Tabelle von Hand erstellen müsste. Mit folgendem Befehl setzt man
die restlichen Anzeigen auf Englisch (vgl. *Tabelle 5*):

```
SET OLANG = ENGLISH.
```

Tabelle 5:   Häufigkeitsverteilung mit englischer Outputsprache

d036 Important for succesful marriage: Happy sexual relationship

		Frequency	Valid Percent	Cumulative Percent
Valid	1 Very	636	64,4	64,4
	2 Rather	309	31,3	95,6
	3 Not very	43	4,4	100,0
	Total	988	100,0	
Missing	-2 No answer	1		
	-1 Don´t know	11		
	Total	12		
	Total	1000		

Außer Deutsch (GERMAN) und Englisch (ENGLISH) lassen sich noch weitere Spra-
chen wie Französisch (FRENCH), Spanisch (SPANISH), Italienisch (ITALIAN)
usw. einstellen.

3 Systematische Abkürzung der SPSS Syntax

Wenn man sehr viel mit SPSS arbeitet, kann man Befehls- und Schlüsselwörter abkürzen, weil dies viel Zeit erspart[1]. Im SPSS-Handbuch ist hierfür eine klare Systematik festgelegt: Für die Abkürzung eines Befehlswortes werden mindestens drei Buchstaben benötigt. Dies gilt auch für Befehle, die aus mehreren Wörtern bestehen (siehe *Tabelle 6*). Bei Befehlen, die mit der gleichen Buchstabenfolge beginnen, wie z. B. CORRELATIONS und CORRESPONDENCE oder COMPUTE und COMMENT, muss man im Handbuch nachschlagen, welcher Befehl den Vorrang hat. CORRELATIONS hat Vorrang vor CORRESPONDENCE und darf deshalb mit drei Buchstaben abgekürzt werden, während die Korrespondenzanalyse mindestens mit CORRES angefordert werden muss, um von SPSS eindeutig identifiziert zu werden. Dagegen benötigt man für den COMPUTE-Befehl mindestens COMP, damit ein Konflikt mit COMMENT vermieden wird.

Tabelle 6: Häufig verwendete Befehle und deren Abkürzungen

Befehl in SPSS	Abkürzung
Befehle mit nur einem Befehlswort	
CLUSTER	CLU
CORRELATIONS	COR
CROSSTABS	CRO
DESCRIPTIVES	DES
EXAMINE	EXA
EXECUTE	EXE
FREQUENCIES	FRE
REGRESSION	REG
SUMMARIZE	SUM
TEMPORARY	TEM
Befehle mit mehreren Befehlswörtern	
ADD VALUE LABEL	ADD VAL LAB
PARTIAL CORR	PAR COR
VALUE LABELS	VAL LAB
VARIABLE LABELS	VAR LAB

Auch diverse Schlüsselwörter können verkürzt werden. Will man z. B. eine Häufigkeitsverteilung mit statistischen Maßzahlen wie Modus, Median, Mittelwert, Standardabweichung und Varianz für die Variable v1 anfordern, lautet normalerweise der vollständige Befehl hierzu:

---

[1] Der SPSS-Editor verfügt mittlerweile über eine automatische Vervollständigungsfunktion. Dennoch verwenden viele Nutzer gerne die Kurzschreibweise, zumal das Schreiben von SPSS-Syntaxen nicht an den SPSS-Editor gebunden ist.

```
FREQUENCIES v1
/STATISTICS = MODE MEDIAN MEAN STDDEV VARIANCE.
```

Alternativ kann man schreiben:

```
FRE v1
/STA = MOD MED MEA STD VAR.
```

Allerdings sollte man gerade bei längeren Syntaxdateien überlegen, ob die Übersichtlichkeit nicht unter dem Ziel der Zeitersparnis leidet. Vor allem könnte es für andere Forscher, die sich schnell einen Überblick über Ihr Vorgehen verschaffen wollen, mühsam sein, sich bei der Kurzschreibweise zurechtzufinden.

Zusätzlich zur Verkürzung der Schreibweise, lässt sich auch die Ausführung der Befehle beschleunigen. Normalerweise wird die betreffende Syntaxzeile des obigen FREQUENCIES-Befehls markiert und per Mausklick auf das entsprechende Icon ▶ in der Symbolleiste ausgeführt. Alternativ gibt es in SPSS einen Shortcut: Mit STRG und „R" wird der jeweilige Befehl ausgeführt, auch wenn er, wie z. B. bei der Faktorenanalyse, mehrere Zeilen lang ist. Vorsicht ist allerdings geboten, wenn für eine bestimmte Analyse mehrere Befehle notwendig sind. Steht etwa vor einem SELECT IF-Befehl ein TEMPORARY-Befehl, um eine temporäre Prozedur durchzuführen, so müssen auf jeden Fall beide Befehle markiert werden, um sicherzustellen, dass die nicht selektierten Fälle dem Datensatz erhalten bleiben. Ist alles markiert, so lässt sich STRG und „R" ebenso anwenden.

4   Kommentierung von Syntaxdateien

Eines der Hauptargumente für das Arbeiten mit der SPSS-Syntax, im Gegensatz zur ausschließlichen Verwendung des Menüs, ist die bessere Nachvollziehbarkeit der einzelnen Analyseschritte. Es wurde bereits angedeutet, dass ein allzu ökonomisches Vorgehen dies beeinträchtigen kann. Mit der Kommentierungsfunktion lassen sich umgekehrt Syntaxdateien oftmals besser strukturieren. Dabei hilft man sich auch selbst, denn wenn man nach langer Zeit alte Syntaxdateien wieder benutzen möchte, kann es passieren, dass man sein eigenes Vorgehen nicht mehr ganz versteht oder zumindest einige Zeit benötigt, um sich wieder zurechtzufinden. Die einfachste Möglichkeit, dies zu umgehen ist, kleine Überschriften für die einzelnen Prozeduren zu erstellen. Diese Überschriften werden mit einem Stern * (= Asterisk) oder dem Schlüsselwort COMMENT eingeleitet und enden mit einem Punkt oder einer Leerzeile. Die Kennzeichnung mit einem Stern ist in langen Syntaxdateien übersichtlicher, weil durch das Sonderzeichen sofort klar ist, dass es sich hierbei nicht um eine reguläre Syntax handelt, während ein reguläres Befehlswort auf den ersten Blick nicht auffällt.

Warum es so wichtig ist, Kommentarzeilen richtig abzuschließen, veranschaulichen die folgenden Beispiele. Bei den nachstehenden Beispielen führt SPSS die Syntax nicht aus, weil die Befehle gar nicht oder nicht richtig von dem Kommentar getrennt wurden:

– *Beispiel 1:*

```
*Häufigkeitsverteilung der Variable stadt
FREQUENCIES stadt.
```

– *Beispiel 2:*

```
*Häufigkeitsverteilung der Variable stadt*
FREQUENCIES stadt.
```

Falls in SPSS die Übertragung der Syntax ins Outputfenster eingestellt ist, wird diese zumindest angezeigt (siehe *Abbildung 2*). SPSS macht in diesen Fällen weiter nichts und liefert auch keine Fehlermeldung. Es hilft hier auch nicht, wenn nur der FREQUENCIES-Befehl markiert wird, da SPSS den gesamten Ausdruck als Kommentar betrachtet. Dieser Sachverhalt mag zunächst als nicht so gravierend anmuten, kann aber im Zweifelsfall bei bestimmen Prozeduren und komplexeren Vorgängen schwerwiegende Folgen haben. Möchte man etwa einen temporären SELECT IF-Befehl kommentieren, um deutlich zu machen, nach welchen Kriterien Fälle ausgewählt werden, und formuliert dies analog wie oben angeführt, so wird das Befehlswort TEMPORARY als Kommentar betrachtet, während der SELECT IF-Befehl ausgeführt wird.

Abb. 2: Falsche Kommentierung bei einem temporären SELECT IF-Befehl

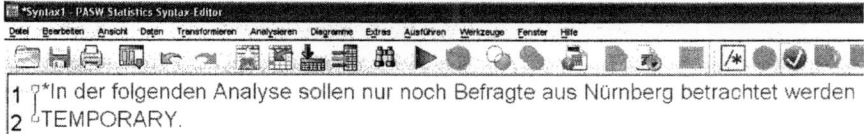

```
1  *In der folgenden Analyse sollen nur noch Befragte aus Nürnberg betrachtet werden
2  TEMPORARY.
3  SELECT IF (stadt = 4).
```

Quelle: Datensatz_FoPra_2000-2001.sav

Wird der Datensatz anschließend gespeichert, sind die nicht selektierten Fälle verloren. Bei COMPUTE- oder IF-Befehlen passiert im besten Falle gar nichts, jedoch ist die Problemstelle in der eigentlich korrekten Syntax schwer ausfindig zu machen. Schlimmer ist es, wenn SPSS die auskommentierten Befehle überspringt, dann trotzdem Berechnungen durchführt, und es gar nicht weiter auffällt, dass diese falsch sind.

Ab SPSS 18.0 sind Kommentare im SPSS-Editor per Voreinstellung komplett in *hellgrauer* Schriftfarbe (siehe *Abbildung 2*) im Gegensatz zu Befehlszeilen, deren Befehlswort per Voreinstellung *blau* ist, während weitere Schlüsselwörter *rot*, Unterbefehle *grün* und Variablen in *schwarzer* Schriftfarbe sind. Dies soll helfen, solche Fehler beim Schreiben von Syntaxen zu vermeiden. Auch zeigt die Verklammerung der Zeilen 1 und 2 in Abbildung 2, die falsche Verknüpfung des Kommentars und des TEMPORARY-Befehls an. Werden aber ältere Syntaxen verwendet oder solche, die von anderen Forschern geschrieben wurden, fallen falsch kommentierte Stellen nicht sofort auf, und die Kommentierungen sowie selbstverständlich die gesamte Syntax sollten in jedem Fall vor der Ausführung überprüft werden.

5   Vereinfachung der Datenselektion
bei SELECT IF-, IF- und DO IF-Befehlen

5.1   Schlüsselwort ANY

Das Schlüsselwort ANY ist dann besonders hilfreich, wenn aus einer umfangreichen Liste mehrere Teilgesamtheiten für bestimmte Analysen selektiert werden sollen, da dies dazu führt, dass ein SELECT IF oder ein IF-Befehl sehr lang und unübersichtlich werden können. Das folgende Beispiel soll dies verdeutlichen:

Für Ihre Analyse steht Ihnen die Europäische Wertestudie mit drei Wellen (1981-2000).[2] In Ihrem internationalen Vergleich interessieren Sie sich nur für Deutschland, Großbritannien, Frankreich, Holland und Österreich und auch nur für die dritte Welle (2000), d. h. es ist keine Längsschnittanalyse geplant. Die Länder sind in der Variable s003 folgendermaßen codiert:

Tabelle 7:   Ausgewählte Länder in der Variable s003 mit Wertelabels

Land	Ausprägung bei Variable s003
Deutschland	276
Frankreich	250
Großbritannien	826
Holland	528
Österreich	40

Quelle: Europäische Wertestudie – Gesamtdatensatz 1981-2006

---

[2]   Unter http://zacat.gesis.org/webview/index.jsp können nach kostenloser Registrierung die Metadaten für die einzelnen Wellen (erste Welle 1981 bis vierte Welle 2008) heruntergeladen werden. Die beschriebene Vorgehensweise kann aber analog für andere internationale Längsschnittstudien, Panel-Daten usw. angewendet werden.

In der Variable s002 sind die drei Wellen in Zeiträume von 1 = 1981-1984, 2 = 1989-1993, 3 = 1994-1999 4 = 1999-2004 bis 5 = 2005-2006 codiert. Mit dem normalen SELECT IF-Befehl würde die Syntax wie unten aufgeführt aussehen:

```
SELECT IF ((s003 = 276 OR s003 = 250 OR s003 = 826 OR s003
= 528 OR s003 = 40) AND s002 = 4).
EXECUTE.
```

Schneller und übersichtlicher geht es folgendermaßen:

```
SELECT IF ANY (s003, 276, 250, 826, 528, 40) AND s002 = 4.
EXECUTE.
```

Nach dem Ausdruck ANY stehen in Klammern die Variable, bei der Werte ausgewählt werden sollen, sowie die entsprechenden Werte, abgetrennt durch Kommata. Da es noch eine zweite Bedingung gibt, die in jedem Fall erfüllt sein muss, schließt sich der Rest „AND s002 = 4" an. Bei String-Variablen müssen die jeweiligen Werte zusätzlich zu den Kommata in Anführungszeichen stehen. Das Schlüsselwort ANY gleicht demnach einer logischen oder-Verknüpfung und kann analog auch in komplexen IF- oder DO IF-Befehlen mit weiteren Bedingungen benutzt werden.

5.2 Schlüsselwort RANGE

Ebenso lässt sich mit RANGE ein bestimmter Wertebereich einer Variablen für Analysen oder logische Verknüpfungen auswählen. Um im Beispieldatensatz des soziologischen Forschungspraktikums 2000/2001 eine neue Variable „agetown" zu bilden, in der die Stadt und das klassierte Alter der Befragten vermerkt sind, könnte man für die Ausprägung „junge Bamberger" (18-30 Jahre) entweder eine gewöhnliche IF-Konstruktion verwenden oder aber mit dem Schlüsselwort RANGE arbeiten. Beide Varianten sind nachstehend aufgelistet und führen zum selben Ergebnis:

- IF-Konstruktion ohne RANGE

```
IF (v50 >= 18 AND v50 <= 30 AND stadt = 1) agetown = 1.
EXECUTE.
```

- Konstruktion mit RANGE

```
IF (RANGE(v50, 18, 30) AND stadt = 1) agetown = 1.
EXECUTE.
```

In diesem Fall ist die zweite Variante zwar nicht unbedingt ökonomischer, aber die Syntax ist insgesamt übersichtlicher strukturiert, da die beiden Bedingungen, die das Alter betreffen, zusammengefasst sind.

6   Zusatzaspekte des COMPUTE-Befehls

In Kapitel 4 wurde die Anwendung des COMPUTE-Befehls bereits ausführlich erklärt. Dieser ist wohl einer der umfangreichsten Befehle in SPSS. Viele Funktionen werden selten gebraucht, und es reicht aus, sie, wenn nötig, im Syntax-Guide nachzuschlagen. Trotzdem erscheint es mir an dieser Stelle ganz nützlich, ein paar Hinweise zu geben, die u. a. für die Faktorenanalyse relevant sind (vgl. hierzu auch *Fromm* 2010). Zur Verdeutlichung dient eine konkrete Auswertungssituation.

6.1   Skalenbildung bei fehlenden Werten

Bei der Bildung von Dimensionsvariablen nach einer durchgeführten Faktorenanalyse hat man häufig Probleme mit fehlenden Werten. Wenn Summenscores mit dem normalen COMPUTE-Befehl gebildet werden, dann gehen alle Fälle verloren, die nur einen fehlenden Wert bei den betreffenden Items aufweisen. Bei einer Skala mit vielen Variablen ist jedoch zu überlegen, ob nicht wenigstens die Fälle erhalten bleiben können, die nur eine bestimmte nach theoretischen Gesichtspunkten festgelegte Anzahl von fehlenden Werten aufweisen. Hierzu ein Beispiel: Anhand der Frage „Welche Aspekte sind wichtig im Beruf?" ließen sich, mittels einer Faktorenanalyse, die in *Tabelle 8* aufgelisteten Items zu einer Dimension gruppieren, die hier als „intrinsische Berufsmotivation" bezeichnet wird (vgl. hierzu auch *Fromm* 2010).

Tabelle 8:   Variablenliste: Wichtigkeit verschiedener Aspekte an einem Beruf

v1	Die Möglichkeit, eigene Initiative zu entfalten
v2	Ein Beruf mit Verantwortung
v3	Ein Beruf, bei dem man etwas erreichen und leisten kann
v4	Ein Beruf, bei dem man mit Menschen zusammentrifft
v5	Ein Beruf, der den eigenen Fähigkeiten entspricht
v6	Interessante Tätigkeit
v7	Ein Beruf, bei dem man etwas Nützliches für die Allgemeinheit tun kann

Die sieben dichotomen Variablen sind jeweils mit „0" (nicht wichtig) und „1" (wichtig) codiert. Als fehlende Werte sind „-1" (weiß nicht) und „-2" (verweigert) festgelegt. Es gibt mit COMPUTE drei Möglichkeiten, die Summenscores in einem Wertebereich zwischen 0 und 1 zu bilden:

- Keine Summenscores für Fälle mit fehlenden Werten berechnen

```
COMPUTE version1 = (v1 + v2 + v3 + v4 + v5 + v6 + v7) / 7.
EXECUTE.
```

- Summenscores für alle Fälle mit mindestens einem gültigen Wert berechnen

```
COMPUTE version2 = MEAN (v1 TO v7).
EXECUTE.
```

- Mindestanzahl der gültigen Werte für die Berechnung festsetzen

```
COMPUTE version3 = MEAN.4 (v1 TO v7).
EXECUTE.
```

Die allgemeine Struktur des Befehls lautet wie folgt:

```
COMPUTE variable = MEAN.n (var1, var2, … ,varn).
```

Mit n wird die Anzahl an gültigen Werten in der Variablenliste festgesetzt.

Abb. 3: *Ergebnisse aus den drei unterschiedlichen* COMPUTE-*Befehlen*

v1	v2	v3	v4	v5	v6	v7	gueltig	version1	version2	version3
1	1	1	1	1	1	0	7	,86	,86	,86
0	0	1	0	1	1	0	7	,43	,43	,43
1	1	1	-1	1	1	-1	5	.	1,00	1,00
1	1	1	1	1	1	0	7	,86	,86	,86
1	1	1	0	1	1	0	7	,71	,71	,71
0	0	0	0	1	0	0	7	,14	,14	,14
-1	-1	-1	-1	1	1	-1	2	.	1,00	.
-1	-1	-1	-1	-1	-1	-1	0	.	.	.
1	1	-1	-1	1	1	-1	4	.	1,00	1,00
-1	-1	-1	-1	-1	-1	-1	0	.	.	.
1	-1	1	-1	-1	1	-1	3	.	1,00	.
-1	-1	-1	-1	-1	-1	-1	0	.	.	.
-1	-1	1	-1	-1	-1	-1	1	.	1,00	.
1	-1	-1	-1	-1	-1	-1	1	.	1,00	.
1	1	-1	1	-1	-1	-1	3	.	1,00	.

Die möglichen Ergebnisse der drei verschiedenen Versionen sind in *Abbildung 3* in einem Ausschnitt aus einem Datenblatt aufgelistet. In der Variablen „gueltig" ist zusätzlich die Information abgespeichert, wie viele der sieben Items von den jeweiligen Befragten beantwortet wurden. Nur wenn entweder alle Items oder gar keines beantwortet wurden, führen die drei Versionen zum selben Ergebnis. In den anderen Fällen ist es von der Bedingung in *version3* abhängig.

In diesem Fall wurde vorgegeben, dass mindestens vier der sieben Variablen einen gültigen Wert aufweisen müssen. Alle Befragten, die vier und mehr Items gültig beantwortet haben, haben in *version2* und *version3* einen Skalenwert. Für die Situationen in denen nur ein bis drei Items beantwortet wurden, liefert nur *version2* Skalenwerte. Welche Variante des COMPUTE-Befehls geeignet ist und wie methodisch sinnvoll vorgegangen wird, muss vom Forscher wohl überlegt und gut begründet sein. Ist *version3* angemessen, so erleichtert dieser Befehl das Vorgehen deutlich, da dieses Ergebnis sonst erst durch den Umweg mit COUNT und IF erzielt werden kann.

6.2   Laufende Fallnummern (IDs) erzeugen

Manche Datensätze verfügen nicht über laufende Fallnummern (IDs). Bei großen Datensätzen ist es mühsam, diese nachträglich zu ergänzen. Es kann aber von Interesse sein, die ursprüngliche Reihenfolge der Befragten auch nach Prozeduren wie SORT CASES wiederherstellen zu können, so dass die Modifikationen auch abgespeichert werden können. SPSS erstellt beim Öffnen eines Datensatzes diverse temporäre Variablen unter anderem auch die Variable $CASENUM, die die Fälle durchzählt. Diese Variable kann zwar nicht mit FREQUENCIES aufgerufen werden und erscheint auch nicht im Datenblatt, sie lässt sich aber in einem COMPUTE-Befehl benutzen und dadurch indirekt abspeichern:

```
COMPUTE fallnr = $CASENUM.
EXECUTE.
```

Mit „1" beginnend, wird vom ersten bis zum letzten Fall im Datensatz durchgezählt und die Werte in die Variable „fallnr" übertragen.

Weiterführende Literatur:
Sowohl *Brosius* (2008) als auch *Sarstedt* und *Schütz* (2006) gehen ausführlich auf praxisrelevante Zusatzfunktionen der einzelnen SPSS-Befehle ein.

Brosius, Felix (2008): SPSS-Programmierung. Effizientes Datenmanagement und Automatisierung mit SPSS-Syntax. Bonn: MITP-Verlag
Sarstedt, Marko/*Schütz*, Tobias (2005): SPSS Syntax. Eine anwendungsorientierte Einführung. München: Vahlen

Teil 2:
Beschreibende Statistik

Kapitel 7
Univariate Statistik

Nina Baur

1   Ziele

Wenn Sie Datensätze analysieren, sollten Sie als erstes die eindimensionalen Häufigkeitsverteilungen untersuchen, d. h. Sie sollten jede Variable zunächst für sich analysieren. Insbesondere die Verteilung, Lage, Streuung und Schiefe jeder Variablen müssen untersucht werden. Die Ziele hierbei sind:

1) *Man bekommt ein Gefühl für die Daten.* Dadurch kann man später leichter abschätzen, ob bestimmte Ergebnisse überhaupt richtig sein können. Wenn man z. B. den Datensatz einer Untersuchung analysiert, in der Jugendliche befragt wurden, kann es nachher nicht sein, dass eine Person bei der Variable „Alter" den Wert „89 Jahre" aufweist oder dass der Mittelwert der Variable „Alter" bei „40 Jahren" liegt. Solche Ergebnisse sind Hinweise auf Fehler im Datensatz oder falsche Syntaxen.

2) *Die Untersuchung der eindimensionalen Häufigkeitsverteilungen ergibt erste Hinweise, ob die Fragebögen richtig ausgefüllt wurden oder ob bei der Eingabe in den PC Fehler gemacht wurden.* Ein typischer Fehler ist z. B., dass fehlende Werte nicht als solche definiert wurden. Auch kann es z. B. nicht sein, dass jemand ein negatives Alter hat usw. (siehe auch Kapitel 3 in diesem Band).

3) *Wenn Variablen zu schief verteilt sind, sind sie oft für die weitere Analyse wertlos. Beispiel:* Man möchte den Unterschied zwischen Männern und Frauen untersuchen. Man hat einen Datensatz mit 100 Fällen. Von diesen 100 Befragten waren 98 männlich, 2 weiblich. Die Verteilung ist also extrem schief. Durch diese Schiefe kann man die Unterschiede zwischen Männern und Frauen nicht sinnvoll untersuchen. Es macht beispielsweise nicht viel Sinn, bei zwei Frauen das durchschnittliche Alter zu untersuchen.

4) *Man prüft die Voraussetzungen (sofern diese existieren) für die Verfahren, die man später anwenden will.* Z. B. verlangen viele Verfahren zur Verarbeitung metrischer Variablen eine (approximative) Normalverteilung.[1] Wenn diese Voraussetzungen nicht erfüllt sind, darf man das entsprechende Verfahren nicht an-

---

[1]   Vgl. Kapitel 11 oder z.B. *Behnke* und *Behnke* (2006) oder *Vogel* (2005).

wenden. Tut man es doch, besteht die Gefahr, dass man Datenartefakte produziert. Man kann sich nun überlegen, wie man damit umgeht: Entweder man wendet ein anderes Verfahren an, oder man transformiert die Daten.[2] In manchen Fällen ist die Anwendung eines Verfahrens unter Einschränkungen auch dann möglich, wenn bestimmte Voraussetzungen nicht erfüllt sind. Dies erfordert dann aber eine vorsichtige Interpretation. Näheres hierzu finden Sie – am Beispiel der Ordinalskalen – in Kapitel 9.

> **Wichtig:**
> An dieser Stelle möchte ich noch einmal auf eine Bemerkung in der Einleitung hinweisen: Ich stelle in diesem und dem folgenden Kapitel mögliche Umsetzungen statistischer Verfahren in SPSS möglichst breit dar. *Auf keinen Fall sollten Sie diese Verfahren mechanisch anwenden.* Überlegen Sie immer, ob ein Verfahren oder Maß im konkreten Fall Sinn macht und Sie nicht mit anderen Verfahren oder Maße Ihrem Forschungsinteresse näher kommen.[3]

5) *Schließlich kann man alle absolut interpretierbaren Variablen mit Hilfe der eindimensionalen Häufigkeitsverteilungen interpretieren und so erste wertvolle Informationen erhalten.*[4]

2   Eindimensionale Häufigkeitsverteilung nominalskalierter Merkmale

2.1   Analysebereiche

Die univariate Statistik lässt sich grob in drei Analysebereiche unterteilen: Häufigkeitsverteilungen, die Charakterisierung der Verteilung mit Hilfe von Lage-, Streuungs- und Schiefemaßen sowie grafischen Darstellungen. Wie man sie berechnet und interpretiert, ist in jedem Statistikbuch erklärt, weshalb ich sie hier nur kurz nenne.

2.1.1   Verteilung der Werte: Häufigkeitstabelle

Die Häufigkeitstabelle bietet die Möglichkeit, alle Werte in übersichtlicher Form darzustellen. Damit wird insbesondere bei nominalen Daten die Häufigkeitsverteilung ersichtlich. Grundsätzlich sollte man sich bei *jeder* Variable – unabhängig vom Skalenniveau – vor der Analyse zunächst die Häufigkeitsverteilung ansehen.

---

[2]   Zum Vorgehen bei der Transformation siehe z. B. *Hartung* et al. (2002) oder *Vogel* (2005).

[3]   Welche negativen Folgen der mechanische Umgang mit Statistik haben kann, erläutert *Gigerenzer* (1999) anhand von Beispielen.

[4]   Den Unterschied zwischen absolut und relational interpretierbaren Variablen erläutern z. B. *Baur* und *Lamnek* (2007).

2.1.2 Lage-, Streuungs- und Schiefemaße für nominalskalierte Daten

Lage-, Streuungs- und Schiefemaße fassen die Charakteristika einer Häufigkeits-verteilung unter einem bestimmten Aspekt zusammen. Lagemaße unterstreichen bestimmte Charakteristika der Häufigkeitstabelle, z. B. die mittlere Tendenz oder besonders häufig vorkommende Werte. Ein Lagemaß für nominalskalierte Variablen ist der Modus. Streuungsmaße analysieren die Variablen in ihrer Breite. Sie betonen die Streuung und Unterschiedlichkeit der Werte. Ein Streuungsmaß für nominalskalierte Variablen ist die Entropie. Schließlich kann man untersuchen, wie schief eine Verteilung ist, d. h. wie gleichmäßig die Werte über den Wertebereich verteilt sind.

2.1.3 Grafische Darstellung

Wenn man will, kann man sich zusätzlich die Häufigkeitsverteilung grafisch darstellen lassen. Zwei wichtige Darstellungsformen für nominalskalierte Variablen sind das Kreisdiagramm und das Balkendiagramm.

2.2 SPSS-Befehl

Eindimensionale Häufigkeitsverteilungen können in SPSS über die Prozedur FREQUENCIES angefordert werden. Der Syntax dieser Prozedur selbst sieht folgendermaßen aus:

```
FREQUENCIES VARIABLES = variablenliste
[/BARCHART= [MINIMUM (n)] [MAXIMUM (n)] [{FREQ (n)}
            {PERCENT (n)}]]
[/PIECHART= [MINIMUM (n)] [MAXIMUM (n)] [{FREQ}]
            [{MISSING}]]
            {PERCENT} {NOMISSING}
[/STATISTICS= MODE].
```

2.2.1 Befehlszeile FREQUENCIES

Der Hauptbefehl FREQUENCIES fordert eine Häufigkeitstabelle an.

2.2.2 Unterbefehl BARCHART

Der Unterbefehl BARCHART produziert ein Balkendiagramm. Das Diagramm wird mit den Wertenamen beschriftet. Mit den Befehlen MINIMUM (n) bzw. MAXIMUM (n) kann man die untersten bzw. obersten Werte angeben, die gerade noch abgebildet werden. Den entsprechenden Wert trägt man an die Stelle von „n" ein. Gibt man FREQ (n) an, werden auf der vertikalen Achse absolute Häufigkeiten abgetragen, wobei „n" das Maximum ist. Lässt man den Unterbefehl FREQ weg, gibt man nichts an oder ist „n" zu klein, wählt das Programm die Häufigkeitsskala mit dem Maximalwert 5, 10, 20, 50, 100, 200, 500, 1.000, 2.000 usw. (abhängig davon, was die maximale absolute Häufigkeit im Datensatz ist). Gibt man PERCENT (n) an, werden auf der vertikalen Achse relative Häufigkeiten abgetragen, wobei „n" das Maximum ist. Gibt man nichts an oder ist „n" zu klein, wählt das Programm den Maximalwert 5 %, 10 %, 25 %, 50 % oder 100 % (abhängig davon, was die maximale absolute Häufigkeit im Datensatz ist).

2.2.3 Unterbefehl PIECHART

Der Unterbefehl PIECHART produziert ein Kreisdiagramm. Das Diagramm wird mit den Wertenamen beschriftet. Mit den Befehlen MINIMUM (n) bzw. MAXIMUM (n) kann man die untersten bzw. obersten Werte angeben, die gerade noch abgebildet werden. Den entsprechenden Wert trägt man an die Stelle von „n". Gibt man FREQ an (oder lässt diesen Unterbefehl weg), basiert das Diagramm auf absoluten Häufigkeiten. Gibt man PERCENT an, basiert das Diagramm auf relativen Häufigkeiten. Gibt man MISSING an (oder lässt diesen Unterbefehl weg), werden user-missing und system-missing values in derselben Kategorie abgebildet. Gibt man NOMISSING an, werden fehlende Werte nicht abgebildet.

2.2.4 Unterbefehl STATISTICS

Mit dem Unterbefehl STATISTICS kann man Lage- und Streuungsmaße für die Variable anfordern. Das Maß für nominalskalierte Merkmale, das SPSS berechnen kann, ist der Modus, also der am häufigsten vorkommende Wert.

2.3   Beispiel

Die Variable v44 im Datensatz des Soziologischen Forschungspraktikums 2000/ 2001 enthält die Information, ob der Befragte berufstätig, in Ausbildung, Student oder Schüler ist. Die Antwortkategorien sind „1" („Nein") und „2" („Ja"). Mit folgender Syntax fordert man die Häufigkeitstabelle, den Modus, ein Balkendiagramm und ein Kreisdiagramm für v44 an:

```
FREQUENCIES      VARIABLES = v44
                 /STATISTICS=MODE
                 /BARCHART PERCENT
                 /PIECHART PERCENT.
```

2.3.1 Häufigkeitstabelle

Die SPSS-Ausgabe liefert folgende Häufigkeitstabelle:

Berufstätigkeit / Ausbildung / Schule / Studium?

		Häufigkeit	Prozent	Gültige Prozente	Kumulierte Prozente
Gültig	Nein	173	35,1	35,4	35,4
	Ja	316	64,1	64,6	100,0
	Gesamt	489	99,2	100,0	
Fehlend	System	4	,8		
Gesamt		493	100,0		

Diese ist folgendermaßen zu interpretieren: In der ersten Spalte („Häufigkeit")
sind die absoluten Häufigkeiten abgetragen. 173 Befragte sind also *nicht* berufstätig, in Ausbildung, Student oder Schüler, 316 sind es. Zusammen haben 489
Personen geantwortet. 4 Personen haben die Frage nicht beantwortet. Insgesamt
enthält der Datensatz 493 Fälle. In der zweiten und dritten Spalte („Prozent" und
„Gültige Prozente") sind die relativen Häufigkeiten abgetragen. Bei der zweiten
Spalte werden die fehlenden Werte in die Berechnung der Anteilswerte mit
einbezogen: 35,1 % der Befragten sind *nicht* berufstätig, in Ausbildung, Student
oder Schüler, 64,1 % sind es. 0,8 % der Befragten haben nicht geantwortet,
macht zusammen 100 %. In der dritten Spalte werden nur die gültigen Werte in
die Berechnung der Anteilswerte mit einbezogen: 35,4 % der Befragten sind
nicht berufstätig, in Ausbildung, Student oder Schüler, 64,6 % sind es. Welche
der beiden Spalten Sie für den Forschungsbericht verwenden, hängt vom Forschungsinteresse ab. In der vierten Spalte („Kumulierte Prozente") werden die
Häufigkeiten über die gültigen Werte zusammengezählt. Bei nominalskalierten
Variablen kann diese Spalte nicht sinnvoll interpretiert werden. Diese Spalte
sollten Sie also für den Forschungsbericht auf jeden Fall löschen.

2.3.2 Lage- und Streuungsmaße: Modus

Fordert man für die Variable v44 mit dem Unterbefehl STATISTICS den Modus
an, erhält man folgende Tabelle:

Statistiken

Berufstätigkeit / Ausbildung / Schule / Studium?

N	Gültig	489
	Fehlend	4
Modus		2

Diese ist folgendermaßen zu interpretieren: 489 Befragte beantworteten die Frage, 4 nicht. Der am häufigsten vorkommende Wert (= Modus) ist die „2", d. h. die meisten Befragten sind berufstätig, in Ausbildung, Student oder Schüler.

2.3.3 Schiefe der Verteilung

Bei nominalskalierten Merkmalen ist die Schiefe der Verteilung aus der Häufigkeitstabelle ersichtlich. Im Fall der Variablen v44 ist die Verteilung relativ schief (1/3 der Befragten hat mit „Nein" geantwortet, 2/3 haben mit „Ja" geantwortet). Diese Verteilung beeinträchtigt aber weitere Analysen nicht.

2.3.4 Balkendiagramm (Barchart) und Kreisdiagramm (Piechart)

Für die Variable v44 gibt SPSS ein Balkendiagramm (links) und ein Kreisdiagramm (rechts) aus:

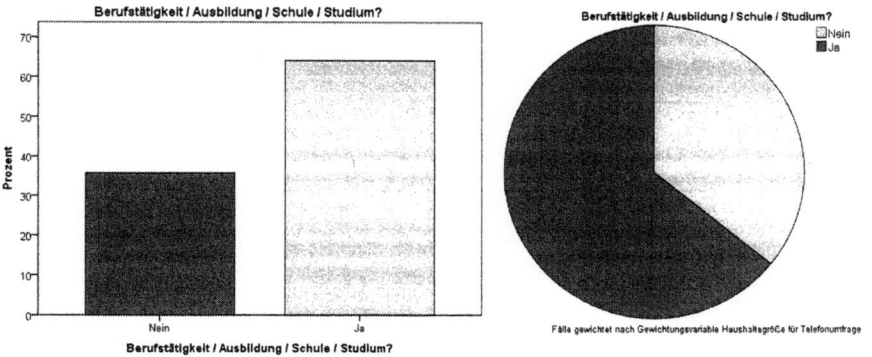

3 Exkurs: Gewichtung

3.1 Verzerrungen durch unterschiedliche Haushaltsgröße (v04N)

Bei der Straßenbefragung war die Erhebungseinheit die einzelne Person, bei der Telefonumfrage der Haushalt (weil ja meistens die Mitglieder eines Haushaltes gemeinsam einen einzigen Festnetzanschluss haben). Dadurch entstehen Diskrepanzen zwischen den beiden Stichproben: Bei großen Haushalten ist die Wahrscheinlichkeit, dass ein bestimmtes Haushaltsmitglied telefonisch befragt wird, kleiner als bei kleinen Haushalten – befragt wird die Person, die zufällig ans Telefon geht.

v04N ist eine Gewichtungsvariable. Ziel dieser Variable ist es, den Stichprobenfehler, der durch diese Verzerrung entsteht, auszugleichen. Jeder Befragte der Straßenbefragung wurde dabei mit „1" gewichtet. Bei der Telefonbefragung wurde die Haushaltsgröße ermittelt. Das Gewicht entspricht der Zahl der Personen, die im Haushalt wohnen. Gewichtet man den Datensatz mit v04N, bekommen Personen aus großen Haushalten ein entsprechend größeres Gewicht bei allen Analysen.

SPSS gewichtet so, dass es einfach die Zahl der Fälle im Datensatz entsprechend dem Gewicht erhöht. Gewichtet man mit v04N, erhöht sich die Zahl der Fälle im Datensatz von N = 493 auf N = 588. Mit anderen Worten: Personen, aus großen Haushalten zählen mehrfach.[5] An diesem Beispiel wird auch die Problematik der Gewichtung deutlich: Fehlen Informationen im Datensatz, ändert die Gewichtung auch nichts daran. Systematische Fehler im Datensatz können durch Gewichtung nicht behoben werden. Bevor Sie einen Datensatz gewichten, sollten Sie sich also überlegen, ob die Gewichtung überhaupt Sinn macht. Oft ist dies nicht der Fall.[6]

3.2 SPSS-Syntax

Mit folgender Syntax gewichtet man den Datensatz mit v04N:

```
WEIGHT BY v04N.
EXECUTE.
```

Will man die Gewichtung wieder ausschalten, verwendet man folgende Syntax:

```
WEIGHT OFF.
EXECUTE.
```

4   Eindimensionale Häufigkeitsverteilung ordinalskalierter Merkmale

4.1   Analysebereiche

4.1.1   Verteilung der Werte: Häufigkeitstabelle

Auch bei ordinalskalierten Merkmalen ist die Häufigkeitstabelle ein wichtiges Mittel, alle Werte in übersichtlicher Form darzustellen.

---

[5]   Andere Programme, z. B. Stata, bieten mehr Gewichtungsmöglichkeiten und sind deshalb vorzuziehen, wenn mit komplexen Gewichten gearbeitet werden soll.

[6]   Näheres zur Stichproben- und Gewichtungsproblematik finden Sie in *Behnke* et al. (2010). Auch in diesem Übungsbeispiel ist es fragwürdig, ob eine Gewichtung Sinn macht. In den Übungsaufgaben wird von Ihnen vor allem zu Übungszwecken verlangt, die Daten immer wieder zu gewichten. Überlegen Sie genau, ob dies im Einzelfall Sinn macht.

4.1.2 Lage- und Streuungsmaße für ordinalskalierte Daten

Die Ordinalskala ist ein höheres Skalenniveau als die Nominalskala. Deshalb kann man die Häufigkeitsverteilung von ordinalskalierten Merkmalen mit allen Lage- und Streuungsmaßen für nominalskalierte Merkmale charakterisieren. Man darf also z. B. auch für ordinalskalierte Variablen den Modus berechnen. Allerdings schöpft man dabei nicht alle Informationen aus. Genauer gesagt wird dabei die Ranginformation nicht ausgeschöpft. Deshalb gibt es einige Lage- und Streuungsmaße speziell für ordinalskalierte Merkmale. Folgende Maße für ordinalskalierte Variablen kann man auch mit Hilfe von SPSS berechnen: Median; Quantile und Quartile (Das Quantil zur Ordnung $p = 0,5$ (= 5. Perzentil) entspricht dem Median.); Quartilsabstand; kleinster vorkommender Wert; größter vorkommender Wert.

4.1.3 Schiefe der Verteilung

Erste Informationen über die Schiefe der Verteilung erhält man durch einen Blick auf die Häufigkeitsverteilung. Die oben genannten Lage- und Streuungsmaße geben ebenfalls wichtige Informationen über die Schiefe der Verteilung.

4.1.4 Grafische Darstellung

Auch ordinalskalierte Variablen lassen sich gut im Kreis- oder Balkendiagramm darstellen.

4.2 *SPSS-Befehl*

Für ordinalskalierte Merkmale kann die Syntax der Prozedur FREQUENCIES folgendermaßen erweitert werden:

```
FREQUENCIES VARIABLES = variablenliste
  [/BARCHART=    [MINIMUM (n)] [MAXIMUM (n)] [{FREQ (n)}
                 {PERCENT (n)}]]
  [/PIECHART=    [MINIMUM (n)] [MAXIMUM (n)] [{FREQ}]
                 [{MISSING}]]
                 {PERCENT}  {NOMISSING}
  [/PERCENTILES = zahl, zahl, zahl, zahl]
  [/STATISTICS= MODE MEDIAN MINIMUM MAXIMUM].
```

4.2.1 Unterbefehl PERCENTILES

Mit dem Unterbefehl PERCENTILES kann man Quantile berechnen lassen. Man gibt nach dem Gleichheitszeichen die Quantile an, die berechnet werden sollen.

4.2.2 Unterbefehl STATISTICS

Mit dem Unterbefehl STATISTICS kann man Lage- und Streuungsmaße für die Variable anfordern, nämlich für ordinalskalierte Variablen den Modus (MODE), den Median (MEDIAN), den kleinsten vorkommenden Wert (MINIMUM) und den größten vorkommenden Wert (MAXIMUM).

4.3 Beispiel

Die Variable v30 enthält die Information, wie wichtig den Befragten im allgemeinen Kontakte zu Bewohnern ihres Stadtviertels sind. Die Antwortkategorien sind „1" („sehr wichtig"), „2" („wichtig"), „3" („einigermaßen wichtig"), „4" („unwichtig") und „5" („ganz unwichtig"). Mit folgender Syntax fordert man die Häufigkeitstabelle, den Modus, den Median, den größten und den kleinsten vorkommenden Wert für v30 an:

```
FREQUENCIES VARIABLES =v30
            /PERCENTILES= 5 10 25 50 75 90 95
            /STATISTICS=MODE MEDIAN MINIMUM MAXIMUM
            /BARCHART PERCENT
            /PIECHART PERCENT.
```

4.3.1 Häufigkeitstabelle

SPSS liefert folgende Häufigkeitstabelle (bei gewichtetem Datensatz):

Wichtigkeit der allgemeinen Kontakte zu den Bewohnern des Stadtviertels

		Häufigkeit	Prozent	Gültige Prozente	Kumulierte Prozente
Gültig	sehr wichtig	90	15,3	15,5	15,5
	wichtig	193	32,8	33,2	48,7
	einigermaßen wichtig	186	31,6	32,0	80,7
	unwichtig	97	16,5	16,7	97,4
	ganz unwichtig	15	2,6	2,6	100,0
	Gesamt	581	98,8	100,0	
Fehlend	System	7	1,2		
Gesamt		588	100,0		

Diese ist folgendermaßen zu interpretieren:[7] In der ersten Spalte („Häufigkeit") sind die absoluten Häufigkeiten abgetragen. Insgesamt bezieht sich die Analyse auf

---

[7]   Wichtig: Die Variable ist für sich genommen inhaltlich nicht sinnvoll interpretierbar, weil es sich um eine relational interpretierbare Variable handelt. Deshalb dient die Betrachtung der univariaten Statistiken lediglich zur statistischen Charakterisierung der Variablen, um ihre Eigenheiten in späteren Analysen zu kennen. Den Unterschied zwischen absoluter und relationaler Interpretierbarkeit der Daten erläutern z. B. *Baur* und *Lamnek* (2007).

588 Personen.[8] Von diesen haben 7 nicht geantwortet. Es bleiben also 581 übrig. 90 Personen haben die Frage mit „sehr wichtig" („1"), 193 mit „wichtig" („2"), 186 mit „einigermaßen wichtig" („3"), 97 mit „unwichtig" („4") und 15 mit „ganz unwichtig" („5") beantwortet.

In der zweiten und dritten Spalte („Prozent" und „Gültige Prozente") sind die relativen Häufigkeiten abgetragen. Bei der zweiten Spalte werden die fehlenden Werte mit in die Berechnung der Anteilswerte mit einbezogen: 1,2 % der Befragten haben nicht geantwortet, 98,8 % der Befragten haben die Frage beantwortet. 15,3 % der Befragten haben die Frage mit „sehr wichtig" („1") beantwortet, 32,8 % mit „wichtig" („2") usw. In der dritten Spalte werden nur die gültigen Werte in die Berechnung der Anteilswerte mit einbezogen: 15,5 % der Befragten haben die Frage mit „sehr wichtig" („1"), 33,2 % mit „wichtig" („2") usw. beantwortet. Welche der beiden Spalten Sie im Forschungsbericht verwenden, hängt vom Forschungsinteresse ab.

In der vierten Spalte („Kumulierte Prozente") werden die Häufigkeiten über die gültigen Werte zusammengezählt. Dies Spalte ist folgendermaßen zu interpretieren: 15,5 % der Befragten haben die Frage mit „1" („sehr wichtig") beantwortet, 100 % − 15,5 % = 84,5 % haben mit „2" („wichtig") oder einem höheren Wert (in diesem Fall „3", „4" oder „5") geantwortet. 48,7 % der Befragten haben die Frage mit „2" („wichtig") oder einem niedrigeren Wert (in diesem Fall „1") beantwortet, 100 % − 48,7 % = 51,3 % der Befragten haben mit „3" („einigermaßen wichtig") oder einem höheren Wert (in diesem Fall „4" oder „5") geantwortet usw.[9]

4.3.2   Lage- und Streuungsmaße:

Fordert man für die Variable v40 mit dem Unterbefehl STATISTICS den Modus, den Median sowie den kleinsten und größten vorkommenden Wert an, erhält man folgende Tabelle:

---

[8]   Der ungewichtete Datensatz enthält 493 Fälle, der gewichtete Datensatz 588. Hat man sich vor der Analyse mit den Daten vertraut gemacht, fällt also bereits beim Blick auf die Fallzahl auf, ob der Datensatz gewichtet ist oder nicht. Ich habe hier den Datensatz gewichtet, um genau dies erläutern zu können. Würde aber die Gewichtung auch Sinn machen, wenn Sie mit Hilfe der Daten ein soziologisches Argument unterstreichen wollten? Überlegen Sie bzw. diskutieren Sie dies mit Ihren Kommilitonen. Überlegen Sie auch bei allen übrigen Beispielen in diesem Buch, ob die Ausgaben für einen gewichteten oder ungewichteten Datensatz erstellt wurden und ob dies Sinn macht. Um generelle Zweifel auszuräumen: teils ja, teils nein. Wie gesagt, wir haben dies bewusst gemacht, um Ihnen das „Selbstdenken nicht zu ersparen".

[9]   Wie bereits erwähnt, ist diese Spalte bei nominalskalierten Daten *nicht* interpretierbar und sollte deshalb bei diesem Skalenniveau für Endberichte (z. B. Haus-, Bachelor- und Master-Arbeiten) gelöscht werden. Bei ordinalskalierten und metrischen Daten kann sie dagegen beibehalten werden.

Statistiken

Wichtigkeit der allgemeinen Kontakte
zu den Bewohnern des Stadtviertels

N	Gültig	581
	Fehlend	7
Median		**3,00**
Modus		2
Minimum		1
Maximum		5
Perzentile	5	1,00
	10	1,00
	25	2,00
	50	**3,00**
	75	3,00
	90	4,00
	95	4,00

> Das Quantil zur Ordnung $p = 0{,}5$ ($p = 50\%$) entspricht dem Median.

Diese ist folgendermaßen zu interpretieren: Sieben Befragte beantworteten die Frage nicht. Der am häufigsten vorkommende Wert (= Modus) ist die „2", d. h. die meisten Befragten haben mit „wichtig" geantwortet. Der kleinste vorkommende Wert (= Minimum) ist die „1", der größte vorkommende Wert (= Maximum) ist die „5", d. h. die Werteskala wurde voll ausgeschöpft. Die Quantile sind in dieser Ausgabe folgendermaßen zu interpretieren: Mindestens 5 % der Befragten haben „sehr wichtig" („1") angegeben. Mindestens 10 % der Befragten haben „sehr wichtig" („1") angegeben. Mindestens 25 % der Befragten haben „wichtig" („2") oder eine größere Wichtigkeit („1") angegeben und mindestens 75 % der Befragten haben „wichtig" („2") oder eine geringere Wichtigkeit („3", „4" oder „5") angegeben usw. Der Median entspricht dem 5. Perzentil. Er liegt bei „3", d. h. mindestens 50 % der Befragten haben „einigermaßen wichtig" („3") oder eine größere Wichtigkeit („1" oder „2") angegeben und mindestens 50 % der Befragten haben „einigermaßen wichtig" („3") oder eine geringere Wichtigkeit („4" oder „5") angegeben.

Der Quartilsabstand lässt sich aus den oben stehenden Informationen berechnen. Er ist das Intervall, in dem die mittleren 50 % der Befragten geantwortet haben und berechnet sich folgendermaßen:

Quartilsabstand = (Quantil zur Ordnung $p = 0{,}75$) − (Quantil zur Ordnung $p = 0{,}25$)

Im Beispiel ist das obere Ende des Wertebereichs der Wert „3", der untere Wert des Wertebereichs der Wert „2". Mindestens 50 % der Werte liegen im Intervall [2;3]. Mindestens 50 % der Befragten haben also mit „wichtig" oder „einigermaßen wichtig" geantwortet.

4.3.3 Schiefe der Verteilung

Aus den oben angeführten Maßen werden Informationen zur Schiefe der Verteilung ersichtlich: Es wurden alle möglichen Werte ausgeschöpft, allerdings nicht gleichmäßig: Die mittleren Werte der Skala („2" und „3") sind gegenüber den Extremwerten („1" und „5") deutlich überrepräsentiert. Die Befragten haben insbesondere eher mit niedrigen Werten geantwortet („1" bis „3"). Nur ein sehr geringer Teil der Befragten hat mit „5" geantwortet. Die Verteilung ist nicht so schief, dass die Variable in dieser Form für die weitere Analyse wertlos wäre. Man könnte sich aber Gedanken darüber machen, ob man die Kategorien „4" und „5" zusammenfasst, damit die Werte gleichmäßiger verteilt sind. Ob man dies will, hängt vom Erkenntnisinteresse ab: Bei manchen Analysen ist eine Gleichverteilung sinnvoll, bei anderen interessieren gerade diese extremen Werte.

5 Eindimensionale Häufigkeitsverteilung metrischer Merkmale

5.1 Analyseziele

5.1.1 Verteilung der Werte: Häufigkeitstabelle

Bei den meisten metrischen Merkmalen ist die Häufigkeitstabelle aufgrund der zahlreichen Ausprägungen unübersichtlich, weshalb man Charakteristika der Verteilung oft nicht sofort erkennt. Man sollte sich trotzdem auch bei metrischen Variablen zunächst die Häufigkeitsverteilung anschauen, weil sie wichtige Anhaltspunkte für Fehler gibt. Beispielsweise darf bei einer Variable „Lebensalter in Jahren" nicht der Wert „–33" in der Häufigkeitstabelle vorkommen.

5.1.2 Lage- und Streuungsmaße für metrische Variablen

Intervall- und Ratioskala sind höhere Skalenniveaus als die Nominal- und Ordinalskala. Deshalb kann man die Häufigkeitsverteilung von metrischen Merkmalen mit allen Lage- und Streuungsmaßen für nominal- und ordinalskalierte Merkmale charakterisieren. Allerdings schöpft man dabei nicht alle Informationen aus. Die Abstandsinformation geht verloren, bei Ratioskalen zusätzlich die Information, dass ein definierter Nullpunkt existiert. Deshalb gibt es einige Lage- und Streuungsmaße speziell für metrische Merkmale. Hier werden nur die Maße genannt, die man mit Hilfe von SPSS auch berechnen kann: arithmetisches Mittel (= Mittelwert, Durchschnitt); Spannweite (= Differenz zwischen dem kleinsten und dem größten vorkommenden Wert); Varianz (= mittlere quadratische Abweichung vom Mittelwert); Standardabweichung und Schiefe.

5.1.3 Schiefe der Verteilung

Informationen über die Schiefe der Verteilung erhält man insbesondere über die oben genannten Lage- und Streuungsmaße. Außerdem kann man sich von SPSS die extremsten Werte einer Verteilung tabellarisch zusammenstellen lassen. Ziel ist es, Ausreißer zu identifizieren. Ausreißer sind vereinzelte extreme Werte, die die statistische Analyse verzerren. Wenn diese extremen Werte nicht nur sehr weit vom Mittelwert, sondern auch sehr weit von der Mehrzahl der übrigen Werte entfernt sind, muss man sich überlegen, ob man diese Werte aus dem Datensatz entfernt oder sie beibehält (dies hängt vom Forschungsziel und vom angewandten Verfahren ab). Die Ausreißer stellen dabei ein Dilemma dar:

Die extremen Werte können untypisch, also Ausreißer sein, d. h. man hat zufällig eine Person befragt, die extreme Werte aufweist. Hat man beispielsweise Bill Gates befragt, verzerrt dieser natürlich das aus dem Datensatz berechnete Durchschnittseinkommen.

Es kann aber sein, dass diese extremen Werte der Realität entsprechen und der Forscher selbst durch das Entfernen der Werte aus dem Datensatz die Stichprobe verzerrt. Führt man z. B. eine Umfrage über Rechtsextremismus durch, ist durchaus vorstellbar, dass in Deutschland der Großteil der Bevölkerung eine gemäßigte Einstellung zu bestimmten Themen hat, aber wenige Einzelne sehr extreme Einstellungen haben. Würde man nun diese Personen aus dem Datensatz streichen, könnte man genau diese Extreme nicht mehr analysieren und würde so die Realität verzerren.

5.1.4 Grafische Darstellung

SPSS liefert eine ganze Reihe von Grafiken für metrische Merkmale, u. a. die folgenden drei: In einem Boxplot werden die Quartile sowie – in zwei Abstufungen – extreme Werte dargestellt. Das Histogramm fasst die Werte der Variablen zu Gruppen zusammen. Jede der sich ergebenden Gruppen wird dann in Form einer Säule dargestellt. In SPSS haben die Wertegruppen des Histogramms alle die gleiche Breite. Die Werte unter den Säulen geben den Gruppenmittelpunkt an.

Das Stängel-Blatt-Diagramm (= Stem-and-Leaf-Diagramm) stellt die Werte von metrischen Variablen übersichtlich dar, indem die Werte der Variablen zu Gruppen zusammengefasst und die Häufigkeiten der einzelnen Gruppen dargestellt werden. Die Häufigkeiten in den Gruppen werden durch Balken dargestellt, die aus den einzelnen Werten der Gruppen abgebildet sind. Mit einem Blick lässt sich so durch die Länge der Balken die grobe Verteilung der Werte erfassen, und bei einer genaueren Betrachtung ist es möglich, die ungefähren Werte innerhalb der Gruppe zu erkennen.

5.2 SPSS-Befehl 1: Prozedur FREQUENCIES

Für metrische Merkmale kann die Syntax der Prozedur FREQUENCIES abermals erweitert werden:

```
FREQUENCIES VARIABLES = variablenliste
  [/BARCHART=    [MINIMUM (n)] [MAXIMUM (n)] [{FREQ (n)}
                 {PERCENT (n)}]]
  [/PIECHART=    [MINIMUM (n)] [MAXIMUM (n)] [{FREQ}]
                 [{MISSING}]
                  {PERCENT}
                  {NOMISSING}
  [/PERCENTILES = zahl, zahl, zahl, zahl]
  [/STATISTICS=  MODE MEDIAN MINIMUM MAXIMUM MEAN RANGE
                 VARIANCE STDDEV SKEWNESS].
```

5.2.1 Unterbefehl STATISTICS

Mit dem Unterbefehl STATISTICS kann man für metrische Merkmale folgende Lage- und Streuungsmaße anfordern: den Modus (MODE), den Median (MEDIAN), den kleinsten vorkommenden Wert (MINIMUM), den größten vorkommenden Wert (MAXIMUM), das arithmetische Mittel (MEAN), die Spannweite (RANGE), die Varianz (VARIANCE), die Standardabweichung (STDDEV) und die Schiefe (SKEWNESS).

5.3 SPSS-Befehl 2: Prozedur EXAMINE

Manche der oben beschriebenen Statistiken und Grafiken werden nicht über FREQUENCIES angefordert, sondern über die Prozedur EXAMINE:

```
EXAMINE VARIABLES =  variablenliste [BY variablenliste]
                    [/STATISTICS = EXTREME (10)]
                    [/PLOT = BOXLPOT HISTOGRAM STEMLEAF].
```

5.3.1 Unterbefehl BY VARIABLENLISTE

Man kann durch den Zusatz BY VARIABLENLISTE die Grafiken und Statistiken für Subgruppen betrachten. Die abhängige Variable (also die, die betrachtet wird) steht dabei vor dem BY, die unabhängige Variable (also die, nach der aufgeteilt wird) nach dem BY.

5.3.2 Unterbefehl STATISTICS = EXTREME (n)

Mit dem Unterbefehl STATISTICS = EXTREME (n) fordert man eine Tabelle der größten und der kleinsten vorkommenden Werte an. Unter „n" gibt man die Zahl der Extremwerte an, die an jedem Ende der Verteilung angezeigt werden sollen. Gibt man beispielsweise „10" an, werden die zehn größten und die zehn kleinsten Werte angezeigt.

5.3.3 Unterbefehl PLOT

Mit dem Unterbefehl PLOT fordert man verschiedene Grafiken an. Unter anderem kann man Boxplot-Diagramme (BOXPLOT), Histogramme (HISTOGRAM) und Stängel-Blatt-Diagramme (STEMLEAF) anfordern.

5.4   Beispiel

Die Variable v04 enthält die Information, wie viele Erwachsene im Haushalt der befragten Person wohnen. Mit folgender Syntax fordert man die Häufigkeitstabelle, den Modus, den Median, den Mittelwert, den größten und den kleinsten vorkommenden Wert, die Spannweite, die Varianz, die Standardabweichung, die Schiefe, die Quantile zur Ordnung 0,333 und 0,666, eine Ausreißerstatistik sowie ein Histogramm, ein Boxplot- und ein Stängel-Blatt-Diagramm für v04 an.[10]

```
FREQUENCIES VARIABLES=v04
    /PERCENTILES= 33.3, 66.6
    /STATISTICS= MODE MEDIAN MINIMUM MAXIMUM MEAN RANGE
                 VARIANCE STDDEV SKEWNESS.
EXAMINE VARIABLES = v04
        /STATISTICS = EXTREME (5)
        /PLOT = BOXPLOT HISTOGRAM STEMLEAF.
```

5.4.1 Häufigkeitstabelle

SPSS liefert die Häufigkeitstabelle auf der folgenden Seite. Die Spalten sind genauso zu interpretieren, wie bei ordinalskalierten Variablen. Von 493 Befragten[11] haben nur 82 eine Antwort gegeben (dies liegt daran, dass die Frage nach der Haushaltsgröße nur bei der Telefonumfrage gestellt wurde). Etwa die Hälfte der Befragten wohnt mit einer anderen Person zusammen. Etwa ein Fünftel der Befragten wohnt alleine, etwa ein Zehntel in einem Drei-Personenhaushalt, usw.

---

[10]   Es steckt kein „höherer Sinn" dahinter, warum gerade *diese* Diagramme angefordert wurden. Ob bestimmte Tabellen, Grafiken und Maßzahlen zweckmäßig sind, muss der Forscher von Fall zu Fall und in Abhängigkeit von seinem Erkenntnisinteresse entscheiden.

[11]   Wurde der Datensatz gewichtet? Ist die gewählte Vorgehensweise sinnvoll? Warum?

Haushaltsgröße (Zahl der Personen ab 18)

		Häufigkeit	Prozent	Gültige Prozente	Kumulierte Prozente
Gültig	1	18	3,7	22,0	22,0
	2	47	9,5	57,3	79,3
	3	8	1,6	9,8	89,0
	4	5	1,0	6,1	95,1
	5	3	,6	3,7	98,8
	6	1	,2	1,2	100,0
	Gesamt	82	16,6	100,0	
Fehlend	System	411	83,4		
Gesamt		493	100,0		

5.4.2 Lage- und Streuungsmaße:

Fordert man für die Variable v04 mit dem Unterbefehl STATISTICS der Prozedur FREQUENCIES, den Modus, den Median, den Mittelwert, den größten und den kleinsten vorkommenden Wert, die Spannweite, die Varianz, die Standardabweichung, die Schiefe sowie die Quantile zur Ordnung 0,33 und 0,66 an, erhält man folgende Tabelle:

Statistiken

Haushaltsgröße (Zahl der Personen ab 18)

N	Gültig	82
	Fehlend	411
Mittelwert		2,16
Median		2,00
Modus		2
Standardabweichung		1,04
Varianz		1,07
Schiefe		1,517
Spannweite		5
Minimum		1
Maximum		6
Perzentile	33,3	2,00
	66,6	2,00

Diese ist folgendermaßen zu interpretieren: 82 Befragte beantworteten die Frage, 411 nicht (zum großen Teil, weil sie ihnen gar nicht gestellt wurde). Das arithmetische Mittel (Mittelwert) liegt bei 2,16 Personen, d. h. im Durchschnitt leben zwischen zwei und drei Personen zusammen. Der Median liegt bei 2, d. h. mindestens 50 % der Befragten wohnen mit höchstens einer anderen Person zusammen und mindestens 50 % der Befragten wohnen mit mindestens einer anderen Person zusammen. Auch der Modus liegt bei 2, d. h. am häufigsten kommen Zwei-Personenhaushalte vor.

Der kleinste in der Befragung vorkommende Haushalt (Minimum) bestand nur aus einer Person – dem Befragten. Der größte in der Befragung vorkommende Haushalt (Maximum) bestand aus 6 Personen. Die Spannweite beträgt als 5 Personen. Mindestens ein Drittel der Befragten (Perzentil zur Ordnung 0,33) wohnt mit höchstens einer anderen Person zusammen und mindestens zwei Drittel der Befragten wohnen mit mindestens einer anderen Person zusammen. Mindestens zwei Drittel der Befragten (Perzentil zur Ordnung 0,66) wohnen mit höchstens zwei anderen Personen zusammen und mindestens ein Drittel der Befragten wohnen mit mindestens zwei anderen Personen zusammen. Die Varianz liegt bei 1,07, die Standardabweichung bei 1,04, die Streuung ist also relativ gering. Im Mittel weicht die Haushaltsgröße von der durchschnittlichen Haushaltsgröße um eine Person ab.

Die Schiefe der Verteilung liegt bei + 1,517. Wenn die Häufigkeitsverteilung symmetrisch ist, ist die Schiefe 0. Wenn die Schiefe (wie in diesem Beispiel) größer als 0 ist, ist die Verteilung rechtsschief, d. h. die einzelnen Werte, die höher als der Mittelwert sind, kommen seltener vor, als die, die niedriger sind als der Mittelwert. Dies bedeutet, dass 1- und 2-Personenhaushalte (= Werte kleiner als der Mittelwert) jeweils häufiger sind als Haushalte, die mehr als 2 Personen umfassen (= Werte größer als der Mittelwert). Gleichzeitig bedeutet dies, dass es weniger Werte gibt, die kleiner sind als der Mittelwert, als es Werte gibt, die größer sind als der Mittelwert. D. h. unterhalb des Mittelwertes gibt es in diesem Beispiel nur 1- und 2-Personenhaushalte, oberhalb des Mittelwertes gibt es 3-, 4-, 5- und 6-Personenhaushalte.

5.4.3 Schiefe der Verteilung

Aus den oben angeführten Maßen werden Informationen zur Schiefe der Verteilung ersichtlich: Es wurden nicht alle möglichen Werte ausgeschöpft: Haushaltsgrößen von mehr als 6 Personen sind durchaus denkbar. Außerdem ist die Verteilung schief (siehe oben). Die Verteilung ist nicht so schief, dass die Variable in dieser Form für die weitere Analyse wertlos wäre. Man könnte sich aber Gedanken darüber machen, ob man die Kategorien „5" und „6" zusammenfasst, damit diese Kategorie auch etwas stärker besetzt ist. Man könnte auch kleine Haushalte (1- und 2-Personenhaushalte) und größere Haushalte (mehr als 2 Personen) zusammenfassen. Wie bereits erwähnt, hängt dies jedoch vom Erkenntnisinteresse ab: Bei manchen Analysen ist eine gleichmäßige Verteilung sinnvoll, bei anderen interessieren gerade diese extremen Werte.

5.4.4 Statistiken und Grafiken, die über EXAMINE angefordert wurden

Für alle Statistiken und Grafiken, die über die Prozedur EXAMINE angefordert wurden, gibt SPSS zunächst einmal eine Überblicks-Statistik aus:

Verarbeitete Fälle

	Fälle					
	Gültig		Fehlend		Gesamt	
	N	Prozent	N	Prozent	N	Prozent
Haushaltsgröße (Zahl der Personen ab 18)	82	16,6%	411	83,4%	493	100,0%

Dies ist folgendermaßen zu interpretieren: Von 493 Befragten beantworteten 17 % (82 Befragte) die Frage. Den übrigen 83 % (411 Befragte) wurde die Frage entweder nicht gestellt, oder sie beantworteten sie nicht.

5.4.5 Extremwerte

Angefordert wurden die fünf größten und die fünf kleinsten Werte. SPSS gibt folgende Tabelle aus:[12]

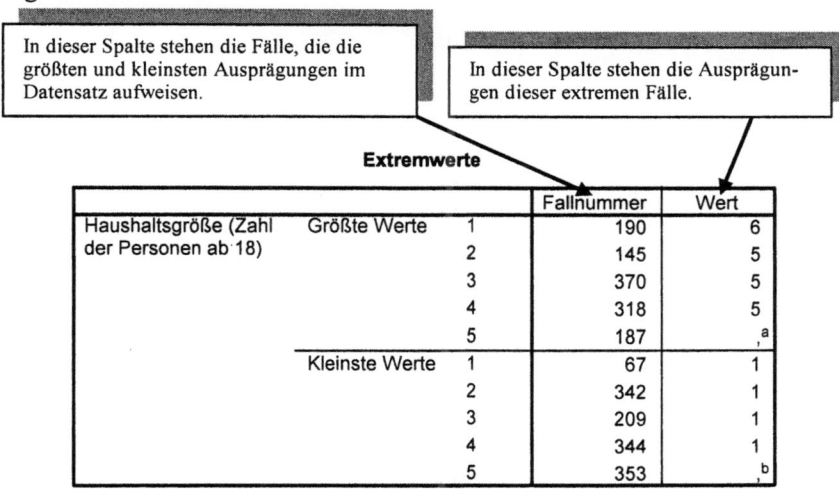

In dieser Spalte stehen die Fälle, die die größten und kleinsten Ausprägungen im Datensatz aufweisen.

In dieser Spalte stehen die Ausprägungen dieser extremen Fälle.

Extremwerte

			Fallnummer	Wert
Haushaltsgröße (Zahl der Personen ab 18)	Größte Werte	1	190	6
		2	145	5
		3	370	5
		4	318	5
		5	187	a
	Kleinste Werte	1	67	1
		2	342	1
		3	209	1
		4	344	1
		5	353	b

a. Nur eine partielle Liste von Fällen mit dem Wert 4 wird in der Tabelle der oberen Extremwerte angezeigt.

b. Nur eine partielle Liste von Fällen mit dem Wert 1 wird in der Tabelle der unteren Extremwerte angezeigt.

Diese ist folgendermaßen zu interpretieren: Nur eine einzige Person lebt in einem 6-Personen-Haushalt. Dies ist der Befragte, der an der 190. Stelle im Datensatz

---

[12] Wenn mehr als fünf Personen den Extremwert annehmen, zeigt SPSS trotzdem nur 5 Personen an. Das Programm wählt dann zufällig aus, welche Personen in der Ausgabe angezeigt werden.

steht.[13] In einem solchen Fall – wenn der Extremwert nur ein einziges Mal vorkommt – kann man sich überlegen, ob es sinnvoll ist, den Fall für alle Analysen
bezüglich dieser einen Variablen zu streichen. In diesem spezifischen Fall, also
bei der Variable Haushaltsgröße, scheint dies jedoch nicht sinnvoll: 6-Personen-
Haushalte sind nicht nur vorstellbar, sondern es ist sogar anzunehmen, dass es
weitaus größere Haushalte gibt, diese jedoch nicht befragt wurden.

Außerdem kommen eine ganze Reihe von 1- und 4-Personen-Haushalte vor.
Wie den Fußnoten a. und b. zu entnehmen ist, kommen im Datensatz aber mehr
als der eine angezeigte 4-Personen-Haushalt und mehr als die fünf angezeigten
1-Personen-Haushalte vor.

5.4.6 Histogramm

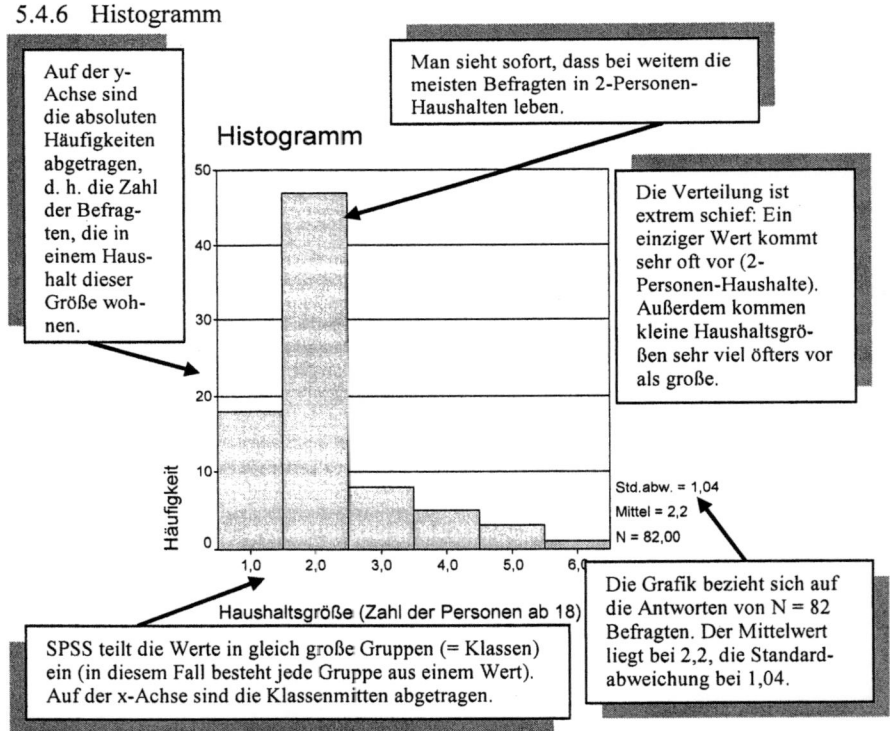

Auf der y-Achse sind die absoluten Häufigkeiten abgetragen, d. h. die Zahl der Befragten, die in einem Haushalt dieser Größe wohnen.

Man sieht sofort, dass bei weitem die meisten Befragten in 2-Personen-Haushalten leben.

Die Verteilung ist extrem schief: Ein einziger Wert kommt sehr oft vor (2-Personen-Haushalte). Außerdem kommen kleine Haushaltsgrößen sehr viel öfters vor als große.

Std.abw. = 1,04
Mittel = 2,2
N = 82,00

Die Grafik bezieht sich auf die Antworten von N = 82 Befragten. Der Mittelwert liegt bei 2,2, die Standardabweichung bei 1,04.

SPSS teilt die Werte in gleich große Gruppen (= Klassen) ein (in diesem Fall besteht jede Gruppe aus einem Wert). Auf der x-Achse sind die Klassenmitten abgetragen.

---

[13]   Vorsicht! Dies ist nicht der 190. Befragte! Wenn man in die 190. Zeile im Datensatz geht, stellt
       man fest, dass dies der Befragte mit der Fragebogen-Nr. 142 war.

5.4.7 Boxplot (bei gewichtetem Datensatz)

Die dünnen Querstriche ober- und unterhalb der Boxen geben den größten bzw. kleinsten Gruppenwert an, der nicht als Ausreißer oder extremer Wert bezeichnet wird. Ausreißer bzw. extreme Werte sind dadurch gekennzeichnet, dass sie um mehr als die 1,5fache Länge der grauen Box (mit den mittleren 50 % der Werten) über- oder unterhalb der Box liegen. Unterschieden wird dabei noch zwischen „Ausreißern" und „extremen Werten". Vorsicht! Hier wird nach rein formalen Kriterien bestimmt, welche Fälle als Ausreißer gekennzeichnet sind. Dies hat nichts damit zu tun, ob es sich inhaltlich tatsächlich um Ausreißer handelt – dies zu entscheiden. ist Aufgabe des Forschers.

„Extreme Werte" liegen um mehr als 3 Boxenlängen über dem 75 %-Perzentil bzw. unter dem 25 %-Perzentil. Sie werden in der Grafik durch ein Sternchen gekennzeichnet. Sofern dies platztechnisch möglich ist, wird neben dem Sternchen die Fallnummer angegeben. In diesem Beispiel gibt es einen extremen Wert: Der Befragte, der an 190. Stelle im Datensatz steht, wohnt in einem 6-Personen-Haushalt.

Auf der y-Achse sind die einzelnen Werte abgetragen, die bei der Variable im Datensatz vorkommen

„Ausreißer" liegen zwischen 1,5 und 3 Boxenlängen über dem 75 %-Perzentil bzw. unter dem 25 %-Perzentil. Sie werden in der Grafik durch einen kleinen Kreis dargestellt. Sofern dies platztechnisch möglich ist, wird neben dem Kreis die Fallnummer angegeben. Da es in diesem Beispiel mehrere Befragte gibt, die in 5-Personen-haushalten wohnen, wurden die Fallnummern in der Grafik übereinander geschrieben, sodass man sie leider nicht lesen kann.

Die Grafik bezieht sich auf N = 177 Fälle.

Der Datensatz ist gewichtet.

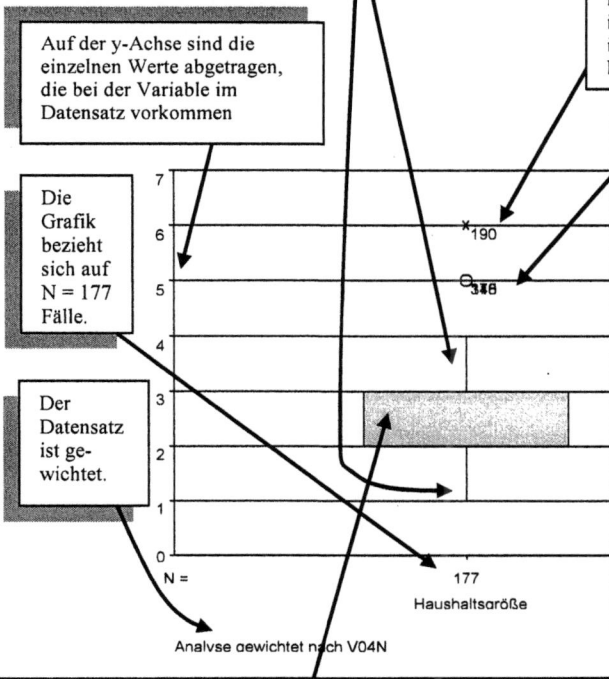

Die obere Grenze des eingefärbten Kastens kennzeichnet das 75 %-Perzentil, die untere Grenze das 25 %-Perzentil. Innerhalb des durch den grauen Kasten gekennzeichneten Wertebereichs liegen also 50 % der Werte. In diesem Fall wohnen also mindestens 50 % der Befragten in einem 2- oder 3-Personenhaushalt. Der Median liegt zwischen 2 und 3 – bei einem größeren Wertebereich wird er durch eine schwarze Linie gekennzeichnet.

5.4.8 Stängel-Blatt-Diagramm (bei gewichtetem Datensatz)

In der ersten Spalte („Frequency")
werden die absoluten Häufigkeiten
der Gruppen angegeben.
- 18 Fälle haben einen Wert von 1
  bis unter 2
- 94 Fälle haben einen Wert von 2
  bis unter 3
- 24 Fälle haben einen Wert von 3
  bis unter 4
- 20 Fälle haben einen Wert von 4
  bis unter 5
- 21 Fälle haben „Extremwerte",
  d. h. Werte von 5 oder mehr

Die zweite Spalte (= „Stängel" / „Stamm" /
„Stem") und die dritte Spalte (= „Blatt" / „Leaf")
des Diagramms geben zusammen die Werte innerhalb der einzelnen Gruppen wieder.

Der *Stängel* (2. Spalte) gibt den ganzzahligen Wert
der Zahl wieder. In den Zeilen mit dem Stängel 1
werden also z. B. die Werte von 1,0 bis 1,9 wie-
dergegeben (bei der Haushaltsgröße können natürlich nur ganze Zahlen vorkommen, aber bei anderen Variablen ist das nicht unbedingt so).

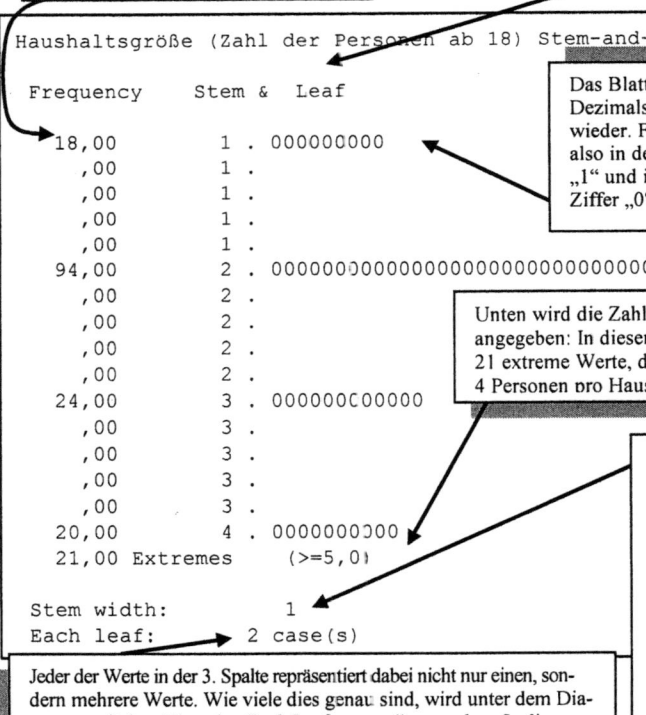

```
Haushaltsgröße (Zahl der Personen ab 18) Stem-and-Leaf Plot

  Frequency     Stem &  Leaf

   18,00          1 . 000000000
     ,00          1 .
     ,00          1 .
     ,00          1 .
     ,00          1 .
   94,00          2 . 000000000000000000000000000000000000000000000000
     ,00          2 .
     ,00          2 .
     ,00          2 .
     ,00          2 .
   24,00          3 . 00000000000
     ,00          3 .
     ,00          3 .
     ,00          3 .
   20,00          4 . 0000000000
   21,00   Extremes    (>=5,0)

 Stem width:           1
 Each leaf:            2 case(s)
```

Das Blatt (3. Spalte) gibt die
Dezimalstellen dieser Werte
wieder. Für den Wert „1,0" wird
also in der 2. Spalte der Stängel
„1" und in der 3. Spalte die
Ziffer „0" eingefügt.

Unten wird die Zahl der extremen Werte
angegeben: In diesem Beispiel gibt es
21 extreme Werte, die alle einen Wert über
4 Personen pro Haushalt einnehmen.

Der Faktor, mit dem die
Werte des Diagramms
multipliziert werden müs-
sen, um die Variablen-
werte zu erhalten, wird
unter dem Diagramm mit
dem Kommentar „Stem
width" angegeben. Wenn
man also in diesem Bei-
spiel den Wert „1,0" mit
1 multipliziert, erhält man
den Wert, den „1,0" im
Datensatz repräsentiert,
nämlich eine Haushalts-
größe von 1 Person.

Jeder der Werte in der 3. Spalte repräsentiert dabei nicht nur einen, sondern mehrere Werte. Wie viele dies genau sind, wird unter dem Diagramm mit dem Hinweis: „Each Leaf: n cases" angegeben. In diesem
Fall repräsentiert also jeder Wert im Blatt zwei Fälle im Datensatz.
Der Wert „1,0" kommt also z. B. 9 x 2 = 18 Mal vor. Blätter, die weniger Fälle repräsentieren, werden durch folgendes Zeichen markiert: &

Weiterführende Literatur
Behnke et al. (2010) erläutern die Begriffe „Homomorphie". *Baur* und *Lamnek* (2007) erläutern die Unterschiede zwischen verschiedenen Variablentypen und die Bedeutung dieser Unterscheidungskriterien für die Auswertung. *Gigerenzer* (1999) beschreibt, was passiert, wenn man mechanisch mit Statistik umgeht, ohne sie wirklich verstanden zu haben. Wie man die im Text genannten Maßzahlen berechnet und interpretiert, wird in jeder Statistik-Einführung erläutert, z. B. in *Behnke* und *Behnke* (2006), *Benninghaus* (2007), *Bortz* (2005), *Diaz-Bone* (2006), *Field* (2009), *Jann* (2002) oder *Kühnel* und *Krebs* (2007). *Angele* (2010) sowie *Wittenberg* und *Cramer* (2003) geben zusätzliche Hinweise zu den Syntax-Befehlen. *Jacoby* (1998) und *Krämer* (2010) beschreiben verschiedene Möglichkeiten der grafischen Darstellung von Daten. Die Kapitel 13 und 14 in diesem Buch beschreiben, worauf man hierbei achten muss. Wie man gute Grafiken und Tabellen erstellt, beschreiben *Haaland* u. a. (1996) sowie *Tufte* (1990, 2000).

Angele, German (2010): SPSS Statistics 18. Eine Einführung. Bamberg: Schriftenreihe des Rechenzentrums der Otto-Friedrich-Universität Bamberg.
www.uni-bamberg.de/fileadmin/uni/service/rechenzentrum/serversysteme/dateien/spss/skript.pdf.
Kapitel „Prozeduren in SPSS - Teil I" sowie „Grafik in SPSS für Windows"
Baur, Nina/*Lamnek*, Siegfried (2007): Variables. In: *Ritzer*, George (Hg.): The Blackwell Encyclopedia of Sociology. Blackwell Publishing Ltd. S. 3120-3123
Behnke, Joachim/*Behnke*, Nathalie (2006): Grundlagen der statistischen Datenanalyse. Eine Einführung für Politikwissenschaftler. Wiesbaden: VS-Verlag
Behnke, Joachim/*Behnke*, Nathalie/*Baur*, Nina (2010): Empirische Methoden der Politikwissenschaft. Paderborn: Ferdinand Schöningh
Benninghaus, Hans (2007): Deskriptive Statistik. Eine Einführung für Sozialwissenschaftler. Wiesbaden: VS-Verlag. S. 29-65
Bortz, Jürgen (2005): Statistik für Human- und Sozialwissenschaftler. Berlin/Heidelberg: Springer
Diaz-Bone, Rainer (2006): Statistik für Soziologen. Konstanz: UVK
Field, Andy (2009): Discovering Statistics Using SPSS. London et al.: Sage
Gigerenzer, Gerd (1999): Über den mechanischen Umgang mit statistischen Methoden. In: *Roth*, Erwin/*Holling*, Heinz (Hg.) (1999): Sozialwissenschaftliche Methoden. Lehr- und Handbuch für Forschung und Praxis. 5.Auflage. München/Wien: R. Oldenbourg. S. 607-618
Haaland, Jan-Aage/*Jorner*, Ulf/*Persson*, Rolf/*Wallgren*, Anders/*Wallgren*, Anders (1996): Graphing Statistics & Data. Creating Better Charts. Thousand Oaks/London/New Delhi: Sage
Jacoby, William G. (1998): Statistical Graphics for Visualizing Univariate and Bivariate Data. Thousand Oaks/London/New Delhi: Sage
Jann, Ben (2005): Einführung in die Statistik. München/Wien: Oldenbourg 19-58
Krämer, Walter (2010): Statistik verstehen. Eine Gebrauchsanweisung. München/Zürich: Piper
Kühnel, Steffen M./*Krebs*, Dagmar (2007): Statistik für die Sozialwissenschaften. Grundlagen – Methoden – Anwendungen. Reinbek: Rowohlt
Schulze, Gerhard (2002a): Einführung in die Methoden der empirischen Sozialforschung. Reihe: Bamberger Beiträge zur empirischen Sozialforschung. Band 1. Kapitel „Univariate Verteilungen"
Tufte, Edward R. (1990): Envisioning Information. Cheshire (CT): Graphics Press
Tufte, Edward R. (2001): The Visual Display of Quantitative Information. Cheshire (CT): Graphics Press
Wittenberg/Cramer (2003): Datenanalyse mit SPSS für Windows. Stuttgart: Lucius & Lucius. (Insbesondere folgende Kapitel: Datenprüfung und Datenbereinigung: DESCRIPTIVES, FREQUENCIES, LIST; Univariate deskriptive und konfirmatorische Datenanalyse: FREQUENCIES, DESCRIPTIVES)

Kapitel 8
Kreuztabellen und Kontingenzanalyse

Leila Akremi und Nina Baur

1 Ziel des Verfahrens

Ziel der Kreuztabellierung und Kontingenzanalyse ist es, Zusammenhänge zwischen zwei nominalen Variablen zu entdecken. Des Weiteren können Zusammenhänge zwischen ordinalskalierten und metrischen Variablen oder zwischen Variablen mit verschiedenen Skalenniveaus untersucht werden. Voraussetzung ist, dass die Zahl der Ausprägungen nicht zu groß ist. Die Kreuztabellierung dient dazu, Ergebnisse einer Erhebung tabellarisch darzustellen und auf diese Art und Weise einen möglichen Zusammenhang zwischen Variablen zu erkennen. Das Erkenntnisinteresse bei der Analyse von Kreuztabellen ist fast immer kausalanalytisch.

2 Voraussetzungen

Kontingenzanalysen haben den Vorteil, relativ voraussetzungsarm zu sein: Sie lassen sich für Variablen aller Skalenniveaus durchführen. Diese müssen allerdings überschaubar viele Ausprägungen aufweisen.[1] Für einzelne statistische Maßzahlen kommen zusätzliche Anwendungsvoraussetzungen hinzu.

Die Variablen müssen nach *inhaltlichen* Gesichtspunkten ausgewählt werden – sonst entdeckt man vielleicht Zusammenhänge, die keinen Sinn machen. Auch die Ausprägungen der Variablen müssen nach *inhaltlichen* Gesichtspunkten ausgewählt werden, da die meisten Zusammenhangsmaße auf die Zahl der Ausprägungen reagieren: Man kann also die Stärke von Zusammenhangsmaßen verändern, indem man die Zahl der Ausprägungen z. B. durch Zusammenfassen verändert. Man sollte deshalb *nicht* Gruppen zu einer neuen Gruppe zusammenfassen, nur damit man die Anwendungsvoraussetzungen für eine statistische Maßzahl erfüllt.

---

[1] Insbesondere metrische Merkmale haben häufig so viele Ausprägungen, dass die Kreuztabelle unübersichtlich würde. Aus diesem Grund wendet man Kontingenzanalysen meist nur bei nominal- und ordinalskalierten Variablen an. Für metrische Variablen dagegen ist die Regressionsanalyse meist besser geeignet (vgl. *Fromm* 2010), da bei der Klassierung Zusammenhangsmaße durch die Wahl der Klassengrenzen manipuliert werden können.

3   Grundsätzliches Vorgehen

Grob lässt sich die Kontingenzanalyse in sechs Arbeitsschritte unterteilen, über die wir im Folgenden einen kurzen Überblick geben und dann im Einzelnen am Beispiel des Datensatzes des soziologischen Forschungspraktikums 2000/2001 beschreiben:

1) Explorative Vorarbeiten
2) Berechnung und Analyse der Kreuztabelle
3) Verdichtung der Kreuztabelle auf Zusammenhangsmaße
4) Verallgemeinerung auf die Grundgesamtheit
5) Kontrolle von Drittvariablen
6) Einbettung der Ergebnisse in den theoretischen Zusammenhang

3.1   Explorative Vorarbeiten

Zunächst bereinigt man die Daten (vgl. Teil 1) und untersucht die Häufigkeitsverteilung der einzelnen Variablen auf Auffälligkeiten (vgl. Kapitel 7). Eventuell klassiert man die Variablen bzw. fasst einzelne Ausprägungen zu Klassen zusammen (vgl. Kapitel 5).

3.2   Berechnung und Analyse der Kreuztabelle

Der erste Schritt der Kontingenzanalyse besteht immer darin, die Kreuztabelle zu berechnen und zu analysieren, d. h. man schaut sich die Werte in der Kreuztabelle an und sucht nach auffälligen Mustern. Fragen, die man dabei stellt, sind beispielsweise: Sind Zusammenhänge zu erkennen? Welcher Art sind die Zusammenhänge? Wie stark sind die Zusammenhänge? Wie sind die Zusammenhänge zu interpretieren? Vermutet man einen kausalanalytischen, einen dimensionsanalytischen, einen typologischen Zusammengang?[2] Wie man hierbei vorgeht, beschreiben wir in Abschnitt 4 näher.

3.3   Verdichtung der Kreuztabelle auf Zusammenhangsmaße

Glaubt man eine bestimmte Form des Zusammenhangs in der Kreuztabelle zu entdecken, stellt sich die Frage, wie stark der Zusammenhang dann ist und in welche Richtung er geht. Um diesen Zusammenhang dazustellen, werden statistische Maßzahlen verwendet, die die in der Kreuztabelle enthaltenen Informationen zusammenfassen. Wie man diese Maßzahlen berechnet und interpretiert, behandeln wir in Abschnitt 5.

---

[2]   Zu den verschiedenen Formen des Zusammenhangs vgl. z. B. *Schulze* 2002a.

3.4 Verallgemeinerung auf die Grundgesamtheit

Bislang hat man nur die Zusammenhänge der Variablen im Datensatz – also in der Stichprobe – untersucht. Im nächsten Schritt will man wissen, ob die Ergebnisse auch für die Grundgesamtheit gelten. Liegt eine Zufallsstichprobe vor, kann man hierzu auf die Inferenzstatistik zurückgreifen. Diese werden kurz in Abschnitt 6 dieses Kapitels und ausführlich in Teil 3 dieses Bandes thematisiert.

3.5 Kontrolle von Drittvariablen

Liegen Zusammenhänge zwischen zwei Variablen vor, sollte man überlegen, ob diese möglicherweise durch weitere Variablen verursacht werden, so genannte Drittvariablen. Wie man die Auswirkung von Drittvariablen abschätzt und kontrolliert, bespricht Nina Baur in Kapitel 10 dieses Buches.

3.6 Einbettung der Ergebnisse in den theoretischen Zusammenhang

Die letzten Fragen können nur theoretisch beantwortet werden:[3] Ist dieses Ergebnis überhaupt interessant für mein Forschungsprojekt? Ist es plausibel? Bestätigt es meine Erwartungen? Widerspricht es ihnen? Welche Schlüsse lassen sich aus diesem Ergebnis ziehen?

4 Schritt 1: Explorative Vorarbeiten (Berechnung und Analyse von Kreuztabellen)

4.1 Typen von Kreuztabellen

In Kreuztabellen wird optisch dargestellt, welche Antwortkombinationen Befragte gegeben haben. Welche Informationen eine Kreuztabelle enthalten sollte, stellt die Grafik auf der nächsten Seite dar.[4]

4.1.1 Assoziationstabelle / Kontingenztabelle mit absoluten Häufigkeiten

Diese Tabelle ist eine Kontingenztabelle mit absoluten Häufigkeiten. In jede Zelle wird geschrieben, *wie viele* der Befragten eine bestimmte Antwortkombination gegeben haben. Beispiel: Man untersucht den Zusammenhang zwischen der Häufigkeit der Benutzung des Autos und der Häufigkeit der Benutzung öffentlicher

---

[3] Vgl. hierzu auch die Bemerkungen in der Einleitung dieses Buches.
[4] Siehe hierzu auch Kapitel 13 in diesem Band.
     Der Datensatz ist für alle Beispiele in diesem Kapitel gewichtet. In Kapitel 7 hat Nina Baur die Gewichtungsproblematik angesprochen. Im Anschluss an diese Überlegungen sollte man an dieser Stelle überlegen, ob eine Gewichtung in den einzelnen Beispielen in diesem Kapitel Sinn macht.

Verkehrsmittel. Wie viele Befragte fahren gleichzeitig oft mit dem Auto und oft mit öffentlichen Verkehrmitteln?

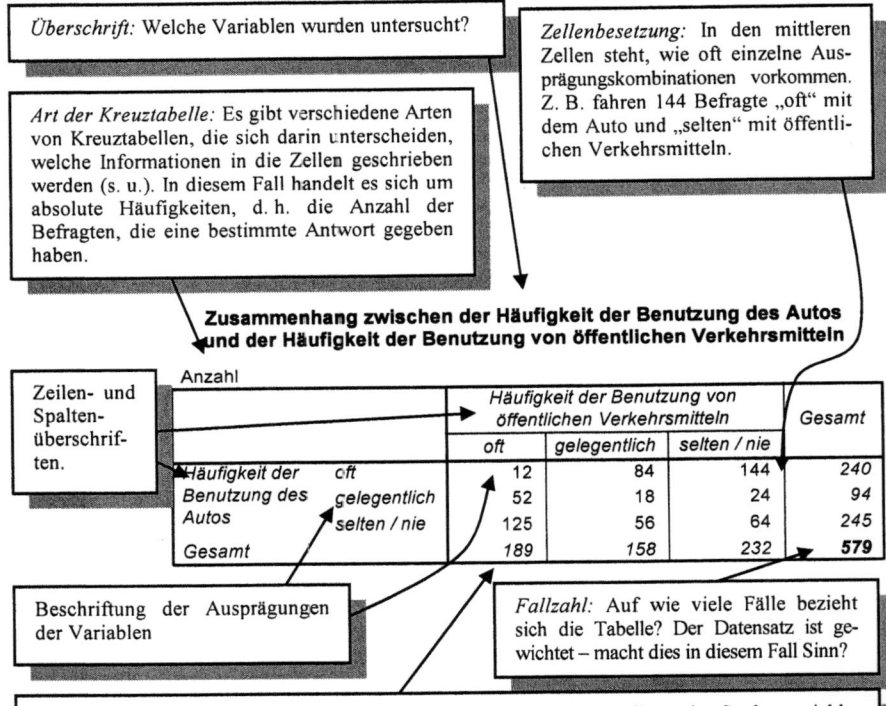

Überschrift: Welche Variablen wurden untersucht?

Art der Kreuztabelle: Es gibt verschiedene Arten von Kreuztabellen, die sich darin unterscheiden, welche Informationen in die Zellen geschrieben werden (s. u.). In diesem Fall handelt es sich um absolute Häufigkeiten, d. h. die Anzahl der Befragten, die eine bestimmte Antwort gegeben haben.

Zellenbesetzung: In den mittleren Zellen steht, wie oft einzelne Ausprägungskombinationen vorkommen. Z. B. fahren 144 Befragte „oft" mit dem Auto und „selten" mit öffentlichen Verkehrsmitteln.

Zusammenhang zwischen der Häufigkeit der Benutzung des Autos und der Häufigkeit der Benutzung von öffentlichen Verkehrsmitteln

Zeilen- und Spaltenüberschriften.

Anzahl		Häufigkeit der Benutzung von öffentlichen Verkehrsmitteln			Gesamt
		oft	gelegentlich	selten / nie	
Häufigkeit der Benutzung des Autos	oft	12	84	144	240
	gelegentlich	52	18	24	94
	selten / nie	125	56	64	245
Gesamt		189	158	232	**579**

Beschriftung der Ausprägungen der Variablen

Fallzahl: Auf wie viele Fälle bezieht sich die Tabelle? Der Datensatz ist gewichtet – macht dies in diesem Fall Sinn?

Randverteilungen: In der untersten Zeile steht die Häufigkeitsverteilung der Spaltenvariable, d. h. in diesem Fall die Häufigkeitsverteilung der Variablen „Häufigkeit der Benutzung öffentlicher Verkehrsmittel". 189 Befragte benutzen diese oft, 158 gelegentlich und 232 nie. In der rechten Spalte steht die Häufigkeitsverteilung der Zeilenvariable, d. h. in diesem Fall die Häufigkeitsverteilung der Variablen „Häufigkeit der Benutzung des Autos". Diese Informationen würden Sie auch erhalten, wenn Sie mit „FREQUENCIES" die Häufigkeitsverteilung der beiden Variablen anfordern würden.

4.1.2   Assoziationstabelle / Kontingenztabelle mit relativen Häufigkeiten

Neben dieser Form der Assoziationstabelle existieren noch weitere Arten von Kreuztabellen, z. B. die Kontingenztabelle mit relativen Häufigkeiten. Hier wird in jede Zelle geschrieben, *welcher Anteil* der Befragten eine bestimmte Antwortkombination gegeben haben. Beispiel: Wie viel Prozent der Befragten fahren gleichzeitig oft mit dem Auto und oft mit öffentlichen Verkehrmitteln?

4.1.3 Assoziationstabelle / Kontingenztabelle mit bedingten relativen Häufigkeiten der Spaltenvariable bezüglich der Zeilenvariable

Man geht davon aus, dass die Zeilenvariable die unabhängige Variable ist und die Spaltenvariable die abhängige Variable. Man teilt also die Befragten in Untergruppen gemäß der Antwort, die diese auf die Zeilenvariable gegeben haben und untersucht, welche Antworten innerhalb dieser Untergruppen auf die Spaltenvariable gegeben wurden. Die Zahl der Fälle in jeder Zelle wird deshalb ausgedrückt als Anteil an allen Fällen der jeweiligen Zeile.

Beispiel: Zeilenvariable ist die Häufigkeit der Benutzung des Autos, Spaltenvariable die Häufigkeit der Benutzung öffentlicher Verkehrsmittel. Man unterteilt die Befragten in drei Gruppen: diejenigen, die oft Auto fahren; diejenigen, die gelegentlich Auto fahren; und diejenigen, die selten oder nie Auto fahren. Welcher Anteil der Befragten, die oft Auto fahren, fährt wie oft mit öffentlichen Verkehrsmitteln? Unterscheidet sich diese Verteilung von den gelegentlichen oder seltenen Autofahrern?

4.1.4 Assoziationstabelle / Kontingenztabelle mit bedingten relativen Häufigkeiten der Zeilenvariable bezüglich der Spaltenvariable

Man geht davon aus, dass die Spaltenvariable die unabhängige Variable ist und die Zeilenvariable die abhängige Variable. Die Zahl der Fälle in jeder Zelle wird deshalb ausgedrückt als Anteil an allen Fällen der jeweiligen Spalte.

Beispiel: Zeilenvariable ist die Häufigkeit der Benutzung des Autos. Spaltenvariable ist die Häufigkeit der Benutzung öffentlicher Verkehrsmittel. Man unterteilt die Befragten in drei Gruppen: diejenigen, die oft mit öffentlichen Verkehrsmitteln fahren; diejenigen, die gelegentlich mit öffentlichen Verkehrsmitteln fahren; und diejenigen, die selten oder nie mit öffentlichen Verkehrsmitteln fahren. Welcher Anteil der Befragten, die oft mit öffentlichen Verkehrsmitteln fahren, fährt wie oft mit dem Auto? Unterscheidet sich diese Verteilung von den gelegentlichen oder seltenen Benutzern öffentlicher Verkehrsmittel?

4.1.5 Vergleich erwarteter und tatsächlicher Werte

Man trägt in jede Zelle der Tabelle die erwarteten Werte ein, d. h. man trägt ein, wie häufig diese Antwortkategorie vorkommen müsste, wenn kein Zusammenhang zwischen den beiden Variablen bestünde. Die erwarteten Werte in jeder Zelle hängen von der Randverteilung und der Gesamtzahl der Fälle ab. Für das Beispiel oben würde der erwartete Wert für die erste Zelle (Personen, die beide Verkehrsmittel oft benutzen) folgendermaßen berechnet werden:

$$n_{11} = \frac{n_{1\bullet} * n_{\bullet 1}}{n} = \frac{\text{(Zahl der Be-} \quad \text{(Zahl der Befragten, die}}{\text{(Gesamtzahl der Befragten)}} = \frac{240*189}{579} = 78{,}3$$

(Zahl der Befragten, die oft Autofahren) * (Zahl der Befragten, die oft öffentliche Verkehrsmittel benutzen) / (Gesamtzahl der Befragten)

Trägt man diese Informationen in eine Kreuztabelle ein, erhält man die Unabhängigkeitstabelle (= Indifferenztabelle, Indifferenzmatrix). Sie enthält diejenige theoretische zweidimensionale Häufigkeitsverteilung, die vorläge, wenn die Variablen nicht zusammenhängen. Diese kann man nun mit der empirischen zweidimensionalen Häufigkeitsverteilung vergleichen – also mit den Werten, die im Datensatz tatsächlich auftreten.

Man trägt als nächstes in jede Zelle die im Datensatz tatsächlich vorkommenden Werte ein, also die absoluten Häufigkeiten. Im Beispiel ist der tatsächlich vorkommende Wert die 12.

Man berechnet schließlich die Residuen, also die Differenz zwischen erwarteten und tatsächlich vorkommenden Werten. Beispiel: *Residuum = tatsächlich vorkommender Wert – erwarteter Wert = 12 – 78,3 = –66,3*, d. h. Es haben 66,3 Befragte weniger diese Antwort gegeben als erwartet wurde.

Die Analyse der Residuen gibt Anhaltspunkte, ob ein statistischer Zusammenhang besteht und welcher Art dieser ist. Je größer die Residuen im Verhältnis zur Gesamtzahl der Befragten sind, desto größer ist der Zusammenhang. Manchmal ist eine Abweichung nur in einzelnen Zellen besonders groß, manchmal sind diese Abweichungen in der gesamten Tabelle sehr groß. Man muss dabei beachten, dass die tatsächlich vorkommenden Häufigkeiten in Stichproben fast immer von den erwarteten Häufigkeiten abweichen, auch wenn die Variablen statistisch unabhängig sind. Das liegt daran, dass die Stichprobenverteilung durch zufällige Einflüsse fast immer von der theoretischen Verteilung abweicht. Man geht erst davon aus, dass ein Zusammenhang zwischen den Variablen besteht, wenn die Abweichungen von der Unabhängigkeitstabelle sehr groß sind.[5] Nehmen die Abweichungen von der Unabhängigkeitstabelle ein bestimmtes Ausmaß an, nimmt man an, dass sie nicht mehr auf zufällige Schwankungen zurückzuführen sind – wobei man sich bei dieser Annahme auch irren kann. Mit welcher Wahr-

---

[5]   Was aber ist eine „große" Abweichung? Hier zeigt sich ein typisches Problem quantitativer Sozialforschung: Was als „große" Abweichung zu bezeichnen ist, liegt ein Stück weit im Ermessen des Forschers. Das heißt aber nicht, dass die Interpretation von Zusammenhangsmaßen völlig willkürlich ist: Im Laufe der Jahre sammelt man Erfahrungswerte, was in einem bestimmten Bereich eine große Abweichung ist. Aus diesen Erfahrungswerten haben sich häufig Konventionen herausgebildet, d. h. bestimmte Abweichungen gelten in der Wissensgemeinschaft als akzeptiert. Damit ist das Problem aber nur vom Einzelnen auf die Wissenschaftsgemeinschaft verlagert. Deshalb ist es auch Aufgabe jedes Einzelnen, immer wieder zu hinterfragen, ob diese Konventionen im konkreten Fall (noch) Sinn machen.

scheinlichkeit man sich in so einem Fall irrt, lässt sich mit Hilfe der schließenden Statistik berechnen (vgl. Abschnitt 6 sowie ausführlich Kapitel 11 und 12).

4.2 SPSS-Befehl für Kreuztabellen

Kreuztabellen werden in SPSS über die Prozedur CROSSTABS angefordert. Die Syntax dieser Prozedur sieht folgendermaßen aus:

```
CROSSTABS   variablenliste BY variablenliste
            [/variablenliste BY variablenliste]
            [/variable {TO variable}
             BY variable {TO variable}]
            [/MISSING= {TABLE} {INCLUDE}]
            [/CELLS=   {COUNT} {ROW} {COLUM} {TOTAL}
            {EXPECTED} {RESID} {ALL}]
            [/BARCHART].
```

4.2.1 Allgemeines zur Syntax

Man muss mindestens zwei Variablen kreuzen. Vermutet man einen einseitigen Kausalzusammenhang, d. h. sieht man eine Variable als abhängige, die andere als unabhängige Variable, steht die abhängige Variable vor dem BY, die unabhängige dahinter.[6] Man kann aber auch ganze Listen von Variablen kreuzen, indem man sie jeweils durch ein BY aneinanderhängt. Schließlich kann man diese Befehle beliebig kombinieren und mehrere Befehle in einem CROSSTABS-Befehl verbinden.

4.2.2 Unterbefehl MISSING:

Mit dem Unterbefehl MISSING kann definiert werden, wie Fälle mit fehlenden Werten in die Analyse mit einbezogen werden sollen:

− TABLE: Dies ist die Einstellung, die verwendet wird, wenn man diesen Unterbefehl weglässt. Wenn mehrere Tabellen gleichzeitig untersucht werden, werden in jeder Tabelle die Fälle weggelassen, die bei den in der Tabelle betrachteten Variablen fehlende Werte aufweisen.
− INCLUDE: Fälle mit fehlenden Werten werden auch in die Analyse mit einbezogen und in einer gesonderten Spalte bzw. Zeile der Tabelle aufgelistet.

---

[6] Man kann die Variablen auch vertauschen. Wir schlagen diese Reihenfolge von abhängiger und unabhängiger Variablen vor, weil sie es erleichtert, die Übersicht zu bewahren.

4.2.3   Unterbefehl CELLS:

Mit dem Unterbefehl CELLS kann man bestimmen, wie die Fälle in SPSS angegeben werden. Möglich sind u. a. folgende Angaben:
- Mit COUNT fordert man eine Assoziations- bzw. Kontingenztabelle mit absoluten Häufigkeiten an. SPSS berechnet diese auch, wenn man den Unterbefehl CELLS weglässt.
- Mit TOTAL fordert man eine Assoziations- bzw. Kontingenztabelle mit relativen Häufigkeiten an.
- Mit ROW fordert man „Zeilenprozente" an, also die bedingten relativen Häufigkeiten der Spaltenvariable bezüglich der Zeilenvariable.
- Mit COLUMN fordert man „Spaltenprozente" an, also die bedingten relativen Häufigkeiten der Zeilenvariable bezüglich der Spaltenvariable: Die Zahl der Fälle in jeder Zelle wird ausgedrückt als Anteil an allen Fällen der jeweiligen Spalte.
- Mit EXPECTED fordert man die erwarteten Häufigkeiten an, also die Zahl der Fälle, die in einer Zelle zu erwarten wären, wenn die beiden Variablen unabhängig voneinander wären.
- Mit RESID fordert man die Residuen an – also die Differenz zwischen erwarteten und absoluten Häufigkeiten.
- Mit ALL fordert man alle oben aufgelisteten Zellenformate an.

4.2.4   Unterbefehl BARCHART:

Der Unterbefehl BARCHART produziert ein Balkendiagramm, in dem die Antworten der abhängigen Variable nach den Antwortkategorien der unabhängigen Variable unterteilt sind.

4.3   Beispiel

Die Variable v39 enthält die Information, wie oft die Befragten mit dem Auto fahren. Die Variable v40 enthält die Information, wie häufig die Befragten öffentliche Verkehrsmittel benutzen. Beide Variablen haben die Ausprägungen

Häufigkeit der Benutzung des Autos

	Absolute Häufigkeiten	Relative Häufigkeiten in %
oft	243	41,8
gelegentlich	94	16,2
selten / nie	245	42,1
Gesamtzahl der Befragten mit gültigen Angaben	582	100,0
keine Angabe	6	
Gesamt	588	

„1" („oft"), „2" („gelegentlich") und „3" („selten / nie"). Der Datensatz wurde nach der Haushaltsgröße bei der Telefonumfrage gewichtet (Gewichtungs-

Häufigkeit der Benutzung von öffentlichen Verkehrsmitteln

	Absolute Häufigkeiten	Relative Häufigkeiten in %
oft	190	32,8
gelegentlich	158	27,2
selten / nie	232	40,0
Gesamtzahl der Befragten mit gültigen Angaben	580	100,0
keine Angabe	8	
Gesamt	588	

variable: v04N). Betrachtet man die Häufigkeitsverteilungen der beiden Variablen, fällt auf, dass sich die Befragten sehr stark hinsichtlich ihres Autofahrverhaltens unterscheiden: Jeweils etwa 40 % der Befragten fahren oft bzw. selten oder nie mit dem Auto. Etwa 16 % der Befragten fahren gelegentlich mit dem Auto.

Bezüglich der Benutzung öffentlicher Verkehrsmittel sind diejenigen Befragten, die selten oder nie öffentliche Verkehrsmittel benutzen, die größte Gruppe (ca. 40 %). Jeweils etwa 30 % der Befragten benutzen öffentliche Verkehrsmittel oft bzw. gelegentlich.

Für die Frage nach der Häufigkeit der Benutzung des Autos liegen für 6 Befragte keine Antworten vor, für die Frage nach der Häufigkeit der Benutzung öffentlicher Verkehrsmittel für 8 Befragte. Die Zahl der fehlenden Werte ist also vernachlässigbar klein. Im Folgenden soll nun der Zusammenhang zwischen den beiden Variablen mit Hilfe von Kreuztabellen untersucht werden.

4.3.1 Assoziationstabelle / Kontingenztabelle mit absoluten Häufigkeiten

Zunächst wird die Assoziationstabelle mit absoluten Häufigkeiten betrachtet. Die Syntax hierfür lautet:

```
CROSSTABS v39 BY v40
        /CELLS = COUNT.
```

SPSS liefert zu allen Kreuztabellen zunächst Informationen über die verarbeiteten Variablen:

Verarbeitete Fälle

	Fälle					
	Gültig		Fehlend		Gesamt	
	N	Prozent	N	Prozent	N	Prozent
Häufigkeit der Benutzung des Autos * Häufigkeit der Benutzung von öffentlichen Verkehrsmitteln	579	98,5%	9	1,5%	588	100,0%

Bei 9 Befragten liegen für eine der beiden Variablen oder für beide Variablen keine Antworten vor. Sie werden deshalb im folgenden aus der Analyse ausgeschlossen. Damit beziehen sich die folgenden Tabellen auf 98,5 % der Befragten. Das sind N = 579 Personen. Weiterhin liefert SPSS die Assoziationstabelle mit absoluten Häufigkeiten:

Zusammenhang zwischen der Häufigkeit der Benutzung des Autos und der Häufigkeit der Benutzung von öffentlichen Verkehrsmitteln

Anzahl

		Häufigkeit der Benutzung von öffentlichen Verkehrsmitteln			Gesamt
		oft	gelegentlich	selten / nie	
Häufigkeit der Benutzung des Autos	oft	12	84	144	240
	gelegentlich	52	18	24	94
	selten / nie	125	56	64	245
Gesamt		189	158	232	**579**

Unten rechts in der Tabelle steht die Zahl N der Befragten, auf die sich die Tabelle bezieht. Es haben also insgesamt 579 Befragte auf beide Fragen geantwortet. In der untersten Zeile steht, wie häufig die Befragten öffentliche Verkehrsmittel benutzen: 189 Befragte benutzen öffentliche Verkehrsmittel oft, 158 Befragte gelegentlich und 232 Befragte selten oder nie. Zusammen ergibt dies 579. In der rechten Spalte steht, wie häufig die Befragten das Auto benutzen: 240 Befragte fahren oft mit dem Auto, 94 Befragte gelegentlich usw. In den mittleren Zellen der Tabelle steht, wie viele Befragte eine bestimmte Kombination aus Autofahren und Benutzen öffentlicher Verkehrsmittel aufweisen: 12 Befragte fahren oft mit beiden Verkehrsmitteln, 84 Befragte fahren oft mit dem Auto, aber nur gelegentlich mit öffentlichen Verkehrsmitteln. 144 Befragte fahren oft mit dem Auto, aber nur selten oder nie mit öffentlichen Verkehrsmitteln, 52 fahren oft mit öffentlichen Verkehrsmitteln, aber nur selten mit dem Auto usw. Addiert man diese Zahlen, erhält man wieder 579.

4.3.2   Assoziationstabelle / Kontingenztabelle mit relativen Häufigkeiten

Will man nun die Assoziationstabelle mit relativen Häufigkeiten betrachten, lautet die Syntax hierfür:

```
CROSSTABS v39 BY v40
          /CELLS = TOTAL.
```

SPSS liefert dann Tabelle auf der folgenden Seite. Diese Tabelle ist folgendermaßen zu interpretieren: Unten rechts steht der Anteil der 579 Befragten, auf die sich die Tabelle bezieht: 579 Befragte von 579 Befragten ergibt 100 %. In der untersten Zeile steht, welcher Anteil der Befragten öffentliche Verkehrsmittel benutzt: 32,6 % der Befragten benutzen öffentliche Verkehrsmittel oft, 27,3 % gelegentlich und 40,1 % selten oder nie, macht zusammen 100 %. In der rechten Spalte steht, welcher Anteil der Befragten das Auto benutzt: 41,5 % der Befragten fahren oft mit dem Auto, 16,2 % gelegentlich usw. In den mittleren Zellen der Tabelle steht, welcher Anteil der Befragten eine bestimmte Kombination aus Autofahren und Benutzen öffentlicher Verkehrsmittel aufweist: 2,1 % der Befragten fahren oft mit beiden Verkehrsmitteln, 14,5 % der Befragten fahren oft mit dem Auto, aber nur gelegentlich mit öffentlichen Verkehrsmitteln, 24,9 % der Befragten fahren oft mit dem Auto, aber nur selten oder nie mit öffentlichen Verkehrsmitteln usw. In der Summe erhält man wieder 100 %.

Häufigkeit der Benutzung des Autos * Häufigkeit der Benutzung von öffentlichen Verkehrsmitteln Kreuztabelle

% der Gesamtzahl

		Häufigkeit der Benutzung von öffentlichen Verkehrsmitteln			Gesamt
		oft	gelegentlich	selten / nie	
Häufigkeit der Benutzung des Autos	oft	2,1%	14,5%	24,9%	41,5%
	gelegentlich	9,0%	3,1%	4,1%	16,2%
	selten / nie	21,6%	9,7%	11,1%	42,3%
Gesamt		32,6%	27,3%	40,1%	100,0%

4.3.3 Assoziationstabelle / Kontingenztabelle mit bedingten relativen Häufigkeiten der Spaltenvariable bezüglich der Zeilenvariable

Eine Alternative ist, die Befragten in verschiedene Gruppen nach der Häufigkeit der Benutzung des Autos aufzuteilen – also in die „Vielfahrer", „gelegentlichen Autofahrer" und „seltenen Autofahrer":

```
CROSSTABS   v39 BY v40
          /CELLS = ROW.
```

SPSS liefert dann Tabelle auf der folgenden Seite. Unten rechts steht der Anteil der 579 Befragten, auf die sich die Tabelle bezieht: 579 Befragte von 579 Befragten macht 100 %. In der untersten Zeile steht, welcher Anteil von allen Befragten öffentliche Verkehrsmittel benutzt: 32,6 % der Befragten benutzt öffentliche Verkehrsmittel oft, 27,3 % gelegentlich und 40,1 % selten oder nie. Dies ergibt zusammen 100 %. Die Befragten wurden nun in drei Gruppen aufgeteilt: diejenigen, die oft mit dem Auto fahren; diejenigen, die gelegentlich mit dem Auto fahren; und diejenigen, die selten oder nie mit dem Auto fahren.

**Häufigkeit der Benutzung des Autos * Häufigkeit der Benutzung von
öffentlichen Verkehrsmitteln Kreuztabelle**

% von Häufigkeit der Benutzung des Autos

| | | Häufigkeit der Benutzung von öffentlichen Verkehrsmitteln | | | Gesamt |
		oft	gelegentlich	selten / nie	
Häufigkeit der	oft	5,0%	35,0%	60,0%	100,0%
Benutzung des	gelegentlich	55,3%	19,1%	25,5%	100,0%
Autos	selten / nie	51,0%	22,9%	26,1%	100,0%
Gesamt		32,6%	27,3%	40,1%	100,0%

Die erste Zeile bezieht sich jetzt auf die Gruppe derjenigen, die oft Autofahren:
Von denen, die oft Auto fahren, fahren 5,0 % oft mit öffentlichen Verkehrsmitteln, 35,0 % gelegentlich mit öffentlichen Verkehrsmitteln und 60 % selten oder
nie mit öffentlichen Verkehrsmitteln. Dies macht zusammen 100 %. Die zweite
bzw. dritte Zeile beziehen sich auf die Gruppe derjenigen, die gelegentlich bzw.
selten Autofahren. Sie sind analog zur ersten Zeile zu interpretieren.

Man kann nun zwei interessante Vergleiche anstellen:

1) *Vergleich der Untergruppen mit der Gesamtverteilung:* Es wird sehr deutlich, dass sich die einzelnen Untergruppen stark von der Gesamtheit der Befragten unterscheiden. Während bei der Gesamtheit der Befragten die Häufigkeit der Benutzung öffentlicher Verkehrsmittel relativ gleich verteilt ist,
   tendieren die Untergruppen stark in die eine oder andere Richtung.

2) *Vergleich der einzelnen Untergruppen untereinander:* Es wird deutlich, dass
   sich die Gruppen voneinander unterscheiden. Insbesondere unterscheiden
   sich die Viel-Autofahrer von den beiden anderen Gruppen: Die Viel-
   Autofahrer fahren mehrheitlich selten oder nie mit öffentlichen Verkehrsmitteln. Bei den beiden anderen Gruppen ist es genau umgekehrt – sie fahren
   mehrheitlich oft mit öffentlichen Verkehrsmitteln.

Dies ist ein Beispiel dafür, wie man relational interpretierbare Daten sinnvoll
interpretieren kann: Durch die Aufteilung in verschiedene Gruppen zeigen sich
Gemeinsamkeiten und Unterschiede zwischen Befragten, und bestimmte Muster
werden erkennbar.[7]

---

[7]   Zur absoluten und relationalen Interpretierbarkeit von Daten vgl. z. B. *Schulze* (2002a): 50-64.

4.3.4 Assoziationstabelle / Kontingenztabelle mit bedingten relativen Häufigkeiten der Zeilenvariable bezüglich der Spaltenvariable

Dieselbe Gruppenaufteilung (Autofahrer) wie eben lässt sich mit untenstehender Syntax erreichen (Zeilen- und Spaltenvariable wurden vertauscht). Der Vorteil dieser Darstellungsweise besteht darin, dass man zusätzlich eine Grafik anfordern kann.

```
CROSSTABS  v40 BY v39
         /CELLS = COLUMN
         /BARCHART.
```

SPSS liefert dann folgende Tabelle:

Häufigkeit der Benutzung von öffentlichen Verkehrsmitteln * Häufigkeit der Benutzung des Autos Kreuztabelle

% von Häufigkeit der Benutzung des Autos

		Häufigkeit der Benutzung des Autos			Gesamt
		oft	gelegentlich	selten / nie	
Häufigkeit der Benutzung von öffentlichen Verkehrsmitteln	oft	5,0%	55,3%	51,0%	32,6%
	gelegentlich	35,0%	19,1%	22,9%	27,3%
	selten / nie	60,0%	25,5%	26,1%	40,1%
Gesamt		100,0%	100,0%	100,0%	100,0%

In dieser Tabelle stehen die identischen Informationen wie in der vorhergehenden Tabelle, nur dass jetzt Zeilen und Spalten vertauscht sind: Unten rechts steht der Anteil der 579 Befragten, auf die sich die Tabelle bezieht: 100 %, also alle Befragten. In der rechten Spalte steht, welcher Anteil von allen Befragten öffentliche Verkehrsmittel benutzt: 32,6 % aller Befragten benutzt öffentliche Verkehrsmittel oft, 27,3 % gelegentlich usw. Die erste Spalte bezieht sich jetzt auf die Gruppe derjenigen, die oft Autofahren: Von denen, die oft Auto fahren, fahren 5,0 % oft mit öffentlichen Verkehrsmitteln, 35,0 % gelegentlich mit öffentlichen Verkehrsmitteln und 60 % selten oder nie mit öffentlichen Verkehrsmitteln. Dies ergibt zusammen 100 %. Die zweite bzw. dritte Spalte bezieht sich jetzt auf die Gruppe derjenigen, die gelegentlich bzw. selten Autofahren und ist analog zur ersten Spalte zu interpretieren. Diese Ergebnisse werden in der Grafik auf der folgenden Seite optisch dargestellt.

Will man dagegen die Befragten nach der Häufigkeit der Benutzung öffentlicher Verkehrsmittel in Gruppen aufteilen, könnte die Syntax folgendermaßen lauten:

```
CROSSTABS  v39 BY v40
         /CELLS = COLUMN
         /BARCHART.
```

SPSS liefert dann die Tabelle auf der folgenden Seite.

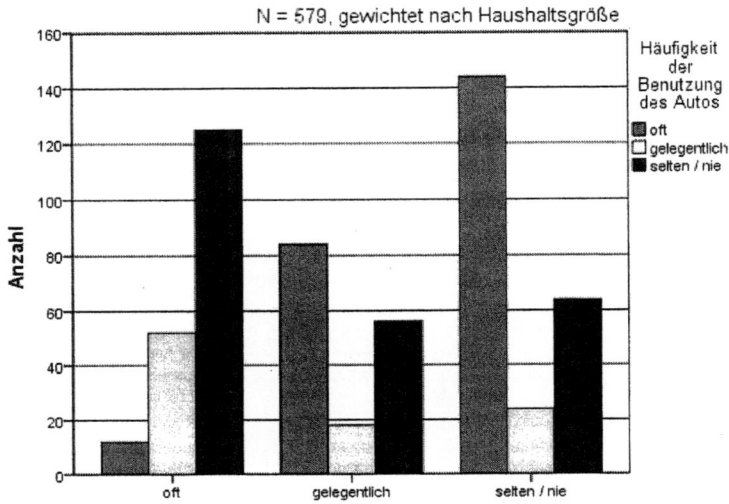

Häufigkeit der Benutzung öffentlicher Verkehrsmittel nach Häufigkeit der Benutzung des Autos

N = 579, gewichtet nach Haushaltsgröße

Häufigkeit der Benutzung von öffentlichen Verkehrsmitteln

Häufigkeit der Benutzung des Autos * Häufigkeit der Benutzung von öffentlichen Verkehrsmitteln Kreuztabelle

% von Häufigkeit der Benutzung von öffentlichen Verkehrsmitteln

| | | Häufigkeit der Benutzung von öffentlichen Verkehrsmitteln | | | Gesamt |
		oft	gelegentlich	selten / nie	
Häufigkeit der	oft	6,3%	53,2%	62,1%	41,5%
Benutzung des	gelegentlich	27,5%	11,4%	10,3%	16,2%
Autos	selten / nie	66,1%	35,4%	27,6%	42,3%
Gesamt		100,0%	100,0%	100,0%	100,0%

Diese Tabelle ist analog zur vorherigen Tabelle zu interpretieren: 41,5 % aller Befragten benutzt das Auto oft, 16,2 % gelegentlich und 42,3 % selten oder nie, macht zusammen 100 %. Die Befragten wurden wieder in drei Gruppen aufgeteilt, aber dieses Mal nach der Häufigkeit der Benutzung öffentlicher Verkehrsmittel. Die erste Spalte bezieht sich jetzt auf die Gruppe derjenigen, die oft öffentliche Verkehrsmittel benutzen: Von denen, die oft öffentliche Verkehrsmittel benutzen, fahren 6,3 % oft mit dem Auto, 27,5 % gelegentlich mit dem Auto und 66,1 %

selten oder nie mit dem Auto. Dies macht zusammen 100 %. Die zweite bzw. dritte Spalte bezieht sich jetzt auf die Gruppe derjenigen, die gelegentlich bzw. selten öffentliche Verkehrsmittel benutzen und sind analog zur ersten Spalte zu interpretieren. Diese Ergebnisse werden in der Grafik optisch dargestellt:

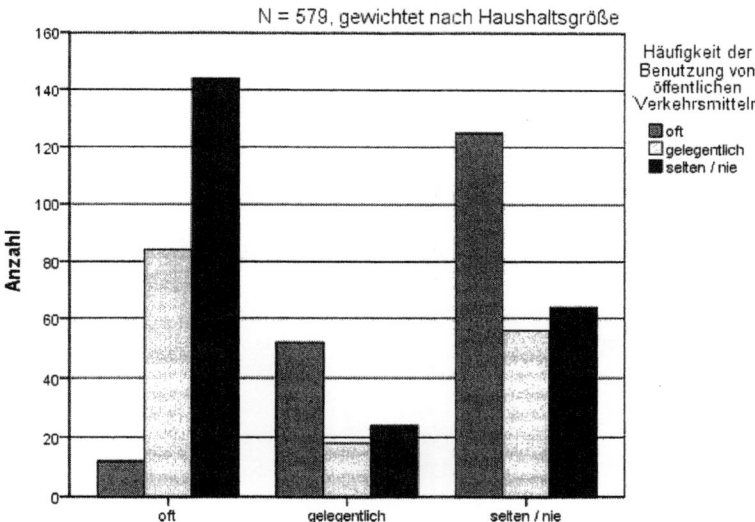

4.3.5 Vergleich erwarteter und tatsächlicher Werte

Will man erwartete und tatsächliche Werte vergleichen, lautet die Syntax folgendermaßen:

```
CROSSTABS v39 BY v40
         /CELLS = COUNT EXPECTED RESID.
```

SPSS liefert dann die Tabelle auf der folgenden Seite. In den Zeilen, die mit „Anzahl" beschriftet sind, findet man die Informationen, die in der ersten in diesem Beispiel aufgeführten Kreuztabelle enthalten sind, also die absoluten Häufigkeiten: 12 Befragte fahren oft mit beiden Verkehrsmitteln, 18 Befragte fahren gelegentlich mit beiden Verkehrsmitteln, 64 Befragte fahren selten mit beiden Verkehrsmitteln usw.

Häufigkeit der Benutzung des Autos * Häufigkeit der Benutzung von öffentlichen Verkehrsmitteln Kreuztabelle

			Häufigkeit der Benutzung von öffentlichen Verkehrsmitteln			Gesamt
			oft	gelegentlich	selten / nie	
Häufigkeit der Benutzung des Autos	oft	Anzahl	12	84	144	240
		Erwartete Anzahl	78,3	65,5	96,2	240,0
		Residuen	-66,3	18,5	47,8	
	gelegentlich	Anzahl	52	18	24	94
		Erwartete Anzahl	30,7	25,7	37,7	94,0
		Residuen	21,3	-7,7	-13,7	
	selten / nie	Anzahl	125	56	64	245
		Erwartete Anzahl	80,0	66,9	98,2	245,0
		Residuen	45,0	-10,9	-34,2	
Gesamt		Anzahl	189	158	232	**579**
		Erwartete Anzahl	189,0	158,0	232,0	**579,0**

In den Zeilen, die mit „Erwartete Anzahl" beschriftet sind, steht, wie viele Befragte eine bestimmte Antwortkombination hätten geben müssen, wenn die beiden Variablen voneinander statistisch unabhängig wären. Wäre dies der Fall, müssten 78,3 Befragte oft mit beiden Verkehrsmitteln fahren, 65,5 Befragte oft mit dem Auto, aber nur gelegentlich mit öffentlichen Verkehrsmitteln fahren, 96,2 Befragte oft mit dem Auto, aber nur selten oder nie mit öffentlichen Verkehrsmitteln fahren usw.

In den Zeilen, die mit „Residuen" beschriftet sind, stehen die Residuen. Beispiel: Wären die Variablen statistisch unabhängig, müssten 78,3 Befragte oft mit beiden Verkehrsmitteln fahren. Tatsächlich fahren aber nur 12 Befragte oft mit beiden Verkehrsmitteln. Das Residuum beträgt also 12 – 78,3 = –66,3, d. h. es haben 66,3 Befragte weniger diese Antwortkombination gegeben als erwartet. Betrachtet man die übrigen Zellen, sind die Abweichungen ähnlich groß. Manche Antwortkombinationen wurden häufiger gegeben als erwartet, andere seltener. Gemessen an der Gesamtzahl von 579 Befragten ist dies eine relativ starke Abweichung von der Indifferenzmatrix. Dies deutet auf einen relativ starken Zusammenhang zwischen der Häufigkeit der Benutzung des Autos und der Häufigkeit der Benutzung öffentlicher Verkehrsmitteln hin.

Schaut man sich die Tabelle an, bekommt man sogar Anhaltspunkte dafür, welcher Art dieser Zusammenhang sein könnte: Die Kombinationen *selten Autofahren / oft öffentliche Verkehrsmittel benutzen* und *oft Autofahren / selten öffentliche Verkehrsmittel benutzen* wurden deutlich häufiger als erwartet gegeben. Die Kombinationen *selten Autofahren / selten öffentliche Verkehrsmittel benutzen* und *oft Autofahren / oft öffentliche Verkehrsmittel benutzen* wurden dagegen deutlich seltener als erwartet gegeben. Es sieht dennoch so aus, als ob die Befragten umso öfters Autofahren, je weniger sie öffentliche Verkehrsmittel benutzen und umgekehrt.

4.3.6 Alle Statistiken in einer Tabelle

Schließlich kann man auch alle diese Informationen in *einer* Tabelle anfordern:

```
CROSSTABS  v39 BY v40
          /CELLS = COUNT EXPECTED RESID TOTAL COLUMN ROW.
```

SPSS liefert dann die Tabelle auf der folgenden Seite, die so zu interpretieren ist: In der Zeile „Anzahl" stehen die absoluten Häufigkeiten, also die Zahl der Befragten, die diese Antwortkombination gegeben hat. In der Zeile „% der Gesamtzahl" stehen die relativen Häufigkeiten bezogen auf alle Befragten, also der Anteil der Befragten an allen Befragten, der diese Antwortkombination gegeben hat.

In der Zeile „% von Häufigkeit der Benutzung des Autos" stehen die bedingten relativen Häufigkeiten der Spaltenvariable bezüglich der Zeilenvariable. Die Befragten wurden also unterteilt in die Gruppen derjenigen, die oft das Auto benutzen; derjenigen, die gelegentlich das Auto benutzen; und derjenigen, die selten oder nie das Auto benutzen. Dann wird in jeder Zeile angegeben, welcher Anteil der Befragten in der entsprechenden Untergruppe wie oft öffentliche Verkehrsmittel benutzt. In der Zeile „% von Häufigkeit der Benutzung von öffentlichen Verkehrsmitteln" stehen die bedingten relativen Häufigkeiten der Zeilenvariable bezüglich der Spaltenvariable. Die Befragten wurden also unterteilt in die Gruppe derjenigen, die oft öffentliche Verkehrsmittel benutzen; derjenigen, die gelegentlich öffentliche Verkehrsmittel benutzen; und derjenigen, die selten oder nie öffentliche Verkehrsmittel benutzen. Dann wird in jeder Spalte angegeben, welcher Anteil der Befragten in der entsprechenden Untergruppe wie oft das Auto benutzt. In der Zeile „Erwartete Anzahl" stehen die bei statistischer Unabhängigkeit erwarteten Werte. In der Zeile „Residuen" stehen die Residuen.

5 Schritt 2: Zusammenhangsmaße für nominal- und ordinalskalierte Variablen in Kreuztabellen

5.1 Grundsätzliches Vorgehen

Im gerade diskutierten Beispiel hat die Analyse der Kreuztabellen zu der Vermutung geführt, dass möglicherweise die Häufigkeit der Benutzung öffentlicher Verkehrsmittel und die Häufigkeit des Autofahrens zusammenhängen. Die Vermutung, dass ein Zusammenhang zwischen zwei Variablen besteht, ist ein häufiges Ergebnis der Analyse von Kreuztabellen. Nun stellt sich die Frage, wie stark der Zusammenhang ist und in welche Richtung er weist. Mit Hilfe statistischer Maßzahlen kann man die Informationen in Kreuztabellen verdichten, mit anderen

Häufigkeit der Benutzung des Autos * Häufigkeit der Benutzung von öffentlichen Verkehrsmitteln Kreuztabelle

| | | | Häufigkeit der Benutzung von öffentlichen Verkehrsmitteln | | | Gesamt |
			oft	gelegentlich	selten / nie	
Häufigkeit der Benutzung des Autos	oft	Anzahl	12	84	144	240
		Erwartete Anzahl	78,3	65,5	96,2	240,0
		% von Häufigkeit der Benutzung des Autos	5,0%	35,0%	60,0%	100,0%
		% von Häufigkeit der Benutzung von öffentlichen Verkehrsmitteln	6,3%	53,2%	62,1%	41,5%
		% der Gesamtzahl	2,1%	14,5%	24,9%	41,5%
		Residuen	-66,3	18,5	47,8	
	gelegentlich	Anzahl	52	18	24	94
		Erwartete Anzahl	30,7	25,7	37,7	94,0
		% von Häufigkeit der Benutzung des Autos	55,3%	19,1%	25,5%	100,0%
		% von Häufigkeit der Benutzung von öffentlichen Verkehrsmitteln	27,5%	11,4%	10,3%	16,2%
		% der Gesamtzahl	9,0%	3,1%	4,1%	16,2%
		Residuen	21,3	-7,7	-13,7	
	selten / nie	Anzahl	125	56	64	245
		Erwartete Anzahl	80,0	66,9	98,2	245,0
		% von Häufigkeit der Benutzung des Autos	51,0%	22,9%	26,1%	100,0%
		% von Häufigkeit der Benutzung von öffentlichen Verkehrsmitteln	66,1%	35,4%	27,6%	42,3%
		% der Gesamtzahl	21,6%	9,7%	11,1%	42,3%
		Residuen	45,0	-10,9	-34,2	
Gesamt		Anzahl	189	158	232	579
		Erwartete Anzahl	189,0	158,0	232,0	579,0
		% von Häufigkeit der Benutzung des Autos	32,6%	27,3%	40,1%	100,0%
		% von Häufigkeit der Benutzung von öffentlichen Verkehrsmitteln	100,0%	100,0%	100,0%	100,0%
		% der Gesamtzahl	32,6%	27,3%	40,1%	100,0%

Kreuztabellen vergleichbar machen und so Hinweise auf Ausmaß und Art des Zusammenhangs gewinnen. Beachtet werden muss dabei unter anderem Folgendes:

Einige statistische Maßzahlen berechnen den wechselseitigen Zusammenhang (= symmetrische Maße) zwischen den Variablen. Andere berechnen den einseitigen Zusammenhang (= asymmetrische Maße) zwischen den Variablen. Man sollte sich vorher überlegen, welche Art von Zusammenhang man zwischen den Variablen vermutet, wie er sich im Datensatz niederschlagen müsste und ob er eher durch ein asymmetrisches oder durch ein symmetrisches Zusammenhangsmaß erfasst wird. Wählt man ein asymmetrisches Maß, so ist es Konvention, die abhängige Variable als Zeilenvariable zu betrachten, die unabhängige als Spaltenvariable.

Zur Interpretation der Maße ist zu beachten, welchen Maximal- bzw. Minimalwert sie haben und welche Art der Verteilung sie abbilden. Nimmt das Assoziationsmaß den Wert „0" an, bedeutet dies nicht notwendigerweise, dass die Variablen statistisch unabhängig sind. Manche Maße können Ihren Maximalwert nur unter bestimmten Umständen erreichen. Am schwierigsten ist die Interpretation der Werte zwischen den Extremwerten, die das Maß annehmen kann. Hierzu gibt es keine allgemeingültigen Regeln. In der Forschungspraxis haben sich Erfahrungswerte und Daumenregeln herausgebildet.[8] Meist ist eine grobe Einteilung am sinnvollsten: kein Zusammenhang – schwacher Zusammenhang – mittlerer Zusammenhang – starker Zusammenhang.

Fast alle Assoziationsmaße werden von Faktoren beeinflusst, die nichts mit dem Maß zu tun haben. Chi-Quadrat wird von der Stichprobengröße beeinflusst – die meisten anderen Maße schalten den Effekt der Stichprobe aus. Die beiden häufigsten Probleme, die die Ergebnisse beeinflussen, sind dagegen ungleiche Randverteilungen und ungleiche Zeilen- und Spaltenzahl.

Nicht jedes Maß ist also für jeden Datentyp und jedes Erkenntnisinteresse geeignet. Sie sollten deshalb vor jeder (bivariaten) Datenanalyse überlegen, welches Ziel Sie mit der Datenanalyse verfolgen, welche Art von Zusammenhängen Sie vermuten und welche Maße zur Erfassung dieser Daten geeignet sind. Ebenso sollten Sie überlegen, welche Maße Sie für Ihre Daten berechnen dürfen. Um diese Fragen beantworten und die Ergebnisse beurteilen zu können, müssen Sie die Eigenschaften der Maße, die Sie verwenden wollen, genau kennen.

5.1.1 Zusammenhangsmaße für nominale Variablen

Zusammenhangsmaße für nominale Variablen lassen sich in drei Hauptgruppen einteilen:[9]

- *Maße, die relative Risiken für den Eintritt eines Ereignisses berechnen (Odds-Ratio)*. Diese werden im folgenden nicht weiter besprochen.
- *Maße, die auf Chi-Quadrat basieren*, z. B. Chi-Quadrat χ^2 selbst (symmetrisch), Kontingenzkoeffizient nach Pearson C (symmetrisch); Phi Φ (symmetrisch); Cramers V (symmetrisch).

---

[8] Diese sind aber, wie wir bereits erwähnt haben, nicht bindend und sollten auch nicht blind übernommen werden.

[9] Diese Maße werden hier als bekannt vorausgesetzt. *Jann* (2005: 66-79) beschreibt sehr detailliert, wie man PRE-Maße und Maße auf Basis von Chi-Quadrat berechnet. *Reynolds* (1989) erklärt ausführlich die Logik der Odds-Ratio.

– *PRE-Maße (PRE = Proportional Reduction of Error)*, z. B. Guttman's Lambda λ (symmetrische und asymmetrische Version); Goodman und Kruskal's tau τ (symmetrisch), Unsicherheitskoeffizient C(A,B | A) (normierte Transinformation) (asymmetrisch).

5.1.2 Zusammenhangsmaße für ordinale Variablen

Für ordinale Variablen bieten sich folgende Maße an: Kendalls tau b τ_b (symmetrisch) und Goodman und Kruskal's Gamma γ (symmetrisch).[10]

5.1.3 Zusammenhangsmaße für metrische Variablen

Das wichtigste Maß für metrische Variablen ist der Korrelationskoeffizient r. Diesen besprechen wir in diesem Kapitel nicht weiter, weil er in Band 2 (*Fromm* 2010) im Zusammenhang mit der Berechnung von Regressionsgeraden näher thematisiert wird.

5.2 SPSS-Syntax

```
CROSSTABS  variablenliste BY variablenliste
           [/MISSING={TABLE} {INCLUDE}]
           [/CELLS=   {COUNT} {ROW} {COLUM} {TOTAL}
                      {EXPECTED} {RESID} {ALL} {NONE} ]
           [/STATISTICS=   {CHISQ} {PHI} {CC} {LAMBDA} {UC}
                      {BTAU} {GAMMA}]
           [/BARCHART] .
```

5.2.1 Erläuterungen:

Zusätzlich zu den Unterbefehlen für Kreuztabellen, die Sie bereits kennen, können mit dem Unterbefehl STATISTICS folgende statistische Maßzahlen angefordert werden: Chi-Quadrat (CHISQ), Phi und Cramers V (PHI), der Kontingenzkoeffizient nach Pearson C (CC), Lambda sowie Goodman und Kruskals Tau (LAMBDA), die normierte Transinformation (UC), Kendalls tau b (BTAU) sowie Gamma (GAMMA).

5.3 Beispiel

Greifen wir auf den Zusammenhang zwischen Autofahren (v39) und Benutzung öffentlicher Verkehrsmittel (v40) zurück (Gewichtungsvariable: v04N.). Nachdem wir bereits die Kreuztabellen untersucht und dabei festgestellt haben, dass sich bestimmte Muster in der Tabelle ergeben, wollen wir diese Informationen nun mit statistischen Maßen zusammenfassen. Beide Variablen sind ordinalskaliert. Wir dürfen also Maße für nominal- und für ordinalskalierte Variablen berechnen.

---

[10]   Zur Beschreibung der Maße siehe: *Jann* 2005: 80-84.

5.3.1 Chi-Quadrat (χ^2)

Die Assoziationstabelle haben wir bereits im letzten Kapitel betrachtet. Deshalb unterdrücken wir sie jetzt mit Hilfe des Unterbefehls CELLS = NONE. Stattdessen wollen wir zunächst die Chi-Quadrat-Statistik betrachten. Die Syntax hierfür lautet:

```
CROSSTABS  v39 BY v40
          /CELLS = NONE
          /STATISTICS = CHISQ.
```

SPSS liefert dann folgende Tabelle:

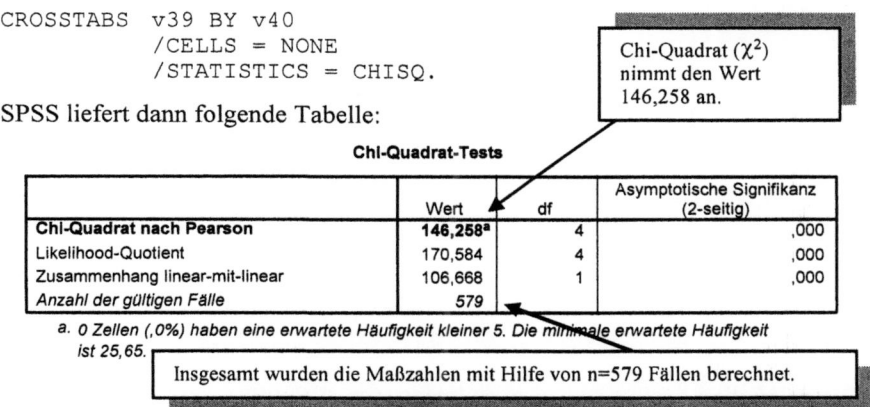

Chi-Quadrat (χ^2) nimmt den Wert 146,258 an.

Chi-Quadrat-Tests

	Wert	df	Asymptotische Signifikanz (2-seitig)
Chi-Quadrat nach Pearson	146,258[a]	4	,000
Likelihood-Quotient	170,584	4	,000
Zusammenhang linear-mit-linear	106,668	1	,000
Anzahl der gültigen Fälle	579		

a. 0 Zellen (,0%) haben eine erwartete Häufigkeit kleiner 5. Die minimale erwartete Häufigkeit ist 25,65.

Insgesamt wurden die Maßzahlen mit Hilfe von n=579 Fällen berechnet.

Maße auf der Basis von Chi-Quadrat (χ^2) basieren auf der Logik, dass das Maß zwischen einem Minimal- und einen Maximalwert streuen kann. Man vergleicht den empirischen Wert mit den theoretischen Grenzen des Maßes. Je näher der empirische Wert an 0 liegt, desto geringer ist der Zusammenhang. Je näher der empirische Wert am Maximalwert liegt, desto stärker ist der Zusammenhang
    Chi-Quadrat (χ^2) nimmt in diesem Beispiel den Wert 146,258 an. χ^2 kann Werte zwischen 0 und Fallzahl*(kleinere Zahl der Ausprägungen der Variablen − 1) annehmen (*Vogel* 2005: 60). In diesem Beispiel gibt es 579 gültige Fälle. Beide Variablen hatten drei Ausprägungen. Der Maximalwert von χ^2 ist also: 579*(3-1) = 1158. Einerseits existiert also ein Zusammenhang zwischen Autofahrverhalten und der Benutzung öffentlicher Verkehrsmittel: χ^2 weicht von 0 ab. Andererseits scheint dieser Zusammenhang nur mäßig zu sein, weil der Wert χ^2 = 146,258 weit geringer als der mögliche Maximalwert von 1158 ist.

5.3.2 Phi (Φ) und Cramers V

Es hat sich gezeigt, dass Chi-Quadrat (χ^2) schwer zu interpretieren ist: Es hängt sowohl von der Fallzahl n als auch von der Zahl der Ausprägungen der Variablen ab. Zwei Maße, die mit χ^2 weiterrechnen, um das Maß leichter interpretierbar zu machen, sind Phi (Φ) und Cramers V. Um Phi (Φ) und Cramers V anzufordern, lautet die Syntax:

```
CROSSTABS  v39 BY v40
           /CELLS = NONE
           /STATISTICS = PHI.
```

SPSS liefert dann folgende Tabelle:

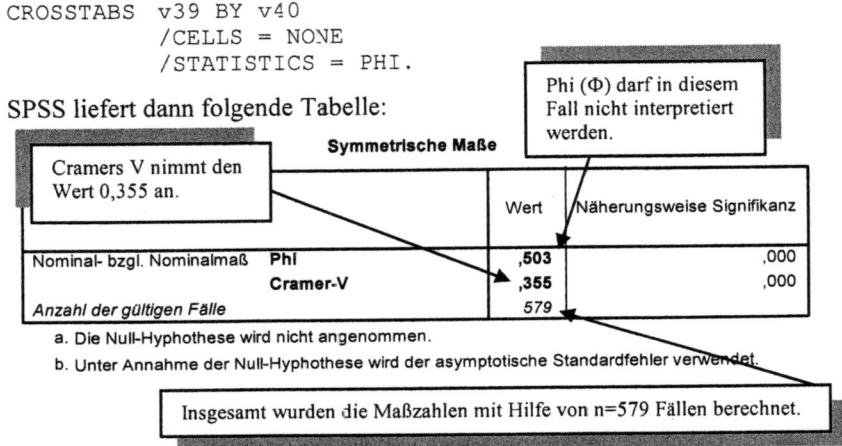

Symmetrische Maße

| Phi (Φ) darf in diesem Fall nicht interpretiert werden. |
| Cramers V nimmt den Wert 0,355 an. |

		Wert	Näherungsweise Signifikanz
Nominal- bzgl. Nominalmaß	Phi	,503	,000
	Cramer-V	,355	,000
Anzahl der gültigen Fälle		579	

a. Die Null-Hyphothese wird nicht angenommen.
b. Unter Annahme der Null-Hyphothese wird der asymptotische Standardfehler verwendet.

Insgesamt wurden die Maßzahlen mit Hilfe von n=579 Fällen berechnet.

Diese Tabelle ist folgendermaßen zu interpretieren: Phi (Φ) darf nur für Kreuztabellen berechnet werden, bei denen jede Variable zwei Ausprägungen hat (*Vogel* 2005: 60, *Jann* 2005: 73-74). Die Variablen v39 und v40 haben aber jeweils drei Ausprägungen – das Maß darf also nicht berechnet werden. An diesem Beispiel wird deutlich, warum der Forscher die Maße, die er verwendet, genau kennen muss: SPSS berechnet die Maße einfach. In diesem Fall gibt das Programm einen Wert von Φ = 0,503 an. Man darf den Wert aber aus den genannten Gründen nicht interpretieren.

Für Kreuztabellen, bei denen mindestens eine der Variablen mehr als zwei Ausprägungen hat, verwendet man statt Phi (Φ) Cramers V (*Vogel* 2005: 60, *Jann* 2005: 74). Es kann Werte zwischen 0 und 1 annehmen. Das Maß würde den Wert 1 genau dann annehmen, wenn jede Spalte (falls die Spaltenvariable mehr Ausprägungen hat als die Zeilenvariable, sonst umgekehrt) nur 0er enthält bis auf eine Zelle (*Vogel* 2005: 60). Cramers V beträgt in diesem Beispiel 0,355. Der Zusammenhang in diesem Beispiel ist also mäßig.

5.3.3 Kontingenzkoeffizient nach Pearson (C)

Ein weiteres Maß, das die Probleme von Chi-Quadrat (χ^2) zu umgehen versucht, ist der Kontingenzkoeffizient nach Pearson (C) (*Jann* 2005: 71f.). Diesen fordert man mit folgender Syntax an:

```
CROSSTABS  v39 BY v40
          /CELLS = NONE
          /STATISTICS = CC.
```

SPSS liefert dann folgende Tabelle:

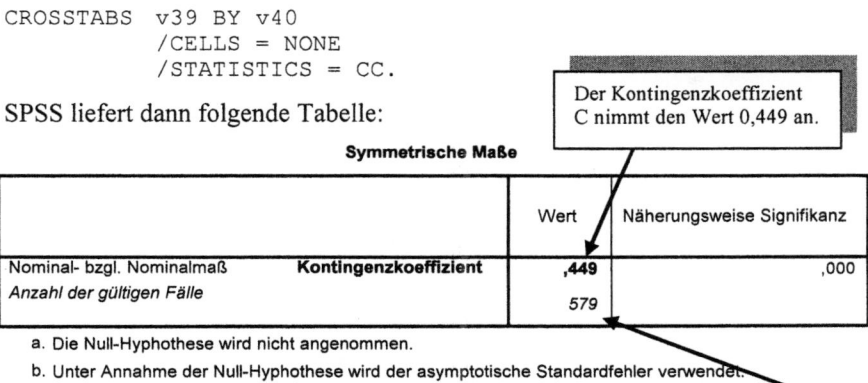

Der Kontingenzkoeffizient
C nimmt den Wert 0,449 an.

Symmetrische Maße

		Wert	Näherungsweise Signifikanz
Nominal- bzgl. Nominalmaß	**Kontingenzkoeffizient**	,449	,000
Anzahl der gültigen Fälle		579	

a. Die Null-Hyphothese wird nicht angenommen.

b. Unter Annahme der Null-Hyphothese wird der asymptotische Standardfehler verwendet.

Insgesamt wurden die Maßzahlen mit Hilfe von n=579 Fällen berechnet.

Der Kontingenzkoeffizient beträgt in diesem Beispiel 0,449. C ist zwar nicht mehr von der Fallzahl abhängig, dafür aber von der Zahl der Ausprägungen der Variablen der Kreuztabelle. C nimmt mindestens den Wert 0 an, in diesem Beispiel maximal folgenden Wert:

$$\sqrt{\frac{(\text{kleinere Ausprägungszahl}) - 1}{(\text{kleinere Ausprägungszahl})}} = \sqrt{\frac{3-1}{3}} = \sqrt{\frac{2}{3}} \approx 0,82$$

Gemessen an diesem Maximalwert scheint der Zusammenhang zwischen Autofahrverhalten und Benutzung öffentlicher Verkehrsmittel mäßig stark zu sein.

5.3.4 Guttman's Lambda (λ) und Goodman und Kruskal's tau (τ)

PRE-Maße basieren auf einer anderen Logik als χ^2-basierte Maße. Bei PRE-Maßen geht man davon aus, dass der Forscher zu prognostizieren versucht, welche Ausprägung ein Individuum bei einer Variable hat. Dabei werden zwei Fehlertypen miteinander in Beziehung gesetzt: Der erste Fehlertyp entsteht, wenn der Forscher seine Prognose ohne Kenntnisse anderer Variablen macht. Der zweite Fehlertyp entsteht dadurch, dass der Forscher seine Prognose macht und dabei Informationen über das Individuum bezüglich anderer Variablen mit einbezieht. Dahinter steht der Gedanke, dass soziale Phänomene auf die verschiedensten Arten zusammenhängen. Verfügt man über Kenntnisse eines sozialen Phänomens, kann man bessere Prognosen über Phänomene machen, die mit diesem Phänomen zusammenhängen. Deshalb müsste der zweite Prognosefehler geringer ausfallen als der erste. Die Vorhersagegenauigkeit verbessert sich, und zwar folgendermaßen:

$$ PRE = \frac{Fehler\ 1 \quad - \quad Fehler\ 2}{Fehler\ 1} $$

Bezogen auf dieses Beispiel bedeutet dies: Wenn man weiß, wie oft jemand mit dem Auto fährt, wie genau kann man dann vorhersagen, wie häufig er öffentliche Verkehrsmittel benutzt? Das Autofahrverhalten ist also die unabhängige, die Benutzung öffentlicher Verkehrsmittel die abhängige Variable:

$$ \begin{array}{c} \text{Verbesserung der Vorher-} \\ \text{sagegenauigkeit für die} \\ \text{Benutzung öffentlicher} \\ \text{Verkehrsmittel bei den} \\ \text{Befragten} \end{array} = \frac{\begin{array}{c}\text{Vorhersagefehler ohne}\\\text{Kenntnis des}\\\text{Autofahrverhaltens}\end{array} - \begin{array}{c}\text{Vorhersagefehler bei}\\\text{Kenntnis des}\\\text{Autofahrverhaltens}\end{array}}{\text{Vorhersagefehler ohne Kenntnis des Autofahrverhaltens}} $$

Man kann auch die umgekehrte Frage stellen: Wenn man weiß, wie oft jemand öffentliche Verkehrsmittel benutzt, wie genau kann man dann vorhersagen, wie oft er das Auto benutzt? Nun ist es umgekehrt: Das Autofahrverhalten ist dann die abhängige, die Benutzung öffentlicher Verkehrsmittel die unabhängige Variable. SPSS liefert immer Werte für beide Fälle. Der Forscher muss also nach inhaltlichen Kriterien entscheiden, welche Variable abhängig und welche unabhängig ist. In diesem Beispiel würde beides Sinn machen: Es ist plausibel, dass Leute, die ein Auto besitzen und auch öfters Auto fahren, seltener öffentliche Verkehrsmittel benutzen, weil sie nicht auf diese angewiesen sind. Umgekehrt könnte es sein, dass Personen, die gut an öffentliche Verkehrsmittel angeschlossen sind und diese auch öfters benutzen, entsprechend das Auto nicht benutzen müssen oder gar keines haben.

    Verschiedene PRE-Maße unterscheiden sich lediglich darin, wie sie den Fehler 1 und den Fehler 2 konstruieren: Im Fall von Guttman's Lambda (λ) sind die Fehlertypen derart konstruiert, dass im-

Häufigkeit der Benutzung des Autos * Häufigkeit der Benutzung von öffentlichen Verkehrsmitteln Kreuztabelle

% der Gesamtzahl

		Häufigkeit der Benutzung von öffentlichen Verkehrsmitteln			Gesamt
		oft	gelegentlich	selten / nie	
Häufigkeit der Benutzung des Autos	oft	2,1%	14,5%	24,9%	41,5%
	gelegentlich	9,0%	3,1%	4,1%	16,2%
	selten / nie	21,6%	9,7%	11,1%	42,3%
Gesamt		32,6%	27,3%	40,1%	100,0%

mer der häufigste Wert (Modus) vorhergesagt wird: 33 % der Befragten fahren oft, 27 % gelegentlich und 40 % selten oder nie mit öffentlichen Verkehrsmitteln. Man tippt also, wie oft ein bestimmter Befragter öffentliche Verkehrsmittel benutzt. Ohne zu wissen, wie viel er Auto fährt, rät man einfach, dass er selten oder nie öffentliche Verkehrsmittel benutzt, weil dies die häufigste Kategorie ist. Bei 40 % der Befragten ist diese Vorhersage richtig, bei den übrigen 60 % der Befragten ist sie falsch. Der Fehler 1 beträgt also 60 %. Weiß man dagegen, wie oft jemand mit dem Auto fährt, sieht es anders aus: Man sagt für jede Gruppe der Autofahrer (Vielfahrer – Gelegenheitsfahrer – Nichtfahrer) getrennt voraus, wie oft sie öffentliche Verkehrsmittel benutzen. Die Vielfahrer benutzen zu 5 % oft, zu 35 % gelegentlich und zu 60 % selten oder nie öffentliche Verkehrsmittel. Also rät man bei einem Befragten, der viel Auto fährt, dass er selten öffentliche Verkehrsmittel benutzt. Bei 60 % der Vielfahrer macht man eine korrekte Prognose, bei 40 % eine falsche. Die Vielfahrer machen aber nur 42 % der Befragten aus. Deshalb klassifiziert man so 25 % der Befragten korrekt, 17 % der Befragten falsch. Die restlichen Befragten sind Gelegenheits- bzw. Nichtautofahrer. Bei beiden Gruppen tippt man darauf, dass sie oft öffentliche Verkehrsmittel benutzen, weil 55 % der Gelegenheitsautofahrer und 51 % der Nichtautofahrer diese oft benutzen. Betrachtet man alle Befragten zusammen, gibt man mit dieser Methode bei 55 % der Befragten eine korrekte Prognose ab, 45 % der Befragten klassifiziert man falsch. Der Fehler 2 beträgt also nur noch 45 % gegenüber den 60 % bei Fehler 1. Lambda ergibt also:

$$\lambda \approx \frac{60 - 45}{60} = 0,25$$

Die Vorhersagegenauigkeit hat sich um 25 % verbessert. Weiß man, wie viele Leute Auto fahren, schätzt man bei 25 % mehr Leuten richtig ein, wie oft sie öffentliche Verkehrsmittel benutzen.

Bei Goodman und Kruskals tau (τ) sagt man nicht die häufigste Kategorie voraus, sondern man sagt alle Kategorien voraus, und zwar genauso häufig, wie sie im Datensatz vorkommen: Bei 33 % der Befragten sagt man voraus, dass sie oft öffentliche Verkehrsmittel

Häufigkeit der Benutzung des Autos * Häufigkeit der Benutzung von öffentlichen Verkehrsmitteln Kreuztabelle

% von Häufigkeit der Benutzung des Autos

		Häufigkeit der Benutzung von öffentlichen Verkehrsmitteln			Gesamt
		oft	gelegentlich	selten / nie	
Häufigkeit der Benutzung des Autos	oft	5,0%	35,0%	60,0%	100,0%
	gelegentlich	55,3%	19,1%	25,5%	100,0%
	selten / nie	51,0%	22,9%	26,1%	100,0%
Gesamt		32,6%	27,3%	40,1%	100,0%

benutzen, bei 27 %, dass sie gelegentlich öffentliche Verkehrsmittel benutzen, und bei 40 %, dass sie selten oder nie öffentliche Verkehrsmittel benutzen.

Man weiß allerdings nicht, ob man gerade die Befragten erwischt, auf die die Prognose auch zutrifft. Unter den 40 % der Befragten, bei denen man vorhersagt, dass sie selten oder nie öffentliche Verkehrsmittel benutzen, sind auch solche dabei, die oft oder gelegentlich öffentliche Verkehrsmittel benutzen. Genauer gesagt müssten es wahrscheinlichkeitstheoretisch 60 % sein, während man bei 40 % dieser Befragten eine korrekte Prognose gemacht hat. Von den 40 % der Befragten, die man als Nichtbahnfahrer klassifiziert hat, hat man also 60 % falsch klassifiziert. Mathematisch ausgedrückt sind das:

$$f_{i\bullet} * (1 - f_{i\bullet}) = 0,4 * (1 - 0,4) = 0,4 * 0,6 = 0,24 \, .$$

Entsprechend verhält es sich mit den Vorhersagen für die Vielbahnfahrer (33 % von 33 % korrekt klassifiziert, 67 % von 33 % falsch klassifiziert) und bei den Gelegenheitsbahnfahrern (27 % von 27 % korrekt klassifiziert, 73 % von 27 % falsch klassifiziert). Entsprechend beträgt der gesamte Fehler 1: 0,4 * 0,6 + 0,33 * 0,67 + 0,27 * 0,74 = 0,24 + 0,23 + 0,20 = 0,67. Zwei Drittel der Befragten werden mit dieser Methode falsch eingeordnet.

Weiß man nun, wie oft eine Person Auto fährt, sieht die Situation anders aus: Bei Vielautofahrern sagt man in 5 % der Fälle voraus, dass sie oft öffentliche Verkehrsmittel benutzen, bei 35 %, dass sie gelegentlich öffentliche Verkehrsmittel benutzen, und bei 60 %, dass sie selten öffentliche Verkehrsmittel benutzen. Entsprechend verfährt man mit den Gelegenheits- und Nichtautofahrern. Wieder klassifiziert man einen Teil der Personen falsch. Wenn ein Zusammenhang zwischen Autofahrverhalten und Benutzung öffentlicher Verkehrsmittel existiert, klassifiziert man weniger Leute falsch.

Wie sehen nun diese Maße aus, wenn SPSS sie berechnet? Die Syntax für beide Maße lautet:

```
CROSSTABS  v39 BY v40
          /CELLS = TOTAL ROW
          /STATISTICS = LAMBDA.
```

SPSS liefert dann folgende Tabelle:

Ist die Häufigkeit der Benutzung öffentlicher Verkehrsmittel die unabhängige und die Häufigkeit der Benutzung des Autos die abhängige Variable, ist $\lambda = 0{,}323$ und $\tau = 0{,}154$.

Richtungsmaße

			Wert	Asymptotischer Standardfehler[a]	Näherungsweises T[b]	Näherungsweise Signifikanz
Nominal- bzgl. Nominal- maß	Lambda	Symmetrisch	,289	,035	7,588	,000
		Häufigkeit der Benutzung des Autos abhängig	,323	,046	5,965	,000
		Häufigkeit der Benutzung von öffentlichen Verkehrsmitteln abhängig	,256	,040	5,614	,000
	Goodman- und- Kruskal- Tau	Häufigkeit der Benutzung des Autos abhängig	,154	,019		,000[c]
		Häufigkeit der Benutzung von öffentlichen Verkehrsmitteln abhängig	,132	,017		,000[c]

a. Die Null-Hyphothese wird nicht angenommen.

b. Unter Annahme der Null-Hyphothese wird der asymptotische Standardfehler verwendet.

c. Basierend auf Chi-Quadrat-Näherung

Ist die Häufigkeit der Benutzung des Autos die unabhängige und die Häufigkeit der Benutzung öffentlicher Verkehrsmittel die abhängige Variable, ist $\lambda = 0{,}256$ und $\tau = 0{,}132$.

Guttman's Lambda (λ) beträgt laut SPSS 0,256. Dies ist ungefähr der Wert, den wir oben per Hand ausgerechnet haben (0,25). Die Unterschiede entstehen durch Rundungsfehler. SPSS gibt aber auch noch eine zweite Information: Weiß man, wie oft Leute öffentliche Verkehrsmittel benutzen, verbessert sich die Vorhersagegenauigkeit bezüglich des Autofahrverhaltens um ein Drittel (0,323).

Goodman und Kruskals tau (τ) beträgt laut SPSS $\tau = 0{,}132$. Es werden also 13 % weniger Personen falsch klassifiziert, wenn man weiß, wie oft sie Auto fahren. Weiß man, wie häufig Leute öffentliche Verkehrsmittel benutzen, verbessert sich die Vorhersagegenauigkeit bezüglich des Autofahrverhaltens um 15 %.

5.3.5 Normierte Transinformation (Unsicherheitskoeffizient) (C(A,B | A))

Die normierte Transinformation (*Vogel* 2005: 61-63, *Jann* 2005: 78-79) ist ein weiteres PRE-interpretierbares Maß. Sie kann zwischen 0 und 1 schwanken. 0 bedeutet, dass die Merkmale voneinander statistisch unabhängig sind. 1 bedeutet, dass man von der unabhängigen Variablen eindeutig auf die abhängige Variable schließen kann. In diesem Fall enthält jede Spalte bzw. Zeile nur eine einzige von Null verschiedene Häufigkeit. Der Unsicherheitskoeffizient spiegelt den proportionalen Rückgang der Entropie, also der nominalen Streuung, wieder. Je höher die Transinformation, desto besser sind die Vorhersagen. Um die normierte Transinformation (C(A,B | A)) anzufordern, lautet die Syntax:

```
CROSSTABS  v39 BY v40
          /CELLS = NONE
          /STATISTICS = UC.
```

SPSS liefert dann folgende Tabelle:

Richtungsmaße

			Wert	Asymptotischer Standardfehler[a]	Näherungsweises T[b]	Näherungsweise Signifikanz
Nominal- bzgl. Nominal- maß	Unsicherheits- koeffizient	Symmetrisch	,140	,018	7,840	,000[c]
		Häufigkeit der Benutzung des Autos abhängig	,144	,019	7,840	,000[c]
		Häufigkeit der Benutzung von öffentlichen Verkehrsmitteln abhängig	,136	,017	7,840	,000[c]

a. Die Null-Hyphothese wird nicht angenommen.
b. Unter Annahme der Null-Hyphothese wird der asymptotische Standardfehler verwendet.
c. Chi-Quadrat-Wahrscheinlichkeit für Likelihood-Quotienten.

In diesem Beispiel verbessert sich die Vorhersagegenauigkeit nur mäßig, unabhängig davon, welche Variable man als abhängige und welche man als unabhängige wählt.

5.3.6   Kendalls tau b (τ_b)

Bislang wurden nur Maße für nominale Merkmale besprochen. Kendalls tau b (τ_b) und Goodman und Kruskal's Gamma (γ) sind Maße für ordinale Merkmale. Um Kendalls tau b (τ_b) anzufordern, lautet die Syntax:

```
CROSSTABS  v39 BY v40
          /CELLS = NONE
          /STATISTICS = BTAU.
```

SPSS liefert dann folgende Tabelle:

> Kendalls tau b (τ_b) nimmt den Wert –0,381 an.

Symmetrische Maße

		Wert	Asymptotischer Standardfehler[a]	Näherungsweises T[b]	Näherungsweise Signifikanz
Ordinal- bzgl. Ordinalmaß	Kendall-Tau-b	-,381	,032	-12,086	,000
Anzahl der gültigen Fälle		579			

a. Die Null-Hyphothese wird nicht angenommen.
b. Unter Annahme der Null-Hyphothese wird der asymptotische Standardfehler verwendet.

> Insgesamt wurden die Maßzahlen mit Hilfe von n=579 Fällen berechnet.

Kendalls tau b (τ_b) nimmt in diesem Beispiel den Wert –0,381 an. τ_b kann zwischen –1 und + 1 schwanken. –1 bedeutet, dass ein negativer strikt monotoner Zusammenhang existiert, +1 bedeutet, dass ein positiver strikt monotoner Zusammenhang existiert, und 0 bedeutet, dass kein strikt monotoner Zusammenhang existiert. Damit liegt in diesem Beispiel ein mäßiger negativer strikt monotoner

Zusammenhang vor: Je häufiger Personen Auto fahren, desto seltener benutzen sie tendenziell öffentliche Verkehrsmittel.

5.3.7 Goodman und Kruskal's Gamma (γ)

Goodman und Kruskal's Gamma (γ) kann man mit folgender Syntax anfordern:

```
CROSSTABS  v39 BY v40
          /CELLS = NONE
          /STATISTICS = GAMMA.
```

SPSS liefert dann folgende Tabelle:

> Goodman und Kruskal's Gamma (γ) nimmt den Wert –0.550 an.

Symmetrische Maße

	Wert	Asymptotischer Standardfehler[a]	Näherungsweises T[b]	Näherungsweise Signifikanz
Ordinal- bzgl. Ordinalmaß **Gamma**	-,550	,041	-12,086	,000
Anzahl der gültigen Fälle	579			

a. Die Null-Hyphothese wird nicht angenommen.
b. Unter Annahme der Null-Hyphothese wird der asymptotische Standardfehler verwendet.

> Insgesamt wurden die Maßzahlen mit Hilfe von n=579 Fällen berechnet.

Goodman und Kruskal's Gamma (γ) nimmt in diesem Beispiel den Wert –0,550 an. γ kann zwischen –1 und + 1 schwanken. –1 bedeutet, dass ein negativer schwach monotoner Zusammenhang existiert, +1 bedeutet, dass ein positiver schwach monotoner Zusammenhang existiert, und 0 bedeutet, dass kein schwach monotoner Zusammenhang existiert. Damit liegt in diesem Beispiel ein mäßiger negativer schwach monotoner Zusammenhang vor: Je häufiger Leute Auto fahren, desto seltener benutzen sie tendenziell öffentliche Verkehrsmittel.

5.3.8 Alle bisherigen Maße

Um alle bisherigen Maße zusammen anzufordern, lautet die Syntax:

```
CROSSTABS  v39 BY v40
          /CELLS = NONE
          /STATISTICS = CHISQ PHI CC LAMBDA UC BTAU GAMMA.
```

Chi-Quadrat (χ^2) wird nach wie vor in einer eigenen Tabelle geliefert. Vergleicht man die Tabelle mit der Tabelle oben, erkennt man, dass sich nichts geändert hat:

Chi-Quadrat-Tests

	Wert	df	Asymptotische Signifikanz (2-seitig)
Chi-Quadrat nach Pearson	146,258[a]	4	,000
Likelihood-Quotient	170,584	4	,000
Zusammenhang linear-mit-linear	106,668	1	,000
Anzahl der gültigen Fälle	579		

a. 0 Zellen (,0%) haben eine erwartete Häufigkeit kleiner 5. Die minimale erwartete Häufigkeit ist 25,65.

Anders verhält es sich mit den übrigen Maßen: SPSS liefert alle PRE-interpretierbaren Maße für nominalskalierte Variablen in einer einzigen Tabelle:

Richtungsmaße

			Wert	Asymptotischer Standardfehler[a]	Näherungsweises T	Näherungsweise Signifikanz
Nominal- bzgl. Nominal- maß	Lambda	Symmetrisch	,289	,035	7,588	,000
		Häufigkeit der Benutzung des Autos abhängig	,323	,046	5,965	,000
		Häufigkeit der Benutzung von öffentlichen Verkehrsmitteln abhängig	,256	,040	5,614	,000
	Goodman- und-Kruskal- Tau	Häufigkeit der Benutzung des Autos abhängig	,154	,019		,000[c]
		Häufigkeit der Benutzung von öffentlichen Verkehrsmitteln abhängig	,132	,017		,000[c]
	Unsicherheits-koeffizient	Symmetrisch	,140	,018	7,840	,000[d]
		Häufigkeit der Benutzung des Autos abhängig	,144	,019	7,840	,000[d]
		Häufigkeit der Benutzung von öffentlichen Verkehrsmitteln abhängig	,136	,017	7,840	,000[d]

a. Die Null-Hyphothese wird nicht angenommen.

b. Unter Annahme der Null-Hyphothese wird der asymptotische Standardfehler verwendet.

c. Basierend auf Chi-Quadrat-Näherung

d. Chi-Quadrat-Wahrscheinlichkeit für Likelihood-Quotienten.

Die Maße für ordinalskalierte Variablen werden schließlich zusammen mit Phi und Cramers V gemeinsam in einer weiteren Tabelle darstellt:

Symmetrische Maße

		Wert	Asymptotischer Standardfehler[a]	Näherungsweises T[b]	Näherungsweise Signifikanz
Nominal- bzgl. Nominalmaß	Phi	,503			,000
	Cramer-V	,355			,000
	Kontingenzkoeffizien	,449			,000
Ordinal- bzgl. Ordinalmaß	Kendall-Tau-b	-,381	,032	-12,086	,000
	Gamma	-,550	,041	-12,086	,000
Anzahl der gültigen Fälle		579			

a. Die Null-Hyphothese wird nicht angenommen.

b. Unter Annahme der Null-Hyphothese wird der asymptotische Standardfehler verwendet.

5.4 Zusammenfassende Interpretation

Bislang wurden alle Maße einzeln analysiert. Dies ist auch ein typisches Vorgehen in Forschungsprojekten: Man untersucht alle Maße, die in Frage kommen, und überlegt dabei, welche Maße aus statistischen und inhaltlichen Gesichtspunkten besonders geeignet sind, um den Sachverhalt zu beschreiben. Wenn die Maße widersprüchliche Informationen liefern, sollte man sich nicht etwa das Maß aussuchen, das einem am besten in den Kram passt (auch wenn Forscher dies in der Praxis leider sehr häufig tun). Vielmehr sollte man überlegen und überprüfen, woran dies liegen kann. In diesem Fall ergibt sich ein einheitliches Bild: Offensichtlich hängt das Autofahrverhalten mit der Benutzung öffentlicher Verkehrsmittel zusammen: Je häufiger jemand öffentliche Verkehrsmittel benutzt, desto seltener fährt er mit dem Auto – und umgekehrt. Damit sind einige wichtige Fragen jedoch noch ungeklärt.

6 Schritt 3: Verallgemeinerung auf die Grundgesamtheit

6.1 Grundsätzliches Vorgehen

Hat man interessante Ergebnisse in der Stichprobe gefunden, stellt sich die Frage, ob man diese auf die Grundgesamtheit verallgemeinern darf. Liegt eine Zufallsstichprobe vor (*und nur dann!*),[11] kann man auf die schließende Statistik zurückgreifen. Ausgehend von einem bestimmten Wert in der Stichprobe (z. B. einer bestimmten Maßzahl, einer bestimmten relativen Häufigkeit usw.) versucht man, Hinweise auf den entsprechenden Wert in der Grundgesamtheit zu gewinnen. Grundsätzlich existieren vier Logiken, mit deren Hilfe man Ergebnisse der deskriptiven Statistik verallgemeinern kann:[12]

---

[11] Dies bedeutet, dass die Auswahl- und Zielgesamtheit übereinstimmen müssen und dass die Stichprobe nicht verzerrt ist, also *keine* (verzerrenden) Ausfälle vorliegen. Es sei an dieser Stelle ausdrücklich auf einen häufigen Irrtum hingewiesen: Manche Veröffentlichungen suggerieren, dass Ausschöpfungsquoten über 80 % „gute" Ausschöpfungsquoten seien. Aus Sicht der induktiven Statistik sind die einzigen „guten" Ausschöpfungsquoten Ausschöpfungsquoten von 100 %, da nur sie eine echte Zufallsstichprobe garantieren und da in der Regel die Fälle nicht „zufällig" ausfallen, sondern der Nonresponse-Mechanismus selbst sozialer Selektivität unterworfen ist. Ausführliche Informationen hierzu finden sie in *Behnke* et al. (2010).

[12] Ausführlich beschrieben werden diese Logiken in Teil 3 dieses Bandes sowie in *Behnke* et al. (2010) und in *Beck-Bornholdt* und *Dubben* (2006).

6.1.1 Konfidenzintervalle (= Sicherheitsbereich)

Bei Konfidenzintervallen gibt man einen Wertebereich an, in dem sich der Wert in der Grundgesamtheit mit sehr hoher Wahrscheinlichkeit befindet. Diese Wahrscheinlichkeit lässt sich berechnen: das so genannte *Konfidenzniveau 1 − α* (= *Sicherheitsgrad*).

6.1.2 Fisher-Tests

Bei Fisher-Tests stellt man eine *Nullhypothese (H_0)* auf. Man berechnet nun, wie wahrscheinlich das Stichprobenergebnis ist, wenn die Nullhypothese wahr ist. Diese Wahrscheinlichkeit nennt man das *Signifikanzniveau α*. Ist das Stichprobenergebnis sehr unwahrscheinlich, verwirft man die Nullhypothese. Mit anderen Worten: Das Stichprobenergebnis ist so unwahrscheinlich, dass die Nullhypothese wahrscheinlich falsch ist. Wahrscheinlich falsch, aber nicht sicher falsch. Man könnte sich zwar irren, und man kann auch angeben, wie häufig man sich irrt: Beträgt $α = 0,05$, bedeutet dies, dass $α * 100 \% = 5 \%$ aller Stichproben Ergebnisse liefern, auf deren Basis man die Nullhypothese verwirft, obwohl sie richtig ist.[13] Verwirft man bei Fisher-Tests die Nullhypothese, weiß man relativ sicher, dass die Nullhypothese falsch ist − man weiß aber noch nicht, welche Hypothese richtig ist. Verwirft man die Nullhypothese nicht, darf man aber im Umkehrschluss nicht schließen, dass sie richtig ist. Man weiß also gar nichts.

6.1.3 Neyman-Pearson-Tests

Bei Neyman-Pearson-Tests stellt man deshalb mindestens zwei präzise Hypothesen auf: eine *Nullhypothese (H_0)* und eine *Alternativhypothese (H_A bzw. H_1)*. Man wägt nun ab, welche dieser beiden Hypothesen wahrscheinlicher ist.

		In der Population gilt die ...	
		H_0	H_1
Entscheidung aufgrund der Stichprobe zugunsten von ...	H_0	richtige Entscheidung	β-Fehler
	H_1	α-Fehler	richtige Entscheidung

---

[13] Das mag nicht viel klingen. Wenn Sie aber in einem Datensatz nur 11 Variablen haben, für jedes Variablenpaar ein einziges Zusammenhangsmaß berechnen und danach inferenzstatistisch überprüfen wollen, ob sich dieses Ergebnis verallgemeinern lässt, führen Sie 11*10 = 110 Tests durch. Bei $α = 0,05$ sind − rein statistisch − 6 Testergebnisse falsch, bei $α = 0,01$ ist es immer noch eines. In der Regel berechnet man in den Sozialwissenschaften wesentlich mehr Zusammenhangsmaße für wesentlich mehr Variablen. Zudem existieren mittlerweile eine Vielzahl von Datensätzen.

Wie die obenstehende Tabelle illustriert, kann man dabei zweierlei Irrtümer begehen: Man kann fälschlicherweise die Nullhypothese verwerfen (α-Fehler), und man kann fälschlicherweise die Nullhypothese beibehalten (β-Fehler). Bei Zusammenhangsmaßen bezeichnet β die Wahrscheinlichkeit, dass man real existierende Zusammenhänge übersieht.

Ein Beispiel für das Verhältnis von α- und β-Fehler ist der Verdacht eines Arztes, dass ein Patient sich mit Aids infiziert hat. Der Arzt führt in diesem Fall einen Test durch. Die Testentscheidung würde „richtig" verlaufen, wenn ...

– der Test bei einem Kranken anschlägt, also Aids auch diagnostiziert wird;
– der Test bei einem Gesunden nicht anschlägt, ihm also bestätigt wird, dass er gesund ist.

Hierbei sind zweierlei Fehler denkbar:

– *α-Fehler:* Der Test kann anschlagen, obwohl der Patient gar kein Aids hat, d. h. man würde bei dem Patienten fälschlicherweise Aids diagnostizieren, wahrscheinlich unnötigerweise eine teure und körperlich belastende Behandlung aussetzen. Weiterhin ist Aids eine sehr stigmatisierende Krankheit – der Patient wäre vermutlich starken psychischen Belastungen sowie sozialer Isolation und Stigmatisierung ausgesetzt, obwohl er nicht einmal krank ist.
– *β-Fehler:* Umgekehrt kann der Test auch auch negativ ausfallen, obwohl sich der Patient mit Aids infiziert hat hat. In diesem Fall würde der Arzt den Patienten fälschlicherweise als gesund diagnostizieren und ihn nicht behandeln – was im Fall von Aids mit aller Wahrscheinlichkeit dazu führen würde, dass der Patient stirbt.

Der Arzt möchte selbstverständlich beide Fehler minimieren, denn er will verhindern, dass der Patient an Aids stirbt, aber auch, dass der Patient sich unnötig einer Behandlung unterzieht. α- und β-Fehler hängen dabei von verschiedenen Faktoren ab. Neben der Art des statistischen Tests (Prüfverteilung), der Effektgröße g und der Stichprobengröße n[14] hängen α- und β-Fehler auch untereinander zusammen, d. h. je kleiner der α-Fehler, desto größer i. d. R. der β-Fehler. Man muss folglich abwägen, ob es schlimmer ist, einen α- oder einen β-Fehler zu begehen. Bleiben wir, um dies zu illustrieren, bei dem obigen Beispiel des Aids-Tests und nehmen wir an, dass uf dem Markt drei Tests existieren, zwischen denen sich ein Labor entscheiden muss:

– Bei *Test A* ist die Wahrscheinlichkeit eines α- und eines β-Fehlers wären etwa gleich groß und liegt bei etwa 5% ($\alpha = \beta = 0,05$). Dies würde bedeuten, dass

---

[14] Vgl. zu diesen Begriffen ausführlich Teil 3 in diesem Band.

man jeden 20. Gesunden fälschlicherweise als krank diagnostiziert, und jeden 20. Kranken als gesund diagnostiziert.

– Bei *Test B* ist die Wahrscheinlichkeit liegt die Wahrscheinlichkeit eines α-Fehlers bei 1 % ($\alpha = 0,01$), die eines β-Fehlers bei 10 % ($\beta = 0,1$). Dies würde bedeuten, dass man jeden 100. Gesunden als krank diagnostiziert, und jeden 10. Kranken als gesund diagnostiziert.

– Bei *Test C* ist die Wahrscheinlichkeit liegt die Wahrscheinlichkeit eines α-Fehlers bei 10 % ($\alpha = 0,1$), die eines β-Fehlers bei 1 % ($\beta = 0,01$). Dies würde bedeuten, dass man jeden 10. Gesunden als krank diagnostiziert, und jeden 100. Kranken als gesund diagnostiziert.

Nehmen wir weiterhin an, dass ein medizinisches Labor im Laufe eines Jahres 100.000 Aids-Tests durchführt. In Deutschland haben etwa 77 von 100.000 Menschen Aids – damit wären in diesem Beispiel wären also vermutlich 99.923 der getestene Personen gesund. Dies würde sich folgendermaßen auf das Testergebnis auswirken:

– Bei *Test A* würde man vorraussichtlich 5.000 Fehldiagnosen begehen, und zwar würde man bei 99.923 * 0,05 $\approx$ 4.996 Gesunden fälschlicherweise Aids diagnostizieren, dafür aber bei 77 * 0,05 $\approx$ 4 Kranken Aids nicht erkennen.

– Bei *Test B* würde man vorraussichtlich 1.007 Fehldiagnosen begehen, und zwar würde man bei 99.923 * 0,01 $\approx$ 999 Gesunden Aids diagnostizieren, dafür aber bei 77 * 0, 1 $\approx$ 8 Kranken Aids nicht erkennen.

– Bei *Test C* würde man vorraussichtlich 9.993 Fehldiagnosen begehen, und zwar würde man bei 99.923 * 0,1 $\approx$ 9.992 Gesunden Aids diagnostizieren, dafür aber bei 77 * 0,01 $\approx$ 1 Kranken Aids nicht erkennen. [15]

Diese hohe Zahl der Fehldiagnosen wird nicht deutlich, wenn man nur – wie bei Fisher-Tests – nur den α-Fehler berücksichtigt. Um die Nullhypothese gegen die Alternativhypothese abzuwägen, berechnet man daher bei Neyman-Pearson-Tests zunächst – basierend auf den theoretischen Verteilungen beider Hypothesen zunächst die Power der Prüfverteilung (1-β), d. h. die Wahrscheinlichkeit,

---

[15] Da Aids eine sehr gefährliche Krankheit ist, würde man in diesem konkreten Beispiel in der Praxis vermutlich mehrere Tests kombinieren. Vermutlich würde man mit Test C anfangen, da man mit Hilfe dieses Tests bei 100.000 Patienten alle bis auf einen Kranken erkennen würde. Insgesamt würde der Test bei 10.068 Personen Aids diagnostizieren. Man wüsste, das von diesen vermutlich 76 krank und 9.992 gesund sind – nur nicht welche welche sind. Also würde man diese 10.068 Personen noch einmal testen – dieses Mal vermutlich mit Test B. In der sozialwissenschaftlichen Praxis würde dies dem Vorgehen der Datentriangulation entsprechen, d. h. man würde bei derselben Person mit unterschiedlichen Erhebungsmethoden (z. B. Befragung, Beobachtung, prozessproduzierte Daten) dieselbe Information erheben. Dies ist allerdings nur in seltenen Fällen möglich.

dass man real existierende Zusammenhänge auch entdeckt. Man sollte mit dem Test nur fortfahren, wenn die Power groß ist. Das weitere Vorgehen entspricht dem von Fisher-Tests: Man berechnet das Signifikanzniveau α. Ist α sehr klein, verwirft man die Nullhypothese.

Neyman-Pearson-Tests sind aussagekräftiger als Fisher-Tests: Verwirft man die Nullhypothese, bedeutet dies bei Neyman-Pearson-Tests, dass man die Alternativhypothese für wahrscheinlicher als die Nullhypothese hält. Die Wahrscheinlichkeit, dass man die Nullhypothese fälschlicherweise verwirft, beträgt α. Behält man die Nullhypothese bei, nimmt man an, dass diese wahrscheinlicher als die Alternativhypothese ist. Die Wahrscheinlichkeit, dass man die Nullhypothese fälschlicherweise beibehält, beträgt β.

6.1.4 Bayes-Tests

Wenn man (bei Neyman-Pearson-Tests) sowohl die Wahrscheinlichkeit eines α-Fehlers, als auch β-Fehler berechnet, kennt man immer noch nicht die *Gesamtirrtumswahrscheinlichkeit* – der Forscher wägt nach Gutdünken ab, welches Risiko er höher einschätzt: das eines α- oder das eines β-Fehlers. Will man dagegen eine Gesamtirrtumswahrscheinlichkeit berechnen, muss man zusätzlich wissen, wie wahrscheinlich die Null- gegenüber der Alternativhypothese ist. Diese dritte Wahrscheinlichkeit wird bei Bayes-Tests berücksichtigt, und nur mit ihrer Hilfe kann man auch eine Gesamtirrtumswahrscheinlichkeit berechnen, und letztere ist es ja auch, was den Forscher i. d. R. interessiert.

Im obigen Beispiel des Aids-Tests muss man – um die Gesamtirrtumswahrscheinlichkeit zu minimieren – zusätzlich wissen, wie häufig Aids in der Bevölkerung vorkommt. So ist die Wahrscheinlichkeit, an Aids zu erkranken, (wegen der geringeren Durchseuchungsrate in der Bevölkerung) in verschiedenen Ländern sehr unterschiedlich. Wie bereits erwähnt, haben in Deutschland etwa 77 von 100.000 Personen Aids. Dies Gesamtirrtumswahrscheinlichkeit läge bei Test A bei ca. 5 % (5.000 Fehldiagnosen auf 100.000 Tests), bei Test B bei ca. 1 % (1.007 Fehldiagnosen auf 100.000 Tests) und bei Test C bei ca. 10 % (9.993 Fehldiagnosen auf 100.000 Tests). Ganz anders sähe das aus, wenn das Labor in Südafrika läge: Dort hat etwa jeder 3. Erwachsene Aids. Für die 100.000 Patienten würde das bedeuten, dass etwa 33.333 Aids und 66.667 kein Aids haben. Damit wären folgende Testergebnisse zu erwarten:

– Bei *Test A* läge die Gesamtirrtumswahrscheinlichkeit wie in Deutschland bei ca. 5 %. Allerdings würden sich diese anders auf Gesunde und Kranke verteilen: Während man in Deutschland bei 4.996 Gesunden und 4 Kranken eine Fehldiagnose machen würde, wären es in Südafrika 66.667 * 0,05 $\approx$ 3.333 Gesunde und 33.333 * 0,05 $\approx$ 1.667 Kranke.

- Bei *Test B* läge die Gesamtirrtumswahrscheinlichkeit in Südafrika mit 4 % deutlich höher als in Deutschland: Man würde vorraussichtlich 4.000 Fehldiagnosen begehen, und zwar würde man bei 66.667 * 0,01 ≈ 3.333 Gesunden Aids diagnostizieren, dafür aber bei 33.333 * 0, 1 ≈ 8 Kranken Aids nicht erkennen.
- Bei *Test C* läge die Gesamtirrtumswahrscheinlichkeit in Südafrika mit 7 % niedriger als in Deutschland. Man würde vorraussichtlich 7.000 Fehldiagnosen begehen, und zwar würde man bei 66.667 * 0,1 ≈ 6.667 Gesunden Aids diagnostizieren, dafür aber bei 33.333 * 0,01 ≈ 333 Kranken Aids nicht erkennen.

Dieses Beispiel verdeutlicht aber auch, warum Bayes-Tests in den Sozialwissenschaften nur selten anwendbar sind: Man benötigt hierzu Informationen über die Verteilung von Wahrscheinlichkeiten in einer Gesamtheit. In den Sozialwissenschaften versucht man aber i. d. R. gerade von Individualdaten auf diese Gesamtheit zu schließen, oder man testet empirische Daten gegen eine Theorie. In beiden Fällen fehlt also die benötigte dritte Information (Auftretenswahrscheinlichkeit eines Phänomens).

6.2   Vorgehen in SPSS

Die Ergebnisse der induktiven Statistik muss (und kann) man in SPSS nicht gesondert anfordern. Vielmehr liefert SPSS zu bestimmten Maßzahlen standardmäßig auch die Ergebnisse mit. Dies ist einerseits praktisch, stellt andererseits aber auch ein Problem dar: Man kann sich nämlich nicht selbst entscheiden, welche der vier oben genannten Möglichkeiten man bevorzugt. Bei manchen Befehlen berechnet SPSS Konfidenzintervalle zum Konfidenzniveau $1 - \alpha = 0{,}95$. Bei den meisten Befehlen liefert SPSS die Ergebnisse von Fisher-Tests. Neyman-Pearson- und Bayes-Tests sind standardmäßig mit SPSS nicht möglich, was insofern problematisch ist, weil diese in der Regel am aussagekräftigsten sind.

Standardmäßig führt SPSS für alle Maßzahlen einen Fisher-Test durch. Die Nullhypothese lautet in der Regel, dass das Zusammenhangsmaß den Wert Null annimmt. Sie kann aber in Einzelfällen anders formuliert sein – wie sie jeweils aufgebaut ist, steht im SPSS-Handbuch. In der Ausgabe gibt SPSS an, auf welchem Signifikanzniveau α die Nullhypothese verworfen werden kann. Nehmen wir z. B. die letzte besprochene SPSS-Ausgabe:

Symmetrische Maße

		Wert	Asymptotischer Standardfehler [a]	Näherungsweises T [b]	Näherungsweise Signifikanz
Nominal- bzgl. Nominalmaß	Phi	,503			,000
	Cramer-V	,355			,000
	Kontingenzkoeffizient	,449			,000
Ordinal- bzgl. Ordinalmaß	Kendall-Tau-b	-,381	,032	-12,086	,000
	Gamma	-,550	,041	-12,086	,000
Anzahl der gültigen Fälle		579			

a. Die Null-Hyphothese wird nicht angenommen.
b. Unter Annahme der Null-Hyphothese wird der asymptotische Standardfehler verwendet.

Für alle Maße kann die Nullhypothese auf dem Signifikanzniveau von α < 0,001 verworfen werden.

Liegt eine Zufallsstichprobe vor, kann in diesem Fall die Nullhypothese „Für die Grundgesamtheit ist der Wert des Zusammenhangsmaßes Null" auf einem Signifikanzniveau von α = 0,000 verworfen werden. Damit kann die Nullhypothese auch für alle höheren Signifikanzniveaus verworfen werden, also z. B. α = 0,01 oder α = 0,05.[16]

7   Erstellung von Kreuztabellen aus Aggregatdaten

Bislang haben wir uns mit Individualdaten befasst. Es können aber auch Aggregatdaten von Interesse sein, etwa die Polizeiliche Kriminalstatistik 2004[17]. Eine mögliche Fragestellung kann lauten, ob es einen Zusammenhang zwischen bestimmten Straftaten und der Altersklasse gibt. Die Straftaten sind nominalskaliert, d. h. als Zusammenhangsmaß könnte z. B. Cramers V berechnet werden.

---

[16] In der SPSS-Ausgabe steht zwar „0,000", aber das Signifikanzniveau kann für die meisten Tests nie die Werte 0 oder 1 annehmen, sondern ihnen höchstens sehr nahe kommen. Dies ist auch hier der Fall: Das Signifikanzniveau ist so klein, dass SPSS die hinteren Kommastellen in der Darstellung abschneidet. Klickt man in der Pivot-Tabelle der SPSS-Ausgabe auf das Signifikanzniveau, so erscheint der tatsächliche Wert mit allen Nachkommastellen. Taucht in einer SPSS-Ausgabe beim Signifikanzniveau der Wert „0,000" auf, sollte man deshalb niemals schreiben: α = 0,000, sondern: α < 0,001.

[17] Die Polizeiliche Kriminalstatistik 2004 ist als Excel-Tabelle unter folgendem Link erhältlich: http://www.bka.de/pks/pks2004/index2.html

Straftat	Alter (klassiert)		
	junge Täter (bis 20)	Täter mittleren Alters (21 bis 49)	ältere Täter (ab 50)
Tötungsdelikte	512	2.796	821
Sexualdelikte	7.773	26.234	5.751
Körperverletzung Straße	33.870	26.622	2.784
Diebstahl von Fahrzeugen	38.019	20.714	1.629
Diebstahl EC	3.760	5.578	453
Diebstahl aus Wohnungen	19.130	26.168	3.499
Waren- und Kreditbetrug	12.980	86.570	13.391
Hausfriedensbruch	18 604	32.399	7.885
Hehlerei	9.527	17.345	1.777
Beleidigung	28.193	91.746	32.839
Beschädigung Kfz	20.247	21.135	3.871
Beschädigung Straße	21.387	7.014	802

Wie der Tabelle zu entnehmen ist, liegen zwei Variablen vor: Die Zeilenvariable beinhaltet die Straftaten, die Spaltenvariable die Altersklassen. Um diese Tabelle in SPSS weiterverarbeiten zu können, müssen die Variablenausprägungen erst numerisch kodiert werden, z. B. folgendermaßen:

Straftaten (straftat)	
1	Tötungsdelikte
2	Sexualdelikte
3	Körperverletzung Straße
...	...
16	Beschädigung Straße

Alter der Straftäter (alter)	
1	junge Täter (bis 20)
2	Täter im mittleren Alter (21 bis 49)
3	ältere Täter (ab 50)

Legt man diese Kodierung zugrunde, wird deutlich, dass die Zellen der Kreuztabelle jeweils eine Ausprägungskombination repräsentieren. So stehen in der 1. Zelle alle Fälle, die die Ausprägungskombination alter = 1 und straftat = 1 aufweisen. Dies sind n = 512. Die Gesamtzahl der Fälle ist – wie man von Hand berechnen kann – über 600.000. Insgesamt gibt es 36 mögliche Ausprägungskombinationen. Jede Zelle dieser Tabelle wird nun in einem neuen

SPSS-Datensatz in einen separaten Fall umgewandelt, d. h. in jeder Zelle ist eine Ausprägungskombination zu finden, und diese Ausprägungskombinationen können als Fälle betrachtet werden.

Da es bei insgesamt über 600.000 Fällen sehr aufwendig wäre, diese einzeln einzugeben, greift man zu einem Kunstgriff: Neben den Variablen alter und straftat definiert man eine Hilfsvariable gewicht. Letztere enthält die Häufigkeiten der jeweiligen Ausprägungskombinationen. Mit Hilfe dieser Variablen wird dem jeweiligen Tabellenfeld sein Gewicht im Rahmen der Gesamttabelle zugewiesen.[18] Auf Basis dieser drei Variablen wird dann der folgende Datensatz in SPSS eingegeben:

Danach muss der Datensatz für alle weiteren Analysen mit folgender Syntax gewichtet werden:

WEIGHT BY gewicht.

Nur so wird sichergestellt, dass die empirische Information der Ursprungsdatei erhalten bleibt. Durch einen CROSSTABS-Befehl kann nun die ursprüngliche Kontingenztabelle wieder erzeugt und auf Richtigkeit überprüft werden. Außerdem können die Variablen wie andere auch rekodiert werden. Es können z. B. Kategorien zusammengefasst werden. Danach können Cramers V und andere Maße berechnet werden. Cramers V beträgt für das Beispiel 0,301. Es besteht also ein mäßiger Zusammenhang zwischen Straftaten und der Altersklasse. Welche Zellen besonders große Abweichungen hervorrufen, ließe sich nun anhand

---

[18] Im Gegensatz zur der weiter vorne dargestellten Gewichtung handelt es sich hier nicht um eine künstliche Veränderung der Daten. Somit taucht die Frage nach der Sinnhaftigkeit von Gewichtungen in diesem Zusammenhang nicht auf.

der Zeilen und Spaltenprozente überprüfen und z. B. mittels einer Korrespondenzanalyse auch grafisch visualisieren (vgl. *Fromm* 2010).

8 Präsentation der Analyseergebnisse: Benutzerdefinierte Darstellung von Kreuztabellen

Am Ende von vielen Analysen gilt es in den meisten Fällen, einen Bericht oder zumindest eine Präsentation der Ergebnisse zu erstellen. Deshalb gehen wir abschließend auf eine besondere Möglichkeit der Darstellung von Kreuztabellen in SPSS ein. Als Datenbeispiel dienen dieses Mal vier Variablen aus dem ALLBUS-Compact 2004.[19] Ziel ist, die Einstellung zum Sozialstaat bei Befragten aus den alten und neuen Bundesländern (v3) zu vergleichen. Die Originalstatements aus dem Fragebogen lauten dazu:

Variablenname	Statement
v141	Der Staat muss dafür sorgen, dass jeder Arbeit hat und die Preise stabil bleiben, auch wenn deswegen die Freiheiten der Unternehmer eingeschränkt werden müssen.
v142	Der Staat muss dafür sorgen, dass man auch bei Krankheit, Not, Arbeitslosigkeit und im Alter ein gutes Auskommen hat.
v143	Wenn die Leistungen der sozialen Sicherung, wie Lohnfortzahlungen im Krankheitsfall, Arbeitslosenunterstützung und Frührenten, so hoch sind wie jetzt, führt dies nur dazu, dass die Leute nicht mehr arbeiten wollen.

Mit CROSSTABS wären hierzu drei Kreuztabellen notwendig, die man erst einmal getrennt voneinander betrachten würde. Zusammenstellungen wie in der nächsten Tabelle lassen sich nur mit den Befehlen TABLES oder CTABLES erzeugen, wobei hier nur der Befehl TABLES erläutert wird.[20] Ein weiteres Bespiel findet sich bei *Fromm* (2005).

---

[19] Auf der Internetseite http://www.gesis.org/Datenservice/ALLBUS/index.htm können registrierte Nutzer den Datensatz für wissenschaftliche Forschung und Lehre heruntergeladen. Registrierung und Download sind kostenlos. Weitere Informationen zur Registrierung finden sich ebenfalls auf dieser Seite.

[20] Es wird nur auf die in diesem Beispiel benötigten Unterbefehle eingegangen. Sobald das Schlüsselwort TABLES eingegeben ist, lässt sich mit einem Klick auf das Symbol die vollständige Syntax anzeigen. Da der TABLES-Befehl nicht im Syntax-Guide dokumentiert ist, können nur einzelne Unterbefehle in den Ausführungen zum Befehl CTABLES (siehe Syntax-Guide S. 507-536) nachgeschlagen werden.

Häufigkeitsvertellungen und Spaltenprozente für v141, v142, v143 nach Erhebungsgeblet

| | | ERHEBUNGSGEBIET: WEST - OST | | | |
| | | ALTE BUNDESLAENDER | | NEUE BUNDESLAENDER | |
		Häufigkeiten	Spaltenprozente	Häufigkeiten	Spaltenprozente
STAAT: FUER ARBEIT+STABILE PREISE SORGEN	STIMME VOLL ZU	490	25,6%	362	38,5%
	STIMME EHER ZU	741	38,7%	365	38,8%
	STIMME EHER NICHT ZU	529	27,6%	169	18,0%
	STIMME GAR NICHT ZU	155	8,1%	44	4,7%
Gesamt		1915	100,0%	940	100,0%
STAAT: BEI NOT+ARBEITSLOSIGK. VERSORGEN	STIMME VOLL ZU	796	40,7%	533	55,6%
	STIMME EHER ZU	822	42,0%	350	36,5%
	STIMME EHER NICHT ZU	298	15,2%	68	7,1%
	STIMME GAR NICHT ZU	40	2,0%	7	,7%
Gesamt		1956	100,0%	958	100,0%
STAAT: SOZ.SICH. REDUZIERT ARBEITSWILLEN	STIMME VOLL ZU	386	20,3%	99	10,6%
	STIMME EHER ZU	692	36,4%	225	24,1%
	STIMME EHER NICHT ZU	581	30,5%	337	36,1%
	STIMME GAR NICHT ZU	243	12,8%	272	29,2%
Gesamt		1902	100,0%	933	100,0%

Quelle: ALLBUS-Compact 2004

Die Gruppen, die verglichen werden sollen, sind Befragte aus den alten und neuen Bundesländern. Diese Variable befindet sich in den Spalten. Die Variablen, die zum Vergleich verwendet werden, sind in den Zeilen positioniert. Die Syntax zur dargestellten Kreuztabelle lautet:

```
TABLES
/FTOTAL  summe  'Gesamt'
/TABLES    (v141+ summe + v142 + summe + v143 + summe)
           BY (v3> (STATISTICS))
/STATISTICS
           COUNT ((F5.0) 'Häufigkeiten')
           CPCT ((PCT4.1) 'Spaltenprozente': v3)
/TITLE =   'Häufigkeitsverteilungen und Spaltenprozente für
           v141, v142, v143 nach Erhebungsgebiet'.
```

Das Befehlswort ist TABLES und besteht aus folgenden Unterbefehlen:

– FTOTAL: Damit der Überblick erhalten bleibt, soll nach jeder Variablen, die aufgelistet ist auch die Gesamtzahl aller gültigen Fälle vermerkt sein. Um die Positionierung dieser Information in der Tabelle festzulegen, erhält sie den Namen „summe". Der Name ist frei wählbar. Mit Apostrophen wird angegeben, welche Bezeichnung für diese Werte in der Tabelle erscheinen soll, in diesem Beispiel also „Gesamt".

- TABLES: Im Unterbefehl /TABLES werden die verwendeten Variablen aufgelistet. Vor dem Schlüsselwort BY stehen die Zeilenvariablen und dahinter die Spaltenvariablen. Der Zusatz „> (STATISTICS)" ist optional und bedeutet, dass für v3 Statistiken angefordert werden, und zwar getrennt für alte und neue Bundesländer. Wenn man ihn weglässt, dann werden nur die Spalten mit den absoluten Häufigkeiten ausgegeben (/TABLES (v141+ summe + v142 + summe + v143 + summe) BY v3).

- STATISTICS: Der Unterbefehl /STATISTICS legt fest, welche Statistiken in den Zellen benötigt werden. Je nach Datensituation gibt es sehr viele Möglichkeiten. Neben den absoluten und relativen Häufigkeiten können etwa auch Maße wie Modus, Median, arithmetisches Mittel, Standardabweichung und Varianz angefordert werden.

  So fordert hier COUNT die absoluten Häufigkeiten an und versieht sie mit der Überschrift „Häufigkeiten". Über F5.0 wird das Format für die Häufigkeiten in der Tabelle festgelegt. Es kann an die jeweilige Datensituation angepasst werden und bedeutet für das Beispiel, dass maximal fünfstellige Zahlen (F5) ohne Dezimalstellen (.0) angezeigt werden.[21]

  Mittels CPCT werden die Spaltenprozente angefordert. Bei dieser Prozedur muss die Variable genannt werden, von welcher Spaltenprozente berechnet werden sollen, deshalb folgt hier der Ausdruck „:v3". Auch hier kann wieder das Format für die Prozentanzeige angegeben werden. PCT4.1 besagt, dass die Prozentzahlen höchstens aus vier Ziffern bestehen (PCT4), wobei eine Dezimalstelle (.1) vorhanden ist.

- TITLE legt eine Überschrift für die Tabelle fest.

Weiterführende Literatur:
In Teil 3 dieses Bandes wird die Logik der schließenden Statistik, insbesondere des statistischen Testens, erläutert. Im Vorwort geben wir Literaturhinweise dazu, wie man die im Text besprochenen Maße berechnet. *Angele* (2010) sowie *Wittenberg* und *Cramer* (2003) erläutern, wie man Maße für bivariate Zusammenhänge mit SPSS berechnet und interpretiert. Erklärungen und Anwendungen zum Befehl TABLES liefern *Wittenberg* und Cramer (2003) und zu CTABLES *Sarstedt* und *Schütz* (2006).

Angele, German (2010): SPSS Statistics 18 (IBM SPSS Statistics 18). Eine Einführung. Bamberg: Schriftenreihe des Rechenzentrums der Otto-Friedrich-Universität Bamberg. Quelle: www.uni-bamberg.de/fileadmin/uni/service/rechenzentrum/serversysteme/dateien/spss/skript.pdf (Kapitel „Kreuztabellen")

Sarstedt, Marko/*Schütz*, Tobias (2006): SPSS Syntax. Eine anwendungsorientierte Einführung. München: Vahlen

Wittenberg, Reinhard/*Cramer*, Hans (2003): Datenanalyse mit SPSS für Windows. Stuttgart: Lucius & Lucius (insbesondere folgende Kapitel: Variablenzusammenhänge: CROSSTABS, REGRESSION, CORRELATIONS, NON-PAR CORR; Multivariate deskriptive und konfirmative Analyse: CROSSTABS, PARTIAL CORR)

---

[21] Diese Einstellung betrifft nur die Anzeige in der Tabelle und nicht die Berechnungen selbst.

Kapitel 9
Das Ordinalskalenproblem

Nina Baur

1 Problemstellung

Jedes statistische Verfahren setzt ein Mindestskalenniveau voraus. Ein Verfahren für nominale Daten kann also auch für höhere Skalenniveaus angewandt werden. Allerdings gehen dabei Informationen verloren. Bei nominalen und metrischen Variablen ist dies kein Problem: Für beide Skalenniveaus existieren zahlreiche leistungsfähige Verfahren. Das Problem stellen Daten auf ordinalem Skalenniveau dar – obwohl sie in den Sozialwissenschaften ein sehr häufiger Datentyp sind, existieren hierfür fast keine Verfahren.

Zahlreiche soziale Phänomene sind theoretisch intervallskaliert, beispielsweise die Häufigkeit des Einkaufs in der Innenstadt. In der sozialen Wirklichkeit gibt es zwischen den beiden Extremen „Person X kauft immer Lebensmittel in der Innenstadt ein" und „Person X kauft nie Lebensmittel in der Innenstadt ein" unendlich viele Abstufungen – die Variable ist ein latentes Kontinuum:

Einkauf von Lebensmitteln in der Innenstadt

soziale Realität

Immer   Nie

Wenn das Einkaufsverhalten in der Innenstadt durch eine Frage im Fragebogen gemessen wird, muss man dieses Kontinuum in Bereiche unterteilen. Oft gelingt es, durch entsprechende Fragebogenformulierung dieses Kontinuum exakt zu unterteilen. Beispielsweise könnte man fragen: „An wie vielen Tagen kaufen Sie jede Woche in der Nachbarschaft ein?"

Leider ist dies nicht immer möglich, zumindest wenn man die Frage verständlich halten will. Auch verwendet man oft Sekundärdaten und muss deshalb

die Frage so übernehmen, wie sie die Primärforscher formuliert haben. Beispielsweise wurde im Fragebogen des soziologischen Forschungspraktikums
2000/2001 die Frage gestellt: „Wie oft kaufen Sie Lebensmittel für den täglichen
Bedarf in Geschäften oder Kaufhäusern in der Innenstadt ein?" (v21). Das Antwortspektrum zwischen „immer" und „nie" wurde in drei Bereiche eingeteilt: (1)
Oft – (2) Gelegentlich – (3) Selten / Nie. Die Befragten müssen nun ihr reales –
intervallskaliertes – Einkaufsverhalten irgendwie in die drei Kategorien einordnen. Dabei stellt sich das Problem, dass man nicht weiß, wie durch diese Antwortmöglichkeiten das theoretische Kontinuum unterteilt wird. Es gibt unendlich
viele Möglichkeiten, es zu unterteilen. Möglich wären beispielsweise folgende
Fälle:

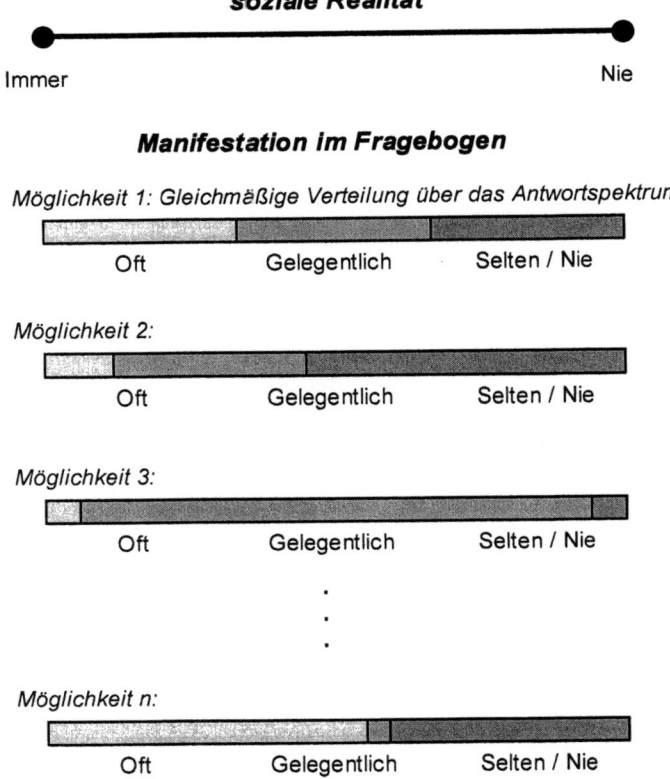

Einkauf von Lebensmitteln in der Innenstadt

soziale Realität

Immer   Nie

Manifestation im Fragebogen

Möglichkeit 1: Gleichmäßige Verteilung über das Antwortspektrum

Oft   Gelegentlich   Selten / Nie

Möglichkeit 2:

Oft   Gelegentlich   Selten / Nie

Möglichkeit 3:

Oft   Gelegentlich   Selten / Nie

Möglichkeit n:

Oft   Gelegentlich   Selten / Nie

Jeder Befragte unterteilt also dieses Kontinuum gedanklich in drei Bereiche und ordnet sich dann selbst ein. Hierbei treten zwei grundsätzliche Probleme auf:

1) *Problem der absoluten versus relationalen Interpretierbarkeit von Daten:* Unterteilen alle Befragten das Kontinuum auf die gleiche Art und Weise? Wenn die Befragten das Kontinuum nicht gleich aufteilen, kann es sein, dass Befragte dieselbe reale Ausprägung haben, sich aber unterschiedlich einordnen. Deshalb kann man solche Variablen nicht absolut, sondern nur relational interpretieren. Dieses Problem löst sich auf, wenn man nicht die Individuen sondern Kollektive betrachtet, wenn man also Zusammenhangsmaße berechnet.[1]

2) *Skalenproblem:* Unabhängig davon, wie sich einzelne Befragte zueinander verhalten, also unabhängig davon, ob Variablen absolut oder relational interpretierbar sind, stellt sich ein zweites Problem: *Wie* unterteilen die Befragten allgemein das Kontinuum, in das sie sich einordnen? Dieses Problem ist Thema der folgenden Ausführungen.

Wie die Zeichnung auf der vorigen Seite verdeutlicht, ist es durchaus möglich, dass sich die Befragten so einordnen, dass das reale Einkaufsverhalten so in die drei Kategorien eingeteilt wird, dass die Abstände zwischen den Kategorien gleich groß sind (Möglichkeit 1 in der Grafik). Die Variable im Fragebogen wäre damit wie die Variable in der sozialen Realität intervallskaliert. Leider weiß man dies nicht – es kann ebenfalls sein, dass die Kategorien das mögliche Antwortspektrum sehr unterschiedlich erfassen (Möglichkeiten 2 bis n in der Grafik).[2] Es gibt hierbei zwei Möglichkeiten, mit diesem Problem umzugehen:

1) Man nimmt an, dass die Variable im Fragebogen ordinalskaliert ist.

2) Man nimmt an, dass die Variable im Fragebogen intervallskaliert ist.

Für welche der beiden Optionen man sich entscheidet, hängt von der wissenschaftstheoretischen Grundposition ab. Beide Möglichkeiten haben bestimmte Vor- und Nachteile, die ich im folgenden diskutiere. Grob lässt sich sagen, dass Statistiker im Allgemeinen fordern, solche Variablen als ordinalskaliert zu interpretieren, während zahlreiche empirische Sozialforscher eher der Ansicht sind, dass man solche Variablen *unter Vorbehalt* als intervallskaliert interpretieren darf. Welche der beiden Positionen er vorzieht, muss jeder Forscher letztlich

---

[1] Näheres hierzu findet sich z. B. bei *Schulze* (2002a): 50-64.

[2] Ein eigener Zweig der Methodenforschung – die Survey Methodology – untersucht, wie Befragte standardisierte Befragungen beantworten. Hierzu gehört auch die Frage, welche Art von Skalen typischerweise wie beantwortet werden. Allerdings deuten die bisherigen Ergebnisse darauf hin, dass sich dies nicht eindeutig sagen lässt, d. h. wenn man nicht über eine ausgetestete Skala verfügt, bei der man weiß, wie sich die Fragen auf das Antwortspektrum verteilen, kann man nicht sicher sagen, welche der genannten Möglichkeiten, mit Skalen umzugehen, im konkreten Fall zutrifft.

selbst entscheiden – und sich dabei bewusst sein, dass er sich damit für die Vertreter der anderen Option angreifbar macht.

2   Problem 1: Falsche Interpretation der Daten

Wer ordinalskalierte Variablen behandelt wie intervallskalierte Variablen und entsprechende Maße berechnet (z. B. Mittelwert, Varianz, Korrelation usw.), führt Rechenoperationen mit den Variablen durch, die nicht erlaubt sind. Diese Rechenoperationen setzen voraus, dass die Abstände zwischen den Variablen gleich groß sind – ob dies der Fall ist, weiß man bei ordinalskalierten Variablen nicht. Es kann deshalb passieren, dass man Muster in den Daten berechnet, die in der Realität nicht da sind: Man findet Zusammenhänge, wo tatsächlich keine sind. An anderer Stelle werden real existierende Zusammenhänge nicht erkannt – einfach, weil man das falsche Maß verwendet. Wenn man Variablen wie die Häufigkeit des Einkaufs von Lebensmitteln in der Innenstadt (v21) als ordinalskaliert interpretiert, besteht diese Fehlergefahr nicht.

Simulationsstudien zeigen allerdings, dass diese Fehlergefahr extrem gering ist. Normalerweise unterschätzt man die Stärke des Zusammenhangs, wenn man ordinalskalierte Variablen als intervallskaliert interpretiert (*Schulze* 2000). Dies zeigt sich an folgendem Beispiel: Im Fragebogen des soziologischen Forschungspraktikums 2000/2001 messen vier Variablen das Einkaufsverhalten am Stadtrand bzw. in der Innenstadt (v21, v22, v24 und v25). Um den Fehler ungefähr abzuschätzen, den man begehen würde, wenn man die Variablen als intervallskaliert interpretiert, kann man folgendermaßen vorgehen:

1) Die Variablen werden entlang des Medians binarisiert.
2) Man berechnet die Korrelationsmatrix der neuen binarisierten Variablen.
3) Man berechnet die Korrelationsmatrix der Variablen mit ihren ursprünglichen Ausprägungen.
4) Man vergleicht die beiden Korrelationsmatrizen.

Die Zusammenhänge der Variablen sind meistens nicht fundamental verschieden. In den Korrelationsmatrizen weiter unten sieht man beispielsweise, dass zwar einzelne Korrelationen etwas stärker oder schwächer sind – an der grundsätzlichen Struktur der Daten ändert sich nichts: Alle Variablen korrelieren mäßig bis stark miteinander. Beispielsweise ist der Zusammenhang zwischen dem Einkauf von Lebensmitteln in der Innenstadt und am Stadtrand in beiden Fällen negativ, der zwischen dem Einkauf von Lebensmitteln und anderen Artikeln des täglichen Bedarfs in der Innenstadt beides mal positiv. Exakt gleichen sich die Werte allerdings nicht.

Korrelationsmatrix bei binarisierten Variablen

	Kauf Lebensmittel Innenstadt	Kauf Lebensmittel Stadtrand	Kauf and. Artikel Innenstadt	Kauf and. Artikel Stadtrand
Kauf Lebensmittel Innenstadt	1,000	-,176	,489	-,141
Kauf Lebensmittel Stadtrand	-,176	1,000	-,163	,699
Kauf and. Artikel Innenstadt	,489	-,163	1,000	-,277
Kauf and. Artikel Stadtrand	-,141	,699	-,277	1,000

Korrelationsmatrix (Annahme des Intervallskalenniveaus für ordinalskalierte Variablen)

	Kauf Lebensmittel Innenstadt	Kauf Lebensmittel Stadtrand	Kauf and. Artikel Innenstadt	Kauf and. Artikel Stadtrand
Kauf Lebensmittel Innenstadt	1,000	-,224	,490	-,167
Kauf Lebensmittel Stadtrand	-,224	1,000	-,197	,689
Kauf and. Artikel Innenstadt	,490	-,197	1,000	-,327
Kauf and. Artikel Stadtrand	-,167	,689	-,327	1,000

3 Problem 2: Nichtausschöpfen des Informationspotentials von Daten

Sozialwissenschaftler sind nicht nur an bivariaten sondern auch an multivariaten Analysen interessiert, die es erlauben, komplexe Strukturen in den Daten zu erkennen und zu analysieren. Diesbezüglich gibt es folgende Probleme:

1) Nach wie vor gibt es kaum Maße für ordinalskalierte Merkmale. Eine der wenigen Ausnahmen ist das Maß auf der Basis der Entropie, das von *Vogel* (2005) entwickelt wurde.

2) Statistiker haben noch weniger multivariate Analyseverfahren für ordinalskalierte Merkmale entwickelt. Zu den Ausnahmen gehört das Verfahren zur Clusteranalyse von *Friedrich Vogel*, das das Maß auf der Basis der Entropie verwendet. Andere Beispiele sind Ordered Probit-Modelle und die Dimensionsbildung mit Hilfe der Mokken-Skalierung.

3) Multivariate Analyseverfahren für ordinalskalierte Merkmale sind oft gar nicht in Datenanalyseprogramme umgesetzt. Gerade die großen Programmpakete wie SPSS verfügen über keinerlei Prozeduren für diese Programme. Dies bedeutet, dass man die Daten oft mühsam von SPSS in ein anderes Programm exportieren muss, dort die Analyse macht, und dann die Ergebnisse wieder in SPSS re-importieren muss. Dies gilt beispielsweise für das Pro-

gramm, mit dem man das oben angeführte Clusterverfahren durchführen kann. Ein anderes Beispiel ist das von *Leila Akremi* entwickelte SPSS-Makro, mit dem auch mit SPSS Dimensionen auf Basis der Mokken-Skalierung gebildet werden können (Näheres hierzu siehe Kapitel 2 in diesem Band). Immer noch kann es vorkommen, dass große Datensätze die Rechenkapazität sprengen. Dieses Problem wird im Laufe der nächsten Jahre jedoch immer unbedeutender werden bzw. eher eine Frage der Kosten als eine Frage der grundsätzlichen Möglichkeiten werden. Programme sind aber auf die begrenzte Rechnerkapazität ausgerichtet. Sie wählen häufig nicht den optimale Lösungsweg sondern arbeiten mit Annäherungsalgorithmen. Ein Beispiel hierfür sind die Verfahren der Clusteranalyse. In dieser Hinsicht sind Programme wie Stata und SAS flexibler als SPSS.

Bei ordinalskalierten Variablen bleiben also oft nur folgende Möglichkeiten:

3.1   Option 1: Verwendung von Verfahren für nominalskalierte Variablen

Für Kausalanalysen existieren eine Reihe multivariater Verfahren, z. B. die Varianzanalyse, die logistische Regressionsanalyse und die Diskriminanzanalyse. Für typologische Erkenntnisinteressen und die Bildung von Dimensionen ist die Auswahl der zur Verfügung stehenden multivariaten Verfahren fast genauso gering wie für ordinalskalierte Variablen. Hinzu kommt, dass man die Ordnungsinformation verschenkt, wenn man für ordinalskalierte Variablen nur Maße für nominalskalierte Verfahren anwendet.

3.2   Option 2: Binarisierung

Bei vielen Verfahren darf man sowohl mit intervallskalierten als auch mit binären Variablen rechnen. Es gibt verschiedene Möglichkeiten zu binarisieren. Die beiden geläufigsten sind:

3.2.1   Bildung von k–1 binären Variablen (= Dummy-Variablen)

Wenn man drei Ausprägungen hat („oft", „gelegentlich" und „selten / nie") erstellt man mit Hilfe des RECODE-Befehls in SPSS zwei neue Variablen nach dem folgenden Prinzip:
–   *Variable 1:* Die Information, die bei der ordinalen Variable mit der Ausprägung „oft" gemessen wurde, wird in einer neuen, eigenständigen Variable abgelegt. Diese nimmt den Wert „1" an, wenn der Befragte bei der ordinalen Variable den Wert „oft" aufweist. Falls er dies nicht tut, nimmt die Variablen den Wert „0" an.
–   *Variable 2:* Die Information, die bei der ordinalen Variablen mit der Ausprägung „gelegentlich" gemessen wurde, wird in einer neuen, eigenständigen Variablen

abgelegt. Diese nimmt den Wert „1" an, wenn der Befragte bei der ordinalen Variable den Wert „gelegentlich" aufweist. Falls er dies nicht tut, nimmt die Variablen den Wert „0" an.

– Wenn ein Befragter bei Variable 1 und bei Variable 2 jeweils eine „0" aufweist, hat er weder die Ausprägungen „oft" noch „gelegentlich". Da es nur drei mögliche Ausprägungen gibt, muss dieser Befragter also die Ausprägung „selten / nie" aufweisen. Diese letzte Ausprägung muss deshalb nicht durch eine eigene Variable gemessen werden. Man nennt diese Ausprägung „Referenzkategorie". Die Ordnungsinformation einer ordinalen Variable wird mit k = 3 Ausprägungen durch die Bildung von k–1 = 3 – 1 = 2 binären Variablen voll erfasst.

Auf diese Weise bekommt man zwei binäre Variablen und erhält die Ordnungs-information. Probleme bei dieser Vorgehensweise entstehen, wenn man mehrere Variablen gleichzeitig betrachtet. Erstens kann man durch die Binarisierung leicht so viele Variablen bekommen, dass man den Überblick verliert. Zusammenhänge sind dann nur noch schwer zu erkennen. Zweitens taucht bei der Verwendung gemischter Variablen das Problem der Gewichtung auf: Wenn man z. B. die obige ordinale Variable zusammen mit einer metrischen Variable (z. B. „Alter") in der Regressionsanalyse verwendet und zu diesem Zweck die ordinale Variable binarisiert, fügt man in das Modell ja zweimal die ordinale Variable ein (einmal als binäre Variable 1 und einmal als binäre Variable 2), die Variable „Alter" aber nur einmal. Die ordinale Variable zählt also implizit doppelt soviel wie die metrische Variable. Man kann die Variablen gewichten, aber die Frage ist, wie. Hinzu kommt, dass die Streuung binärer Variablen zwangsläufig geringer ist (weil sie nur zwischen „0" und „1" schwankt) als die Streuung vieler metrischer Variablen (z. B. dem Einkommen). Dies wirkt bei manchen Verfahren wie eine stärkere Gewichtung der Variablen mit der größeren Spannweite. Hier stellt sich die Frage, ob man standardisieren soll, und wenn ja, wie.

3.2.2 Binarisierung entlang des Medians

Man binarisiert die Variable entlang des Medians: Wenn also 25 % der Befragten die Antwort „oft" („1") gegeben haben, 25 % der Befragten die Antwort „gelegent-lich" („2") gegeben haben und 50 % der Befragten mit „selten / nie" („3") geant-wortet haben, bildet man eine neue Variable „Kauft in der Innenstadt ein", die die Ausprägungen „1" („Ja") und „0" („Nein") hat. Die alten Kategorien „1" und „2" fasst man mit Hilfe des RECODE-Befehls zur neuen Kategorie „1" zusam-men, die alte Kategorie „3" wird zur neuen Kategorie „0". 50 % der Befragten haben bei der neuen Variablen die Ausprägung „1", kaufen also in der Innen-stadt ein, 50 % der Befragten haben die Ausprägung „0", kaufen also nicht oder nur selten in der Innenstadt ein. Die neue Variable ist damit auch gleichzeitig standardisiert, was sich bei manchen Analyseverfahren günstig auswirkt.

In der Praxis kann man die Grenze fast nie genau am Median ziehen. Beispielsweise kann es sein, dass 10 % der Befragten mit „oft" („1"), 50 % der Befragten mit „gelegentlich" („2") und 40 % der Befragten mit „selten / nie" („3") geantwortet haben. In solchen Fällen versucht man, möglichst gleich große Gruppen zu bilden. Man würde also die Ausprägungen „1" und „2" zusammenfassen. 60 % der Befragten hätten dann bei der neuen Variablen die Ausprägung „1", 40 % die Ausprägung „0".

An diesem Beispiel deuten sich auch schon die Probleme dieses Verfahrens der Binarisierung an: Oft verzerrt man durch die Binarisierung die Variable sehr stark. Ein Beispiel hierfür ist die Variable v29 („Zufriedenheit mit dem Kontakt mit den Nachbarn"): Die Zufriedenen sind die weitaus stärkste Gruppe (85 % der Befragten). Wenn man binarisiert, muss man diese Kategorie entweder mit denen zusammenfügen, die mehr Kontakt mit den Nachbarn wollen, oder mit denen, die weniger Kontakt mit den Nachbarn wollen. Beide Kategorien („mehr Kontakt gewünscht" und „weniger Kontakt gewünscht") sind inhaltlich etwas völlig anderes als die mittlere Kategorie („zufrieden – Kontakt wie bisher gewünscht"). Gleichzeitig ist die Gruppe der Zufriedenen so groß, dass sie praktisch allein entscheidend ist, wenn man Zusammenhangsmaße berechnet – die Unzufriedenen, die mit in dieselbe Kategorie gefasst wurden, fallen praktisch gar nicht mehr ins Gewicht.

Wenn man Variablen wie die Häufigkeit des Einkaufs von Lebensmitteln in der Innenstadt (v21) als ordinalskaliert interpretiert, kann es also sein, dass man das Informationspotential, das in einer Untersuchung angelegt ist, nicht ausschöpft.

4 Einschätzung des Fehlerrisikos

Wie hoch wäre nun das Fehlerrisiko, wenn man Variablen wie die Häufigkeit des Einkaufs von Lebensmitteln in der Innenstadt (v21) als intervallskaliert interpretiert? Um dies einzuschätzen, gibt es nur Anhaltspunkte (*Schulze* (2000)). Diese Möglichkeiten der Einschätzung des Fehlerrisikos bespreche ich im Folgenden.

4.1   Analyse der Zahl der Ausprägungen

Das Fehlerrisiko, das man eingeht, wenn man Variablen wie die Häufigkeit des Einkaufs von Lebensmitteln in der Innenstadt (v21) als intervallskaliert interpretiert, ist umso geringer, je größer die Zahl der Ausprägungen der Variablen im Fragebo-

gen ist. Diesbezüglich ist der Fragebogen des soziologischen Forschungspraktikums 2000/2001 eher problematisch – fast alle fraglichen Variablen haben nur
drei Ausprägungen („oft" / „gelegentlich" / „selten (nie)" oder „stimmt" /
„stimmt teilweise" / „stimmt nicht"). Wünschenswert wären mindestens fünf
Ausprägungen. Hier stellt sich ein Dilemma beim Fragebogendesign: Auswer-
tungstechnisch wünschenswert sind möglichst viele Ausprägungen. Diese über-
fordern aber die meisten Befragten, so dass es erhebungstechnisch i. d. R. sinnvoller ist, sich auf wenige Antwortmöglichkeiten zu beschränken.

4.2   Analyse der Häufigkeitsverteilung

Das Fehlerrisiko, das man eingeht, wenn man Variablen wie die Häufigkeit des
Einkaufs von Lebensmitteln in der Innenstadt (v21) als intervallskaliert interpretiert,
ist relativ gering, wenn die Antworten ungefähr gleichverteilt sind. Relativ unproblematisch ist deshalb die Behandlung folgender Variable als intervallskaliert:

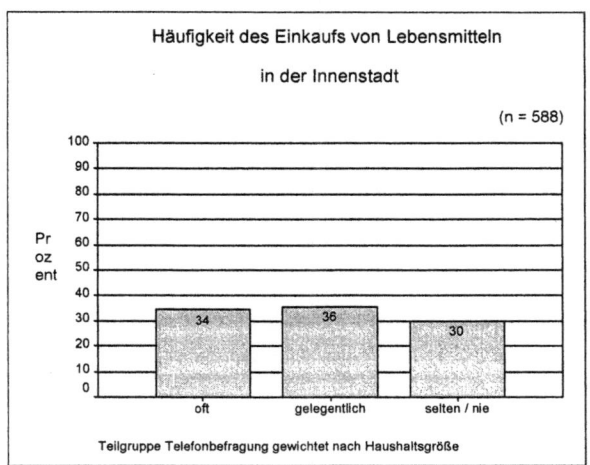

Jeweils etwa ein Drittel der Befragten hat mit „oft", mit „gelegentlich" und mit
„selten (nie)" geantwortet. Die Häufigkeitsverteilung folgender Variable ist
dagegen wesentlich schiefer und entsprechend problematischer:

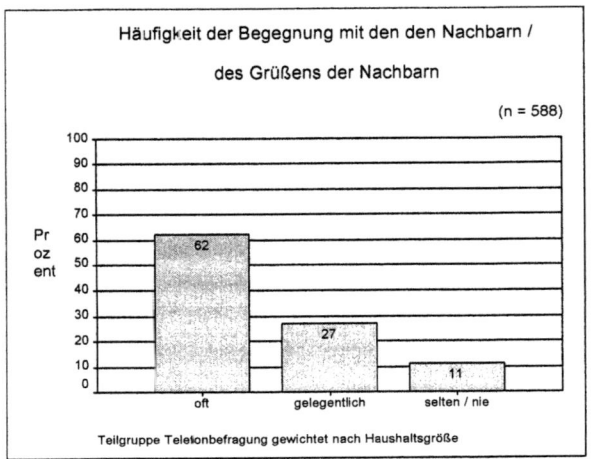

Die Verteilung der Variablen ist extrem schief. Fast zwei Drittel der Befragten haben mit „oft" geantwortet, während nur etwa 10 % der Befragten mit „selten (nie)" geantwortet haben. Bei dieser Variablen existiert also ein relativ hohes Fehlerrisiko.

4.3   Vorsichtige Interpretation der Ergebnisse

Schließlich sollte man auch bei Annahme von Intervallskalen die allgemeinen Regeln beachten, die für den Forschungsprozess gelten. Die in diesem Zusammenhang wichtigsten Punkte sind:

Liefert die Datenanalyse ein Ergebnis, das im deutlichen Widerspruch zum vorhandenen Wissen über den Gegenstandsbereich steht, sollte man kritisch überprüfen, ob möglicherweise das falsche Skalenniveau angesetzt oder ein anderer Fehler im Datenerhebungs- oder -analyseprozess begangen wurde.

Die Ergebnisse sollten vorsichtig interpretiert werden. Insbesondere sollte man vermeiden, eine in der Realität nicht vorhandene Exaktheit vorzutäuschen. Statt von einer „Korrelation von 0,689" ist es beispielsweise besser, von einem „recht starken Zusammenhang" zu reden.

5   Zum Umgang mit Ordinalskalen in diesem Buch

In diesem Buch werden (mit Ausnahme von Kapitel 10) Variablen wie das Einkaufsverhalten in der Nachbarschaft – statistisch korrekt – als ordinalskaliert interpretiert. In Kapitel 10 und in Band 2 (*Fromm* 2010) behandeln wir solche Variablen als intervallskaliert. Dies bedeutet nicht, dass wir für die eine oder andere Form der Lösung dieses Problems plädieren – diesbezüglich müssen Sie Ihre eigene Haltung finden. Wichtig ist, die Entscheidung für eine der beiden Vorgehensweisen begründet zu treffen und sich jedesmal zu überlegen, welche Fehler dadurch im konkreten Fall auftreten können.

Der Grund, warum wir im Folgenden solche Variablen als intervallskaliert interpretieren, ist didaktischer Natur: Fast alle sozialwissenschaftlichen Variablen sind empirisch ordinalskaliert. Dies gilt auch für die meisten Variablen in unserem Beispieldatensatz. Gleichzeitig gehören Kenntnisse zahlreicher statistischer Verfahren heute zu den Basisqualifikationen von Sozialwissenschaftlern. Viele dieser Verfahren setzen ein metrisches Skalenniveau voraus.

Verfahren für nominale und ordinale Daten bauen meist auf Verfahren für metrische Daten auf, d. h. es ist sinnvoll, erst die Verfahren zur Analyse metrischer Daten zu erlernen, weil es dann leichter fällt, die anderen Verfahren zu verstehen. Der sinnvollste Weg, diese Verfahren (und insbesondere ihre Schwächen) kennen zu lernen, ist, sie praktisch zu üben. Hierzu benötigt man aber Datensätze – die meist hauptsächlich ordinalskalierte Daten enthalten. Zu Übungszwecken behandeln wir deshalb im Folgenden ordinale Variablen meist als intervallskaliert. Damit wir uns auf das Wesentliche – die Erläuterung der statistischen Verfahren – konzentrieren können, führen wir nicht jedesmal aufs Neue Überlegungen über das Fehlerrisiko aus. In der Forschungspraxis sollte man jedoch – soweit möglich – Verfahren für ordinale Variablen vorziehen.

Weiterführende Literatur:
Baur und *Lamnek* (2007) sowie *Schulze* (2002a) erläutern den Unterschied zwischen relationaler und absoluter Interpretierbarkeit von Daten, *Schulze* (2000) geht genauer auf das Ordinalskalenproblem ein.

Baur, Nina/*Lamnek*, Siegfried (2007): Variables. In: *Ritzer*, George (Hg.): The Blackwell Encyclopedia of Sociology. Blackwell Publishing Ltd. S. 3120-3123
Schulze, Gerhard (2000): Die Interpretation von Ordinalskalen. Paper 2 zum HS „Forschung und soziologische Theorie II". SS 2000. Otto-Friedrich-Universität Bamberg: Unveröffentlichtes Seminarpaper. Erhältlich bei Gerhard Schulze (gerhard.schulze@sowi.uni-bamberg,de)
Schulze, Gerhard (2002a): Einführung in die Methoden der empirischen Sozialforschung. Reihe: Bamberger Beiträge zur empirischen Sozialforschung. Band 1. Bamberg. 50-64 (Elementarsatzinterpretation und Messung) und 256-258 (Messung)

Kapitel 10
Kontrolle von Drittvariablen für bivariate Beziehungen

Nina Baur

1   Verschiedene Arten von Kausalmodellen

Existiert ein statistischer Zusammenhang zwischen zwei Variablen X (z. B. „Bildungsgrad") und Y („Wahrscheinlichkeit der Nichtwahl"), muss sichergestellt werden, dass keine dritte Variable Z (z. B. „Geschlecht") die bivariate Beziehung verursacht, also ein Effekt einer dritten Variablen vorliegt. Drittvariablenkontrollen führt man durch, um ...

– ... Stärke und Richtung einer gemessenen bivariaten Beziehung zwischen X und Y korrekt einzuschätzen.

– ... Aufschluss über die kausale Anordnung der miteinander in Beziehung gesetzten Variablen zu erhalten.

Dabei sind u. a. folgende Möglichkeiten der kausalen Strukturierung denkbar (vgl. hierzu auch *Schulze* (2002a): 260-298):

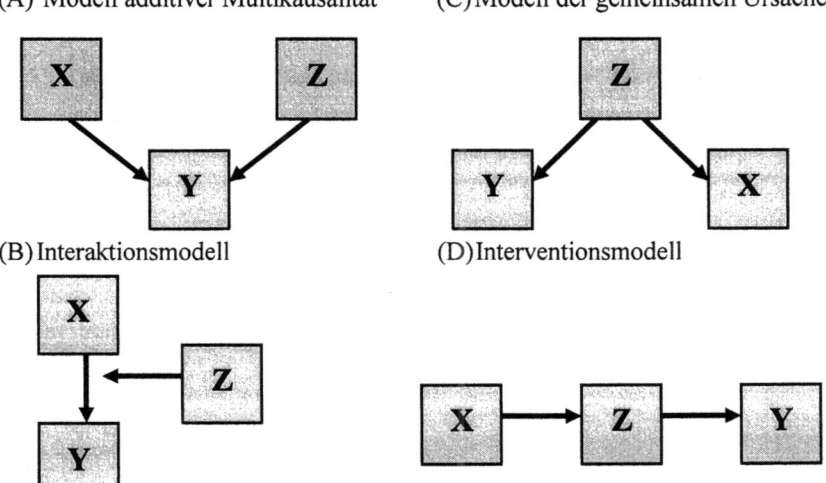

(A) Modell additiver Multikausalität

(C) Modell der gemeinsamen Ursache

(B) Interaktionsmodell

(D) Interventionsmodell

2   Grundsätzliche Vorgehensweise

Dreiecksbeziehungen der oben vorgestellten Art können mit Hilfe der Technik des Konstanthaltens von Drittvariablen überprüft werden. Hierbei geht man in mehreren Schritten vor:

2.1   Messung des Gesamtgruppenzusammenhangs zwischen Y und X bzw. Z

Man misst zunächst die Stärke, Richtung und Signifikanz zwischen einer abhängigen Variablen Y und zwei unabhängigen Variablen X und Z. Bei drei nominalen bzw. drei ordinalen Variablen entspricht dies drei Kontingenzanalysen wie sie in Kapitel 9 dieses Buches beschrieben wurden (SPSS-Befehl: CROSSTABS). Bei drei metrischen Variablen ist dies mit Hilfe des Korrelationskoeffizienten möglich (SPSS-Befehl: CORRELATIONS; vgl. *Angele* 2010 und *Fromm* 2010). Sind alle Zusammenhänge hoch, stellt sich die Frage nach deren Ursachen. Jeweils zwei Variablen können zusammenhängen, die Variablen können eine gemeinsame Dimension bilden, weitere, nicht berücksichtigte Variablen können den Zusammenhang verursachen usw. Es ist aber auch möglich, dass eines der oben genannten Kausalmodelle vorliegt. Vermutet man letzteres, kann man mit dem im folgenden beschriebenen Vorgehen diese Modelle überprüfen.

2.2   Aufstellung aller möglichen Kausalmodelle

Vermutet man, dass ein Dreivariablen-Kausalmodell vorliegt, sollte man sich zunächst *theoretisch* überlegen, welche Kausalmodelle inhaltlich Sinn machen würden. Man zeichnet hierzu diese Kausalmodelle auf. Auch wenn man ein bestimmtes Kausalmodell vermutet, sollte man *alle* Kausalmodelle aufstellen, die man auch nur für entfernt plausibel hält. Dies ist eine falsifikatorische Forschungsstrategie (*Schulze* (2002a): 90-96): Man wägt alle anderen möglichen Kausalmodelle gegen das Modell ab, das man aus theoretischen Gründen für am wahrscheinlichsten hält. Die Folge kann sein, dass die Daten darauf hindeuten, dass eines der anderen Modelle besser zu den Daten passt, man also sein „Lieblingsmodell" verwirft. Es kann aber auch sein, dass sich das vom Forscher bevorzugte Modell gegenüber den anderen Modellen durchsetzt. In diesem Fall gilt es als besonders gut bestätigt. Würde man dagegen eine konfirmatorische Forschungsstrategie wählen, also nur das eine Modell überprüfen, das einem am plausibelsten erscheint, kann es sein, dass einem tatsächliche Zusammenhänge entgehen.

2.3 Unterteilung des Datensatzes in Teilgruppen

Nachdem die Kausalmodelle aufgestellt wurden, unterteilt man den Datensatz in Teilgruppen. Jede Ausprägung der Variablen Z bildet eine Teilgruppe. Für jede Teilgruppe berechnet man den Zusammenhang zwischen den Variablen X und Y. Hierzu verwendet man folgende SPSS-Befehle:

– Bei drei nominalen Variablen den SPSS-Befehl CROSSTABS:

```
CROSSTABS    y BY x BY z
/CELLS = NONE
/STATISTICS = LAMBDA.
```

– Wenn die drei Variablen ordinalskaliert sind beispielsweise:

```
CROSSTABS    y BY x BY z
/CELLS = NONE
/STATISTICS = GAMMA.
```

– Bei drei metrischen Variablen gibt es zwei Optionen: Lässt man das Interaktionsmodell außer acht, kann man den partiellen Korrelationskoeffizienten verwenden (SPSS-Befehl PARTIAL CORR), also in diesem Beispiel:

```
PARTIAL CORR y x BY z.
```

Kommt dagegen auch ein Interaktionsmodell in Betracht, muss man die Kontrollvariable so klassieren, dass aus überschaubar vielen Ausprägungen besteht:

```
** NACH DER KLASSIERUNG BZW. BINARISIERUNG DER
** KONTROLLVARIABLEN z IN DIE NEUE VARIABLE z_klass:
SORT CASES BY z_klass.
SPLIT FILE BY z_klass.
CORRELATIONS y x.
SPLIT FILE OFF.
```

2.4 Vergleich der Teilgruppen- und Gesamtgruppenzusammenhänge

In den Untergruppen von Z wird erneut die bivariate Beziehung zwischen X und Y untersucht und mit dem Ergebnis in der Gesamtheit verglichen. Dabei bestehen folgende Möglichkeiten:

Statistisches Ergebnis	Mögliche inhaltliche Interpretation
Die Zusammenhänge in den Teilgruppen unterscheiden sich nicht wesentlich vom Zusammenhang in der Gesamtheit.	Additives Modell (A)
Die Zusammenhänge in den Teilgruppen unterscheiden sich deutlich.	Interaktionsmodell (B)
Der Zusammenhang existiert nur in der Gesamtheit. In den Teilgruppen ist der Zusammenhang (tendenziell) nicht existent.	Modell der gemeinsamen Ursache (C) oder Interventionsmodell (D)

2.5   Vergleich der Daten mit dem aufgestellten theoretischen Modell

Nun gleicht man die empirischen Ergebnisse aus (4) mit den theoretischen Modellen aus (2) ab. Man entscheidet sich für das Modell, das am besten zu den Daten passt. Scheint keines der Modelle geeignet, muss man das theoretische Modell modifizieren. Das Problem bei empirischen Daten ist, dass die Ergebnisse in der Regel nie eindeutig in das obige Schema eingeordnet werden können. Man muss also interpretieren.

2.6   Inhaltliche Interpretation des Modells

In den Forschungsbericht übernimmt man natürlich nicht das formale Modell sondern formuliert aus, was es – auf den konkreten Sachverhalt bezogen – bedeutet.

3   Beispielfragestellung und Daten

Ein Forscher vermutet, dass sich die Wohndichte – sowohl innerhalb einer Familie als auch innerhalb eines Hauses – auf die Stärke der Probleme mit den Nachbarn auswirkt. Im Datensatz des soziologischen Forschungspraktikums 2000/2001 findet er Variablen, die ihm zur Überprüfung dieser Hypothese geeignet erscheinen:
– Häufigkeit der Probleme mit den Nachbarn (v10)
– Art des Wohngebäudes (v03) als Indikator für die Wohndichte innerhalb eines Hauses
– Haushaltsgröße (v04) als Indikator für die Wohndichte innerhalb einer Familie[1]

Die Variablen haben unterschiedliche Skalenniveaus und unterschiedlich viele Ausprägungen. Um die prinzipielle Vorgehensweise der Drittvariablenkontrolle zu illustrieren, werden sie zunächst als nominale, dann als ordinale und schließlich als metrische Variablen behandelt.[2]

---

[1]   Hinweis: Diese Variablen erfassen nicht genau, was erforscht werden soll: Zunächst erfasst die Haushaltsgröße im Fragebogen nur die Zahl der Haushaltsmitglieder über 18 Jahre – Kinder bleiben also unberücksichtigt. Hinzu kommt, dass die Zahl der Haushaltsmitglieder bzw. die Zahl der Parteien in einem Haus nicht unbedingt darauf hinweisen muss, dass die Wohndichte groß ist – wenn die Quadratmeterzahl groß ist, kann die Wohndichte auch bei vielen Personen gering sein. Dies ist bei der Interpretation und Weiterverwendung der Daten zu berücksichtigen.

[2]   Zum Ordinalskalenproblem vgl. Kapitel 9.

4   Allgemeine Vorarbeiten

Die Frage v04 wurde nur an Befragte der Telefonumfrage gestellt. Deshalb müssen vorab alle anderen Fälle aus dem Datensatz entfernt werden. Außerdem müssen die fehlenden Werte definiert werden. Die Variable v10 wird so rekodiert, dass sie inhaltlich leichter zu interpretieren ist: Höhere Werte entsprechen nach der Rekodierung mehr Problemen mit den Nachbarn.

4.1   SPSS-Syntax

```
SELECT IF (sit=1).
SAVE OUTFILE =   'A:\Datensatz_nur_Telefon.sav'
                 /COMPRESSED.

MISSING VALUES v03 (7).
RECODE v10 (1=3) (2=2) (3=1) INTO problem.
EXECUTE.
VARIABLE LABELS problem 'Probleme mit den Nachbarn'.
VALUE LABELS problem 1 'keine Probleme'
                     2 'teilweise Probleme'
                     3 'Probleme'.
FREQUENCIES      v03 v04 problem
                 /STATISTICS = NONE.
```

4.2   SPSS-Ausgabe

Nach der Selektion befinden sich noch 81 Fälle im Datensatz. Auf die Frage v03 haben zwei, auf die Frage v10 drei Personen nicht geantwortet.

Betrachtet man die Häufigkeitsverteilungen, so fällt einerseits auf, dass manche Kategorien extrem stark besetzt sind (allein stehendes Einfamilienhaus und Mehrparteienhaus bei der Variable v03;

V04 Haushaltsgröße (Zahl der Personen ab 18)

		Anteil in %
Gültig	1	22,2
	2	56,8
	3	9,9
	4	6,2
	5	3,7
	6	1,2
	Gesamt	100,0

V03 Art von Wohngebäude

			Anteil in %
Gültig	1	alleinstehendes Einfamilienhaus	29,1
	2	Doppelhaus	3,8
	3	Reihenhaus	13,9
	4	Mehrparteienhaus bis 6 Whg.	34,2
	5	Wohnblock mit mehreren Eingängen	16,5
	6	Hochhaus mit mehr als 6 Stockwerken	2,5
	Gesamt		100,0

Zwei-Personen-Haushalt bei Variable v04; keine Probleme mit den Nachbarn bei Variable problem).

PROBLEM Probleme mit den Nachbarn

		Anteil in %
Gültig	1 keine Probleme	82,1
	2 teilweise Probleme	11,5
	3 Probleme	6,4
	Gesamt	100,0

Umgekehrt sind manche Kategorien sehr schwach besetzt. Es kann unter Umständen passieren, dass später beim Berechnen der Zusammenhangsmaße einzelne Felder so schwach besetzt sind, dass die Maße nicht berechnet werden können. In diesem Fall müssten nachträglich die Variablen noch klassiert werden. Dies wird sich im Lauf der Analyse zeigen.

5   Schritt 1: Gesamtzusammenhang

Im ersten Analyseschritt wird untersucht, ob überhaupt ein Zusammenhang zwischen den drei Variablen besteht. Inhaltlich ist dies durchaus plausibel. Abhängige Variable ist problem, unabhängige Variablen sind die Variablen v03 und v04.

5.1   SPSS-Syntax bei Interpretation der Variablen als nominalskaliert

```
CROSSTABS v03 v04 BY problem
        /CELLS = ROW
        /STATISTICS = LAMBDA.
```

5.2   SPSS-Ausgabe bei Interpretation der Variablen als nominalskaliert

Betrachtet man die Kreuztabelle, so scheint es durchaus Zusammenhänge zwischen v03 bzw. v04 einerseits und problem andererseits zu geben:

Kreuztabelle

% von V03 Art von Wohngebäude

		PROBLEM Probleme mit den Nachbarn			
		1 keine Probleme	2 teilweise Probleme	3 Probleme	Gesamt
V03 Art von Wohngebäude	1 alleinstehendes Einfamilienhaus	86,4%	13,6%		100,0%
	2 Doppelhaus	100,0%			100,0%
	3 Reihenhaus	80,0%		20,0%	100,0%
	4 Mehrparteienhaus bis 6 Whg.	81,5%	14,8%	3,7%	100,0%
	5 Wohnblock mit mehreren Eingängen	91,7%		8,3%	100,0%
	6 Hochhaus mit mehr als 6 Stockwerken		100,0%		100,0%
Gesamt		82,9%	11,8%	5,3%	100,0%

Kreuztabelle

% von V04 Haushaltsgröße (Zahl der Personen ab 18)

| | | PROBLEM Probleme mit den Nachbarn | | | |
		1 keine Probleme	2 teilweise Probleme	3 Probleme	Gesamt
V04 Haushaltsgröße	1	72,2%	16,7%	11,1%	100,0%
(Zahl der Personen	2	86,7%	8,9%	4,4%	100,0%
ab 18)	3	71,4%	28,6%		100,0%
	4	100,0%			100,0%
	5	100,0%			100,0%
	6			100,0%	100,0%
Gesamt		82,1%	11,5%	6,4%	100,0%

Dies spiegelt sich auch in den Zusammenhangsmaßen wider: Die Prognose, ob jemand Probleme mit den Nachbarn hat, verbessert sich um etwa 15 %, wenn man weiß, in welcher Art von Wohngebäude die Person wohnt.

Richtungsmaße

			Wert	Asymptotischer Standardfehler[a]	Näherungsweises T[b]	Näherungsweise Signifikanz
Nominal- bzgl. Nominalmaß	Lambda	Symmetrisch	,048	,034	1,358	,175
		V03 Art von Wohngebäude abhängig	,020	,035	,579	,563
		PROBLEM Probleme mit den Nachbarn abhängig	,154	,100	1,433	,152
	Goodman-und -Kruskal-Tau	V03 Art von Wohngebäude abhängig	,033	,015		,260[c]
		PROBLEM Probleme mit den Nachbarn abhängig	,171	,031		,004[c]

a. Die Null-Hyphothese wird nicht angenommen.

b. Unter Annahme der Null-Hyphothese wird der asymptotische Standardfehler verwendet.

c. Basierend auf Chi-Quadrat-Näherung

Auch der Zusammenhang zwischen Haushaltsgröße und den Problemen mit den Nachbarn ist positiv – allerdings nicht so stark. Theoretisch wäre ein größerer Zusammenhang zu erwarten gewesen – vielleicht ist er deshalb so gering, weil die Zahl der Kinder im Haushalt nicht erfasst wurde. Allerdings sind die Zellen in diesem Beispiel sehr gering besetzt – manche sind sogar leer. Dadurch kann das Ergebnis fehlerhaft sein. Wollte man diese Ergebnisse für einen Forschungsbericht verwenden, müsste man auf einen größeren Datensatz zurückgreifen oder die Variablen klassieren.[3]

---

[3] Zu den mit der Klassierung verbundenen Problemen siehe Kapitel 7 und 8 in diesem Band.

Richtungsmaße

			Wert	Asymptotischer Standardfehler[a]	Näherungsweises T[b]	Näherungsweise Signifikanz
Nominal- bzgl. Nominalmaß	Lambda	Symmetrisch	,021	,047	,448	,654
		V04 Haushaltsgröße (Zahl der Personen ab 18) abhängig	,000	,061	,000	1,000
		PROBLEM Probleme mit den Nachbarn abhängig	,071	,069	1,006	,314
	Goodman-und -Kruskal-Tau	V04 Haushaltsgröße (Zahl der Personen ab 18) abhängig	,024	,024		,504[c]
		PROBLEM Probleme mit den Nachbarn abhängig	,109	,036		,080[c]

a. Die Null-Hyphothese wird nicht angenommen.

b. Unter Annahme der Null-Hyphothese wird der asymptotische Standardfehler verwendet.

c. Basierend auf Chi-Quadrat-Näherung

5.3   SPSS-Syntax bei Interpretation der Variablen als ordinalskaliert

```
CROSSTABS v03 v04 BY problem
        /CELLS = ROW
        /STATISTICS = GAMMA.
```

5.4   SPSS-Ausgabe bei Interpretation der Variablen als ordinalskaliert

Je mehr Parteien in einem Haus wohnen, desto mehr Probleme gibt es tendenziell mit den Nachbarn – dies entspricht durchaus unseren Erwartungen:

Symmetrische Maße

		Wert	Asymptotischer Standardfehler[a]	Näherungsweises T[b]	Näherungsweise Signifikanz
Ordinal- bzgl. Ordinalmaß	Gamma	,181	,206	,855	,393
Anzahl der gültigen Fälle		76			

a. Die Null-Hyphothese wird nicht angenommen.

b. Unter Annahme der Null-Hyphothese wird der asymptotische Standardfehler verwendet.

Der Zusammenhang zwischen Haushaltsgröße und den Problemen mit den Nachbarn ist dagegen ganz anders als erwartet: Je mehr Personen in einem Haushalt wohnen, desto weniger Probleme gibt es mit den Nachbarn. Woran dies liegt, kann man nur vermuten. Vielleicht sind diese Personen geselliger? Vielleicht wohnen sie auch nicht mit Kindern zusammen, während 1- und 2-Personen-Haushalte eher mit

Kindern zusammenwohnen und Kinder eine Hauptursache für Probleme mit den Nachbarn sind? Diese Fragen können nicht mit dem Datensatz beantwortet werden.

Symmetrische Maße

	Wert	Asymptoti scher Standardf ehler[a]	Näherungs weises T[b]	Näherungs weise Signifikanz
Ordinal- bzgl. Ordinalmaß Gamma	-,155	,253	-,613	,540
Anzahl der gültigen Fälle	78			

a. Die Null-Hyphothese wird nicht angenommen.
b. Unter Annahme der Null-Hyphothese wird der asymptotische Standardfehler verwendet.

5.5   SPSS-Syntax bei Interpretation der Variablen als metrisch

CORRELATIONS problem v03 v04.

5.6   SPSS-Ausgabe bei Interpretation der Variablen als metrisch

Vergleicht man die Ergebnisse der Kreuztabellen mit den Korrelationskoeffizienten, wird das Skalenproblem deutlich: Der Zusammenhang zwischen Haushaltsgröße und den Problemen mit den Nachbarn erscheint negativ, wenn man die Variablen v04 und problem als ordinalskaliert interpretiert. Dagegen erscheint er als fast Null, allerdings leicht positiv, wenn man die Variablen als metrisch interpretiert. Der Hauptgrund hierfür sind sicherlich die extrem schiefen Verteilungen. Dies ist ein Beispiel dafür, wie wichtig es ist, das richtige Zusammenhangsmaß zu wählen: In diesem Fall erfasst das Maß nicht die real existierenden Zusammenhänge. Der Zusammenhang zwischen Haushaltsgröße und den Problemen mit den Nachbarn ist in diesem Beispiel fast Null – normalerweise würde man in diesem Fall schließen, dass kein Zusammenhang zwischen den beiden Variablen existiert. Um die Drittvariablenkontrolle bei metrischen Variablen im Vergleich zu nominalen und ordinalen Variablen zu illustrieren, werden diese beiden Einwände im Folgenden aus didaktischen Gründen ignoriert.

Korrelationen

	PROBLEM Probleme mit den Nachbarn	V03 Art von Wohngebäude	V04 Haushaltsgröße (Zahl der Personen ab 18)
PROBLEM Probleme mit den Nachbarn	1,000	,125	,013
V03 Art von Wohngebäude	,125	1,000	-,147
V04 Haushaltsgröße	,013	-,147	1,000

6   Schritt 2: Mögliche Kausalmodelle

Bislang haben wir die Gesamtzusammenhänge untersucht. Als nächstes muss inhaltlich überlegt werden, welche Kausalmodelle plausibel erscheinen. Diese werden einfach aufgelistet. Man stellt dabei *alle* möglichen Kausalmodelle auf, um die Wahrscheinlichkeit zu verringern, dass die eigene Perspektive die Forschungsergebnisse verzerrt. Welches der Modelle zutrifft, entscheidet man *nicht* aufgrund theoretischer Überlegungen. Entscheidungsgrundlage sind vielmehr die Daten, die wir erst in späteren Schritten analysieren. Genau dies ist ja gerade der Sinn empirischer Sozialforschung: theoretische Modelle an der Wirklichkeit zu überprüfen. Beispielsweise lassen sich für das hier behandelte Beispiel die folgenden theoretischen Modelle vorstellen:

1) *Multikausalität (Modell A):* Steigende Haushaltsgröße und steigende Zahl der Parteien führen unabhängig voneinander auch zu mehr Problemen mit den Nachbarn: Je mehr Personen in einem Haushalt wohnen, desto größer ist die Lärmbelästigung für die Nachbarn. In Mehrparteienhäusern wohnt man dichter zusammen und kann sich deshalb nicht so gut aus dem Weg gehen (Hier wurden also zwei weitere Variablen – Lärmbelästigung und Sich-Meiden-Können – eingeführt, die aber nicht direkt gemessen wurden). Formal sähe diese Beziehung so aus:

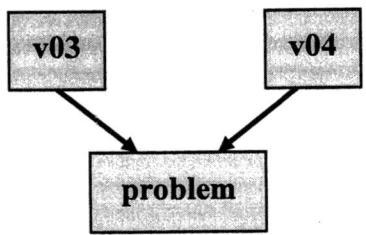

2) *Interaktion (Modell B):* Je mehr Personen zusammen in einer Wohnung leben, desto mehr Probleme gibt es auch mit den Nachbarn, weil die Lärmbelästigung größer ist. Das gilt aber nur, wenn viele andere Parteien im selben Haus wohnen. In Ein-Parteienhäusern bekommen die Nachbarn dagegen den Lärm nicht mit und fühlen sich auch nicht gestört (Wieder eine Reihe von intervenierenden Variablen, die nicht gemessen wurden.). Formal ausgedrückt:

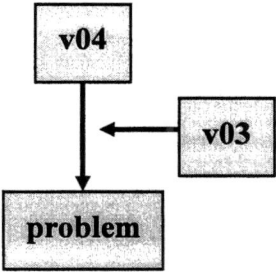

3) *Interaktion (Modell B):* Je mehr Parteien in einem Haus wohnen, desto mehr Probleme gibt es mit den Nachbarn. Dies gilt aber nur, wenn in einem Haushalt viele Personen wohnen. Ein möglicher Grund hierfür ist, dass große Haushalte oft WGs sind, die Partys feiern wollen und nicht bereit sind, darauf zu verzichten. Umgekehrt gehen Alleinlebende oft aus und bekommen nicht viel von ihren Nachbarn mit. Formal ausgedrückt:

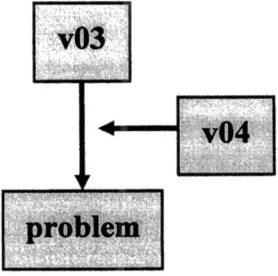

4) *Gemeinsame Ursache (Modell C):* Wenn viele Personen eine Familie bilden, haben sie einerseits ein geringes Einkommen und müssen deshalb auch in Häuser ziehen, wo noch andere Leute wohnen. Andererseits haben sie auch mehr Probleme mit ihren Nachbarn: Wenn sich einer mit den Nachbarn streitet, zeigen sich die anderen solidarisch und halten zusammen. Da es sich um mehrere Personen handelt, ist aber auch die Wahrscheinlichkeit höher, dass sie sich mit den Nachbarn streiten. Formal ausgedrückt:

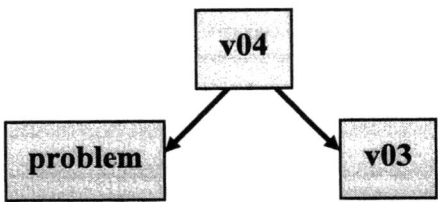

5) *Intervention (Modell D):* Personen, die in großen Haushalten wohnen, haben auch ein geringeres Einkommen pro Person. Deshalb können sie auch nur in Häuser ziehen, in denen viele Parteien wohnen, weil dort der Wohnraum im allgemeinen billiger ist. Je mehr Parteien in einem Haus wohnen, desto mehr Probleme mit den Nachbarn gibt es auch. Formal ausgedrückt:

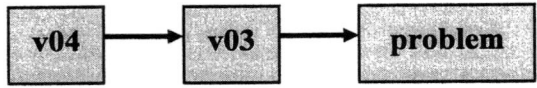

Bei allen diesen Modellen handelt es sich um theoretische Modelle, die dem Forscher (in diesem Fall also mir) plausibel erscheinen. Andere Modelle sind denkbar Welches dieser Modelle erfasst nun am besten die Wirklichkeit? Genau das zu überprüfen, ist das Ziel der Drittvariablenkontrolle, d. h. man versucht jetzt, mit Hilfe der Daten Hinweise zu gewinnen, welches Modell tatsächlich zutrifft. Hierzu muss man zunächst definieren, welche Variable die Kontrollvariable Z ist. Dies hängt vom jeweiligen Kausalmodell ab:

Bei der Interpretation (1) (Multikausalität) kann man sich aussuchen, welche Variable zur Kontrollvariable werden soll: Gleichgültig, wie man aufteilt, müssen die Zusammenhänge in den Teilgesamtheiten immer denen der Gesamtheit ähneln. Bei den Interpretationen (2) (Interaktion) und (5) (Intervention) muss v03 die Testvariable sein. Bei den Interpretationen (3) (Interaktion) und (4) (Gemeinsame Ursache) muss dagegen v04 Testvariable sein.

Dies bedeutet, dass wir den Datensatz zweimal aufteilen: Einmal unterteilen wir ihn nach Variable v03, untersuchen dann die Zusammenhänge zwischen den Variablen v04 und problem und überprüfen so die Modelle (1), (2) und (5). Das andere Mal unterteilen wir ihn nach Variable v04, untersuchen dann die Zusammenhänge zwischen den Variablen v03 und problem und überprüfen so die Modelle (1), (3) und (4).

7 Schritte 3 bis 5: Überprüfen der Kausalmodelle

7.1 Interpretation der Variablen als nominalskaliert

7.1.1 SPSS-Syntax

```
* v03 ALS TESTVARIABLE (MODELLE 1,2 UND 5) *
CROSSTABS problem BY v04 BY v03
         /CELLS = NONE
         /STATISTICS = LAMBDA.

* v04 ALS TESTVARIABLE (MODELLE 1,3 UND 4) *
CROSSTABS problem BY v03 BY v04
         /CELLS = NONE
         /STATISTICS = LAMBDA.
```

7.1.2 SPSS-Ausgabe

> Teilgruppe 1 (1-Personen-Haushalte):
> Wenn eine Person im Haushalt wohnt,
> beträgt λ zwischen der Art des Wohn-
> gebäudes und den Problemen mit den
> Nachbarn 0,25. Wenn man weiß, in
> welcher Art von Wohngebäude ein
> Ein-Personen-Haushalt wohnt, ver-
> bessert sich also die Vorhersagege-
> nauigkeit um 25 %.

> Teilgruppe 2 (2-Personen-Haushalte): Wenn
> eine Personen im Haushalt wohnen, beträgt λ
> zwischen der Art des Wohngebäudes und den
> Problemen mit den Nachbarn 0,0. Wohnen
> zwei Erwachsene im Haushalt, verbessert sich
> also die Vorhersagegenauigkeit nicht, wenn
> man weiß, in welcher Art von Wohngebäude
> sie wohnen

V04 Haushaltsgröße (Zahl der Personen ab 18)			Wert	Asymptotischer Standardfehler[a]	Näherungsweises T[b]	Näherungsweise Signifikanz
1	Lambda	PROBLEM Probleme mit den Nachbarn abhängig	,250	,217	1,031	,303
2	Lambda	PROBLEM Probleme mit den Nachbarn abhängig	,000	,000	,	,
3	Lambda	PROBLEM Probleme mit den Nachbarn abhängig	,500	,354	1,080	,280
4	Lambda		e			
5	Lambda		e			
6	Lambda		f			

a. Die Null-Hyphothese wird nicht angenommen.

b. Unter Annahme der Null-Hyphothese wird der asymptotische Standardfehler verwendet.

e. Es werden keine Statistiken berechnet, da PROBLEM Probleme mit den Nachbarn eine Konstante ist

f. Es werden keine Statistiken berechnet, da PROBLEM Probleme mit den Nachbarn und V03 Art von Wohngebäude Konstanten sind.

SPSS berechnet nun für jede Teilgruppe ein eigenes Zusammenhangsmaß: In 1-Personen-Haushalten steigt die Wahrscheinlichkeit, dass man richtig prognostiziert, ob jemand Probleme mit den Nachbarn hat, um 25 %, wenn man weiß, wie viele Parteien noch im Haus wohnen. Bei 2-Personen-Haushalten verbessert sie sich nicht, während sie sich bei 3-Personen-Haushalten um 50 % verbessert.

In diesem Beispiel fällt jedoch auf, dass SPSS für einige Haushaltsgrößen keinen Wert berechnet hat. Das liegt daran, dass wegen der geringen Fallzahl und der Schiefe der Verteilung einige Felder nicht besetzt sind und folglich auch kein Wert berechnet werden kann. Die Ergebnisse sind also nur bedingt interpretierbar – Stichprobenfehler sind sehr wahrscheinlich. Man könnte überlegen, ob man die Variablen klassiert. Alternativ müsste man mehr Leute befragen.

Was sagen uns – trotz aller Mängel – die Daten über unsere Kausalmodelle? Um dies beurteilen zu können, muss man zunächst die Ergebnisse der Gesamtheit (siehe oben) mit den Ergebnissen der Teilgesamtheiten vergleichen.

Betrachten wir zunächst die obere Tabelle: In dieser ist v04 Testvariable. Die Lambda-Werte zeigen den Einfluss von v03 in den Teilgesamtheiten auf v04 an: Bei 1-Personen-Haushalten beträgt $\lambda = 0,25$, bei 2-Personen-Haushalten ist $\lambda = 0$, bei 3-Personen-Haushalten ist $\lambda = 0,5$. Der Gesamtzusammenhang ist $\lambda = 0,15$ (vgl. SPSS-Ausgabe S. 229 oben). Die Zusammenhänge in den Teilgesamtheiten und in der Gesamtheit sind also sehr unterschiedlich. Dies entspräche einem Interaktionsmodell folgender Art (Modell (3)):

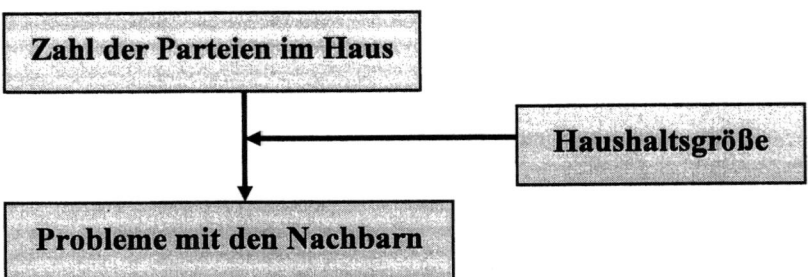

Bevor wir aber ein Urteil fällen, schauen wir uns erst einmal die Ergebnisse an, wenn v03 Testvariable ist. Auch in diesem Fall bleiben einige Kategorien mangels Fallzahl leer. Lambda beträgt in Wohnblöcken mit mehreren Eingängen 1. In allen übrigen Fällen ist $\lambda = 0$. In der Gesamtheit ist $\lambda = 0,07$, also ebenfalls sehr gering:

Richtungsmaße

V03 Art von Wohngebäude			Wert	Asymptotischer Standardfehler[a]	Näherungsweises T[b]	Näherungsweise Signifikanz
1 alleinstehendes Einfamilienhaus	Lambda	PROBLEM Probleme mit den Nachbarn abhängig	,000	,000	,	,
2 Doppelhaus	Lambda		e			
3 Reihenhaus	Lambda	PROBLEM Probleme mit den Nachbarn abhängig	,000	,000	,	,
4 Mehrparteienhaus bis 6 Whg.	Lambda	PROBLEM Probleme mit den Nachbarn abhängig	,000	,000	,	,
5 Wohnblock mit mehreren Eingängen	Lambda	PROBLEM Probleme mit den Nachbarn abhängig	1,000	,000	1,044	,296
6 Hochhaus	Lambda		e			

a. Die Null-Hyphothese wird nicht angenommen.
b. Unter Annahme der Null-Hyphothese wird der asymptotische Standardfehler verwendet.
e. Es werden keine Statistiken berechnet, da PROBLEM Probleme mit den Nachbarn eine Konstante ist

Wegen der geringen Fallzahl ist das Ergebnis schwer zu bewerten: Man könnte einerseits argumentieren, dass die Zusammenhänge in den Teilgesamtheiten sehr unterschiedlich sind und deshalb zum Modell (2) passt, das wir oben aufgestellt haben:

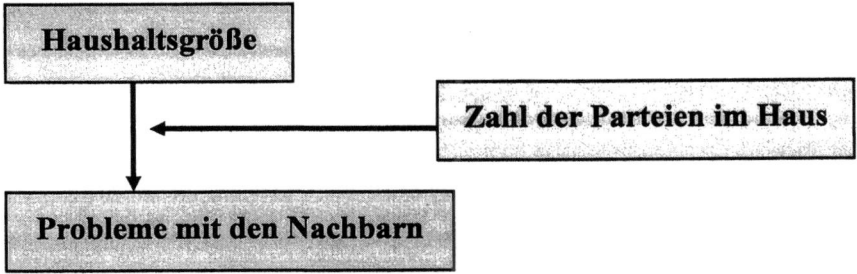

Andererseits könnte man argumentieren, dass $\lambda = 1$ bei Wohnblöcken aufgrund von Ausreißern zustande kommt und dass die Lambda-Werte deshalb alle nahe bei Null sind – genauso wie in der Gesamtheit. Dies entspräche dem Modell (1):

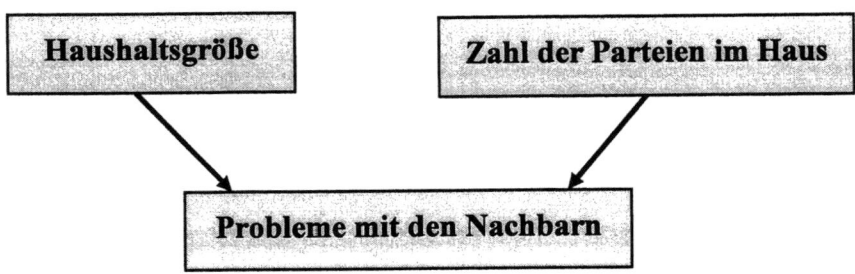

7.1.3 Zwischenfazit

Das Beispiel verdeutlicht mehrerlei:

1) *Wichtigkeit der Datenerhebung und -dokumentation:* Zunächst wird noch einmal deutlich, wie wichtig es ist, dass man verlässliche Daten hat: Die Fragen müssen das erfassen, was man auch wissen will. Bei der Frageformulierung sollte man sich aber auch schon überlegen, wie man die Variable nachher auswerten will. Man darf keine systematischen Fehler in der Stichprobe haben. Für die statistische Bearbeitung muss der Datensatz groß genug sein. Bei der Datenerhebung sollen möglichst keine Fehler entstehen. Alle möglichen Drittvariablen müssen auch erfasst werden. Insgesamt weisen die hier untersuchten Variablen so viele Probleme auf, dass man das Ergebnis in einem Forschungsbericht nicht verwenden würde sondern nach einem anderen, größeren Datensatz mit besser geeigneten Variablen suchen würde.

2) *Unschärfe:* Vor der Analyse wurden einige mögliche Kausalmodelle aufgestellt. Die Datenanalyse gibt nun Anhaltspunkte dafür, welche Kausalmodelle möglich sind: Wir haben die Zahl der möglichen Modelle von fünf auf drei reduziert. Umgekehrt ist das Ergebnis selten eindeutig, so auch in diesem Fall. Das liegt einerseits daran, dass man in Stichproben fast immer Verzerrungen hat. Andererseits ist auch die Realität oft unscharf.

3) *Möglichkeit alternativer theoretischer Modelle:* Selbst wenn dieses Beispiel eindeutige Ergebnisse geliefert hätte, wäre damit noch kein bestimmtes Kausalmodell bewiesen. Neben Fehlern in den Daten sind auch alternative Erklärungen für die Zusammenhänge möglich, insbesondere dimensionale Strukturen und nicht berücksichtigte Drittvariablen. Dies unterstreicht nochmals, wie wichtig eine falsifikatorische Forschungsstrategie ist – sonst übersieht man möglicherweise relevante Muster in den Daten.

4) *Wechsel von deduktivem und induktivem Vorgehen:* Nicht nur bei qualitativer, auch bei der quantitativen Datenanalyse wechseln sich deduktives und

induktives Vorgehen ab. In diesem Fall wurden erst theoretische Modelle aufgestellt. Die Daten ergaben teilweise ein anderes Bild als erwartet. Also überlegt man, woran dies liegen könnte und analysiert weiter – gegebenenfalls mit anderen Daten oder anderen Variablen.

7.2 Interpretation der Variablen als ordinalskaliert

7.2.1 SPSS-Syntax

```
* v03 ALS TESTVARIABLE (MODELLE 1,2 UND 5) *
CROSSTABS  problem BY v04 BY v03
           /CELLS = NONE
           /STATISTICS = GAMMA.

* v04 ALS TESTVARIABLE (MODELLE 1,3 UND 4) *
CROSSTABS  problem BY v03 BY v04
           /CELLS = NONE
           /STATISTICS = GAMMA.
```

7.2.2 SPSS-Ausgabe

Auch in diesem Fall existiert das Problem, dass manche Zellen so schwach besetzt sind, dass kein Zusammenhangsmaß berechnet werden kann. Die Einschränkungen, die unter der Rubrik „Zwischenfazit" gemacht wurden, gelten auch für diesen Fall.

Die Zusammenhänge in den Teilgesamtheiten sind sehr unterschiedlich und auch sehr von denen der Grundgesamtheit verschieden, unabhängig davon ob man v03 als auch wenn man v04 als Testvariable verwendet. Die Daten würden also die Modelle (2) oder (3) stützen – welches Modell das gültige ist, lässt sich nicht genau sagen. In beiden Fällen müssten die theoretischen Modelle allerdings leicht modifiziert werden:

Bei Modell (2) könnte die Interpretation lauten: Wie groß ein Haushalt ist, wirkt sich darauf aus, ob jemand Probleme mit seinen Nachbarn hat. Wie sich dies auswirkt, hängt davon ab, wie viele Parteien sonst noch im Haus wohnen: In Einfamilienhäusern haben größere Haushalte eher mehr Probleme mit ihren Nachbarn. In Häusern, in denen mehrere Parteien wohnen, haben größere Haushalte eher wenige Probleme mit den Nachbarn. Möglicherweise hängt dies vom Typ der Nachbarschaft und dem Haushaltstyp ab: In Gegenden, in denen Einfamilienhäuser stehen, leben vor allem Haushalte mit höherem Einkommen, die Wert auf Ruhe und Privatsphäre legen. Große Erwachsenen-Haushalte sind vor allem Studenten-WGs, die Unruhe in die „Idylle bringen. In Mehrfamilienhäusern wohnen vor allem Haushalte mit niedrigeren Einkommen. Sie sind mehr Unruhe gewohnt. Zudem wohnen hier auch Eltern mit ihren erwachsenen Kindern in einer Wohnung zusammen, also eher ruhige Haushalte, die seit Jahren in der Umgebung wohnen. All dies sind Hypothesen, die nicht mit den vorhandenen Daten überprüft werden können – sie können lediglich Anhaltspunkte für weitere Untersuchungen bilden.

Symmetrische Maße

V03 Art von Wohngebäude			Wert	Asymptotischer Standardfehler[a]	Näherungsweises T[b]	Näherungsweise Signifikanz
1 alleinstehendes Einfamilienhaus	Ordinal- bzgl. Ordinalmaß	Gamma	,355	,377	,752	,452
	Anzahl der gültigen Fälle		22			
2 Doppelhaus	Ordinal- bzgl. Ordinalmaß	Gamma	,[c]			
	Anzahl der gültigen Fälle		3			
3 Reihenhaus	Ordinal- bzgl. Ordinalmaß	Gamma	-1,000	,000	-1,690	,091
	Anzahl der gültigen Fälle		10			
4 Mehrparteienhaus bis 6 Whg.	Ordinal- bzgl. Ordinalmaß	Gamma	-,701	,247	-1,637	,102
	Anzahl der gültigen Fälle		27			
5 Wohnblock mit mehreren Eingängen	Ordinal- bzgl. Ordinalmaß	Gamma	1,000	,000	1,149	,251
	Anzahl der gültigen Fälle		12			
6 Hochhaus mit mehr als 6 Stockwerken	Ordinal- bzgl. Ordinalmaß	Gamma	,[c]			
	Anzahl der gültigen Fälle		2			

a. Die Null-Hyphothese wird nicht angenommen.
b. Unter Annahme der Null-Hyphothese wird der asymptotische Standardfehler verwendet.
c. Es werden keine Statistiken berechnet, da PROBLEM Probleme mit den Nachbarn eine Konstante ist

Symmetrische Maße

V04 Haushaltsgröße (Zahl der Personen ab 18)			Wert	Asymptotischer Standardfehler[a]	Näherungsweises T[b]	Näherungsweise Signifikanz
1	Ordinal- bzgl. Ordinalmaß	Gamma	,158	,380	,400	,690
	Anzahl der gültigen Fälle		17			
2	Ordinal- bzgl. Ordinalmaß	Gamma	-,218	,241	-,859	,390
	Anzahl der gültigen Fälle		44			
3	Ordinal- bzgl. Ordinalmaß	Gamma	,250	,685	,344	,731
	Anzahl der gültigen Fälle		7			
4	Ordinal- bzgl. Ordinalmaß	Gamma	,[c]			
	Anzahl der gültigen Fälle		4			
5	Ordinal- bzgl. Ordinalmaß	Gamma	,[c]			
	Anzahl der gültigen Fälle		3			
6	Ordinal- bzgl. Ordinalmaß	Gamma	,[d]			
	Anzahl der gültigen Fälle		1			

a. Die Null-Hyphothese wird nicht angenommen.
b. Unter Annahme der Null-Hyphothese wird der asymptotische Standardfehler verwendet.
c. Es werden keine Statistiken berechnet, da PRCBLEM Probleme mit den Nachbarn eine Konstante ist
d. Es werden keine Statistiken berechnet, da PRCBLEM Probleme mit den Nachbarn und V03 Art von Wohngebäude Konstanten sind.

Modell (3) könnte folgendermaßen modifiziert werden: Wie viele Parteien in einem Haus wohnen, wirkt sich darauf aus, ob jemand Probleme mit seinen Nachbarn hat. Wie sich dies auswirkt, hängt davon ab, wie viele Erwachsene in einem Haushalt wohnen: Ein- und Mehr-Familienhaushalte haben umso mehr Probleme mit ihren Nachbarn, je mehr Parteien sonst noch im Haus wohnen. Dagegen haben Zwei-Personen-Haushalte in Hochhäusern weniger Probleme mit den Nachbarn als in Einfamilienhäusern. Woran liegt das? Auf diese Frage können auch hier weiterführende Überlegungen angestellt werden, die als Ausgangspunkt für weitere Analysen dienen können.

7.3 Interpretation der Variablen als metrisch
(Option A: Ohne Interaktionsmodell)

Lässt man das Interaktionsmodell außer acht, kann man bei metrischen Variablen die Drittvariablenkontrolle mit Hilfe des partiellen Korrelationskoeffizienten durchführen. Der partielle Korrelationskoeffizient entfernt den Einfluss der Drittvariablen aus dem Korrelationskoeffizienten. Die Drittvariable wird „herauspartialisiert". Den partiellen Korrelationskoeffizient berechnet man nach folgender Formel (vgl. *Hartung* et al 2009: 561-564):

$$r_{(X,Y)/Z} = \frac{r_{XY} - r_{XZ}\, r_{YZ}}{\sqrt{(1 - r_{XZ}^2)(1 - r_{YZ}^2)}}$$

Partieller Korrelations-koeffizient zwischen X und Y	=	Korrelations-koeffizient zwischen X und Y	−	Korrelationskoeffizient zwischen X und Z	*	Korrelationskoeffizient zwischen Y und Z
		Wurzel aus: [(1−		Quadrierter Korrelationskoeffizient zwischen X und Z)*(1−		Quadrierter Korrelationskoeffizient zwischen Y und Z)]

7.3.1 SPSS-Syntax

```
* v03 ALS TESTVARIABLE (MODELLE 1,2 UND 5) *
PARTIAL CORR problem v04 BY v03.

* v04 ALS TESTVARIABLE (MODELLE 1,3 UND 4) *
PARTIAL CORR problem v04 BY v03.
```

7.4 SPSS-Ausgabe

In unserem Beispiel gibt SPSS die Ausgaben auf der nächsten Seite. Die erste Liste stellt den partiellen Korrelationskoeffizienten zwischen Haushaltsgröße und Problemen mit den Nachbarn vor. Er beträgt 0,08. In der Gesamtheit beträgt der Korrelationskoeffizient 0,01. Der Unterschied ist nicht wesentlich. Dies spricht für ein additives Modell, also das Modell (1).

Die zweite Liste gibt an, dass der partielle Korrelationskoeffizient zwischen Zahl der Parteien pro Haus und Problemen mit den Nachbarn etwa 0,13 beträgt. In der Gesamtheit beträgt der Korrelationskoeffizient ebenfalls 0,13. Auch dieses Ergebnis spricht für das additive Modell, also ebenfalls Modell (1).

```
- - - PARTIAL CORRELATION COEFFICIENTS - - -

Controlling for..    V03

              PROBLEM        V04

PROBLEM       1,0000        ,0793
              (    0)       (   73)
              P= ,          P= ,499

V04            ,0793        1,0000
              (   73)       (    0)
              P= ,499       P= ,

(Coefficient / (D.F.) / 2-tailed Significance)

" , " is printed if a coefficient cannot be computed
```

```
- - - PARTIAL CORRELATION COEFFICIENTS - - -

Controlling for..    V04

              PROBLEM        V03

PROBLEM       1,0000        ,1345
              (    0)       (   73)
              P= ,          P= ,250

V03            ,1345        1,0000
              (   73)       (    0)
              P= ,250       P= ,

(Coefficient / (D.F.) / 2-tailed Significance)

" , " is printed if a coefficient cannot be computed
```

Hätte es sich um ein Interventionsmodell oder um das Modell der gemeinsamen Ursache gehandelt, wäre der partielle Korrelationskoeffizient tendenziell Null, während in der Gesamtheit ein Zusammenhang existiert.

7.5   Interpretation der Variablen als metrisch
(Option B: Auch Interaktionsmodell)

Der partielle Korrelationskoeffizient kann nicht erfassen, ob es sich nicht doch um ein Interaktionsmodell handelt – je nachdem, welche Gruppen sich wie auswirken, nimmt er positive Werte, negative Werte oder den Wert Null an. Da wir in unseren Vorüberlegungen für dieses Beispiel auch das Interaktionsmodell in Betracht gezogen haben, ist der partielle Korrelationskoeffizient nicht geeignet, um zu einer eindeutigen Entscheidung zu gelangen. Hierfür benötigen wir Option B.

7.5.1 SPSS-Syntax

```
** KEINE KLASSIERUNG; WEIL DIE AUSPRÄGUNGEN NOCH
** ÜBERSCHAUBAR SIND.

* v03 ALS TESTVARIABLE (MODELLE 1,2 UND 5) *
SORT CASES BY v03.
SPLIT FILE BY v03.
CORRELATIONS problem v04.
SPLIT FILE OFF.

* v04 ALS TESTVARIABLE (MODELLE 1,3 UND 4) *
SORT CASES BY v04.
SPLIT FILE BY v04.
CORRELATIONS problem v03.
SPLIT FILE OFF.
```

7.5.2 SPSS-Ausgabe

Korrelationen

V03 Art von Wohngebäude		PROBLEM Probleme mit den Nachbarn
1 Einfamilienhaus	V04 Haushaltsgröße (Zahl der Personen ab 18)	,078
2 Doppelhaus	V04 Haushaltsgröße (Zahl der Personen ab 18)	
3 Reihenhaus	V04 Haushaltsgröße (Zahl der Personen ab 18)	-,369
4 Mehrparteienhaus	V04 Haushaltsgröße (Zahl der Personen ab 18)	-,351
5 Wohnblock mit	V04 Haushaltsgröße (Zahl der Personen ab 18)	,820
6 Hochhaus mit mehr	V04 Haushaltsgröße (Zahl der Personen ab 18)	,
7 Sonstiges	V04 Haushaltsgröße (Zahl der Personen ab 18)	-1,000

Korrelationen

V04 Haushaltsgröße (Zahl der Personen ab		PROBLEM Probleme mit den Nachbarn
1	V03 Art von Wohngebäude	,184
2	V03 Art von Wohngebäude	-,046
3	V03 Art von Wohngebäude	,225
4	V03 Art von Wohngebäude	,
5	V03 Art von Wohngebäude	,
6	V03 Art von Wohngebäude	,

Wieder sind einige Tabellenfelder nicht besetzt, weil die Fallzahlen zu klein sind. Auch hier deuten die Zahlen eher auf eines der beiden Interaktionsmodelle hin. Wieder muss man allerdings das Interaktionsmodell modifizieren.

8   Fazit

In diesem Kapitel wurde gezeigt, wie man Drittvariablen abhängig vom Skalen-
niveau kontrollieren kann. Es gibt weitere Möglichkeiten – dies sind allerdings
die wichtigsten. Mehrere Punkte sollten außerdem deutlich geworden sein:
–   Die Güte der Daten beeinflussen wesentlich die Ergebnisse.
–   Bei einem Datensatz von unter 100 Fällen können bereits massive Stichpro-
    benprobleme auftreten (wie dies bei diesem Beispiel der Fall ist).
–   Die Wahl des Skalenniveaus kann das Ergebnis wesentlich beeinflussen.
–   Statistik kann nur ein Hilfsmittel zur Interpretation sein, diese aber nie ersetzen.
    Oft liefert sie kein eindeutiges Ergebnis. Auch bei scheinbar eindeutigen Er-
    gebnissen sollte man immer alternative Erklärungsmöglichkeiten in Betracht
    ziehen.

Weiterführende Literatur:
Asher (1983) definiert den Begriff der Kausalität. *Davis* (1985) beschreibt das Verhältnis von
Kausalität und Wirklichkeit, verschiedene Typen von Kausalbeziehungen sowie wie man sie model-
liert. *Asher* (1983) beschreibt, wie man rekursive und nicht rekursive Kausalbeziehungen in statistische Modelle umsetzt und überprüft Aufbauend auf diesen frühen Überlegungen zur Kausalität
geht die Forschung heute in zwei Richtungen, um Kausalbeziehungen zu analysieren: Mit Hilfe
multivariater Verfahren zur Kausalanalyse wird erstens überprüft, ob und wie viele verschiedene
Variablen eine einzelne beeinflussen. Eines unter vielen dieser Verfahren ist die multiple lineare
Regressionsanalyse, die *Sabine Fromm* (2010) erläutert und auf dem die meisten anderen Verfahren
aufbauen. Zweitens werden mit dem LISREL-Ansatz komplexe Kausalmodelle überprüft (vgl. hierzu
Backhaus et al. (Hg.) (2006)). In beiden Fällen ist eines der Hauptprobleme der Umgang mit der Zeit
(siehe hierzu *Blossfeld* und *Rohwer* (1996); *Steinhage* und *Blossfeld* (1999)).

Asher, Herbert B. (1983): Causal Modeling. Beverly Hills/London/New Delhi: Sage
Backhaus, Klaus/*Erichson*, Bernd/*Plinke*, Wulff/*Weiber*, Rolf (Hg.) (2006): Multivariate Analyse-
    methoden. Eine anwendungsorientierte Einführung. Berlin/Heidelberg/New York u. a.: Sprin-
    ger. Kapitel 8: Der LISREL-Ansatz der Kausalanalyse
Blossfeld, Hans-Peter/*Rohwer*, Götz (1996): Causal Inference, Time and Observation Plans in the
    Social Sciences. Reihe: Sonderforschungsbereich 186 der Universität Bremen: Statuspassagen
    und Risikolagen im Lebensverlauf. Arbeitspapier Nr. 36. Bremen
Davis, James A. (1985): The Logic of Causal Order. Beverly Hills/London/New Delhi: Sage
Fromm, Sabine (2010): Datenanalyse mit SPSS für Fortgeschrittene 2: Multivariate Verfahren.
    Wiesbaden VS-Verlag
Steinhage, Nikolei/*Blossfeld*, Hans-Peter (1999): Zur Problematik von Querschnittsdaten. Methodisch-
    statistische Beschränkungen bei der empirischen Überprüfung von Theorien. Reihe: Globalife
    Working Paper Nr. 2/1999. Fakultät für Soziologie an der Universität Bielefeld. Bielefeld
    Quelle: http://nbn-resolving.de/urn:nbn:de:0168-ssoar-57590

Teil 3:
Schließende Statistik

Kapitel 11
Hypothesentests

Bernhard Dieckmann

1   Wissenschaftliche und statistische Hypothesen

Wissenschaftliche Hypothesen haben entweder die Form von Sätzen, in denen gesagt wird: „Es gibt (…)", oder sie haben die Form: Wenn (…) dann (…). Hiernach lassen sich „Es-gibt-Hypothesen" und „Wenn-Dann-Hypothesen" unterscheiden. Bei den „*Es-gibt Hypothesen*" lassen sich Aussagen über Einzelereignisse („Es gibt einen Planeten der Sonne jenseits des Saturn.") oder über Massenereignisse unterscheiden. Hypothesen über Massenereignisse wären: „Es gibt in dieser Grundgesamtheit von erwachsenen Personen einen hohen Anteil von Analphabeten." „Es gibt zwischen den beiden Einkommensgruppen A und B einen bedeutsamen Unterschied der Erwerbseinkommen." „Die Erwerbseinkommen der Gruppe B sind gesunken." „*Wenn-Dann-Hypothesen*" beziehen sich auf Kausalzuammenhänge mindestens zweier Variablen, zwischen denen nicht nur zufällige, sondern systematische statistische Beziehungen bestehen: „Wenn Kinder aus Familien mit Migrationshintergrund kommen, dann haben sie schlechtere Aussichten auf dem Arbeitsmarkt."

Die hier aufgeführten wissenschaftlichen Hypothesen sind noch keine statistischen Hypothesen. *Statistische Hypothesen* sind quantitativ formulierte Aussagen über Grundgesamtheiten, aus denen Zufalls-Stichproben entnommen wurden. Die Umformung von wissenschaftlichen Hypothesen zu statistischen Hypothesen geht immer den Weg, dass gefragt wird, welche Datenstruktur in welcher Grundgesamtheit daraus folgt, dass die wissenschaftliche Hypothese wahr ist. Hierbei wird diese Datenstruktur quantitativ präzisiert (z. B. durch die Angabe eines Anteils, eines Mittelwertes oder einer Differenz von Mittelwerten). Mit welcher Wahrscheinlichkeit diese Datenstruktur in der Grundgesamtheit angesichts von Stichprobenresultaten vorliegt, untersucht der *statistische Test*. Hierbei werden immer zwei Hypothesen formuliert:

- eine sogenannte *Nullhypothese* H_0, die meistens beinhaltet, dass die vermutete Datenstruktur nicht existiert und
- die sogenannte *Alternativhypothese* H_1 bzw. H_A, die meistens beinhaltet, dass die vermutete Datenstruktur existiert.

Beispielsweise laute eine statistische Hypothese H_0, dass der Anteil der Analphabeten in der Grundgesamtheit „G" bei mindestens 30% liegt. Die Alternativhypothese H_1 laute, dass der Anteil kleiner als 30% ist.

Man finde in einer Stichprobe im Umfang von n=60 Personen einen Anteil von nur 25% Analphabeten. Man kann nun feststellen, mit welcher Wahrscheinlichkeit eine Stichprobe mit dem Umfang „n" und dem Anteil von 25% aus einer Grundgesamtheit gezogen worden sein kann, in der mindestens 30% Analphabeten waren. Liegt diese Wahrscheinlichkeit oberhalb festgelegter Grenzen, behält man die Hypothese H_0 bei. Andernfalls verwirft man sie und übernimmt (vorläufig) die Alternativhypothese H_1.

Um die Wahrscheinlichkeit zu berechnen, verwendet man sogenannte Prüfverteilungen.[1] Hierzu werden für diese Prüfverteilungen (genauer: für deren Integrale) Bereiche festgelegt, in denen die Nullhypothese beibehalten wird beziehungsweise in denen sie zurückgewiesen wird. Wo diese Bereiche liegen, hängt von der Art der jeweiligen Alternativ-Hypothese ab.

1.1   Klassifikation von Alternativ-Hypothesen

Man kann statistische Alternativhypothesen, in denen mit dem arithmetischen Mittel argumentiert wird, wie folgt klassifizieren:

Vergleich von Stichprobenmittel mit Grundgesamtheitsmittel:	
Nullhypothese:	Ungerichtete Alternativ-Hypothese:
$H_0 : \mu_0 = \mu_1$	$H_1 : \mu_0 \neq \mu_1$
	Hier ist die *Richtung unbekannt*, in der μ_1 von μ_0 abweicht. Der Ablehnungsbereich liegt an beiden äußeren Seiten der Dichtefunktion, meistens der t-Verteilung.
Vergleich der Mittel zweier unabhängiger Stichproben	
Nullhypothese:	Gerichtete Alternativ-Hypothese:
$H_0 : \mu_1 \leq \mu_2$	$H_1 : \mu_1 > \mu_2$ oder
$H_0 : \mu_1 \geq \mu_2$	$H_1 : \mu_1 < \mu_2$
	In beiden Fällen ist die *Richtung bekannt*, in der μ_1 von μ_2 abweicht. Der Ablehnungsbereich der Nullhypothese liegt bei positivem t an der rechten Seite oder im zweiten Fall (negatives t) an der linken Seite der Dichtefunktion der t-Verteilung.

---

[1]   Im Begleitmaterial auf der Webseite des Verlages (www.vs-verlag.de) sind einige dieser Prüfverteilungen beschrieben.

Vergleich der Mittel zweier abhängiger Stichproben:	
Nullhypothese:	Ungerichtete Alternativ-Hypothese:
Hier beschreibt die Nullhypothese das Mittel der Differenzen μ_d zwischen den (gepaarten) Messwerten: $H_0 : \mu_d = 0$	$H_1 : \mu_d \neq 0$
	Gerichtete Alternativ-Hypothese:
	$H_1 : \mu_d > 0$ oder $H_1 : \mu_d < 0$ Dementsprechend resultiert ein positives oder negatives t. Die Lage des Ablehnungsbereichs ist dementsprechend rechts oder links.

Alle oben aufgeführten Alternativ-Hypothesen waren *unspezifisch*. Bei gerichteten Alternativhypothesen besteht noch die Möglichkeit der quantitativen Spezifizierung des Abstandes von μ_1 und u_2. Man spricht dann von *spezifischen Hypothesen.*

1.2   Anwendungsvoraussetzungen und Auswahl der richtigen Prüfverteilung

Um einen statistischen Test durchführen zu dürfen, müssen bestimmte Anwendungsvoraussetzungen erfüllt sein. Zunächst setzen Hypothesentests im Sinne der schließenden Statistik (auch induktive Statistik oder Inferenzstatistik genannt) immer Daten aus *Zufallsstichproben* voraus. Stammen die Daten aus Vollerhebungen, genügen für den Test wissenschaftlicher Hypothesen die Instrumente der beschreibenden Statistik (auch deskriptive Statistik genannt). Liegen als Datenbasis weder Vollerhebungen noch Daten aus unverzerrten Zufallsstichproben vor, ist in der Regel kein exakter Hypothesentest möglich.

Probleme beim Hypothesentesten kann es auch geben, wenn in der Grundgesamtheit bestimmte Eigenschaften nicht vorliegen, die die Logik eines spezifischen Tests fordert, wie zum Beispiel die Normalverteiltheit der Grundgesamtheitsdaten. Welche Prüfverteilung zu benutzen ist, richtet sich auch nach dem Messniveau der Daten, nach der Fragestellung und nach der Stichprobengröße.

Für „diskrete Daten" müssen auch diskrete Prüfverteilungen (Binomialverteilung, hypergeometrische Verteilung) herangezogen werden. Mit deren Hilfe lassen sich „*Punktwahrscheinlichkeiten*" und „*kumulierte Wahrscheinlichkeiten*" berechnen. Wie oft jemand unter bestimmten Voraussetzungen im Lotto gewinnt, wäre z. B. eine diskrete Variable, für die Punktwahrscheinlichkeiten (z.B. dafür, genau dreimal zu gewinnen) oder kumulierte Wahrscheinlichkeiten (z.B. dafür, bis zu 10 mal zu gewinnen) berechnet werden können.

Für „stetige Funktionen" lassen sich die „*Wahrscheinlichkeitsdichte*" der Normalverteilung oder der t-Verteilung (Ordinate der Funktion) und „*Wahrscheinlichkeitsfunktionen*" (Integrale) berechnen, die der Fläche unter der Ordinate in einem gegebenen Intervall entsprechen. Der Wasserverbrauch von Ein-personenhaushalten wäre z. B. eine stetige Variable. Wäre sie normalverteilt mit dem arithmetischen Mittel 100 l pro Tag und der Standardabweichung von 10 l, dann ließe sich für den Wert 122,66 l pro Tag eine Wahrscheinlichkeitsdichte (0,00306) angeben. Für das Intervall von 90 bis 110 Liter ließe sich eine Wahr-scheinlichkeit angeben (p= 0,683), die dem Anteil der Ein-Personen- Haushalte entspricht, die zwischen 90 und 110 l Wasser täglich verbrauchen, denn das Integral der Normalverteilung mit dem Mittel 100 und der Standardabweichung 10 beträgt in diesem Intervall $\approx$ 0,683. Die Zuordnung dieser Bezeichnungen zueinander zeigt die folgende Übersicht:[2]

	Einzelne Funktionswerte	Kumulierte Werte bzw. Flä-che unter der Funktion
diskrete Funktionen	Punktwahrscheinlichkeit	Kumulierte Wahrscheinlichkeit
stetige Funktionen	Wahrscheinlichkeitsdichte	Wahrscheinlichkeitsfunktion *oder* Integral *oder* Fläche unter der Dichtefunktion

2   Die Logik eines Signifikanztests am Beispiel des Anteilswerts in der Grundgesamtheit (Binomialtest)

Wie funktioniert nun ein statistischer Test? Dies soll im Folgenden am Beispiel eine sogenannten Binomialtests erläutert werden. In diesem Beispiel nehmen wir an, man hat eine Vermutung über den Anteil nicht-deutscher Studierender an der TU-Berlin und kann diese nur über die Ziehung von Zufalls-Stichproben überprüfen.

2.1   Aufstellen der Nullhypothese und der Alternativhypothese

Die wissenschaftliche Hypothese „Es gibt mindestens 13% nichtdeutsche Studie-rende an der TU-Berlin" formt man in zwei statistische Hypothesen um: die *Nullhypothese* H_0 und die *Alternativhypothese* H_1. Diese kann man für unseren oben dargestellten Fall als Formel wie folgt aufschreiben:

$H_0 \rightarrow$ Anteil Nichtdeutsche in der Grundgesamtheit $\geq$ 13% (mindestens 13%)

$H_1 \rightarrow$ Anteil Nichtdeutsche in der Grundgesamtheit < 13% (weniger als 13%).

---

[2]   Wie man diese Funktionen berechnet, wird ebenfalls anhand konkreter Beispiele Im Begleitmaterial auf der Webseite des Verlages beschrieben.

2.2 Theoretische und empirische Verteilung

Zieht man jetzt eine Zufallsstichprobe aus den Studierenden der TU, dann kann man anhand der kumulierten Wahrscheinlichkeiten (in der Binomialverteilung)[3] für verschiedene Mengen nichtdeutscher Studierender in der Stichprobe entscheiden, ob man die Nullhypothese verwirft oder beibehält.

Es ist mit SPSS für die Binomialverteilung berechenbar, wie groß die kumulierten Wahrscheinlichkeiten sind, in einer Zufallsstichprobe mit n= 100 keinen, *bis zu* einem, *bis zu* zwei, *bis zu* drei, etc. nichtdeutsche Studierende in der Stichprobe zu erhalten (siehe Tabelle 1).

Je nachdem, wie viele nichtdeutsche Studierende in der Stichprobe (n=100) sind, verwirft man die Hypothese, dass mindestens 13% nichtdeutsche Studierende in der TU Berlin immatrikuliert sind, oder man behält sie bei. Aber wie begründet man diese Entscheidung?

Tabelle 1:   *Kumulierte Wahrscheinlichkeit p_{cum} für unterschiedliche Mengen von nichtdeutschen Studierenden in der Stichprobe (n=100), wenn die Nullhypothese wahr ist.*

Mögliche Anzahlen k der nichtdeutschen Studierenden in der Stichprobe von n = 100	Kumulierte Wahrscheinlichkeit (p_{cum}) dafür, dass bis zu k ausländische Studierende in der Stichprobe mit n = 100 auftreten
0	,0000009
1	,0000143
2	,0001132
3	,0005962
4	,0023462
5	,0073669
6	,0192455
7	**,0430808**
8	,0844842
9	,1477262
10	,2337208
11	,3388552
12	,4553691
13	,5732223
14	,6826574
15	,7764110

---

[3]   Zur Darstellung der Binomialverteilung siehe Begleitmaterial auf der Webseite.

Welche Wahrscheinlichkeit als hinreichend groß zur Beibehaltung dieser H_0 angesehen werden darf, legt man selbst fest, wobei allerdings fachspezifische Konventionen beachtet werden sollten. Eine solche Konvention besteht zum Beispiel darin, Nullhypothesen dann nicht beizubehalten, wenn die entsprechende kumulierte-Wahrscheinlichkeit von $p_{cum}=0{,}05$ unterschritten wird. In Tabelle 1 ist das für diejenigen Stichprobenergebnisse der Fall, in denen bei n=100 sieben oder weniger nichtdeutsche Studierende in der Stichprobe sind. Immer dann, wenn man 8 oder mehr nichtdeutsche Studierende in dieser Stichprobe (n=100) hätte, würde man die (Null)-Hypothese beibehalten, dass an der TU Berlin mindestens 13% nichtdeutsche Studierende immatrikuliert sind.

Es liegt auf der Hand, dass ein solches Vorgehen nicht beweisen kann, dass es an der TU Berlin mindestens 13% nichtdeutsche Studierende gibt. Berechnen kann man aufgrund von Stichprobendaten nur Wahrscheinlichkeiten. Hierzu verknüpft man die Menge nichtdeutscher Studierender in der Stichprobe mit der entsprechenden kumulierten Wahrscheinlichkeit p_{cum} (Tabelle 1), die unter der Voraussetzung berechnet wird, dass in der Grundgesamtheit 13% oder mehr nicht deutsch sind. So zeigt die Tabelle 1 zum Beispiel, dass die kumulierte Wahrscheinlichkeit, in der Stichprobe 10 nichtdeutsche Studierende zu finden, gleich 23,4% ist, wenn in der Grundgesamtheit 13% oder mehr nicht deutsch sind.

2.3 Berechnung der theoretischen Verteilung (Summenwahrscheinlichkeiten) mittels SPSS

Wollen wir obige Tabelle 1 mit SPSS selbst erzeugen, dann stellen wir uns zunächst einen leeren Datensatz mit einer beliebigen Variable „w" mit n = 15 her. In SPSS müssen wir hierzu im Dateneditor in der Zeile des Falles Nr. 16 eine beliebige Zahl eingeben. In diesem Datensatz erzeugen wir dann die Variable „w" mit den Messwerten von 0 bis 15 wie folgt:

```
COMPUTE w = $Casenum - 1.
EXECUTE.
```

Die Variable „w" zeigt im Dateneditor jetzt die Werte von 0 bis 15. Wir können jetzt für jeden dieser Werte die kumulierten Wahrscheinlichkeiten „p_{cum}" für unseren Fall mit folgender Syntax berechnen:

```
COMPUTE pcum=CDF.BINOM(w,100,0.13).
EXECUTE.
```

Die Darstellung dieser Wahrscheinlichkeiten in Tabelle 1 erreichen wir mit Hilfe der Syntax

```
SUMMARIZE
/TABLES=w pcum
/FORMAT=VALIDLIST NOCASENUM TOTAL LIMIT=15
/TITLE=' '
/MISSING=VARIABLE
/CELLS=COUNT.
```

2.4   Durchführung des Tests

Bislang haben wir überlegt, welche Stichprobenergebnisse theoretisch auftreten könnten und wie wir uns dann entscheiden würden. Wir haben den Test aber noch nicht durchgeführt. Hierzu muss man eine konkrete Zufallsstichprobe ziehen. Wollen wir z. B. für eine Stichprobe von 100 Studierenden feststellen, wie wahrscheinlich es ist, dass sie aus einer Grundgesamtheit entnommen wurde, in der mindestens 13% Nichtdeutsche enthalten sind, dann können wir hierzu den Binomialtest benutzen, der für eine konkrete Stichprobe feststellt, wie groß in diesem Fall die kumulierte Wahrscheinlichkeit der selteneren von zwei verschiedenen Kategorien (hier 1 und 2) ist, wenn mindestens ein Fall dieser selteneren Kategorie am Anfang des Datensatzes steht.

Nehmen wir an, wir haben eine solche konkrete Stichprobe gezogen und herausgefunden, dass 7 der 100 Befragten nicht-deutscher Herkunft sind. Wie fällt damit unsere Testentscheidung hinsichtlich der Hypothese H_0 aus, dass der Anteil der Studierenden nicht-deutscher Herkunft in der Grundgesamtheit mindestens 13 % beträgt? Um diese Entscheidung zu treffen, kann man ebenfalls SPSS verwenden: Wir rechnen den Binomialtest für einen Beispiel-Datensatz, der 7 Fälle der Variable „w" mit dem Code 1 und 93 Fälle mit dem Code 2 enthält. Diese Codes seien die Zeichen für „nichtdeutsch" und „deutsch". Die Syntax lautet:

```
NPAR TESTS
/BINOMIAL (0.13)= w
MISSING ANALYSIS.
```

Wir erhalten folgenden Output:

Tabelle 2:   Binomialtest

		Kategorie	N	Beobachteter Anteil	Testanteil	Signifikanz
Probe	Gruppe 1	1,00	7	,07	,13	,043
	Gruppe 2	2,00	93	,93		
	Gesamt		100	1,00		

a. Nach der alternativen Hypothese ist der Anteil der Fälle in der ersten Gruppe < ,13.

Tabelle 2 zeigt, dass 7 Personen der Kategorie „1", 93 Personen der Kategorie „2" in der Stichprobe sind und wie groß deshalb deren beobachtete Anteile (ausgedrückt in relativen Häufigkeiten) sind. Die Spalte „Testanteil" enthält unsere Vermutung über den Anteil in der Grundgesamtheit (0,13), ausgedrückt als relative Häufigkeit.

2.5 Der Signifikanzbegriff α in Outputs von SPSS.
Entscheidung über die Beibehaltung einer Nullhypothese.

In der letzten Spalte von Tabelle 1 steht als Überschrift „Signifikanz". Die angegebene Zahl 0,043 ist bei dem hier vorliegenden „linksseitigem Test" die von links nach rechts kumulierte Wahrscheinlichkeit dafür, dass aus einer Grundgesamtheit mit einem Anteil von mindestens 13% der Kategorie „1" eine Stichprobe mit 7 oder weniger Elementen aus der Kategorie „1" gezogen werden kann. Sie beträgt hier 0,043, also 4,3%. Da sie kleiner ist als 5%, würden wir bei einem solchen Stichprobenergebnis aufgrund des Binomialtests die H_0 ablehnen und die H_1 akzeptieren.

Dieses Wort „*Signifikanz*" ist eine – oft verwirrende – terminologische Erfindung aus dem Bereich der professionellen Statistiker. Signifikant bedeutet im Alltags-Sprachgebrauch soviel wie deutlich, wesentlich, wichtig, erheblich, erkennbar. In der Statistik wird durch den Signifikanzbegriff ausgedrückt, dass eine bestimmte Stichprobe mit einer bestimmten kumulierten Wahrscheinlichkeit (bzw. einem Integral) aus einer Grundgesamtheit mit bekannten Eigenschaften (oben in der Tabelle ist das der „Testanteil") gezogen werden kann. Ist diese Wahrscheinlichkeit α kleiner als 5% (also α < 0,05) – was oben der Fall ist (α = 0,043), dann nennt man das Ergebnis „*signifikant*", ist sie kleiner als 1% (also α <0,01), spricht man von „*sehr signifikant*" (Bortz 2005: 114). Bei signifikanten Ergebnissen wird die Nullhypothese verworfen bzw. nicht beibehalten. Die Wahrscheinlichkeit, auf deren Grundlage eine Nullhypothese abgelehnt wird, wird auch „α-Fehler-Wahrscheinlichkeit" genannt (*Bortz* 2005: 110ff.). Damit wird die Wahrscheinlichkeit ausgedrückt, einen Irrtum zu begehen, wenn man die Nullhypothese zurückweist.[4]

3 Auswahl des richtigen Tests und Auswirkung verschiedener Prüfverteilungen

Bislang haben wir die Logik eines Signifikanzstests am Beispiel der Binomialverteilung durchgesprochen. Diese eignet sich zur Überprüfung der Frage, welchen Anteil eine bestimmte Gruppe in der Grundgesamtheit hat. Die Binomialverteilung

---

[4] Zum Verhältnis von α- und β-Fehler-Wahrscheinlichkeit siehe unten und Kapitel 12.

und der auf ihr aufbauende Test für den Anteilswert kann also nur zur Beantwortung ganz bestimmter Fragen herangezogen werden. Da es in den Sozialwissenschaften sehr viele unterschiedliche Forschungsfragen gibt, existieren auch sehr viele unterschiedliche Tests. Je nach Fragestellung und Beschaffenheit der Daten muss man in einem Statistikbuch den passenden Test heraussuchen. Die grundsätzliche Logik eines Signifikanztests ändert sich dadurch nicht. Die Gemeinsamkeiten und Unterschiede dieser Tests sollen im Folgenden illustriert werden.

3.1 z-Test auf den Mittelwert in der Grundgesamtheit (Normalverteilung)

Während man für die Überprüfung des Anteilswerts in der Grundgesamtheit die Binomialverteilung verwendet, überprüft man das arithmetische Mittel in der Grundgesamtheit mit Hilfe der Normalverteilung. Nehmen wir z. B. an, man will das Durchschnittseinkommen der deutschen Bevölkerung berechnen. Dann kann man folgendermaßen vorgehen:

Wir ziehen eine Stichprobe im Umfang von 305 aus den Daten des Mikrozensus 2002. In dieser Stichprobe haben die Befragten duchschnittlich ein Einkommen von 1573,54 Euro. Die Standardabweichung beträgt 826,59 und der Standardfeher 47,33.[5] Uns interessiert nun, ob diese Stichprobe aus einer Grundgesamtheit stammen könnte, in der das arithmetische Mittel 1573,65 Euro beträgt. Wir gehen analog zur letzten Problematik im vorherigen Abschnitt vor, bei der es um die Verteilung eines Anteils ging:

Wir formulieren zunächst eine Nullhypothese H_0 und eine Alternativhypothese H_1. Hierbei legen wir fest, dass $\mu_0 = 1573,65$ Euro betragen soll. Wenn H_0 beibehalten wird, kann unsere Stichprobe aus der Grundgesamtheit stammen, aus der sie gezogen wurde. Wenn H_0 abgelehnt wird, haben wir es mit einer extrem schlecht gezogenen (verzerrten) Stichprobe zu tun.

---

[5] Die Datei „fdz_mikrozensus_cf_2002_spss.zip" kann man aus dem Internet herunterladen unter: http://www.forschungsdatenzentrum.de/bestand/mikro-Zensus/cf/2002/index.asp. In den Daten ist die Variable „Monatliches Haushaltseinkommen" (mit der Bezeichnung ef566) enthalten. Für dieses Einkommen liegen im Mikrozensus Einkommensklassen vor, die von 1 aufwärts durchnummeriert sind. Da man hiermit erst weiterrechnen kann, wenn man diesen Klassen Einkommenswerte zuweist, wurde dies mit folgendem RECODE-Befehl durchgeführt, wobei die Klassenmitten zugewiesen wurden. Weiterhin wurden alle extrem hohen Einkommen entfernt, um eine annähernd normalverteilte „Grundgesamtheit" zu erhalten, aus der im Folgenden für Lehrzwecke Stichproben gezogen werden konnten. Folgende Syntax wurde verwendet, um die Variable „Rekodiertes Einkommen" (,Einkommenrec') zu bilden:

```
RECODE ef566 (0=SYSMIS) (1=75) (2=225) (3=400) (4=600) (5=800) (6=1000)
(7=1200) (8=1400) (9=1600) (10=1850) (11=2150) (12=2450) (13=2750)
(14=3050) (15=3400) (16=3800) (17=4250) (18 thru Hi = sysmis)
INTO Einkommenrec.
VARIABLE LABELS Einkommenrec 'Rekodiertes Einkommen'.
EXECUTE.
```

$$H_0 \to \mu_0 = \mu_1;$$
$$H_1 \to \mu_0 \neq \mu_1;$$

Jetzt fragen wir uns, wie das arithmetische Mittel einer Stichprobe verteilt ist. Wir wissen aus der Literatur, dass es bei großen Stichproben (n>30) normalverteilt ist mit dem arithmetischen Mittel der Grundgesamtheit und der Standardabweichung eines „Standardfehlers des arithmetischen Mittels der Stichprobe". Diese Information ermöglicht es uns zu berechnen, wie groß die Wahrscheinlichkeit ist, ein Stichprobenmittel in verschiedenen uns interessierenden Intervallen (hier des Einkommens) zu erhalten, wenn wir eine Stichprobe eines bestimmten Umfangs ziehen.

Wir berechnen daher die Wahrscheinlichkeitsdichte und ihr Integral für eine Normalverteilung mit dem Mittel 1573,65 und der Standardabweichung in Höhe des Standardfehlers des Stichprobenmittels (47,33) für uns interessierende Intervalle einer Variable „w" zwischen -∞ und Obergrenzen zwischen den Werten 1530 und 1580 Euro. Zunächst schaffen wir uns hierfür einen leeren Datensatz mit 50 Fällen. Dann führen wir folgende Syntax aus:

```
COMPUTE w=$casenum + 1530.
EXECUTE.
```

Dies erzeugt die Variable „w" mit 50 Fällen im Bereich oberhalb von 1530. Den Namen der Variable „w" setzen wir in die folgenden Syntaxbefehle ein:

```
COMPUTE p = PDF.Normal (w, 1573.65,47.33).
Execute.
```

Dieser Befehl berechnet für das gewünschte Intervall Wahrscheinlichkeitsdichte-Beträge einer Normalverteilung mit dem arithmetischen Mittel 1573,65 und der Standardabweichung 47,33. Außerdem wollen wir noch die Integrale der Normalverteilung in den gewünschten Intervallen darstellen: Hierzu benutzen wir folgende Syntax:

```
COMPUTE pcum=CDF.NORMAL(w,1573.65,47.33).
EXECUTE.
```

Um uns die Wahrscheinlichkeitsdichte und die Integralbeträge in einer Tabelle darstellen zu können, benutzen wir die Syntax:

```
TEMPORARY.
SELECT IF (w gt 1535) & (w lt 1580).
SUMMARIZE
/TABLES=w p pcum
/FORMAT=VALIDLIST NOCASENUM TOTAL
```

```
/TITLE='Zusammenfassung von Fällen'
/MISSING=VARIABLE
/CELLS=COUNT.
```

Wir erhalten die (in der Mitte gekürzte) Tabelle 3:

Tabelle 3: Zusammenfassung von Fällen

Laufende Nummer	w	p Wahrscheinlich- keitsdichte	p_{cum} (Integral)	
1	1536,00	,00614	,21317	
2	**1537,00**	**,00625**	**,21936**	$p_{cum} \approx 0{,}2235$
3	**1538,00**	**,00635**	**,22566**	
4	1539,00	,00645	,23206	
5	1540,00	,00655	,23855	
6	1541,00	,00664	,24515	
7	1542,00	,00674	,25184	
8	1543,00	,00683	,25863	
..	.	.	.	
..	.	.	.	
..	.	.	.	
33	1568,00	,00837	,45249	
34	1569,00	,00839	,46087	
35	1570,00	,00840	,46926	
36	1571,00	,00842	,47767	
37	1572,00	,00842	,48610	
38	**1573,00**	**,00843**	**,49452**	p erreicht hier ein Maximum
39	**1574,00**	**,00843**	**,50295**	
40	1575,00	,00843	,51138	
41	1576,00	,00842	,51980	
42	1577,00	,00841	,52821	
43	1578,00	,00839	,53661	
44	1579,00	,00838	,54500	
Insgesamt N	44	44	44	

Tabelle 3 zeigt uns, dass die Wahrscheinlichkeit, eine Stichprobe mit n= 305 und mit einem Mittel von bis zu 1537,5 Euro aus einer Grundgesamtheit zu bekommen, die ein arithmetisches Mittel von 1573,6 Euro hat, etwa $\alpha = 0,22$ (22%) beträgt. Wir könnten die Nullhypothese daher beibehalten.

Tabelle 3 zeigt uns ebenfalls, dass die Wahrscheinlichkeit, eine Stichprobe mit $n = 305$ und einem Mittel von bis zu 1573,6 Euro aus einer Grundgesamtheit zu bekommen, die ein arithmetisches Mittel von 1573,6 Euro hat, etwa $\alpha = 0,5$, d.h. 50% beträgt. Weiterhin zeigt sie uns, dass die errechnete *Wahrscheinlichkeitsdichte* bei dem arithmetischen Mittel der Grundgesamtheit ein Maximum hat. Dies signalisiert, dass das arithmetische Mittel der Stichprobe ein guter Schätzer des Grundgesamtheitsmittels ist (*Bortz* 2005: 94).

3.2   Einstichproben t-Test auf den Mittelwert in der Grundgesamtheit (t-Verteilung)

Das gleiche Ergebnis (Beibehaltung der Nullhypothese) bekommen wir, wenn wir für unsere rekodierten Einkommensdaten den Einstichproben t-Test rechnen (*Bortz* 2005:136f) und dort als „Testwert" angeben, dass unsere Grundgesamtheit ein Mittel von 1573,6 hat. Dass hier ein t-Test (auf Grundlage der t-Verteilung) gerechnet wird und kein z-Test (auf Grundlage der Normalverteilung) liegt daran, dass in SPSS der z-Test als Spezialfall der t-Verteilung angesehen wird: Da bei kleinen Stichproben die Verteilung des arithmetischen Mittels nicht der Normalverteilung sondern der t-Verteilung folgt, benutzt man zur Evaluation des Mittelwertes bei kleinen Stichproben die t-Verteilung, in deren Nenner der Standardfehler des arithmetischen Mittels steht (Bortz 2005, S. 138):

$$t = \frac{\bar{x} - \mu}{\frac{s}{\sqrt{n}}} = \frac{\bar{x} - \mu}{\sigma_{\bar{x}}}$$

Da die t-Verteilung vollständig durch die Angabe der Freiheitsgrade bestimmt ist, die hier mit „$n - 1$" festgelegt werden, ist dieser t-Test für die Stichprobengröße sensibel. Das ist wichtig, weil das arithmetische Mittel bei kleinen Stichproben nicht mehr normalverteilt ist sondern, wie schon gesagt, t-verteilt, mit $n-1$ Freiheitsgraden. Die Syntax für den t-Test lautet:

```
T-TEST
/TESTVAL=1573.6
/MISSING=ANALYSIS
/VARIABLES=Einkommenrec
/CRITERIA=CI(0.95).
```

Die Tabellen 4 und 5 zeigen die Testergebnisse.[6] Tabelle 4 beschreibt die ausgewertete Stichprobe durch Angabe von n, arithmetischem Mittel, Standardabweichung der Messwerte und Standardfehler des arithmetischen Mittels.

Der Wert für „Sig (2seitig)" beträgt α = 0,447, was das Doppelte von unserem Wert p_{cum}= 0,2235 ist, den wir als Wahrscheinlichkeit berechnet haben, aus einer Grundgesamtheit mit dem arithmetischen Mittel 1573,6 eine Stichprobe mit n= 305 zu ziehen, die das Mittel von 1537,5 hat (Tabelle 3 enthält nur Näherungswerte). Diese Verdoppelung resultiert daraus, dass SPSS die kumulierten Wahrscheinlichkeiten (hier: Integrale der t-Verteilung) aus einem „einseitigen Test" in die kumulierten Wahrscheinlichkeiten eines „zweiseitigen Tests" umrechnet.[7] Auch diese kumulierte Wahrscheinlichkeit von 0,447 führt zur Beibehaltung der Nullhypothese.

Die Angabe „df = 304" zeigt, dass SPSS hier eine t-Verteilung mit df = n-1 = 305 – 1 Freiheitsgraden zugrundelegt.

Tabelle 4: Statistik bei einer Stichprobe

	N	Mittelwert	Standard-abweichung	Standardfehler des Mittelwertes
Rekodiertes Einkommen	305	1537,541	826,5	47,33

Tabelle 5: Ergebnisse des Einstichproben t-Tests

			Rekodiertes Einkommen
Testwert = 1573.6	T		-,762
	df		304
	Sig (2-seitig)		,447
	Mittlere Differenz		-36,05902
	95% Konfidenzintervall der Differenz	Untere	-129,1958
		Obere	57,0778

Die in Tabelle 5 angegebene „mittlere Differenz" ergibt sich aus der Differenz zwischen Stichprobenmittel und Grundgesamtheitsmittel. Diese mittlere Differenz kann positiv oder negativ sein. Das 95%- Konfidenzintervall der Differenz

[6]   Bei Tabelle 5 sind Zeilen und Spalten gegenüber dem Original-Ouput vertauscht, um ihn besser abdrucken zu können.

[7]   Zum Unterschied des einseitigen und zweiseitigen Tests siehe *Bortz* 2005: 116ff.

ergibt sich aus dieser mittleren Differenz, vermehrt oder vermindert um den (hier) mit 1,968 multiplizierten Standardfehler des arithmetischen Mittels aus der Stichprobe. Die Konstante ±1,968 stammt aus der t-Verteilung mit 304 Freiheitsgraden und kennzeichnet das Intervall, in dem die mittleren 95% der Fläche unter der Dichtefunktion der t-Verteilung liegen (*Bortz* 2005: 101f).

Es ist wichtig, festzustellen, dass das Vorzeichen der Grenzen des Konfidenzintervalls in Tabelle 5 einmal positiv, einmal negativ ist. Dies ist nicht der Fall, wenn die Nullhypothese abgelehnt wird. Dann sind beide Vorzeichen gleich. Das Konfidenzintervall der Differenz der Mittelwerte von Grundgesamtheit und Stichprobe gibt jenen Bereich an, in dem diese Differenz mit einer Wahrscheinlichkeit von 95% liegt. Würde man die Wahrscheinlichkeit hierfür mit 99% wünschen, würde die Konstante entsprechend anzupassen sein, was aber durch Optionen in der Syntax des t-Test leicht möglich ist: Man setzt in der unten angezeigten Syntax den Wert 0,95 unter „CRITERIA=CI" auf 0,99.

```
T-TEST
/TESTVAL=1573.6
/MISSING=ANALYSIS
/VARIABLES=Einkommenrec
/CRITERIA=CI(0.95).
```

3.3   Differenz zweier Mittelwerte unabhängiger Stichproben (t-Verteilung)

Wir haben mitgeteilt, dass dasselbe theoretische Problem (im Beispiel oben: der Test auf einen bestimmten Mittelwert in der Grundgesamtheit) je nach Beschaffenheit der Daten mit unterschiedlichen Prüfverteilungen bzw. statistischen Tests gelöst werden muss (im Beispiel oben: z-Test und t-Test). Umgekehrt kann aber auch dieselbe Prüfverteilung zur Lösung sehr unterschiedlicher theoretischer Probleme herangezogen werden, wie das folgende Beispiel zeigen soll, das ebenfalls die t-Verteilung verwendet:

Verfügt man über zwei unabhängig voneinander gezogene Stichproben mit unterschiedlich großen Mittelwerten, dann interessiert die Frage, ob es möglich ist, sie aus der gleichen Grundgesamtheit zu gewinnen, obwohl ihre Mittelwerte sich unterscheiden. Als Beispiel für diese Problematik seien zwei Teilstichproben des rekodierten Haushaltseinkommens (Variablenname: einkommenrec) aus den Mikrozensusdaten 2002 präsentiert, die sich nur dadurch unterscheiden, dass sie aus verschiedenen Bundesländern (Brandenburg und Sachsen-Anhalt) stammen (Variablen Name: ef1, Kodes: 12 und 15). Die Nullhypothese lautet hier, dass die arithmetischen Mittel der Grundgesamtheiten übereinstimmen, aus denen die beiden Stichproben stammen:

$H_0 \rightarrow \mu_1 = \mu_2$

Die Alternativhypothese könnte so formuliert werden, dass Ungleichheit der Mittelwerte der Grundgesamtheiten angenommen wird (ungerichteter, zweiseitiger Test, vgl. *Bortz* 2005: 116):

$H_1 \rightarrow \mu_1 \neq \mu_2$

Die hier heranzuziehende Prüfverteilung ist die Verteilung der möglichen Differenzen der Mittelwerte zweier Stichproben. Diese Verteilung hat im Nenner den Standardfehler

$$\hat{\sigma}_{\overline{x}_1 - \overline{x}_2} = \sqrt{\frac{(n_1 - 1) * \hat{\sigma}_1^2 + (n_2 - 1) * \hat{\sigma}_2^2}{(n_1 - 1) + (n_2 - 1)} \left[\frac{1}{n_1} + \frac{1}{n_2} \right]}$$

der sich aus den Standardfehlern der beiden Teilstichproben ergibt (Bortz 2005: 140f). Dieser Standardfehler wird nun in den Nenner der Variable t eingesetzt, in deren Zähler die Differenz der Stichprobenmittel steht:

$$t = \frac{\overline{x}_1 - \overline{x}_2}{\hat{\sigma}_{\overline{x}_1 - \overline{x}_2}}$$

Diese Gleichung definiert eine Zufallsvariable, die für kleine Stichproben mit $n_1 + n_2 - 2$ Freiheitsgraden t-verteilt ist und bei Stichproben mit insgesamt mehr als 50 Elementen annähernd normalverteilt ist. SPSS rechnet aber immer mit der t-Verteilung.

Die Anwendung dieser Formel ist bei kleineren Stichproben nur gestattet, wenn die Grundgesamtheiten normalverteilt sind, aus denen die Stichproben entnommen wurden, und wenn die Varianzen dieser Grundgesamtheiten „homogen" sind. Für den Fall inhomogener Varianzen müssen Verfahren mit Korrekturformeln benutzt werden (*Clauß / Ebner* 1971: 212ff). Ob homogene Varianzen vorliegen, wird entweder mit dem F-Test oder mit dem Levene-Test geprüft (*Janssen* et al. 2007: 246.).

Da die Codes für Brandenburg und Sachsen-Anhalt im Mikrozensus 2002 „12" und „15" lauten, kann man die Syntax für die Prüfung der o.a. Hypothese wie folgt schreiben:

```
TEST GROUPS=ef1(12 15)
/MISSING=ANALYSIS
/VARIABLES=einkommenrec
/CRITERIA=CI(0.95).
```

Es resultieren die Outputs in Tabellen 6 und 7 auf der nächsten Seite.[8] Tabelle 6 zeigt die Stichprobenumfänge, die Mittelwerte, die Standardabweichungen und die Standardfehler der Mittelwerte aus beiden Stichproben.

Tabelle 7 zeigt das Ergebnis des Levene-Tests auf Varianzhomogenität. Dieses Ergebnis wird in Form des komplementären Integrals für den Wert F= 0,15 vorgelegt. Der Betrag ist gleich p_{cum}=0,699. Legen wir zuvor fest, die „Null-Hypothese", dass die Populationsvarianzen homogen sind, zu verwerfen, wenn dieses komplementäre Integral kleiner als 0,05 ist, dann können wir in diesem Fall die Nullhypothese beibehalten. Das bedeutet, dass alle weiteren für uns relevanten Angaben aus der mittleren Spalte von Tabelle 7 zu entnehmen sind. Hätten wir die Nullhypothese über die Varianzhomogenität ablehnen müssen, wären für uns die Angaben aus der letzten Spalte von Tabelle 7 relevant.[9] Weitere Angaben im Output umfassen:

- den t-Wert in Höhe von 1,97
- die Menge der Freiheitsgrade 1521, die sich hier aus n1 + n2 -2 ergeben.
- die „Signifikanz" α (das verdoppelte komplementäre Integral der Variable t im Intervall +1,97 bis +∞) für den zweiseitigen Test in Höhe von 0,049 (einseitig wäre der Betrag 0,0245).
- die Differenz der beiden Stichprobenmittel und den Standardfehler dieser Differenz. Deren Quotient ergibt den o.a. t-Wert.
- das Konfidenzintervall der Differenz der Mittelwerte (hier ist es gleich 59,43 ± 1,96*30,16).

Tabelle 6: Gruppenstatistiken beim t- Test für unabhängige Stichproben

	EF1 Land der Bundesrepublik	N	Mittelwert	Standard-abweichung	Standardfeh-ler des Mittelwertes
Rekodiertes Einkommen	Brandenburg	782	1195,4604	578,60807	20,69098
	Sachsen-Anhalt	741	1136,0324	598,32162	21,97989

---

[8] Bei Tabelle 7 sind Zeilen und Spalten gegenüber dem Original-Ouput vertauscht, um ihn besser abdrucken zu können.
[9] Hätten wir Zeilen und Spalten nicht vertauscht, stünden die entsprechenden Angaben in der vorletzten oder letzten Zeile des Outputs

Tabelle 7: t-Test bei unabhängigen Stichproben

		Rekodiertes Einkommen	
		Varianzen sind gleich	Varianzen sind nicht gleich
Levene-Test der Varianzgleichheit	F	,150	
	Signifikanz	,699	
T-Test für die Mittelwertgleichheit	T	1,970	1,969
	df	1521	1509,484
	Sig (2-seitig)	,049	,049
	Mittlere Differenz	59,42797	59,42797
	Standardfehler der Differenz	30,15941	30,18663
	95% Konfidenzintervall der Differenz — Untere	,26954	,21579
	Obere	118,58640	118,64015

Haben wir vor dem Test entschieden, die Nullhypothese beizubehalten, wenn das verdoppelte komplementäre Integral der Variable t (rechts vom empirischen „t") bei zweiseitigem Test größer oder gleich 0,05 ist, dann müssten wir die Nullhypothese jetzt zurückweisen. Das hieße, wir würden der Alternativhypothese zuneigen, dass beide Stichproben nicht aus der gleichen Grundgesamtheit entnommen worden sind. Dies würde – inhaltlich – darauf hindeuten, dass es „signifikante" Unterschiede in den rekodierten Haushaltseinkommen der Länder Brandenburg und Sachsen-Anhalt gibt.

Wenn wir diesen t-Test ohne seine spezielle Syntax nachrechnen wollen, könnten wir das mithilfe der Syntax für das Integral der t-Verteilung tun. Hierzu erzeugen wir in einem leeren Datensatz die Werte für eine Variable w im Intervall von bis -1,973 bis -1,966.[10] Danach berechnen für sie die Wahrscheinlichkeitsfunktion mit folgender Syntax, wobei wir die Ergebnisse mit dem SUMMARIZE – Befehl darstellen:

```
COMPUTE pcum=CDF.T(w,1521).
EXECUTE.SUMMARIZE
/TABLES=w pcum
/FORMAT=VALIDLIST NOCASENUM TOTAL LIMIT=8
/TITLE='Zusammenfassung von Fällen'
/MISSING=VARIABLE
/CELLS=COUNT.
```

[10] Wir nehmen die negativen Werte, um beim Kumulieren von links nach rechts aufsteigende Ergebnisse zu erhalten.

Tabelle 8:   Kumulierte Wahrscheinlichkeiten für t_{df1521} im Intervall
-1,973 bis -1,967

Laufende Nummer	Werte der Variable t_{df1521}	p_{cum} (Integral)
1	-1,9730	,02434
2	-1,9720	,02440
3	-1,9710	,02445
4	**-1,9700**	**,02451**
5	-1,9690	,02457
6	-1,9680	,02462
7	-1,9670	,02468
8	-1,9660	,02474

Tabelle 8 zeigt für $t = -1,970$ das von $-\infty$ bis $t = -1,970$ berechnete Integral von 0,02451, also für den t-Wert für einen (einseitigen) linkseitigen Test. Verdoppelt man diesen – für einen zweiseitigen Test – dann käme man auf den im zweiseitigen t-Test errechneten Wert von: $t = 0,049$.

4   Zum Verhältnis von Signifikanz und praktischer Bedeutsamkeit

Wir haben bislang diskutiert, wie verschiedene Prüfverteilungen sich auf das Testergebnis auswirken. Ein weiterer wichtiger Faktor ist die Stichprobengröße n: Der Absolutbetrag eines Mittelwertunterschiedes von großen Stichproben führt nicht zum gleichen Ergebnis einer Signifikanzprüfung, wenn man ihn bei kleineren Stichproben untersucht. Zur Illustration ziehen wir aus den rekodierten Haushaltseinkommen des Mikrozensus 2002 eine 50%-Stichprobe und verarbeiten deren Daten mit der gleichen Syntax wie oben. Der Output ist in den Tabellen 9 und 10 auf der nächsten Seite dargestellt. In Tabelle 10 sind Zeilen und Spalten vertauscht:

```
T-TEST GROUPS=ef1(12 15)
/MISSING=ANALYSIS
/VARIABLES=einkommenrec
/CRITERIA=CI(0.95).
```

Die Größe der Stichprobe ist gegenüber dem Beispiel in Abschnitt 3.3 (Tabellen 6 und 7) etwa halbiert. Die Differenz der Mittelwerte, die in Tabelle 7 den Betrag von 59,43 aufwies, hat jetzt (zufällig) noch einen größeren Betrag, nämlich 65,65. Man würde daher erwarten, dass wiederum ein signifikanter Unterschied zwischen den Haushaltseinkommen der Länder Brandenburg und Sachsen-

Anhalt aus der Analyse herauskäme. Leider ist dies bei der kleineren Stichprobe nicht garantiert. Tabelle 10 gibt ein verdoppeltes komplementäres Integral der t-Verteilung im Intervall von +∞ bis +1,503 (Signifikanz für den 2seitigen Test) in Höhe von p_{cum}= 0,133 aus, bei df = 734. Da bei diesem Ergebnis der Wert von 0,05 weit überschritten wird, ist bei gleicher – oder noch größerer – Differenz der Mittelwerte überraschender Weise kein „signifikanter" Unterschied mehr vorhanden – selbst bei einseitigem Test nicht, wenn wir mit p_{cum}= 0,133/2 = 0,0666 rechnen würden. Wir würden die Nullhypothese also beibehalten, obwohl die Differenz der Mittelwerte größer ist, als oben angegeben wurde.

Tabelle 9: Gruppenstatistiken

	EF1 Land der Bundesrepublik	N	Mittelwert	Standard-abweichung	Standardfehler des Mittelwertes
Rekodiertes Einkommen	Brandenburg	388	1179,44	570,41	28,95855
	Sachsen-Anhalt	348	1113,79	614,58	32,94528

Tabelle 10: Test bei unabhängigen Stichproben

		Rekodiertes Einkommen	
		Varianzen sind gleich	Varianzen sind nicht gleich
Levene-Test der Varianzgleichheit	F	,058	
	Signifikanz	,810	
T-Test für die Mittelwertgleichheit	T	1,503	1,497
	df	734	710,206
	Sig (2-seitig)	,133	,135
	Mittlere Differenz	65,65	65,65
	Standardfehler der Differenz	43,685	43,86
95% Konfidenzintervall der Differenz	Untere	20,14	-20,46
	Obere	151,41	151,77002

Um die Signifikanzentscheidung inhaltlich zu ergänzen, wurden noch weitere Argumente in die Entscheidung über Nullhypothesen hinzugezogen. Man kann nämlich jeden Mittelwertunterschied signifikant werden lassen, wenn man nur die Stichprobengröße steigert.

Ein neues Argument ist die Einführung des Konzepts der *„praktischen Bedeut-samkeit"* (auch: *„Relevanz"*) des untersuchten Mittelwertunterschiedes (*Bortz* 2005: 120, vgl. auch Kapitel 12). Dies führt bei *Bortz* (2005) zu folgender Forderung:

> „Die korrekte Anwendung eines Signifikanztests und die Interpretation der Ergeb-nisse unter dem Blickwinkel der praktischen Bedeutsamkeit sind essentielle und gleichwertige Bestandteile der empirischen Hypothesenprüfung" (*Bortz* 2005: 120; *Bortz / Döring* 2006: 601).

4.1   Die Effektgröße g

Um praktisch bedeutsame Unterschiede beim Test von Mittelwertdifferenzen unabhängiger Stichproben zu beschreiben, wurde von *Cohen* (1988) der Begriff der Effektgröße eingeführt.[11] Die Effektgröße bezieht sich z. B. auf (Mittelwert-)differenzen von Grundgesamtheiten und kann nur angegeben werden, wenn die Standardabweichung der Grundgesamtheit bekannt ist. Wenn in zwei Teilstich-proben die Standardabweichung gleich groß ist und der Grundgesamtheits-Standardabweichung entspricht, würde *Cohen* (1988) die Effektgröße als Differenz der Mittelwerte der zwei relevanten Grundgesamtheiten, geteilt durch die ge-meinsame Standardabweichung definieren:

$$\delta = \left(\frac{\mu_1 - \mu_2}{\sigma} \right)$$

Es handelt sich bei der Effektgröße um einen Wert, der es erlaubt, empirisch ermittelte Differenzen im Vergleich verschiedener Untersuchungen als „klein" oder „groß" einzuschätzen. Die Division der Mittelwertsdifferenz durch die Standardabweichung soll die Ergebnisse unterschiedlicher Untersuchungen vergleichbar machen. An die Effektgröße knüpfen sich Urteile über die prakti-sche Bedeutsamkeit dieser Unterschiede angesichts von Praxiserfahrungen.

Wie *Bühner* und *Ziegler* (2009: 175f.) mitteilen, ist es möglich, die Effekt-größe für Grundgesamtheiten aus Stichprobendaten erwartungstreu durch die Größe „g" (nach Hedges) zu schätzen. Vorausgesetzt wird, dass n größer als 20 ist.

$$g = \frac{\overline{x}_1 - \overline{x}_2}{\hat{\sigma}} = t * \sqrt{\frac{1}{n_1} + \frac{1}{n_2}}$$

g kann auch aus dem Korrelationskoeffizienten r errechnet werden:

---

[11] Die Effektgröße darf nicht mit der Power eines Tests verwechselt werden, die weiter unten erläutert wird.

$$g = \frac{r}{\sqrt{1-r^2}} \sqrt{\frac{(n_1 + n_2) * df}{n_1 * n_2}}$$

Analog zur Einteilung der Signifikanzen in „nicht signifikant", „signifikant" und „sehr signifikant" wird auch die Effektgröße eingeteilt in „*kleiner Effekt*" (g= 0,20), „*mittlerer Effekt*" (g = 0,50) und „*starker Effekt*" (g = 0,80) (Bortz / Döring 2006: 606).

Für die Unterschiede zwischen den Haushaltseinkommen von Brandenburg und Sachsen-Anhalt, die wir oben berechnet haben, ergäbe sich, je nach der Größe der Stichprobe n, ein g von

$$g = 1,97 * \sqrt{\frac{1}{782} + \frac{1}{741}} = 0,10$$

$$g = 1,503 * \sqrt{\frac{1}{388} + \frac{1}{348}} = 0,111$$

Das wäre in beiden Fällen nicht einmal ein „kleiner Effekt". Die Rechnung zeigt aber, dass die Größenordnung die gleiche ist.

Welcher absolute Mittelwertunterschied vor dem Hintergrund der Praxiserfahrung von praktischer Bedeutung ist, kann statistisch nicht entschieden werden, sondern muss von den Menschen im Praxisfeld eingeschätzt werden. Nur aus der Praxis heraus kann z. B. angegeben werden, ob die Änderung des durchschnittlichen Wasserverbrauchs um einen Viertelliter pro Tag und Einpersonenhaushalt Konsequenzen hat, die diesen Effekt schon als praktisch bedeutungsvoll einzuschätzen gestatten.

4.2   Berechnung der Effektgröße
am Beispiel des Signifikanztests mit abhängigen Stichproben

Wie man die Signifikanz und Effektgröße berechnet und gegeneinander abwägt, soll im Folgenden am Beispiel eines Signifikanztests mit abhängigen Stichproben illustriert werden, der ebenfalls mit der t-Verteilung arbeitet. Abhängige Stichproben resultieren aus Stichproben, in denen man an allen Elementen der Stichprobe zwei oder mehrere Messungen vorgenommen hat. Jede Messung erzeugt dabei eine neue Variable. Die Differenz d_i der Messwerte zweier Variablen ist hier Gegenstand der Hypothesenbildung. Die Nullhypothese würde hier lauten, dass

$$H_0 \rightarrow \mu_d = 0$$

und die Alternativhypothese (zweiseitig, unspezifisch)

$H_1 \rightarrow \mu_d \neq 0$

Wir ziehen zur Demonstration eine 5%-Stichprobe der Haushalte aus dem Mikrozensus 2002 nach der Finanzkrise und simulieren in SPSS einen „Einkommensrückgang nach der Finanzkrise 2009).[12] Der hier zu berechnende t-Wert ergibt sich aus dem Quotienten des arithmetischen Mittels der Differenzen zwischen zwei zu vergleichenden Variablen und dem Schätzwert des Standardfehlers für dieses Mittel in der Grundgesamtheit.

$$t = \frac{\overline{x}_d}{\hat{\sigma}_{\overline{x}_d}}$$

Hierbei ist die Menge der Freiheitsgrade der t-Verteilung gleich der Menge der Messwertepaare minus 1. Der Standardfehler des Mittels der Differenzen wird durch die Stichprobenstandardabweichung der Differenzen, geteilt durch die Wurzel aus n, geschätzt:

$$\hat{\sigma}_{\overline{x}_d} = \frac{\hat{\sigma}_d}{\sqrt{n}}$$

Die Syntax für unseren Mittelwertvergleich lautet:

```
T-TEST PAIRS=Einkommenrec WITH EinkNFinKr (PAIRED)
/CRITERIA=CI(.9500)
/MISSING=ANALYSIS.
```

Der Output sieht folgendermaßen aus:

Tabelle 11: Statistik bei gepaarten Stichproben

	Mittelwert	N	Standard-abweichung	Standardfehler des Mittelwertes
Rekodiertes Einkommen	1589,2797	1187	871,912	25,30742
Einkommen nach der Finanzkrise	1379,5719	1187	907,895	26,35182

---

[12] Hierzu subtrahieren wird von jedem gültigen Messwert der Variable „EinkommenRec" eine von uns konstruierte Zufallsvariable. Die resultierende Variable nennen wir „EinkNFinKr". Jetzt können wir berechnen, ob die Differenz der Mittelwerte zweier abhängiger Stichproben signifikant ist. Die einschlägigen Formeln finden wir bei *Bortz* (2005: 144).

Tabelle 12: Korrelationen bei gepaarten Stichproben

	N	Korrelation	Signifikanz
Rekodiertes Einkommen & Einkommen nach der Finanzkrise	1187	,944	,000

Tabelle 13: Test bei gepaarten Stichproben

			Paaren 1
			Rekodiertes Einkommen – Einkommen nach der Finanzkrise
Gepaarte Differenzen	Mittelwert		209,70777
	Standardabweichung		298,84264
	Standardfehler des Mittelwertes		8,67396
	95% Konfidenzintervall der Differenz	Untere	192,68976
		Obere	226,72578
T			24,177
df			1186
Sig (2-seitig)			,000

Tabelle 11 zeigt die Kennwerte (n, arithmetisches Mittel, Standardabweichung, Standardfehler des Mittelwertes für die beiden abhängigen Stichproben. Tabelle 12 zeigt den Produktmomentkorrelationskoeffizienten „r" der beiden Variablen an. Tabelle 13 zeigt den Mittelwert der Differenzen, die Standardabweichung der Differenzen, den Standardfehler des Mittelwertes der Differenzen, das 95%-Konfidenzintervall für den Mittelwert der Differenzen, die Menge der Freiheitsgrade, den t-Wert und das Integral der t-Verteilung von $-\infty$ bis $-t$. Dieses Integral, dessen Wert hier mit Null angegeben wird, ist in Wirklichkeit 2, 595 * 10-105, ein zwar sehr kleiner Wert, aber immerhin größer als Null. Die Nullhypothese muss auf jeden Fall verworfen werden. Die Effektgröße wird für diesen Fall von Bortz (2005: 145) wie folgt angegeben:

$$\varepsilon' = \frac{\mu_1 - \mu_2}{\sigma_D} * \sqrt{2}$$

Hierbei ist

$$\sigma_D = \sqrt{\sigma^2_1 + \sigma^2_2 - 2r\sigma_1\sigma_2}$$

Setzen wir die Werte aus den Tabellen in die Formeln ein, dann ergibt sich hier ein Effekt von

$$\varepsilon' = \frac{1589,28 - 1379,57}{\sqrt{871,9^2 + 907,9^2 - 2 * 0,944 * 871,9 * 907,9}} = 0,699$$

Dies dürfte nach der obigen Einteilung der Effekte ein mittlerer bis starker Effekt sein.

Der t-Test für abhängige Stichproben kann auch als Einstichproben-t-Test mit dem Testwert „Null" gerechnet werden. Man erzeugt hierzu im Datensatz die Differenz der Einkommen zum 1. und 2. Messzeitpunkt und führt für diese Variable den Einstichproben-t-Test durch. Die Syntax würde lauten:

```
COMPUTE DifferenzEinkommen=Einkommenrec - EinkNFinKr.
EXECUTE.

T-TEST
/TESTVAL=0
/MISSING=ANALYSIS
/VARIABLES=DifferenzEinkommen
/CRITERIA=CI(.95).
```

Wir würden die gleichen Ergebnisse wie beim t-Test mit abhängigen Stichproben erhalten. Der Output zeigt dies:

Tabelle 14: Statistik bei einer Stichprobe

	N	Mittelwert	Standard-abweichung	Standardfehler des Mittelwertes
Differenz-Einkommen	1187	209,7	298,8	8,67396

Tabelle 15: Test bei einer Stichprobe

		DifferenzEinkommen
T		24,177
df		1186
Sig (2-seitig)		,000
Mittlere Differenz		209,70777
95% Konfidenzintervall der Differenz	Untere	192,6898
	Obere	226,7258

5   Die Teststärke (Power β) eines Tests

Im bisherigen Text wurde nur gezeigt, wie man Null-Hypothesen H_0 testet, ohne dass die Alternativhypothese H_1 spezifiziert wurde. Im Folgenden soll gezeigt werden, wie man spezifische Hypothesen H_0 und H_1 (deren unterschiedliche Mittelwerte bekannt sind) z. B. daraufhin untersucht, ob eine von Ihnen zugunsten der anderen verworfen werden kann, bei gleichzeitiger Beibehaltung der anderen. Zur Untersuchung solcher Fragen ist die bisher benutzte Begrifflichkeit zu erweitern. Neben die Irrtumswahrscheinlichkeit α (die Wahrscheinlichkeit, die H_0 irrtümlich zu verwefen) tritt die Irrtumswahrscheinlichkeit β (die Wahrscheinlichkeit, die H_1 irrtümlich zu verwefen). Beide Wahrscheinlichkeiten sind nicht identisch mit dem oben eingeführten Begriff der Effektgröße g.

Stellen wir uns vor, wir müssten entscheiden, ob die Einkommen der Stadt Frankenthal eher den Verhältnissen von Rheinland-Pfalz (wo Frankenthal liegt) oder eher den von Baden Württemberg (dessen Grenze nicht weit ist) entsprechen. Folgende Daten liegen aus Rheinland-Pfalz, Baden-Württemberg und Frankenthal vor:

Tabelle 16: Stichproben-Kennwerte der Regionen
Rheinland-Pfalz, Baden-Württemberg und Frankenthal

Region	N	Arithmetisches Mittel	Standardfehler
Rheinland-Pfalz	100	1620 Euro	35
Baden-Württemberg	100	1714 Euro	35
Frankenthal	100	1680 Euro	35

Es soll nun geprüft werden, ob die Einkommen von Frankenthal eher aus der Grundgesamtheit der Rheinland-Pfälzer Haushaltseinkommen als Stichprobe entnommen worden sein können oder eher aus der Grundgesamtheit der Baden-Württemberger Haushaltseinkommen. Die Verhältnisse in Rheinland-Pfalz und in Baden-Württemberg werden geschätzt aufgrund der Stichproben. Wir können nun folgende Hypothesen aufstellen:

$$H_0 \rightarrow \mu_{frankenthal} = \mu_{Rheinland-Pfalz}$$

$$H_1 \rightarrow \mu_{frankenthal} = \mu_{Baden-Württemberg}$$

Um diese Frage entscheiden zu können, müssen wir die Wahrscheinlichkeiten dafür berechnen, dass eine Stichprobe (Frankenthal) aus den Daten eines der beiden Länder gezogen wurde, und zwar aufgrund der entsprechenden Integrale der Prüfverteilung.

Die (komplementären) Integrale der Normalverteilung für die Rheinland-Pfälzer und die Baden-Württemberger Daten können wir erzeugen, indem wir – nach dem oben schon dargestellten Muster – eine Variable „w" im Wertebereich von 1620 bis 1714 erzeugen. Diese Variable stellt mögliche arithmetische Mittel von Stichproben aus Frankenthal dar. Die für die beiden Länder bestehenden Wahrscheinlichkeiten können wir berechnen, indem wir die Integrale für zwei Normalverteilungen berechnen, die den verschiedenen Länder-Daten entsprechen: Für Rheinland-Pfalz berechnen wir das komplementäre Integral (von rechts nach links). Für Baden-Württemberg berechnen wir das einfache Integral (von links nach rechts). Die Syntax lautet:

```
COMPUTE cumkompRP=1 - CDF.NORMAL(w,1620,35).
EXECUTE.
COMPUTE cumBW=CDF.NORMAL(w,1713,35).
EXECUTE.
```

Mit der folgenden Syntax lässt sich das Ergebnis darstellen:

```
GRAPH
/LINE(MULTIPLE)=VALUE(cumkompRP cumBW) BY w.
```

Die Graphik der so erzeugten Funktionen ist auf der folgenden Seite zu sehen. Man kann der Graphik 1 – wie auch der auf der darauffolgenden Seite abgedruckten Tabelle 17 – entnehmen, wie wahrscheinlich es ist, aus den Daten von Rheinland-Pfalz bzw. Baden-Württemberg eine Stichprobe (n=100) zu ziehen, die zum Beispiel das arithmetische Mittel 1666,5 hat. Die Wahrscheinlichkeiten wären gleich groß, nämlich etwa 9,2%. Hätten wir dieses arithmetische Mittel für Frankenthal erhalten, dann wäre unsere Frage nicht entscheidbar.

Tabelle 17 zeigt, dass ein arithmetisches Mittel von Frankenthal von 1680 Euro mit einer Wahrscheinlichkeit von 0,043 (4,3%) aus einer Stichprobe aus den Rheinland-Pfälzer Daten entstanden sein kann; die Wahrscheinlichkeit, dass es aus einer Stichprobe aus den Baden-Württemberger Daten entstanden sein könnte, beträgt 0,173 (17,3%).

Hätten wir zuvor die Regel aufgestellt, dass wir H_0 ablehnen, wenn das komplementäre Integral (von rechts nach links) kleiner als 5% ist, dann würden wir jetzt H_0 verwerfen. Ob wir die H_1 jetzt annehmen, hängt davon ab, ob wir zuvor die Regel aufgestellt haben, dass das Integral (von links nach rechts) hierbei mindestens 0,2 (20%) sein muss. Hätten wir eine solche Regel aufgestellt, was für solche Fälle empfohlen wird (*Bortz* 2005: 122, 127), dann könnten wir zwar H_0 verwerfen, H_1 aber noch nicht automatisch akzeptieren. H_1 könnte erst akzeptiert werden, wenn das arithmetische Mittel von Frankenthal bei 1684 Euro gelegen hätte, wie man Tabelle 17 entnehmen kann. Dann könnte die Frankenthaler Stichprobe nämlich nur noch mit einer Wahrscheinlichkeit von 3,4% aus Rheinland-Pfalz stammen, aber mit einer Wahrscheinlichkeit von 20,4% aus der Baden-Württemberger Grundgesamtheit.

Grafik 1:   *Integral (Baden-W.) und komplementäres Integral (Rheinland-P.)*
              der Verteilungen des arithmetischen Mittels
              aus beiden Grundgesamtheiten

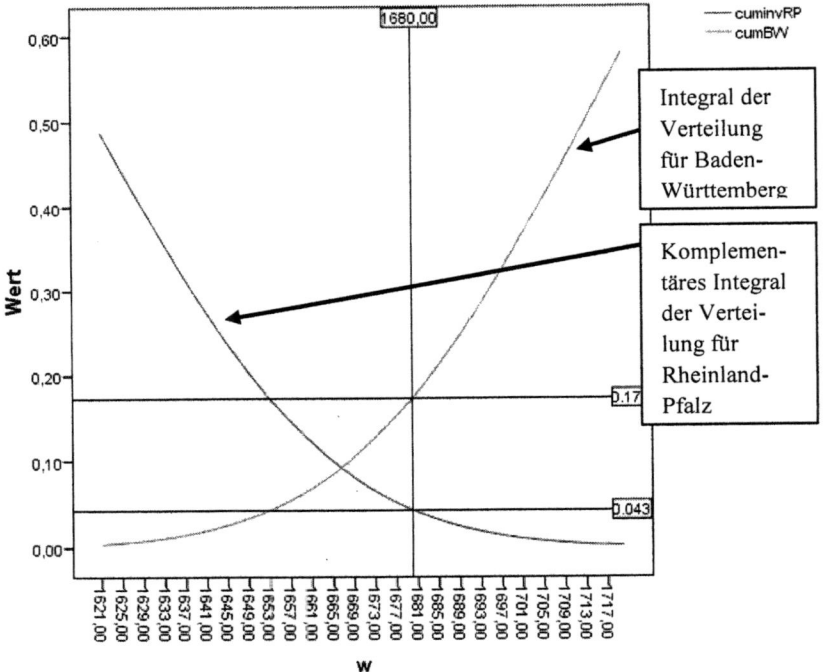

Es ist hier an oben erwähnte terminologische Besonderheiten zu erinnern. Die in unserem Beispiel verwendeten Integrale haben in der Fachliteratur die Bezeichnungen „*α-Fehler-Wahrscheinlichkeit*" (bei der es um die Nullhypothese geht) und „*β-Fehler-Wahrscheinlichkeit*" (bei der es um die Alternativhypothese geht) (*Bortz* 2005: 111).

Tabelle 17   Werte der Wahrscheinlichkeitsfunktionen für das arithmetische
Mittel aus Stichproben mit n=100 im Wertebereich 1651-1690 Euro[a]

Laufende Nummer verschiedener Stichproben	w	Wahrscheinlichkeiten α für Rheinland-Pfalz als Grundgesamtheit	Wahrscheinlichkeiten β für Baden-Württemberg als Grundgesamtheit
1	1651.00	,188	,038
2	1652.00	,180	,041
3	1653.00	,173	,043
4	1654.00	,166	,046
...	...	...	...
12	1662.00	,115	,073
13	1663.00	,110	,077
14	1664.00	,104	,081
15	1665.00	,099	,085
16	1666,00	,094	,090
17	1667,00	,090	,094
18	1668.00	,085	,099
19	1669.00	,081	,104
20	1670.00	,077	,110
30	1680,00	0,043	0,173
...	...	...	...
34	1684,00	,034	,204
35	1685.00	,032	,212
36	1686.00	,030	,220
37	1687.00	,028	,229
38	1688.00	,026	,238
39	1689.00	,024	,246
40	1690.00	,023	,256
Insgesamt	40	40	40

H_0 und H_1: Unentscheidbar

H_0 wird zurückgewiesen, H_1 aber nicht akzeptiert.

H_0 wird zurückgewiesen und H_1 wird akzeptiert.

Die Beziehungen zwischen α- und β-Fehler zueinander stellt *Bortz* (2005, S. 110) tabellarisch wie folgt dar:

Tabelle 18: α- und β-Fehler bei statistischen Entscheidungen

		In der Population gilt die ...	
		H_0	H_1
Entscheidung aufgrund der Stichprobe zugunsten von ...	H_0	richtige Entscheidung	β-Fehler
	H_1	α-Fehler	richtige Entscheidung

Bortz (2005, S. 110) teilt dort weiterhin mit:

„In der statistischen Entscheidungstheorie bezeichnet man eine falsche Entscheidung zugunsten von H_1 als α-Fehler (Fehler 1. Art), und eine falsche Entscheidung zugunsten von H_0 als β-Fehler (Fehler 2. Art)."

Nun zum Begriff der *Power* (*Teststärke*, nicht mit Effektgröße zu verwechseln): Subtrahiert man die „β-Fehler-Wahrscheinlichkeit" von 1, so erhält man die sogenannte Teststärke, auch Power genannt. Mit Power wird die Wahrscheinlichkeit bezeichnet, mit der bei einem Test die Nullhypothese berechtigterweise zurückgewiesen wird. Es wird empfohlen, wenn man die Auswahl unter verschiedenen Tests hat, denjenigen Test zu nehmen, der die größere Teststärke hat. Die Determinanten der Teststärke sind folgende (Bortz / Döring 2006: 603):

Tabelle 19: Determinanten der Teststärke (Power eines Tests)

Effektgröße	wenn die Effektgröße kleiner wird ...	... sinkt die Teststärke
N	wenn der Stichprobenumfang wächst ...	... steigt die Teststärke
s	wenn die Merkmalsstreuung steigt ...	... sinkt die Teststärke
Signifikanzniveau α	bei höherem α ...	... steigt die Teststärke
Einseitiger oder zweiseitiger Test?	beim einseitigen Test für $\mu_0 < \mu_1$...	... ist die Teststärke höher als bei einem sinngemäß entsprechend durchgeführten zweiseitigen Test.

Wie oben schon mitgeteilt, empfiehlt *Bortz* (2005: 122), die H_1 erst dann zu akzeptieren, wenn das β-Fehlerniveau 20% oder größer ist, bei gleichzeitigem Niveau von α ≤ 5%. Für die Bestätigung der Nullhypothese bei spezifischer Alternativhypothese fordert Bortz (2005) analog eine β-Fehlerwahrscheinlichkeit von β ≤ 5% bei einem gleichzeitigen Niveau von α ≥ 20%.[13] Weitere Hinweise auf Probleme der Hypothesenprüfung mittels Signifikanztests werden im nächsten Kapitel gegeben.

6   Standardmäßige Berechnung von Signifikanztests in SPSS

In diesem Kapitel wurde die Logik von Signikanztests besprochen und erläutert, wie man spezifische Hypothesen mit Hilfe selbst erstellter SPSS-Syntax prüft. Alternativ kann man auf Standard-Tests zurückgreifen, die SPSS für die meisten statistischen Maßzahlen automatisch berechnet: Berechnet man etwa die in Teil II erläuterten Maße für die uni- und bivariate Statistik, testet SPSS automatisch, bei welchem Signifikanzniveau die Nullhypthese „Das Maß nimmt in der Grundgesamtheit den Wert 0 an" verworfen werden kann. Das Problem hierbei ist, dass dies nur eine bestimmte Nullhypthese ist – will man eine andere Nullhypothese testen oder die Effektgröße und Teststärke berechnen, muss man auf die in diesem Kapitel beschriebene Vorgehensweise zurückgreifen.

Weiterführende Literatur
Diehl und Arbinger (2001) enthält ausführliche und sehr gut systematisierte Analysen zur Bestimmung der Effektgröße und Festlegung der Power statistischer Tests. Weitere Literaturhinweise zur schließenden Statistik finden sich im Vorwort zu diesem Band.

Diehl, Jörg/Arbinger, Roland (2001): Einführung in die Inferenzstatistik. Klotz

---

[13]   Siehe hierzu *Bortz* und *Döring* (2006: 604) sowie den Hinweis auf eine entsprechende Faustregel nach *Cohen* (1988).
Bortz (2005) verweist in diesem Zusammenhang weiterhin auf das Problem, dass bei vorab festgelegten Niveaus von α und β Stichprobenergebnisse resultieren können, die keine gute Begründung für eine Entscheidung zugunsten einer der Hypothesen liefern. Es kann vorkommen, dass weder H_0 noch H_1 abgelehnt werden können, oder dass beide abgelehnt werden müssen. Da aus forschungsethischen Gründen diese Niveaus immer vorab festgelegt werden sollten, sind solche unentscheidbaren Situationen schwierig zu bewältigen. Variiert man die Stichprobengröße, dann kann man bei gegebenen Effektgrößen ε die „optimale" Stichprobengröße so wählen, dass dies bei gegebenen Werten für α, β und ε eine eindeutige Entscheidung über die Gültigkeit von H_0 bzw. H_1 sicherstellt (*Bortz* 2005: 125). Die Formeln für die Berechnung der Effektgrößen für die wichtigsten Signifikanztest haben *Bortz* und *Döring* (2006: 606) zusammengestellt.

Kapitel 12
Probleme der Hypothesenprüfung mittels Signifikanztests

Fred Mengering

1 Verschiedene Signifikanztestkonzeptionen

1.1 Signifikanzprüfung nach Fisher

Herr Meyer trifft nach langer Zeit in einem Lokal seinen alten Bekannten Herrn Müller, der ihm nach kurzem Gespräch eröffnet, er habe übersinnliche Fähigkeiten entwickelt und sei aufgrund dieser Fähigkeiten unter anderem in der Lage zufällige Abläufe zu beeinflussen. Er will dies auch belegen und behauptet, er schaffe es z.b. beim Münzwurf in mindestens drei von vier Fällen 'Kopf' zu werfen. Da Herr Meyer ein rationaler Skeptiker ist, hat er Zweifel an den übersinnlichen Fähigkeiten seines alten Bekannten und rechnet anhand seiner statistischen Kenntnisse ein konkretes Beispiel für diese Behauptung durch: Die Wahrscheinlichkeit des Ereignisses 'Kopf' ist beim Münzwurf p=0,5 und bei z.b. n = 20 Würfen ist mit n*p = 10mal 'Kopf' zu rechnen. Die Wahrscheinlichkeit dafür, dass eine Münze bei n = 20 Würfen mindestens k = 15mal 'Kopf' zeigt, ist mit der Binomialverteilung berechenbar und beträgt:

$$p(k \geq 15 / n = 20) = \binom{20}{15} * 0,5^{15} * 0,5^5 + \binom{20}{16} * 0,5^{16} * 0,5^4 + \ldots + \binom{20}{20} * 0,5^{20} = 0,021$$

Das heißt, es ist relativ unwahrscheinlich, dass es Herrn Meyer gelingt mindestens 15mal 'Kopf' bei 20 Münzwürfen zu werfen, wenn man – wie Herr Meyer – den Wissensstand in Bezug auf Würfelereignisse zum Ausgangspunkt der Betrachtung macht.

Aus formaler Perspektive ist hier eine *inhaltliche Hypothese* („Der alte Bekannte hat keine übersinnlichen Fähigkeiten") mit einer *statistischen Nullhypothese* (H_0: $\pi = 0,5$) verknüpft worden, die sich auf ein beobachtbares Münzwurfexperiment bezieht. Des Weiteren wurde unter der Annahme, dass diese Nullhypothese richtig ist und die Ergebnisse im Münzwurfexperiment einem Zufallsprozess folgen, der durch die Binomialverteilung (vgl. z.B. Bortz et al. 2000) beschreibbar ist, die Wahrscheinlichkeit des Auftretens eines konkreten Ausganges eines Würfelexperimentes berechnet: ($p[(k{\geq}15/n = 20)/H_0] = 0,021$).

Wenn sich ein Ereignis einstellt, für das die Wahrscheinlichkeit des Auftretens unter der Annahme die Nullhypothese sei wahr – (p(Daten/H_0)) –, sehr gering ist und zwar so gering, dass diese Wahrscheinlichkeit unter einen vorher festgelegten Wahrscheinlichkeitsschwellenwert α fällt, dann wird ein Ergebnis als *signifikant* bezeichnet. Das Ergebnis bzw. die Daten sind dann durch den unterstellten Zufallsmechanismus nur sehr schwer zu erklären, weshalb zur Erklärung für das Zustandekommen der Daten auf systematische Einflüsse rekurriert wird. Legen wir dieses Signifikanzniveau, der Konvention empirischer Forschung entsprechend, auf $\alpha = 0,05$ fest und wirft Herr Müller tatsächlich mindestens 15mal 'Kopf' bei 20 Münzwürfen, so ist ein solches Ergebnis praktisch nicht mit der Gültigkeit der Nullhypothese vereinbar. Es wäre bei Gültigkeit der Nullhypothese quasi ein 'Wunder' geschehen und da es im Bereich der Hypothesenprüfung üblich ist, nicht an 'Wunder' zu glauben, würde die *Nullhypothese verworfen*: p(Daten/H_0) $\leq \alpha \rightarrow$ Verwerfen von H_0.

Damit wäre die Nullhypothese allerdings nicht im strengen Sinne widerlegt bzw. falsifiziert, da zum einen nur die Wahrscheinlichkeit p(Daten/H_0) und nicht p(H_0/Daten) berechnet wurde und zum anderen auch die Wahrscheinlichkeit p(Daten/H_0) ein Restrisiko für die irrtümliche Verwerfung der Nullhypothese definiert: Diese *Irrtumswahrscheinlichkeit* ist kleiner oder gleich $\alpha = 0,05$. Des Weiteren würde dann lediglich die statistische Nullhypothese H_0: $\pi = 0,5$ in Bezug auf das Münzwurfexperiment verworfen und ein Skeptiker wie Herr Meyer könnte versucht sein, die inhaltliche Hypothese durch eine kleine Erweiterung folgender Art zu retten: Der alte Bekannte hat keine übersinnlichen Fähigkeiten und ist ein Betrüger. Diese neue inhaltliche Hypothese würde nun allerdings nicht mehr mit der oben genannten statistischen Nullhypothese korrespondieren und sie wäre auch nur dann in eine statistische Nullhypothese überführbar – und somit auch in analoger Weise wie oben prüfbar –, wenn begründete Annahmen zu dem vermuteten Betrug gemacht werden könnten, aus denen ein konkreter Wahrscheinlichkeitswert für das Ereignis 'Kopf' beim 'betrügerischen' Münzwurfexperiment ableitbar wäre.

Erfreulicherweise sind in unserem Fall solche Überlegungen, die sich auf die irrtümliche Verwerfung der Nullhypothese beziehen – und zugegebenermaßen nicht unbedingt dem Gebot redlicher Fairness entsprechen – aber nicht erforderlich, da Herr Müller lediglich 14mal 'Kopf' bei 20 Münzwürfen wirft und damit unterhalb des Wertes seiner Behauptung von mindestens 75% 'Kopfwürfen' bleibt, weshalb die *Nullhypothese beibehalten* wird. Zur gleichen Entscheidung wäre es bei $\alpha = 0,05$ auch gekommen, wenn nicht von dem exakten 75%-Kriterium ausgegangen worden wäre, sondern die Wahrscheinlichkeit von mindestens 14mal 'Kopf' bei n = 20 Münzwürfen unter der Bedingung H_0: $\pi = 0,5$ die Entscheidungsgrundlage gewesen wäre, da p(Daten/H_0) = p[(k≥14/n = 20)/H_0] = 0,058 > α → Beibehalten von H_0.

Die soeben skizzierte Version des Signifikanztests basiert auf einer Konzeption von Fisher (1935) und wird häufig als *Nullhypothesen-Testen* bezeichnet, da in dieser Konzeption lediglich eine Nullhypothese getestet wird und dementsprechend auch nur die Nullhypothese beibehalten oder mit einer Irrtumswahrscheinlichkeit ≤ α verworfen werden kann. Wird im Rahmen einer Signifikanzprüfung lediglich die *Wahrscheinlichkeit p(Daten/H_0)* berechnet, wie dies z.B. beim routinemäßigen Einsatz von Statistiksoftware zumeist geschieht, dann entspricht die durchgeführte Signifikanzprüfung der Konzeption dieses Nullhypothesen-Testens. Neben der *irrtümlichen Verwerfung der Nullhypothese (α-Fehler oder Fehler 1.Art)* gibt es aber noch eine zweite Möglichkeit der Fehlentscheidung, die in der Konzeption des Signifikanztests von Fisher unberücksichtigt bleibt und zwar das *irrtümliche Beibehalten der Nullhypothese (β-Fehler oder Fehler 2. Art)*. Schon die Existenz der Möglichkeit eines solchen β-Fehlers, der – wie noch gezeigt werden wird – unter bestimmten Umständen sehr groß sein kann, hat zur Konsequenz, dass aus dem Beibehalten der Nullhypothese nicht auf die Richtigkeit der Nullhypothese geschlossen werden kann. In der Fortführung der Beispielgeschichte wird auf diese Fehlermöglichkeit eingegangen und es werden die Begriffe 'Alternativhypothese' und 'Power eines Tests' eingeführt, die – ebenso wie der Begriff des β-Fehlers – auf der Konzeption des Signifikanztests von Neyman und Pearson (vgl. Neyman 1950) basieren.

1.2   Signifikanzprüfung in der Version von Neyman & Pearson

Nachdem sich Herr Meyer von seinem nun etwas unglücklich erscheinenden Bekannten verabschiedet hat, sucht dieser umgehend das Geschäft auf, in dem er die Zaubermünze erworben hatte. Der Verkäufer hatte ihm die Münze mit der Behauptung angepriesen, dass mit dieser Münze im Durchschnitt zu 80% 'Kopf' geworfen würde. Der auf diese Behauptung abzielenden Beschwerde von Herrn Müller begegnet der Verkäufer gleichfalls mit einer Berechnung, die dem Modell der Binomialverteilung folgt. Wenn die Wahrscheinlichkeit für 'Kopf' p = 0,8 ist, dann ist zwar bei n = 20 Würfen n*p = 16mal 'Kopf' zu erwarten, aber die Wahrscheinlichkeit, dass bei 20 Würfen 14mal oder seltener 'Kopf' erscheint, beträgt auch dann immerhin noch

$$p(k \le 14/n = 20) = \binom{20}{14} * 0{,}8^{14} * 0{,}2^6 + \binom{20}{13} * 0{,}8^{13} * 0{,}2^7 + \dots + \binom{20}{0} * 0{,}2^{20} = 0{,}196$$

so dass einem solchen Ergebnis auch bei Richtigkeit des Verkaufsversprechens eine nicht geringe Wahrscheinlichkeit zukommt.

Der Verkäufer ist in seiner Kalkulation der Wahrscheinlichkeit des Münzwurfexperimentes von einer anderen Hypothese und zwar der *Alternativhypothese* H_1: $\pi = 0{,}8$ ausgegangen und hat unter der Perspektive dieser Annahme die Wahrscheinlichkeit $p(\text{Daten}/H_1) = p[(k \leq 14/n = 20)/H_1] = 0{,}196$ berechnet. Dies ist die Wahrscheinlichkeit β dafür, dass bei Gültigkeit dieser Alternativhypothese im Rahmen des Münzwurfexperimentes aufgrund der gegebenen Datenlage irrtümlich die Nullhypothese beibehalten wird. Die Kalkulation von β setzte allerdings die begründete Vermutung voraus, dass hier ein von einem gewöhnlichen Würfel in bestimmter Weise abweichender Würfel zum Einsatz kommt. Die Wahrscheinlichkeit, dass sich die 'wahre' Alternativhypothese H_1: $\pi = 0{,}8$ bei dem durchgeführten Zufallsexperiment durchsetzen würde, ist mit $1-\beta = 0{,}804$ gegeben und wird als *Power des statistischen Tests* bezeichnet.

Die möglichen Ergebnisse des Prozesses der statistischen Hypothesenprüfung sind in Tabelle 1 in Form eines Vierfelderschemas noch einmal zusammenfassend dargestellt. Ist über den Signifikanztest eine statistische Entscheidung zugunsten einer der beiden Hypothesen getroffen worden, dann verbleibt jeweils nur eine mögliche Fehlentscheidung: Wurde die Nullhypothese verworfen, so könnte dies ein α-Fehler sein, während das Beibehalten der Nullhypothese mit der Möglichkeit eines β-Fehlers verknüpft ist.

Tabelle 1: Mögliche Entscheidungen im Rahmen eines Signifikanztests

		Tatsächlich gilt:	
		H_0	H_1
Entscheidung aufgrund der Daten zugunsten von:	H_0	richtige Entscheidung $(1-\alpha)$	β-Fehler
	H_1	α-Fehler	richtige Entscheidung $(1-\beta)$

In der Neyman-Pearson Variante des Signifikanztests, wie er hier dargestellt wurde, stehen sich zwei spezifische Hypothesen (manchmal auch einfache Hypothesen oder Punkthypothesen genannt) gleichberechtigt gegenüber. Werden die beiden Fehlermöglichkeiten im Entscheidungsprozess über diese beiden Hypothesen anhand ihrer Wahrscheinlichkeiten und ihrer Bedeutung gegeneinander abgewogen, so wäre hier eventuell – je nach inhaltlicher Gewichtung der beiden Fehlermöglichkeiten – eine andere Entscheidung zu treffen als beim einfachen Nullhypothesen-Testen nach Fisher. In unserem Beispiel mit H_0: $\pi = 0{,}5$ und H_1: $\pi = 0{,}8$ sind die Daten – also das Ergebnis von $k = 14$mal 'Kopf' bei $n = 20$ Münzwürfen – aus rein wahrscheinlichkeitstheoretischer Perspektive eher mit der

Alternativhypothese als der Nullhypothese vereinbar, da $p(Daten/H_1)$ = $p[(k{\leq}14/n = 20)/H_1] = 0,196 > p(Daten/H_0) = p[(k{\geq}14/n = 20)/H_0] = 0,058$.

Gemäß des *Bernoulli-Theorems* (auch „*Gesetz der großen Zahl*" genannt) kommt es bei Zufallsexperimenten mit steigender Anzahl der Durchführungen des Zufallsexperimentes zu einer sukzessiven Annäherung zwischen den beobachteten relativen Häufigkeiten der möglichen Ausgänge des Zufallsexperimentes und den theoretisch erwarteten Häufigkeiten dieser möglichen Ausgänge. Konstant bleibende prozentuale Unterschiede zwischen relativer Häufigkeit und theoretischer Erwartung können also mit zunehmender Anzahl z.B. von Münzwürfen mit immer geringerer Wahrscheinlichkeit als zufallsbedingt angesehen werden.

Tabelle 2:   *Wahrscheinlichkeiten für mindestens bzw. höchstens 70% 'Kopf'*
beim Münzwurf bei Unterstellung von H_0*:* $\pi = 0,5$ *bzw.* H_1*:* $\pi = 0,8$
und steigender Anzahl n der Münzwürfe

	n = 10	n = 20	n = 50	n = 100
$p(Daten/H_0)$	0,172	0,058	0,004	<0,001
$p(Daten/H_1)$	0,322	0,196	0,061	0,009

Die Tabelle 2 zeigt, wie sich die Wahrscheinlichkeiten für das beobachtete Ereignis 70% 'Kopf' unter der Annahme der H_0: $\pi = 0,5$ ($p(k{\geq}70\%/n)$) und unter der Annahme der H_1: $\pi = 0,8$ ($p(k{\leq}70\%/n)$) bei steigender Anzahl der Münzwürfe entwickeln. Die Wahrscheinlichkeit des Auftretens von 70% 'Kopf' wird dabei sowohl aus der Perspektive der Nullhypothese als auch aus der Perspektive der Alternativhypothese, mit steigender Anzahl der Münzwürfe immer unwahrscheinlicher. Werden hier maximal zulässige α- bzw. β-Werte festgesetzt, so sind die Daten bei $\alpha = \beta = 0,05$ für n = 100 weder mit der Null- noch mit der Alternativhypothese verträglich und es müssten beide Hypothesen verworfen werden. In dieser Hinsicht ist das Vierfelderschema in Tabelle 1 also unvollständig: *Werden zwei spezifische Hypothesen einander gegenübergestellt, so ist der theoretisch mögliche Hypothesenraum nicht vollständig abgedeckt.* Tritt nun eine Festlegung maximaler Werte für α und β hinzu, dann sind bei relativ großem n Hypothesen-Daten-Konstellationen möglich, bei denen keine Entscheidung zwischen den Hypothesen getroffen werden kann, weil die beobachteten Daten sowohl bei Gültigkeit der Nullhypothese, als auch bei Gültigkeit der Alternativhypothese nur eine sehr geringe Wahrscheinlichkeit des Auftretens haben. Grundsätzlich haben spezifische Hypothesen mit größer werdendem n eine immer geringere Chance sich im Signifikanztest durchzusetzen, da die Hypothesen immer präziser zu den Daten passen müssen, um nicht bei steigendem n als unwahrscheinlich zurückgewiesen zu werden.

Lässt man diese potenzielle Nichtentscheidbarkeit zwischen zwei spezifischen

Hypothesen bei zu großem n unberücksichtigt, dann sinkt mit größer werdendem n die Wahrscheinlichkeit für Fehlentscheidungen, da sowohl die Wahrscheinlichkeit $p(\text{Daten}/H_0)$, die man bei Entscheidungen zugunsten der Alternativhypothese in Kauf nehmen müsste, als auch die mit dem irrtümlichen Beibehalten der Nullhypothese verbundene Wahrscheinlichkeit $p(\text{Daten}/H_1)$ mit zunehmender Anzahl der Münzwürfe kleiner wird. Eine Verbreiterung der Datenbasis erhöht also die Wahrscheinlichkeit richtiger Entscheidungen hinsichtlich der Null- bzw. der Alternativhypothese, die rechnerisch gegeben sind durch $1-(p(\text{Daten}/H_0))$ bzw. $1-(p(\text{Daten}/H_1))$.

Stimmt die Aussage des Verkäufers und es gilt tatsächlich H_1: $\pi = 0,8$ für das Ereignis 'Kopf' im Münzwurfexperiment, so hätte Herr Müller nach dem Bernoulli-Theorem durch eine größere Anzahl an Münzwürfen mit größerer Sicherheit ein Münzwurfergebnis von mindestens 75% 'Kopf' erreichen können.

Umgekehrt gilt natürlich auch: Je kleiner die Datenbasis ist, bzw. im obigen Beispiel, je geringer die Anzahl der Münzwürfe ist, desto größer ist die Wahrscheinlichkeit von Fehlentscheidungen. Eventuell kommt es aber auch bei kleinem n zu keiner Entscheidung, und zwar, weil sowohl die Nullhypothese als auch die Alternativhypothese für ein vorgegebenes α- bzw. β-Niveau mit den Daten verträglich sind. Entsprechende Konstellationen ergäben sich nach Tabelle 2 in unserem Beispiel für n = 10 und n = 20 bei Festlegung von $\alpha = \beta = 0,05$.

Um im Rahmen eines Signifikanztests mit jeweils spezifischer Null- und Alternativhypothese sowie festgelegtem α und β zu einer Entscheidung zwischen den beiden Hypothesen kommen zu können, – in Tabelle 2 ist eine solche Entscheidung bei $\alpha = \beta = 0,05$ nur für n = 50 möglich – ist also der Festlegung des Stichprobenumfanges besondere Aufmerksamkeit zu schenken. Wie ein *optimaler Stichprobenumfang* bestimmt werden kann, der verhindert, dass bei gegebenem α und β beide Hypothesen verworfen werden müssten bzw. beide Hypothesen mit den Daten verträglich sind, ist z.B. bei Bortz/Döring (2006) dargestellt.

1.3   Signifikanztestung in der Praxis empirischer Forschung

Zumeist werden Signifikanztests in einer Vorgehensweise zur Anwendung gebracht, die eine Mischung aus den beiden obigen Versionen der Signifikanztestkonzeptionen darstellt (vgl. Hager 2005), weshalb Gigerenzer (1999) diese Vorgehensweise als *Hybrid-Theorie der Signifikanztestung* bezeichnet. Hierbei wird einer spezifischen Nullhypothese (in unserem Beispiel H_0: $\pi = 0,5$) eine unspezifische – auch als 'zusammengesetzt' bezeichnete – Alternativhypothese (entweder zweiseitig H_1: $\pi \neq 0,5$ oder einseitig H_1: $\pi > 0,5$) gegenübergestellt. Ist die Alternativhypothese mit H_1: $\pi > 0,5$ einseitig formuliert, dann lautet die Nullhypothese eigentlich korrekt: H_0: $\pi \leq 0{,}5$. Anders als in der dargestellten Neyman & Pearson Version des Signifikanztests, umfassen die beiden einander gegenübergestellten Hypothesen in dieser Konzeption üblicherweise stets den gesamten theoretisch möglichen Hypothesenraum. Liegt bei einseitiger Hypothesenformulierung der empirisch ermittelte Wahrscheinlichkeitswert in der von der Alternativhypothese prognostizierten Richtung und kann die Nullhypothese H_0: $\pi = 0{,}5$ mit $\alpha = 0{,}05$ verworfen werden, dann haben die Daten für alle Nullhypothesen H_0: $\pi<0{,}5$ eine Wahrscheinlichkeit kleiner $\alpha = 0{,}05$, so dass für die einseitige Signifikanztestung die Berücksichtigung der spezifischen Nullhypothese H_0: $\pi = 0{,}5$ ausreichend ist.

Bei zweiseitiger Formulierung der Alternativhypothese erfolgt keine Prognose in Bezug auf die Richtung der Abweichung von der Zufallserwartung. Im Hinblick auf eine Prognose des Ausganges einer empirischen Beobachtung ist eine *zweiseitige Formulierung der Alternativhypothese* also weniger konkret: *Bei Verwerfung der Nullhypothese ist lediglich das Bestehen irgendeines Zusammenhanges oder eines Unterschiedes konstatierbar.*[1] Hätte Herr Müller in unserem Beispiel behauptet, dass er in der Lage wäre die Münze so zu werfen, dass in 3 von 4 Fällen die gleiche Seite oben liegt, so würde diese Behauptung eine solche zweiseitige Formulierung der Alternativhypothese bedingen, da diese Behauptung offen lässt, ob bei z.B. n = 20 Würfen mindestens 15mal 'Kopf' oder höchstens 5mal 'Kopf' erscheinen wird. Die Wahrscheinlichkeit, dass sich ein solch zweiseitig formuliertes Ereignis per Zufall einstellt, ist exakt doppelt so groß wie bei der analogen einseitigen Formulierung, da die als Zufallsmodell für den Münzwurf heranzuziehende Binomialverteilung für $\pi = 0{,}5$ symmetrisch ist: (p[$(k{\geq}15$ oder $k{\leq}5/n = 20)/H_0$] = 0{,}041). Eine einseitige Formulierung der Alternativhypothese führt bei einer gegebenen Differenz also eher zu einem signifikanten Resultat – das gilt auch bei asymmetrischer Prüfverteilung – und begünstigt entsprechend die Möglichkeit zur Verwerfung der Nullhypothese.

Die Konsequenz der unspezifischen Formulierung der einseitigen oder zweiseitigen Alternativhypothese besteht darin, dass die *Wahrscheinlichkeit des β-Fehlers –* p(Daten/H_1) – *nicht kalkuliert werden kann,* da z.B. bei der unspezifischen Alternativhypothese H_1: $\pi>0{,}5$, unklar ist, für welche konkrete Annahme die Wahrscheinlichkeit p(Daten/H_1) ermittelt werden soll. Wird die Wahrscheinlichkeit p(Daten/H_1) z.B. wie oben unter der Annahme H_1:$\pi = 0{,}8$ errechnet, so ergibt sich natürlich eine andere Wahrscheinlichkeit für das Eintreten des beobachteten oder eines noch extremer von der Alternativhypothese abweichenden Ergebnisses als unter der Annahme eines beliebigen anderen konkreten Wahrscheinlichkeitswertes. Leider gestatten die Kenntnisse des Gegenstandsbereiches nur relativ selten die Formu-

---

[1]   Zur Kritik dieser Vorgehensweise vgl. z.B. *Wottawa* 1990.

lierung einer begründeten Alternativhypothese. Üblicherweise wird die Alternativhypothese sogar noch nicht einmal einseitig, sondern zumeist zweiseitig formuliert (vgl. Bortz et al. 2000), was deutlich macht wie weit die Untersucher in der Forschungspraxis von der Formulierung begründeter Alternativhypothesen entfernt sind.

Wird der Kontrolle des β-Fehlers Bedeutung zugemessen, so muss man sich im Rahmen dieser Konzeption mit sogenannter *indirekter β-Fehler-Kontrolle* begnügen. Hintergrund dieser Vorgehensweise ist die Gegenläufigkeit der beiden Fehlermöglichkeiten: Wird im Rahmen der statistischen Hypothesenprüfung ein größerer α-Fehler zugelassen, so verringert sich damit die Wahrscheinlichkeit eines β-Fehlers, auch wenn nicht genau angegeben werden kann, wie stark diese Verringerung ist. In unserem Beispiel ist diese Verringerung allerdings kalkulierbar, wenn wir die Behauptung des Verkäufers wieder als Alternativhypothese hinsichtlich des wahren Wahrscheinlichkeitsparameters im Münzwurfexperiment betrachten. Inhaltlich müssen wir die eingangs erwähnte Behauptung von Herrn Müller – in mindestens drei von vier Fällen 'Kopf' zu werfen – aber leicht abwandeln, um im Münzwurfexperiment bei n = 20 Würfen überhaupt einen größeren α-Fehler zulassen zu können, weil diese Behauptung nur mit beobachtbaren Ereignissen korrespondiert, deren Auftretenswahrscheinlichkeit aus der Perspektive der Nullhypothese kleiner als p = 0,05 ist. Angenommen Herr Müller hätte lediglich behauptet, er könne häufiger, als es nach Zufallskriterien zu erwarten ist, 'Kopf' werfen und wir wären hinsichtlich des Münzwurfexperimentes mit α = 0,1 zufrieden, dann wären 14mal 'Kopf' bei n = 20 Würfen ausreichend zum Verwerfen der Nullhypothese H_0: π = 0,5, da p(Daten/H_0) = p[(k$\geq$14/n = 20)/H_0] = 0,058. Die Wahrscheinlichkeit, dass es, bei Gültigkeit der Alternativhypothese H_1:π = 0,8, Herrn Müller nicht gelingt, 14mal 'Kopf' zu werfen, ist dann das Risiko, dass sich bei diesem Experiment die Alternativhypothese nicht durchsetzt und die Nullhypothese beizubehalten ist. Diese β-Fehler-Wahrscheinlichkeit ist in diesem Fall gegeben mit p(Daten/H_1) = p[(k$\leq$13/n = 20)/H_1] = 0,087.

Bei einem Signifikanzniveau von α = 0,05 wären hingegen mindestens 15 'Kopfwürfe' für die Verwerfung der Nullhypothese notwendig gewesen – p(Daten/H0) = (p[(k$\geq$15/n = 20)/H_0] = 0,021) – und die entsprechende β-Fehler-Wahrscheinlichkeit würde mit p(Daten/H_1) = p[(k$\leq$14/n = 20)/H_1] = 0,196 gegeben sein. Durch die Vergrößerung des Signifikanzniveaus von α = 0,05 auf α = 0,1, verringert sich hier also die β-Fehler-Wahrscheinlichkeit von 0,196 auf 0,087 bzw. erhöht sich die Power des statistischen Tests von 0,804 auf 0,913.[2]

---

[2]   Eine ausführliche Darstellung des Signifikanztests findet sich z.B. bei *Bortz* et al. 2000 und *Bortz* und *Döring* 2006.

1.4   Signifikanztests zum Münzwurfbeispiel unter Einsatz von SPSS

Die relevanten Wahrscheinlichkeiten zum Münzwurfbeispiel lassen sich mit
Hilfe von SPSS durch Berechnung von zwei Binomialtests relativ einfach ermitteln.
Zu diesem Zweck wird im Dateneditor von SPSS zunächst eine Variable 'Münzwurf'
definiert, die 14mal den Code 1 für Kopf und 6mal den Code 2 zur Kennzeich-
nung des Münzwurfergebnisses Zahl enthält. Über den Menüpunkt *Analyze >
Nonparametric Tests > Binomial* ergibt sich mit SPSS folgender Output zum
Binomialtest für die Variable Münzwurf:

*Tabelle 3:   Resultat der SPSS-Analyse zum Münzwurfbeispiel
              für die Nullhypothese H₀: π = 0,5*

Binomial Test

		Category	N	Observed Prop.	Test Prop.	Exact Sig. (2-tailed)
Münzwurf	Group 1	Kopf	14	,70	,50	,115
	Group 2	Zahl	6	,30		
	Total		20	1,00		

Im Output finden sich in der Spalte unter N die beobachteten absoluten Häufigkeiten von Kopf- bzw. Zahlwürfen im Münzwurfexperiment. Die korrespondie-
renden relativen Häufigkeiten sind in der Spalte unter 'Observed Pro.' zu finden.
Der Wert von 0,50 unter 'Test Prop.' entspricht der Nullhypothese H_0: $\pi = 0,5$.
Der Binomialtest vergleicht die beobachteten Häufigkeiten mit denen, die aufgrund dieser Nullhypothese zu erwarten gewesen wären, und gibt die Wahrscheinlichkeit dafür an, dass solche oder noch stärkere Abweichungen bei Gültigkeit
der Nullhypothese auftreten können, wobei der Hypothesentest für den Wert von
p = 0,50 ungerichtet (H_1: $\pi \neq 0,5$) durchgeführt wird, weshalb im Output die zweiseitige Wahrscheinlichkeit α für das Eintreten entsprechender Abweichungen angegeben wird. Um den Wert p(Daten/H_0) = p[(k≥14/n = 20)/H_0] = 0,058 zu
erhalten, ist es deshalb erforderlich, den angegebenen Wert unter 'Exact Sig. (2-
tailed)' durch zwei zu dividieren.

Auch die Berechnung des β-Fehlers bereitet im Falle des Binomialtests mit
Hilfe von SPSS keine besondere Mühe, da in der Eingangs-Dialogbox zum
Binomialtest eine Eingabe des Anteils vorgenommen werden kann, gegen den
getestet werden soll. Wird hier der Wert 0,80 gewählt, resultiert aufgrund des
durchgeführten Binomialtest für die Variable 'Münzwurf' folgender Output:

Tabelle 4: Resultat der SPSS-Analyse zur Ermittlung der β-Fehlerwahrscheinlichkeit im Münzwurfbeispiel

Binomial Test

	Category	N	Observed Prop.	Test Prop.	Exact Sig. (1-tailed)
Münzwurf Group 1	Kopf	14	,7	,8	,196
Group 2	Zahl	6	,3		
Total		20	1,0		

Für vorgegebene p-Werte, die von 0,50 abweichen, führt SPSS einen gerichteten einseitigen Test durch. Da die beobachtete relative Häufigkeit mit 0,7 kleiner ist als der vorgegebene Wert, gegen den zu testen ist, berechnet SPSS die Wahrscheinlichkeit dafür, dass unter der Annahme $\pi = 0,8$ die Alternative 'Kopf' höchstens in 70% der Fälle eintritt. Dies stimmt im vorliegenden Fall überein mit der Berechnung des β-Fehlers, der sich hier ergibt mit $p(\text{Daten}/H_1)$ = $p[(k{\leq}14/n = 20)/H_1] = 0,196$.

Im Original enthält der SPSS-Ouput noch folgende Fußnote: "Alternative hypothesis states that the proportion of cases in the first group < ,8." Dieser Hinweis erfolgt, da das Programm implizit davon ausgeht, dass dem durchgeführten Test das Hypothesenpaar H_0: $\pi = 0,8$ und H_1: $\pi < 0,8$ zugrunde liegt. Hier wird deutlich, dass mittels SPSS standardmäßig nur Nullhypothesentests gemäß der Fisher-Konzeption bzw. Signifikanztests gemäß der Hybridtheorie erfolgen[3]. Die hier vorgenommene Ermittlung des β-Fehlers ist insofern untypisch für SPSS.

1.5   Zusammenfassung zu den Signifikanztestkonzeptionen

Ein Astrologe hat die Vermutung, dass Personen, die im Sternzeichen 'Stier' geboren wurden, intelligenter sind als Personen, deren Geburt unter einem anderen Sternkreiszeichen erfolgte. Um diese Vermutung zu prüfen, wählt er 30 'Stiere' nach einem Zufallsprinzip aus der Population aller 'Stiere' aus und testet deren Intelligenz. Das von ihm hierbei zur Anwendung gebrachte IQ-Testverfahren hat einen Mittelwert von $\mu = 100$ und eine Streuung von $\sigma = 15$. In der untersuchten Stichprobe von 30 'Stieren' ergibt sich ein arithmetisches Mittel von 104 IQ-Punkten. Zur Prüfung der Nullhypothese (H_0: $\mu = \mu$Stiere) berechnet er, wie wahrscheinlich das Auftreten eines Mittelwertes von 104 oder größer innerhalb der IQ-Populationsverteilung ist, die durch $\mu = 100$ und $\sigma = 15$ gekennzeichnet ist. Da bei n = 30 nach dem zentralen Grenzwerttheorem eine Normalverteilung

---

[3]   Weitere Beispiele für standardmäßige Signifikanztests mit SPSS finden sich in Kapitel 11.

für diese Mittelwertverteilung anzunehmen ist und die Streuung dieser Normalverteilung durch den Standardfehler des Mittelwertes $\sigma_{\bar{x}} = \sigma / \sqrt{n}$ gegeben ist,
lässt sich diese Wahrscheinlichkeit durch eine z-Transformation bestimmen. Er
erhält hierbei einen Wert von

$$z = \frac{104 - 100}{15 / \sqrt{30}} = 1,46$$

d.h. arithmetische Mittelwerte von 104 oder größer haben innerhalb der Verteilung
für die gilt $\mu = 100$ und $\sigma = 15$ eine Auftretenswahrscheinlichkeit von p = 0,072.
Dies ist die Wahrscheinlichkeit p(Daten/H_0), die in der Grafik 1 mit der Fläche
rechts der senkrechten Linie über dem Punkt 104 korrespondiert. Bei einem
Signifikanzniveau von $\alpha = 0,05$ müsste die Nullhypothese also beibehalten werden, da das Stichprobenergebnis mit der Nullhypothese dann vereinbar ist.

Grafik 1:   *Signifikanzprüfung zum Vergleich eines Stichprobenmittelwertes*
             mit einem Populationsmittelwert
             gemäß der Konzeption von Fisher und der Hybridtheorie

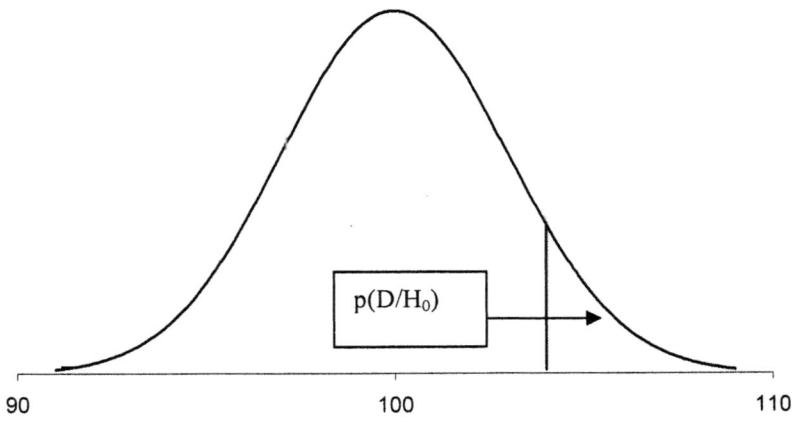

Dieses Beispiel zum Vergleich eines Stichprobenmittelwertes mit einem Popula-
tionsmittelwert entspricht in der konkreten Vorgehensweise sowohl der Fisher-
Konzeption der Signifikanzprüfung als auch der Hybrid-Theorie. Zwar tritt in der
Hybrid-Theorie eine unspezifische Alternativhypothese (H_1: $\mu < \mu$Stiere) an die
Seite der Nullhypothese, für die konkrete Hypothesenprüfung ist dies jedoch fol-

genlos, da lediglich die Wahrscheinlichkeit des Stichprobenergebnisses bei Gültigkeit der Nullhypothese p(Daten/H_0) kalkuliert wird. Die Bestimmung der Wahrscheinlichkeit p(Daten/H_1) ist bei unspezifischer Alternativhypothese nicht möglich (vgl. Abschnitt 11.3 oben). Wird der Verhinderung eines β-Fehlers größere Bedeutung zugeschrieben, so ist in dieser Konzeption, wegen der Gegenläufigkeit der beiden Fehler, nur eine indirekte β-Fehler Kontrolle durch Wahl eines größeren Signifikanzniveaus – z.B. α = 0,1 – möglich.

Grafik 2:   Signifikanzprüfung zum Vergleich eines Stichprobenmittelwertes mit einem Populationsmittelwert gemäß der Konzeption von Neyman und Pearson.

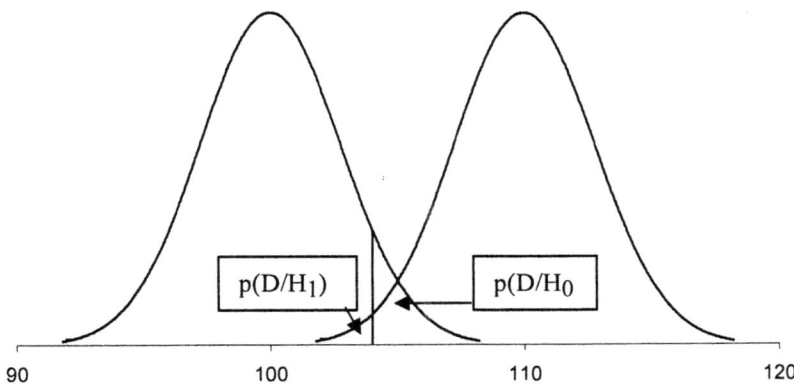

Ist neben der Nullhypothese auch die Alternativhypothese spezifisch formuliert, dann sind hingegen beide Fehlermöglichkeiten kalkulierbar. Angenommen der Astrologe hätte von einem Psychologen erfahren, dass ein bedeutungsvoller Intelligenzunterschied mindestens 10 IQ-Punkte umfasst, dann wäre im Beispiel der Nullhypothese (H_0: μStiere = μ), die Alternativhypothese (H_1: μStiere – μ = 10) gegenüberstellbar. Durch eine analoge z-Transformation wie oben, ist dann die Wahrscheinlichkeit, dass bei Gültigkeit der Alternativhypothese in der Stichprobe ein IQ-Wert ≤ 104 resultiert berechenbar:

$$z = \frac{104 - 110}{15 / \sqrt{30}} = -2,19$$

Aufgrund dieses z-Wertes ergibt sich für den Stichprobenmittelwert von 104 aus der Perspektive der Erwartung eines Populationswertes von µStiere = 110 die Wahrscheinlichkeit p(Daten/H_1) = 0,0143. Grafik 2 gibt eine Veranschaulichung zur Bestimmung der beiden bedingten Wahrscheinlichkeiten p(Daten/H_0) sowie p(Daten/H_1) im Rahmen der Neyman-Pearson Konzeption des Signifikanztests. Die senkrechte Linie über dem Punkt 104 zeigt die Gegenläufigkeit der beiden Wahrscheinlichkeiten. Hätte die Stichprobe einen IQ-Mittelwert < 104 ergeben, so wäre ein solches Ergebnis noch stärker mit der Nullhypothese vereinbar gewesen und p(Daten/H_0) wäre größer, sowie p(Daten/H_1) kleiner ausgefallen. Bei einem Stichprobenmittelwert von 105 wären beide Wahrscheinlichkeiten gleich groß gewesen.

2 Probleme und Missverständnisse hinsichtlich der Signifikanztestung

Die folgende Darstellung von Problemen und Missverständnissen in der Anwendung und Interpretation von Signifikanztests bezieht sich auf die zuletzt erörterte Version der Signifikanztestung, so wie sie in der Praxis zumeist anzutreffen ist.

2.1 Die Verwechslung von Signifikanz und Relevanz

Ein häufiges Missverständnis besteht in der Annahme, dass mit einem signifikanten Ergebnis auch ein wichtiges Ergebnis vorliegt, d.h. es wird häufig statistische Signifikanz mit praktischer Relevanz verwechselt. Obwohl das Signifikanzniveau vor der Untersuchung festgelegt werden sollte, werden in Fachzeitschriften häufig statistische Untersuchungsergebnisse als *signifikant* (p<0,05), *sehr signifikant* (p<0,01) oder *hochsignifikant* (p<0,001) bezeichnet. Diese Auszeichnungspraxis fördert die Verwechslung von Signifikanz und Relevanz, da entsprechende Kennzeichnungen dem Leser eine komparative Interpretation statistischer Resultate im Sinne von wichtig, wichtiger, am wichtigsten nahelegen. Statistische Signifikanz besagt aber lediglich, dass ein empirisches Ergebnis nur mit sehr geringer Wahrscheinlichkeit durch einen bekannten Zufallsprozess, der durch eine bestimmte Wahrscheinlichkeitsverteilung charakterisierbar ist, beschrieben werden kann. Die Abhängigkeit der Signifikanzfeststellung vom quantitativen Ausmaß der zugrunde liegenden Datenbasis wurde oben durch Tabelle 2 verdeutlicht. Der dort ausgewiesene Zusammenhang gilt prinzipiell für jede beliebige Differenz zwischen empirisch beobachteter relativer Häufigkeit und theoretisch erwarteter relativer Häufigkeit, d.h. *auch kleinste Abweichungen werden bei hinreichend großem n Signifikanzstatus erlangen*. Im Beispiel des Münzwurfexperimentes würde bei n = 10.000 Würfen auch eine beobachtete einprozentige Abweichung von der theoretisch erwarteten 'Kopf'-Häufigkeit signifikant, $- p[(k{\geq}5100/n = 10000)/ H_0: \pi = 0,5] = 0,023$ – obwohl in diesem Ergebnis zugleich nur eine recht eingeschränkte Kontrolle über den Zufallsprozess im Münzwurfexperiment zum Ausdruck kommt. Die Wahrscheinlichkeitsangabe von $p = 0,023$ besagt hierbei, dass im Durchschnitt nur bei 2,3% der Münzwurfexperimente bzw. bei ca. einem von 50 Münzwurfexperimenten mit jeweils $n = 10.000$ Würfen 5.100mal oder häufiger 'Kopf' zu erwarten ist. Tritt ein Ereignis ein, dem eine so geringe Wahrscheinlichkeit zukommt, so ist dies sehr untypisch für den unterstellten Zufallsmechanismus und das Ergebnis wird – per Konvention wenn $\alpha \leq 5\%$ ist – als signifikant bezeichnet.

Da es eventuell schwer ist, sich überhaupt relevante Ergebnisse von Münzwurfexperimenten vorzustellen, hier ein praktischeres Beispiel: Angenommen in einer Untersuchung würde ein Programm zur Verbesserung von Rechtschreibfähigkeiten evaluiert und zu diesem Zweck seien 200 Untersuchungsteilnehmer per Zufall auf zwei Gruppen verteilt worden, von denen die eine das Programm absolviert und die andere etwas macht, von dem kein Effekt auf die Rechtschreibung erwartet wird. Nach Abschluss des Programmes schreiben beide Gruppen ein Diktat, wobei die Teilnehmer des Programmes im Durchschnitt 56 Fehler machen und die Personen der Kontrollgruppe 58 Fehler. Bei einer aufgrund der Stichprobenwerte geschätzten Populationsvarianz von jeweils 20 in beiden Vergleichsgruppen würde ein Test zum Vergleich der Mittelwerte die Mittelwertdifferenz von 2 als signifikant ausweisen ($z = 3,16$ mit $p(z){<}0,001$), obwohl der praktische Nutzen des Programmes (58 Fehler gegenüber 56 Fehler) begründet bezweifelt werden kann.

Ob ein statistisches Ergebnis praktische Relevanz besitzt, hängt natürlich nicht nur von der Größe des Effektes, sondern auch vom Inhalt der Untersuchung ab. So kann auch eine einprozentige Abweichung von einer Nullhypothesenvorgabe relevant sein, wenn es dabei nicht um Münzwurfexperimente, sondern z.B. um ein 1% erhöhte Heilungsquote einer ansonsten tödlichen verlaufenden Krankheit geht.

Zur Lösung des Signifikanz-Relevanz-Problems schlägt Quatember (2005) einen *modifizierten Signifikanztest* vor, bei dem die Alternativhypothese so zu formulieren ist, dass sie nur die als relevant erachteten Parameterausprägungen umfasst. Würde im Münzwurfbeispiel eine gegenüber der theoretisch erwarteten Häufigkeit um mehr als 3 % erhöhte beobachtete relative Häufigkeit als relevant angesehen, so sähe das zu prüfende Hypothesenpaar gemäß dieser Konzeption wie folgt aus: $H_0: \pi{\leq}0,53$ und $H_1: \pi{>}0,53$. Die weitere Signifikanzprüfung verläuft dann nach der oben dargestellten üblichen Hybridtheorie, also ohne direkte Kontrolle des β-Fehlers. Wird der Test signifikant, so liegt ein Resultat vor, dem sowohl Signifikanz als auch Relevanz zukommt.

Will man die Relevanzfeststellung in die Signifikanzprüfung einbeziehen und nach der Neyman-Pearson Variante der Signifikanzprüfung vorgehen, so kann dies über die Prüfung von sogenannten *Minimum-Effekt-Nullhypothesen* geschehen, denen eine spezifische Alternativhypothese gegenübergestellt wird, die den tatsächlich erwarteten Effekt spezifiziert. Angenommen im Münzwurfbeispiel würden erhöhte beobachtete relative Häufigkeiten bis hin zu 3% als irrelevant hinsichtlich der Beeinflussung des Zufallsmechanismus angesehen und gleichzeitig würde ein mittlerer Effekt in Höhe von mindestens 15% Abweichung in positiver Richtung erwartet, dann würden die zu kontrastierenden Hypothesen H_0: $\pi \leq 0,53$ und H_1: $\pi \geq 0,65$ lauten. Bei zusätzlicher Vorgabe eines Signifikanzniveaus α und einer angestrebten Teststärke bzw. Power von $1-\beta$, lässt sich dann der für eine Entscheidung zwischen beiden Hypothesen optimale Stichprobenumfang berechnen (vgl. Bortz/Döring 2006).

Sollen Signifikanz und Relevanz als differenzierbare Aspekte der Daten erhalten bleiben, so ist es natürlich auch möglich, die Signifikanzprüfung durch die zusätzliche Berechnung von *Maßen praktischer Signifikanz* (Diehl/Arbinger 2001) zu ergänzen, die – anders als die Signifikanzfeststellung – eine Information über die Stärke eines Effektes liefern, die unabhängig von der Stichprobengröße ist.

2.2 Die Vernachlässigung des β-Fehlers

Aber nicht nur ein sehr großes n ist hinsichtlich der Signifikanztestinterpretation eventuell problematisch, sondern auch ein sehr kleines. Stellen wir uns vor, die Zahlen in der Spalte unter n = 10 in Tabelle 2 beziehen sich nicht auf das Münzwurfexperiment, sondern auf eine seltene Erkrankung, bei der für jede erkrankte Person lediglich eine Überlebenswahrscheinlichkeit von p = 0,5 besteht: H_0: $\pi = 0,5$. Ein Medizinerteam hat nun ein neues Therapieverfahren entwickelt, von dem eine höhere Überlebenswahrscheinlichkeit erwartet wird: H_1: $\pi > 0,5$. An 10 Patienten wird das Verfahren erprobt und tatsächlich werden 7 dieser Patienten als geheilt entlassen und 3 Patienten versterben. Nach den Zahlen in der Tabelle 2 ist ein solches Ergebnis gut mit der Nullhypothese vereinbar, – p(Daten/H_0) = 0,172 – weshalb die Nullhypothese beibehalten wird. Im Abschlussbericht könnte dann stehen: Ein statistisch signifikanter positiver Effekt des neuen Therapieverfahrens war anhand der Daten nicht nachweisbar. Dieser Schluss ist statistisch korrekt, wenngleich eventuell mit einer hohen β-Fehler-Wahrscheinlichkeit versehen. *Nichtsignifikanz ergibt sich, wenn die Daten mit der Nullhypothese für ein zuvor festgesetztes α verträglich sind und ist kein Beweis dafür, dass die Alternativhypothese falsch ist.* Angenommen die wahre Überlebenswahrscheinlichkeit des neuen Verfahrens wäre H_1: $\pi = 0,8$, so beträgt die Wahrscheinlichkeit für das fälschliche Beibehalten der Nullhypothese immerhin p(Daten/H_1) = 0,322 (vgl. Tabelle 2).

Schon bei Fisher war die Logik des Signifikanztests so aufgebaut, dass die Nullhypothese den anerkannten Kenntnisstand eines Gegenstandsbereiches reflektiert. Dies ist im Allgemeinen auch in der Hybridtheorie der Signifikanz-testung der Fall, sodass die Alternativhypothese die eigentlich interessierende innovative Aussage enthält. Bei Verwerfung der Nullhypothese müsste bisheriges Wissen also revidiert werden. Durch die Kontrolle des α-Fehlers wird die Hinzufügung falscher Aussagen zum bisherigen Kenntnisstand mit der Wahrscheinlichkeit α verhindert und die mangelnde Kontrolle des β-Fehlers kann demnach lediglich zur vorläufigen Nichterkenntnis existierender Gesetzmäßigkeiten führen. Nun gibt es tatsächlich aber auch Fragestellungen, bei denen in der Nichterkenntnis existierender Gesetzmäßigkeiten und damit im β-Fehler die schwerwiegendere Fehlentscheidung liegt. Angenommen es wird untersucht, ob im Umkreis einer bestimmten Industrieansiedlung eine erhöhte Leukämiehäufigkeit anzutreffen ist, oder ob ein neues Medikament Nebenwirkungen hat, dann wird die Nullhypothese dies negieren, weshalb hier der β-Fehler, also die irrtümliche Annahme, dass es im Bereich der untersuchten Industrieansiedlung keine abweichende Leukämiehäufigkeit gibt bzw. dass das neue Medikament frei von Nebenwirkungen ist, das vermutlich wesentlichere Problem darstellt.

Aber auch wenn die eigentlich interessierende wissenschaftliche Aussage mit der Alternativhypothese verknüpft ist, ist die Nichtkontrolle des β-Fehlers problematisch, da *ein Signifikanztest ohne β-Fehler-Kontrolle die wissenschaftliche Aussage nur sehr eingeschränkt auf den Prüfstand stellt*. Wird die Nullhypothese verworfen, dann hat sich die Alternativhypothese im Signifikanztest bewährt. Wird die Nullhypothese hingegen beibehalten, so besteht bei Nichtkontrolle des β-Fehlers keinerlei Möglichkeit die interessierende wissenschaftliche Hypothese zu bewerten, da unbekannt ist, welche Wahrscheinlichkeit des Auftretens den Daten im Lichte der Alternativhypothese zukommt. Der Signifikanztest stellt, so betrachtet, keine Information bereit, die gegen die Alternativhypothese verwendbar wäre. Aussagen zur wahrscheinlichen Richtigkeit der Nullhypothese in Form der Abschätzung des β-Fehlers sind das einzige falsifizierende Indiz für die Alternativhypothese, das im Rahmen des Signifikanztests potentiell hervorbringbar ist, wenngleich natürlich eine echte Falsifikation einer statistischen Hypothese auf der Grundlage einer Stichprobe nicht möglich ist.[4]

2.3 Das Problem multipler Testprozeduren

Nachdem Herr Müller die Münze geworfen hat, wollen einige zufällig in dem Lokal anwesende Gäste auch mal ihr Glück beim Münzwurf versuchen. Insgesamt

---

[4] Zur Vernachlässigung des β-Fehlers vgl. *Bredenkamp* 1972 und *Stelzl* 1982.

werfen 20 Personen jeweils 20mal mit der Münze. Wenn von der Nullhypothese H_0: $\pi = 0{,}5$ ausgegangen wird, dann beträgt für jede dieser 20 Personen – wie oben dargestellt wurde – die Wahrscheinlichkeit, dass es ihr gelingt, 15mal oder häufiger 'Kopf' zu werfen, 0,021. Dem komplementären Ereignis, es nicht zu schaffen, kommt die Wahrscheinlichkeit $1 - 0{,}021 = 0{,}979$ zu. Die Wahrscheinlichkeit, dass es allen 20 Personen nacheinander nicht gelingt 15mal oder häufiger 'Kopf' zu werfen, ist nach dem Multiplikationstheorem für unabhängige Ereignisse durch $0{,}979^{20} = 0{,}654$ gegeben. Das Komplement zu diesem Wert ist dann die Wahrscheinlichkeit, dass es mindestens einer der 20 Personen gelingt mindestens 15mal 'Kopf' zu werfen: $1 - 0{,}654 = 0{,}346$. Diese Wahrscheinlichkeit ist nicht gering, weshalb Herr Meyer die Person, der dies gelingen sollte, auch nicht als mit übernatürlichen Fähigkeiten ausgestattet betrachten würde, sondern sinnvollerweise denkt: Zufall.

Die dargestellte Situation findet in der empirischen Wissenschaft eine Entsprechung, wenn bezüglich einer Fragestellung mehrfach auf Signifikanz getestet wird. Angenommen 20 Untersucher gehen unabhängig voneinander der Frage nach, ob im Sternzeichen 'Steinbock' geborene Menschen glücklicher sind als Personen, die unter anderen Sternzeichen geboren wurden. Wenn jeder dieser Untersucher mit einem Signifikanzniveau von $\alpha = 0{,}05$ arbeitet und nur jeweils einen Signifikanztest für die Beantwortung der Fragestellung benötigt, dann ist auch bei Gültigkeit der Nullhypothese damit zu rechnen, dass einer der Untersucher ein signifikantes Ergebnis erhält – da $20 \times 0{,}05 = 1$ – und irrtümlich annimmt Steinböcke seien die glücklicheren Menschen. Die Wahrscheinlichkeit, dass bei $\alpha = 0{,}05$ und Gültigkeit der Nullhypothese mindestens einer der Untersucher ein signifikantes Ergebnis erhält, beträgt $1 - (1 - \alpha)^{20} = 1 - 0{,}95^{20} = 0{,}642$. Da wir in Fachzeitschriften häufig nur über signifikante Ergebnisse informiert werden, können wir – anders als im Beispiel Herr Meyer – die Zufallsbedingtheit des Ergebnisses nicht erkennen. Wenn es einen publication bias gibt, es also richtig ist, dass signifikante Ergebnisse eine größere Chance haben publiziert zu werden (vgl. z.B. Quatember 2004; Hager/Westermann 1983; Bredenkamp 1972), dann muss damit gerechnet werden, dass viele Ergebnisse in Publikationen statistische Artefakte infolge von α-Fehlern sind.

Ähnlich problematisch bezüglich der Interpretation von Untersuchungsergebnissen ist die Durchführung mehrerer Signifikanztests zu einer Fragestellung innerhalb einer Studie. Wenn eine Untersuchung z.B. eine undifferenzierte Globalhypothese zum Ausgangspunkt hat, dann wird im Rahmen der Prüfung einer solchen Hypothese stets mehr als nur ein Signifikanztest durchgeführt. Das Signifikanzniveau α bezieht sich aber nur auf die irrtümliche Verwerfung der Nullhypothese durch einen einzelnen Signifikanztest, weshalb es bei der Anwendung mehrerer Signifikanztests auch hier zu einer α-Fehler Kumulation kommt. Beispiel: Angenommen ein Untersuchungsvorhaben würde der Frage nachgehen, ob es Zusammenhänge zwischen den Sternzeichen und der Persönlichkeit von Menschen gibt und würde dazu für 20 Kriterien – z.b. Spontaneität, Intelligenz, Risikobereitschaft, Egozentrismus, Introversion, Impulskontrolle etc. – Unterschiede zwischen den in verschiedenen Sternzeichen Geborenen auf Signifikanz prüfen, dann käme es hier zu einer solchen α-Fehler Kumulation, auch wenn zu jedem Kriterium nur ein Signifikanztest gerechnet würde. Da diese Signifikanztests an der gleichen Stichprobe ausgeführt werden und die Kriterien vermutlich zum Teil mehr oder weniger stark korreliert sein werden, sind diese Signifikanztests allerdings nicht unabhängig voneinander, weshalb der Ausdruck $1-(1-\alpha)^{20}$ lediglich die Obergrenze dafür angibt, dass mindestens einer dieser Signifikanztests auch bei Gültigkeit der globalen Nullhypothese signifikant wird. Soll die Entscheidung über die Globalhypothese insgesamt auf dem Niveau von $\alpha = 0,05$ gefällt werden, so ist eine sogenannte *α-Adjustierung* erforderlich. Eine von mehreren möglichen Vorgehensweisen (zu anderen weniger konservativen – also weniger die Beibehaltung der Nullhypothese begünstigenden – Vorgehensweisen vgl. Bortz et al. 2000), die zu einer solchen α-Adjustierung führen, ist mit der sogenannten *Bonferoni-Korrektur* gegeben, bei der jeder einzelne der k Signifikanztests mit $\alpha^* = \alpha/k$ durchgeführt wird. Für das obige Beispiel mit k = 20 Signifikanztests wäre also jeder einzelne Test mit $\alpha^* = 0,05/20 = 0,0025$ durchzuführen. Die Wahrscheinlichkeit, dass mindestens einer dieser 20 Tests signifikant wird, obwohl die Nullhypothese gültig ist, würde dann dem gewünschten Signifikanzniveau α entsprechen da $1-(1-0,0025)^{20} = 0,049$. Die globale Nullhypothese eines Zusammenhanges zwischen Sternzeichen und Persönlichkeit würde nur verworfen, wenn einer der Einzeltests auf dem Niveau von α^* verworfen wird.

Die leichte Durchführbarkeit von Signifikanztests mit Hilfe von Standardsoftware auf leistungsfähigen Personalcomputern hat in der Praxis des Weiteren dazu geführt, dass in Untersuchungsvorhaben vielfach zunächst einmal – ohne konkrete Hypothesen – 'Alles mit Allem' in Verbindung gebracht wird. Erhebt ein Fragebogen 100 Variablen, dann lassen sich zu diesen 100 Variablen

$$\binom{100}{2} = 4950$$

paarweise Zusammenhänge auf Signifikanz prüfen. Wenn jeder dieser Signifikanztests mit $\alpha = 0,05$ erfolgt, ist mit fast 250 (4.950 x 0,05 = 247,5) signifikanten Ergebnissen zu rechnen, auch wenn in allen 4.950 Fällen die Nullhypothese gilt. Bei der Vielzahl durchgeführter Signifikanztests ist auch keine α-Adjustierung sinnvoll, denn wird jeder Signifikanztest mit jeweils $\alpha^* = 0,05/4950 = 0,00001$

durchgeführt, so führt diese α-Adjustierung – wegen der Gegenläufigkeit der beiden Fehlermöglichkeiten – zu einer *β-Fehler-Inflation*. Generell sollte vor jeder α-Adjustierung eine Abwägung der beiden Fehlermöglichkeiten in Hinblick auf ihre inhaltliche Bedeutung erfolgen, da eine α-Adjustierung immer eine Erhöhung der β-Fehler-Wahrscheinlichkeit bedingt. Werden die resultierenden 250 signifikanten Resultate Basis einer ex post formulierten Theorie, so ist diese Theorie ein Ergebnis explorativer Datenanalyse und hat natürlich nur hypothetischen Status, denn bei einer Vielzahl durchgeführter Signifikanztests gilt: *Je häufiger nach nichts Bestimmtem gesucht wird, desto größer ist die Chance irgend etwas zu finden.* Um die explorativ gewonnene Theorie einer ersten statistischen Prüfung zu unterziehen, müsste eine Kreuzvalidierung an einer neuen Stichprobe erfolgen. *Insgesamt ist aber zumeist von der Exploration eines Gegenstandsbereiches mittels quantitativer Datenerhebung und einer 'Alles mit Allem'-Datenanalysesuchstrategie abzuraten, da auf unbekanntem Terrain eine Exploration mittels qualitativer Methoden vielversprechender ist.* Die Hoffnung des naiven Empiristen von quantitativen Daten zur Theorie aufsteigen zu können, wird meistens Enttäuschung erfahren, denn diese Strategie gleicht eher einem Glücksspiel als systematisch betriebener Wissenschaft. Das Haupteinsatzgebiet des Signifikanztests ist demgemäß natürlich nicht die Datenexploration, sondern die Hypothesenprüfung im Rahmen theoriegeleiteter Forschung.[5]

2.4   Die Verwechslung von p(Daten/Hypothese) mit p(Hypothese/Daten)

Ein weiteres häufiges Missverständnis bezieht sich auf die Fragestellung, die durch die Anwendung eines Signifikanztests beantwortet wird. Im obigen Beispiel würde ein Praktiker vermutlich wissen wollen, wie wahrscheinlich es angesichts des Ergebnisses des Münzwurfexperimentes ist, dass der alte Bekannte von Herrn Meyer übersinnliche Fähigkeiten hat, d.h. er würde – übertragen auf die Ebene der statistischen Hypothese – nach der Wahrscheinlichkeit $p(H_1/Daten)$ fragen. Diese Wahrscheinlichkeit wird aber im Rahmen des Signifikanztests ebenso wenig ermittelt, wie die Wahrscheinlichkeit, dass der alte Bekannte von Herrn Meyer diese Fähigkeiten nicht hat bei der gegebenen Datenlage, was – wieder auf der Ebene der statistischen Hypothese – $p(H_0/Daten)$ entsprechen würde. Berechnet wird hingegen $p(Daten/H_0)$, die Wahrscheinlichkeit des beobachteten Münzwurfergebnisses, wenn davon ausgegangen wird, dass der alte Bekannte von Herrn Meyer keine übersinnlichen Fähigkeiten hat und dementsprechend die statistische Nullhypothese H_0: $\pi = 0,5$ also zutreffend ist. Wenn der Signifikanztest mit einer unspezifischen Alternativhypothese durchgeführt wird, so ist – wie wir

---

[5]   Zur Vertiefung vgl. *Bortz* et al. 2000, *Diehl* und *Arbinger* 2001 sowie *Stelzl* 1982.

oben gesehen haben – lediglich diese Wahrscheinlichkeit berechenbar. *Der Signifikanztest ermittelt also nicht die Wahrscheinlichkeit des Zutreffens von Hypothesen, sondern eine Wahrscheinlichkeit, die sich auf die Vereinbarkeit von Daten mit als richtig vorausgesetzten Hypothesen bezieht,* wobei diese Vereinbarkeit meistens – da der β-Fehler nur selten kontrolliert wird – ausschließlich auf die Nullhypothese bezogen ist.

Dass zwei bedingte Wahrscheinlichkeiten bei Umkehrung ihrer Konditionalität – also auch p(Daten/Hypothese) versus p(Hypothese/Daten) – in ihrer Höhe sehr unterschiedlich sein können, verdeutlicht Carver (1978, S.384f) an einem sehr makabren Beispiel:

„What is the probability of obtaining a dead person (D) given that the person was hanged (H); that is, in symbol form, what is p(D|H)? Obviously, it will be very high, perhaps .97 or higher. Now, let us reverse the question: What is the probability that a person has been hanged (H) given that the person is dead (D); that is, what is p(H|D)? This time the probability will undoubtedly be very low, perhaps.01 or lower. No one would be likely to make the mistake of substituting the first estimate (.97) for the second (.01); that is, to accept .97 as the probability that a person has been hanged given that the person is dead. Even thought this seems to be an unlikely mistake, it is exactly the kind of mistake that is made with the interpretation of statistical significance testing-by analogy, calculated estimates of p(H|D) are interpreted as if they were estimates of p(D|H), when they are clearly not the same."

2.5 Die Verwendung von Signifikanztests bei verzerrten Stichproben

Mit Signifikanztests wird entschieden, ob Ergebnisse, die an Zufallsstichproben gewonnen wurden, übertragbar sind auf Grundgesamtheiten, denen diese Stichproben entstammen. Liegt eine Stichprobe vor, die nicht durch einen Zufallsprozess gewonnen wurde – z.B. eine Quotenstichprobe oder eine anfallende Stichprobe – so sind Signifikanztests streng genommen nicht anwendbar, da die Stichprobe gegenüber der Population, für die sie repräsentativ sein soll, in unbekannter Weise verzerrt sein kann, weshalb keine theoretische Zufallsverteilung existiert, die für die Bewertung der Stichprobenergebnisse zweifelsfrei herangezogen werden könnte. Dennoch werden in der Praxis häufig auch dann Signifikanztests angewandt, wenn keine zufallsgesteuerten Auswahlen vorliegen. Wird so vorgegangen, so sollten mögliche Stichprobenverzerrungen auch in Hinblick auf das Ergebnis der Signifikanzprüfung diskutiert werden. Für anfallende Stichproben ist z.B. häufig zu erwarten, dass diese gegenüber Zufallsstichproben homogener sind, weshalb die Standardfehler für die zu prüfenden Parameter durch die Daten anfallender Stichproben in unbekannter Höhe unterschätzt werden können. Diese Unterschätzung der Standardfehler begünstigt wiederum die irrtümliche Verwerfung von Nullhypothesen.

Allerdings können selbst Zufallsstichproben verzerrt sein bzw. sind vermutlich fast immer mehr oder weniger stark verzerrt, da es im Regelfall nicht gelingt mit allen per Zufall ausgewählten Personen z.B. eine Befragung durchzuführen. Explizite Teilnahmeverweigerung, Nichterreichbarkeit, mangelnde Sprachkenntnisse oder auch Gebrechlichkeit können dabei u.a. Ursachen für Ausfälle sein. Je höher die Quote dieser *Ausfälle* ist, in desto stärkerem Ausmaß kann die realisierte Stichprobe von der angezielten Grundgesamtheit abweichen. Für die Generalisierbarkeit der Stichprobenergebnisse ist allerdings nicht die Höhe der Ausfallquote ausschlaggebend, sondern die Frage, ob die Ausfälle *zufällig und damit stichprobenneutral oder nichtzufällig und damit systematisch* erfolgen. Kommt es zu systematischen Ausfällen, so besteht eine Differenz zwischen den Teilnehmern und den Nichtteilnehmern an einer Untersuchung, die die Generalisierbarkeit der Stichprobenergebnisse in unbekannter Weise mindert. Für den Bereich der soziologisch-politologischen Umfrageforschung ist eine Tendenz zu steigenden Ausfallquoten beobachtbar – Schneekloth/Leven (2003) berichten z.B. für die Weststichprobe des ALLBUS[6] aus dem Jahr 2000 erstmals eine Ausfallquote oberhalb von 50% – weshalb der Einsatz von Signifikanztests auch bei Zufallsstichproben problematischer zu werden scheint. Durch *Gewichtungsverfahren*, die eine statistische Angleichung der Verteilung demographischer Merkmale zwischen der Stichprobe und der Grundgesamtheit bewirken, ist das Repräsentativitätsproblem einer verzerrten Stichprobe nicht lösbar, da unbekannt ist, welche Variablen des Gegenstandsbereiches in welcher Höhe mit der Variable der Teilnahmebereitschaft systematisch kovariieren.[7]

Weiterführende Literatur
Behnke et al. (2010) erläutern den Unterschieden zwischen Totalausfällen und fehlenden Werten, Ursachen sowie Möglichkeiten des Umgangs mit systematiscnen Fehlern. *Koch* und *Porst* (1998) beschreiben Erfahrungen mit Nonresponse in verschiedenen europäischen Ländern. *Harkness* et al. (2003) erläutern, welche zusätzlichen Probleme bei internationalen Studien auftreten können. *Engels* et al. (2004) erläutern Maßnahmen zur Erhöhung der Ausschöpfungsquoten. *Little* und *Schenker* (1994) geben einen Überblick über Formen von fehlenden Werten. *Little* und *Rubin* (1990, 2002) und *Allison* (2002) machen Vorschläge, wie man bei statistischen Analysen mit fehlenden Werten umgeht. Allison beschreibt hierbei auch einige Imputationsmethoden. Weitere Literaturhinweise zur schließenden Statistik finden sich im Vorwort zu diesem Band.

Allison, Paul D. (2002): Missing Data. Thousand Oaks: Sage
Behnke, Joachim/*Baur*, Nina/*Behnke*, Nathalie (2010): Empirische Methoden der Politikwissenschaft. Paderborn u. a.: Schöningh. S. 172-196
Engel. Uwe/*Pötschke*, Manuela/*Schnabel*, Christiane/*Simonson*, Julia (2004): Nonresponse und Stichprobenqualität. Ausschöpfung in Umfragen der Markt- und Sozialforschung. Frankfurt a. M.: Deutscher Fachverlag

---

[6]   Zum ALLBUS und großen Datensätzen, vgl. Kapitel 2.
[7]   Zu Details siehe *Schnell* 1997.

Harkness, Janet A./*Mohler*, Peter Ph./*Van de Vijer*, Fons J. R. (Hg.) (2003): Cross-Cultural Survey Methods. Hoboken: John Wiley & Sons

Koch, Achim/*Porst*, Rolf (Hg.) (1998): Nonresponse in Survey Research. Proceedings of the Eightth International Workshop on Household Survey Nonresponse, 24-26 September 1997. ZUMA-Nachrichten Spezial Nr. 4. Mannheim.

Little, Roderick A./*Rubin*, Donald B (1990): The Analysis of Social Science Data with Missing Values. In: John Fox/J. Scott Long (Hg.) (1990): Modern Methods of Data Analysis. Newbury Park: Sage, 374–409

Little, Roderick A./*Rubin*, Donald B (2002): Statistical Analysis with Missing Data. New York u. a.: John Wiley & Sons

Little, Roderick A./*Schenker*, Nathaniel (1994): Missing Data. In: Gerhard Arminger/Clifford C. Clogg/Michael E. Sobel (Hg.) (1994): Handbook of Statistical Modeling for the Behavioral Sciences. London/New York: Plenum Press, 39–75

Teil 4:
Ergebnispräsentation

Kapitel 13
Tabellen und Grafiken mit SPSS für Windows gestalten

Simone Zdrojewski

1 Ziel des Verfahrens

Tabellen und Grafiken werden in Forschungsberichten verwendet, um die inhaltliche Argumentation mit empirischen Daten zu belegen. Bei der Gestaltung von Tabellen und Grafiken spielt der Verwendungskontext daher eine maßgebliche Rolle. So sollen nur diejenigen statistischen Daten präsentiert werden, auf die auch im Text Bezug genommen wird. Die optische Darstellung sollte auf das Layout abgestimmt sein, in dem der Bericht gehalten ist. Insgesamt sind inhaltliche und optische Klarheit, leichte Lesbarkeit und Übersichtlichkeit in der Präsentation der statistischen Daten die wichtigsten Leitlinien.

2 Vorgehen in SPSS

2.1 Die Gestaltung von Tabellen

Die Übersicht auf der folgenden Seite oben enthält die wichtigsten Kriterien, die eine gut gestaltete Tabelle enthalten sollte. Es soll nun Schritt für Schritt erläutert werden, wie man zu einer solchen Tabelle gelangt. Dafür wird die Variable v03 herangezogen, die dem Datensatz des Soziologischen Forschungspraktikums 2001/02[1] entnommen ist. Sie erfasst den Wohngebäudetyp der Befragten.

2.1.1 Tabelle erzeugen

Um sich einen Überblick über die Häufigkeitsverteilung zu verschaffen, beginnt man damit, die Variablen und Werte zu labeln sowie die fehlenden Werte und die Dezimalstellen der Variablenausprägungen zu definieren. Dies kann entweder mit der entsprechenden Syntax oder aber durch die direkte Eingabe in der Registerkarte „Variablenansicht" vorgenommen werden. Anschließend wird eine Analyse, hier eine einfache Häufigkeitsverteilung, durchgeführt.

---

[1]   Siehe Zusatzmaterialien auf der Verlagswebseite, www.vs-verlag.de.

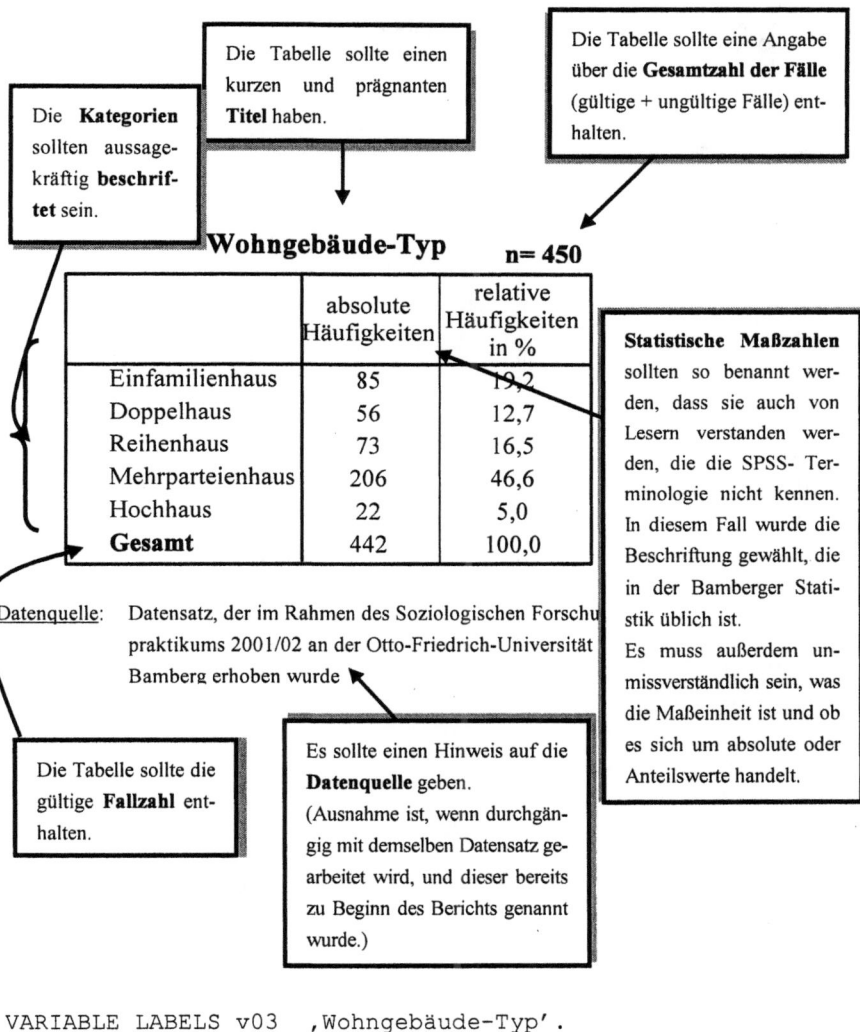

Die **Kategorien** sollten aussagekräftig **beschriftet** sein.

Die Tabelle sollte einen kurzen und prägnanten **Titel** haben.

Die Tabelle sollte eine Angabe über die **Gesamtzahl der Fälle** (gültige + ungültige Fälle) enthalten.

Wohngebäude-Typ n= 450

	absolute Häufigkeiten	relative Häufigkeiten in %
Einfamilienhaus	85	19,2
Doppelhaus	56	12,7
Reihenhaus	73	16,5
Mehrparteienhaus	206	46,6
Hochhaus	22	5,0
Gesamt	442	100,0

Datenquelle: Datensatz, der im Rahmen des Soziologischen Forschupraktikums 2001/02 an der Otto-Friedrich-Universität Bamberg erhoben wurde

Statistische Maßzahlen sollten so benannt werden, dass sie auch von Lesern verstanden werden, die die SPSS- Terminologie nicht kennen. In diesem Fall wurde die Beschriftung gewählt, die in der Bamberger Statistik üblich ist. Es muss außerdem unmissverständlich sein, was die Maßeinheit ist und ob es sich um absolute oder Anteilswerte handelt.

Die Tabelle sollte die gültige **Fallzahl** enthalten.

Es sollte einen Hinweis auf die **Datenquelle** geben. (Ausnahme ist, wenn durchgängig mit demselben Datensatz gearbeitet wird, und dieser bereits zu Beginn des Berichts genannt wurde.)

```
VARIABLE LABELS  v03   ,Wohngebäude-Typ'.
VALUE LABELS     v03   1 ,Einfamilienhaus'
                       2 ,Doppelhaus'
                       3 ,Reihenhaus'
                       4 ,Mehrparteienhaus'
                       5 ,Hochhaus'
                       6 ,sonstiges'.
FORMATS          v03   (F2.0).
```

```
MISSING VALUES   v03   (9,6).
FREQUENCIES      v03.
```

Die Tabelle, die im SPSS-Viewer erscheint, zeigt, dass die Residualkategorie „sonstiges" quantitativ nur schwach besetzt ist. Da sie auch inhaltlich nicht aussagekräftig ist, wird sie im Folgenden als Missing Value definiert und damit aus weiteren Analysen ausgeschlossen. Die Syntax-Befehle haben folgende Bedeutung:

VARIABLE LABELS   Dadurch erhält die Variable ihren Namen, der als Titel der Tabelle erscheint.

VALUE LABELS   Damit werden die Ausprägungen der Variablen benannt.

FORMATS   Der Formats-Befehl legt die Anzahl der Stellen und Dezimalstellen der Variablenausprägungen fest.

MISSING VALUES   Die fehlenden Werte werden definiert, damit sie aus der Analyse ausgeschlossen werden.

Nachdem die obige Syntax ausgeführt wurde, erscheint die Häufigkeitstabelle im SPSS-Viewer. Sie enthält die in SPSS eingestellten Standardinformationen:

Wohngebäude-Typ

		Häufigkeit	Prozent	Gültige Prozente	Kumulierte Prozente
Gültig	Einfamilienhaus	85	18,9	19,2	19,2
	Doppelhaus	56	12,4	12,7	31,9
	Reihenhaus	73	16,2	16,5	48,4
	Mehrparteienhaus	206	45,8	46,6	95,0
	Hochhaus	22	4,9	5,0	100,0
	Gesamt	442	98,2	100,0	
Fehlend	sonstiges	7	1,6		
	System	1	,2		
	Gesamt	8	1,8		
Gesamt		450	100,0		

2.1.2 Tabelle bearbeiten

Mit einem Doppelklick auf die Tabelle wird diese aktiviert und kann unter erneutem Doppelklick auf die entsprechende Stelle bearbeitet und geändert werden. Auf diese Weise lassen sich z. B. die Spaltenüberschriften bzw. die Bezeichnung der statistischen Maßzahlen ganz einfach überschreiben.

Um Spalten zu löschen, markiert man sie und drückt anschließend die Taste „Entf". Beispielsweise enthält die Spalte „Prozent" die relativen Häufigkeiten bezogen auf alle Fälle, d.h. für die gültigen und ungültigen Fälle zusammen. Diese Spalte ist in den seltensten Fällen von Bedeutung, da für die Analyse meist nur die Häufigkeitsangaben der gültigen Fälle interessieren.

In gleicher Weise verfährt man mit der Spalte „Kumulierte Prozente", da sich Aussagen über kumulierte Häufigkeiten erst ab Ordinalskalenniveau machen lassen. Da wir es im vorliegenden Fall mit einem nominalskalierten Merkmal zu tun haben, enthält die Spalte nicht verwertbare Informationen und muss gelöscht werden.

Beim Aktivieren der Tabelle per Doppelklick öffnen sich gleichzeitig eine Formatierungs- sowie eine Pivot-Symbolleiste.[2]

Die Ergänzung der Datenquelle unterhalb der Tabelle kann im Menü „Einfügen" unter „Erklärung" vorgenommen werden, ebenso lassen sich hier auch „Fußnoten" einfügen.

Unter dem Menüpunkt „Format" können in den Dialogfenstern „Tabelleneigenschaften" und „Zelleneigenschaften" weitere Bearbeitungsmöglichkeiten aufgerufen werden, mit denen sich beispielsweise die Positionierung und Ausrichtung der Zeichen innerhalb der Zellen verändern lassen, Zellen mit Grauschattierungen hinterlegt werden können oder die Schriftgröße oder Schriftart angepasst werden kann. Man gelangt in diese Dialogfenster auch, indem man mit der rechten Maustaste auf ein Feld innerhalb der aktivierten Tabelle klickt.

Mit Hilfe der Pivot-Leiste lassen sich in SPSS-Tabellen die Spalten und Zeilen vertauschen sowie bestimmte Informationen verbergen bzw. schichten, indem man die Symbole mit gedrückter linker Maustaste jeweils in die Spalte, Schicht oder Zeile verschiebt.

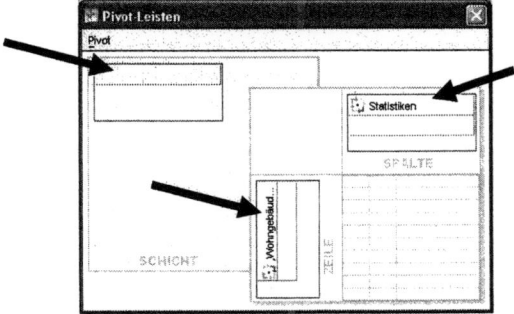

2.1.3 Tabelle als Tabellenvorlage abspeichern

Hat die Tabelle am Ende das gewünschte Layout, dann empfiehlt es sich, dieses
als Formatvorlage abzuspeichern, um es später auch anderen Tabellen, die für
den Bericht verwendet werden, zuweisen zu können.
Dafür aktiviert man die Tabelle wiederum und geht entweder im Menüpunkt
„Format" auf „Tabellenvorlagen" oder klickt in der Tabelle auf ein beliebiges
Feld mit der rechten Maustaste, so dass die Optionsleiste aufspringt und man
auch hier ebenfalls in das Dialogfenster „Tabellenvorlagen" gelangt. Dort kann
die Vorlage abgespeichert oder aber bei Bedarf noch nachbearbeitet werden. Will
man die Tabellenvorlage das nächste Mal einer neuen Tabelle zuweisen, dann geht
man zu Beginn der Analyse in der Menüleiste auf „Bearbeiten" und dort auf „Optionen". Im Dialogfenster existiert die Registerkarte „Pivot-Tabellen". Unter
„Durchsuchen" kann man seine abgespeicherte Vorlage auswählen. Wenn man
anschließend „Zuweisen" anklickt, wird jeder Tabelle diese Vorlage zugewiesen.

2.1.4 Der Export von SPSS nach Word, Excel und PowerPoint

Mit der Erzeugung und Aufbereitung der Tabellen in SPSS ist man jedoch noch
nicht am Ende, denn nun muss die Tabelle noch an die entsprechende Stelle im
Bericht integriert werden. Dies wird im Folgenden mit dem Programm „Word
für Windows" erläutert. Bei anderen Textverarbeitungsprogrammen ist die Vorgehensweise jedoch ähnlich. Für den Export von SPSS nach Word gibt es
grundsätzlich zwei Möglichkeiten – eine direkte durch einfaches Kopieren der
Inhalte, und eine indirekte durch Abspeichern des Outputs in einer neuen Datei:

1) Die SPSS-Tabelle kann als Pivot-Tabelle unmittelbar in den Forschungsbericht
   eingefügt werden. Dafür wählt man im Menüpunkt „Bearbeiten" „Kopieren"
   bzw. die Tastenkombination Strg + c und an der entsprechenden Stelle im
   Bericht „Bearbeiten" „Einfügen" bzw. die Tastenkombination Strg + v.
2) Zum anderen kann die Tabelle in einer neuen Datei abgespeichert werden.
   Hierzu klickt man die Tabelle im SPSS-Aufgabefenster zunächst einfach an
   und geht im Menüpunkt „Datei" auf „Exportieren". In dem sich öffnenden
   Fenster „Ausgabe exportieren" kann man auswählen, ob der gesamte Output
   oder nur ein ausgewählter, markierter Auszug abgespeichert werden soll. Anschließend muss noch der Format-Typ festgelegt werden. In diesem Fall wird
   „Word/RTF (*.doc)" gewählt. Alternativ kann diese Funktion auch aufgerufen werden, indem man mit der rechten Maustaste auf den abzuspeichernden
   Output klickt.

Auf diese Weise lassen sich SPSS-Tabellen auch problemlos nach Power-Point oder Excel exportieren. Von Excel aus können sie dann als Grundlage für die Erstellung von Diagrammen verwendet werden.

2.2   Die Gestaltung von Grafiken

Eine gut gestaltete Grafik sollte folgenden Kriterien gerecht werden:

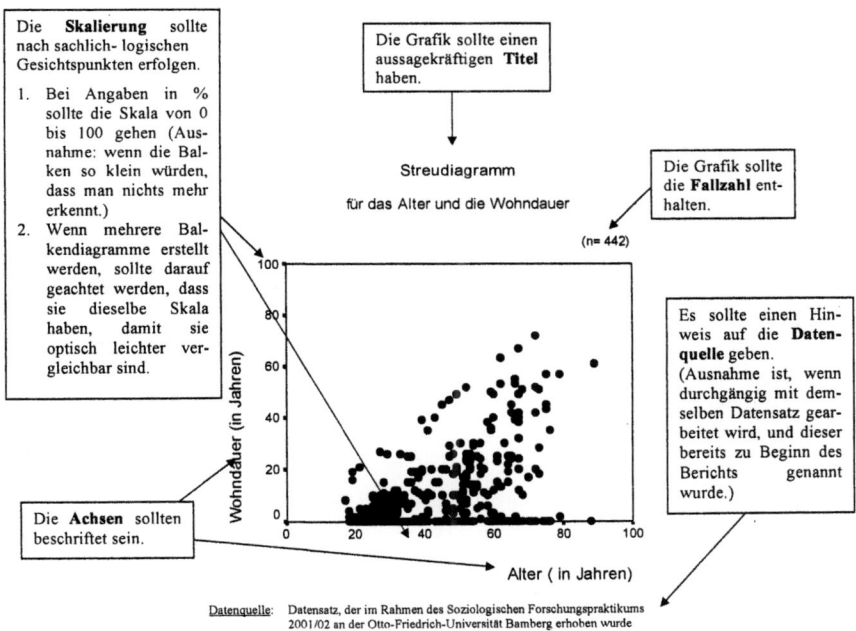

Um eine Grafik wie im obigen Beispiel zu erstellen, wird wiederum auf zwei Variablen aus dem Datensatz des Soziologischen Forschungspraktikums 2001/02 zurückgegriffen: die Variable v52 misst das Alter der Befragten, die v01 die Wohndauer in Jahren. Sie sollen gemeinsam in einer Grafik dargestellt werden. Den theoretischen Hintergrund bildet die Frage, ob es einen Zusammenhang zwischen dem Alter als unabhängiger und der Wohndauer als abhängiger Variable gibt. Eine grafische Darstellung liefert für diese Fragestellung eine erste Übersicht.

2.2.1 Grafik erzeugen

SPSS bietet im Menü zwei Möglichkeiten an, Grafiken zu erstellen:

1) In der Menüleiste unter „Diagramme" wird der Menüpunkt „Diagrammer-stellung" ausgewählt. In diesem Fall soll ein Streudiagramm erstellt werden, weshalb im Dialogfenster in der Registerkarte „Galerie" „Streu-/Punktdiagramme" angeklickt wird. Im Fenster rechts daneben öffnet sich ei-ne Galerie mit verschiedenen, zu dieser Rubrik gehörenden Diagrammtypen. Für die obige Fragestellung wird ein einfaches Streudiagramm (oben links) ausgewählt, indem es mit gedrückter linker Maustaste in das darüberliegende Fenster gezogen wird. Es öffnet sich ein Koordinatensystem, in das nun die Variablen eingefügt werden können. Die unabhängige Variable v52 (Alter) wird der X-Achse und die abhängige Variable v01 (Wohndauer in Jahren) der Y-Achse zugeordnet. In der Registerkarte unter „Titel/Fußnoten" kann der Grafik nun noch ein Titel zugewiesen werden. Ebenso lassen sich hier auch die Beschriftung der Achsen und der Hinweis auf die Datenquelle vor-nehmen.

2) Für erfahrene Benutzer, die bereits mit früheren Programmversionen gearbeitet haben, gibt es nach wie vor die Möglichkeit, Grafiken nach dem „altem Schema" zu erstellen. Unter dem Menüpunkt „Diagramme" „Veraltete Dialogfenster" springt eine Leiste mit den Diagrammtypen auf. Hier kann nun auf „Streu-/Punktdiagramm" und dann auf „Einfach" geklickt und in dem sich öffnenden Fenster die unabhängige und abhängige Variable der X- und der Y-Achse zugeordnet werden. Auch hier lässt sich vorab ein Titel für die Grafik einfü-gen, indem das Kästchen „Titel" angeklickt wird. Unter „Optionen" lässt sich festlegen, wie mit den fehlenden Werten verfahren werden soll.

Klickt man – egal, nach welcher der beiden Varianten man die Grafik erstellt hat – nun anschließend nicht auf „OK", sondern auf „Einfügen", dann wird der ent-sprechende Befehl in ein Syntax-Fenster eingefügt und kann von dort aus sowohl ausgeführt, als auch abgespeichert werden. Auch kann man hier noch Variablen- und Wertelabels vergeben, so wie es weiter oben für die Tabelle gemacht wurde.

2.2.2 Grafik bearbeiten

Die Grafik erscheint im SPSS-Viewer und wird per Doppelklick aktiviert. Darauf-hin öffnet sich zum einen ein Diagrammeditor, in dem die Grafik bearbeitet werden kann sowie ein weiteres Fenster, in dem die Eigenschaften der Graphik verändert werden können. Um die im Übersichts-Schaubild aufgeführten Kriterien umzuset-zen, sind u. a. folgende Optionen hilfreich:

Skalierung	Mit einem Doppelklick auf die Skala geht ein neues Fenster auf; hier kann u. a. in der Registerkarte „Skala" der Skalenbereich und die Darstellung der Achsenbeschriftung eingegeben werden.
Achsenbeschriftung	Die Achsenbeschriftungen können auch nachträglich noch geändert werden, indem man mit der linken Maustaste das Feld anklickt und sie dann nach nochmaligem Anklicken überschreibt.
Titel	In der Symbolleiste gibt es ein Icon „Einen Titel einfügen", mit dem sich ein Textfeld öffnet, in das der Titel der Graphik eingetragen werden kann, soweit dies nicht bereits vorgenommen wurde (s. o. 2.2.1).
Fallzahl	Will man in der Graphik weitere Anmerkungen vornehmen, wie beispielsweise die Fallzahl ergänzen, so lässt sich dies mit Hilfe des Icons „Ein Textfeld einfügen" oder dem Icon „Eine Anmerkung einfügen" tun.
Quellenangabe	Wurde der Hinweis auf die Datenquelle nicht bereits angegeben, so kann dies nachträglich mit Klick auf das Icon „Eine Fußnote einfügen" vorgenommen werden.
Punkte-Arten	Um die Darstellung der Punkte im Diagramm zu verändern, klickt man einen der Punkte mit einem Doppelklick an, und wählt dann im Fenster „Eigenschaften" in der Registerkarte „Markierung" einen passenden Typ sowie Größe und Farbe aus.

2.2.3 Grafik als Diagrammvorlage abspeichern

Möchte man die nachbearbeitete Grafik als Diagrammvorlage abspeichern, um das Layout später auch anderen Grafiken zuzuweisen, dann kann die Grafik im Chart unter „Datei" als „Diagrammvorlage speichern" abgespeichert werden. In dem sich öffnenden Dialogfenster lässt sich individuell anklicken, welche der zugewiesenen Einstellungen als Vorlage abgespeichert werden sollen. Im selben Menüpunkt unter „Diagrammvorlage zuweisen" kann die Formatvorlage dann auch später wieder aufgerufen und einem anderen Diagramm zugewiesen werden.

2.2.4 Der Export von SPSS nach Word, Excel und PowerPoint

Auch Grafiken können direkt und indirekt in das entsprechende Programm, in dem sie verwendet werden sollen, exportiert werden. Dafür schließt man zuallererst den Chart. Die weitere Vorgehensweise ist analog zu der, wie sie für Tabellen im Abschnitt 2.1.4 beschrieben wurde.

2.2.5 Grafiken in Excel erstellen

Im Vergleich zu früheren Programmversionen, gibt es seit SPSS 15.0 vielfältige Möglichkeiten, Grafiken in SPSS nicht nur zu erstellen, sondern auch individuelle und aufwendig aufzubereiten. Für den Fall, dass für Grafiken dennoch bevorzugt mit Excel gearbeitet wird, soll an dieser Stelle kurz erläutert werden, wie mit den Variablen v01 und v52 ein Streudiagramm erstellt werden kann. Im ersten Schritt müssen die Daten von SPSS nach Excel exportiert werden, bzw. in Excel-Format abgespeichert werden. Dazu wählt man im Daten-Editor in der Menüleiste „Datei" „Speichern unter". In dem sich öffnenden Dialogfenster gibt es die Möglichkeit, über den Button „Variablen" diejenigen Variablen durch Anklicken auszuwählen, die abgespeichert werden sollen. Dann muss noch der Datei-Typ ausgewählt werden, der das Format festlegt, in dem die Daten abgespeichert werden sollen. Hier wird die entsprechende Excel-Version ausgewählt. Die Variablen können nun leicht in Excel geöffnet und für weitere Analysen verwendet werden. Eine weitere Möglichkeit, Variablen von SPSS nach Excel zu exportieren, besteht darin, die Variablen einfach zu kopieren, indem man die entsprechende Spalte anklickt. Es können mehrere Variablen gleichzeitig ausgewählt werden, die in den Spalten nicht direkt nebeneinander stehen, indem man auf der Tastatur die „Strg"-Taste gedrückt hält und dann die auszuwählenden Spalten mit der linken Maustaste anklickt.

Die markierten Spalten können nun nach Excel kopiert werden, indem man in der Menüleiste „Bearbeiten" und „Kopieren" oder alternativ die Tastenkombination Strg + c auswählt. Nun öffnet man das Programm Excel und geht dort in der Menüleiste auf „Bearbeiten" und „Einfügen" oder drückt die Tastenkombination Strg + v.

Eine Grafik in Excel wird am einfachsten mit dem Diagramm-Assistenten erstellt. Dafür geht man in der Menüleiste auf „Einfügen". Im Unterpunkt „Diagramm" öffnet sich der Diagramm-Assistent. Ein entsprechendes Icon befindet sich ebenfalls in der Symbolleiste.

Um ein Streudiagramm zu erstellen, wählt man den Diagramm-Typ „Punkt" und folgt den weiteren Anweisungen des Diagramm-Assistenten. Ist die Grafik fertig gestellt, kann sie per Doppelklick aktiviert und nachbearbeitet werden.

Liegen Daten in Excel-Format (.xls) vor, so kann der Transfer auch in umgekehrter Richtung stattfinden. Dafür geht man in SPSS in der Menüleiste auf „Datei" → „Öffnen" → „Daten" und wählt dort unter Dateityp „Alle Dateien (**)" aus. Es öffnet sich ein neues Fenster, in dem man das Kontrollkästchen „Variablennamen aus ersten Datenzeile lesen" aktiviert. Bestätigt man mit „OK", dann erscheinen die Daten mit Variablennamen in der Kopfzeile der Datenansicht. Näheres zum Einlesen von Dateien mit anderen Formaten wird in Kapitel 1 dieses Buches erläutert.

3   Hilfeoptionen in SPSS

SPSS bietet an mehreren Stellen allgemeine Informationen und Hilfe-Optionen zu statistischen Begriffen und Verfahren an:

– Im Menü: Befindet man sich im Dialogfeld eines Menüs und ist sich unsicher, was ein statistischer Begriff genau bedeutet, dann kann man sich hierüber einen schnellen Überblick verschaffen, indem man den entsprechenden Begriff (oder ein Symbol) mit der rechten Maustaste anklickt. Es öffnet sich daraufhin ein kleines Fenster (Quickinfo), das in Kurzform über den entsprechenden Punkt informiert.

– Analog hierzu funktioniert auch das Quickinfo für die Tabelleninhalte im SPSS-Viewer: ist die Tabelle aktiviert, dann kann in der gewünschten Zelle mit der rechten Maustaste auch hier über die Direkthilfe ein Quickinfo angefordert werden.

– Im Menü: In den Dialogfeldern der einzelnen Prozeduren gibt es weiterhin einen Button „Hilfe", durch den eine auf die jeweilige Prozedur bezogene Information aufgerufen werden kann.

– Zudem gibt es – wie auch im Microsoft Office-Paket – in der Menüleiste einen allgemeinen Programmpunkt „Hilfe". Hier kann man, analog zu den Office-Programmen, im Index den Suchbegriff eingeben und sich die Informationen anzeigen lassen.

Wenn man mit der Syntax arbeitet, aber den vollständigen Befehl oder deren Spezifikationen nicht kennt, gibt es vier Möglichkeiten, wie man das Menü verwenden kann, um die nötigen Informationen zu erhalten:

– Per Voreinstellungen: Über die Menüleiste „Bearbeiten" → „Optionen" → „Viewer" → Kästchen „Befehle im Log anzeigen" aktivieren.

Führt man über das Menü eine Analyse aus, dann erscheint im Ausgabefenster die dazugehörige Syntax. Diese lässt sich dann in ein Syntax-Fenster kopieren und dort abspeichern.[3]

- Eine einfachere Variante ist über das Menü erreichbar: klickt man, nachdem man im Menü alle gewünschten Statistiken ausgewählt und sonstigen Einstellungen vorgenommen hat, anstelle auf „OK" auf „Einfügen", wird der entsprechende Befehl zunächst in ein Syntax-Fenster eingefügt und kann von dort aus dann sowohl ausgeführt als auch abgespeichert werden!
- Im Syntax-Fenster selbst gibt es in der Symbolleiste ein Icon, das „Hilfe zur Syntax" heißt.

Diese Hilfe eignet sich dann, wenn man die Befehlsstruktur annähernd kennt, sich aber über weitere Spezifikationen informieren möchte. Dafür muss man mit der Cursor-Taste auf dem bereits in das Syntax-Fenster geschriebenen Befehl stehen. Klickt man nun auf das Icon, dann springt ein Hilfe-Fenster auf, das die Syntax in ihrer wesentlichen Struktur vorstellt.

- Schließlich ist der Syntax Reference Guide ein unerlässlicher Ratgeber! Dies ist ein pdf-Dokument in englischer Sprache, der zusätzlich installiert werden muss. Er ist ebenfalls über den Menüpunkt „Hilfe" → „Syntax-Guide" zu erreichen. Er enthält sämtliche Syntax- Befehle mit den möglichen Spezifikationen (Unterbefehlen) zu den einzelnen Statistiken und Analysen!

Weiterführende Literatur
Haaland u. a. (1996) erläutern die wichtigsten Regeln, die man bei der Erstellung von Grafiken beachten sollte. Tiefer in die Materie steigt *Tufte* ein: Er erläutert mit Hilfe von guten und schlechten Beispielen, wie man Informationen am besten optisch darstellt: *Tufte* (2001) beschäftigt sich damit, wie man numerische Informationen mit Hilfe von Diagrammen und Graphiken darstellt. *Tufte* (1990) beschäftigt sich ebenfalls mit der Darstellung numerischer Daten, diesmal mit einem Fokus auf Karten und räumlichen Informationen. *Tufte* (1997) fokussiert sich schließlich auf die optische Darstellung von Informationen, die sich dynamisch verändern.

Haaland, Jan-Aage/*Jorner*, Ulf/*Persson*, Rolf/*Wallgren*, Anders/*Wallgren*, Anders (1996): Graphing Statistics & Data. Creating Better Charts. Thousand Oaks/London/New Delhi: Sage
Tufte, Edward R. (1990): Envisioning Information. Cheshire (CT): Graphics Press
Tufte, Edward R. (1997): Visual Explanations. Cheshire (CT): Graphics Press
Tufte, Edward R. (2001): The Visual Display of Quantitative Information. Cheshire (CT): Graphics Press

---

[3] Anmerkung: Damit diese Voreinstellung aktiviert werden kann, muss das Programm nach der Einstellung zunächst neu gestartet werden.

Kapitel 14
Statistische Ergebnisse präsentieren

Jan D. Engelhardt

1 Verschiedene Präsentationsverfahren

Wer statistische Ergebnisse präsentieren will, sieht sich oft mit dem Problem konfrontiert, nur eine kleine Auswahl aus den gesamten Daten einer Studie treffen zu müssen und diese einem Publikum vorzuführen, das über ein mehr oder weniger ausgeprägtes Vor- bzw. Fachwissen verfügt.

Am einfachsten ist es wohl, wenn das Publikum zumindest den gleichen allgemeinen Wissensstand hat wie der Referent. Nur dann kann man davon ausgehen, dass die meisten Fachbegriffe, Theorien und Methoden ausreichend bekannt sind und man nicht mehr gesondert darauf eingehen muss.

Meistens hat man jedoch mit Zuhörern zu tun, die über kein Vorwissen verfügen. Was versteht ein Kommunalpolitiker oder Amtsleiter in der Regel schon von Regressionsanalysen oder Clusterbildung, wenn er nicht gerade eine mathematisch-statistische Ausbildung genossen hat?

Auch in diesem Fall macht es wenig Sinn auf methodische Details oder weniger wichtige Zwischenergebnisse hinzuweisen. Die Zuhörer wollen in klarer verständlicher Sprache die Hauptergebnisse der Forschung erfahren. Weniger interessiert sie wie man dazu gekommen ist, wenngleich auch das ein wichtiger Bestandteil einer kompletten Arbeit ist, der aber Inhalt einer ordentlich geführten Dokumentation sein sollte.

Da die Zeit bei solchen Präsentationen eine nicht unerhebliche Rolle spielt, sollte man sich zudem so kurz fassen wie es die Sache erlaubt und der Verständlichkeit halber das Gesprochene grafisch untermalen.

Hierfür steht eine Reihe verschiedener Medien zur Verfügung. Zunächst zu nennen sind hier das so genannte Flipchart oder eine Tafel wie man sie aus der Schule kennt. Der Vorteil beider Medien liegt darin, dass man jederzeit schnell Text oder Zeichnungen hinzufügen kann. Hinzu kommt beim Flipchart, dass man es wegen seiner geringeren Maße in jeden Raum mitnehmen kann. Nachteil beider ist aber die geringe grafische Verwendbarkeit. Exakte Diagramme, Tabellen oder gar Bilder sind nur durch einen großen kreativen Aufwand zu verwirklichen. Dazu kommt noch die auf die Größe beider Hilfsmittel zurückzuführende schlechte Archivierbarkeit der präsentierten Inhalte.

Eine bessere Alternative ist hier die Overheadfolie. Neben den Vorteilen von Tafel und Flipcharts, ist sie einfacher zu archivieren. Ebenso bietet sie die Möglichkeit, mit dem Computer erstellte Grafiken und Diagramme sowohl in schwarzweiß als auch in Farbe zu präsentieren.

Die wohl eleganteste Art der Datenpräsentation stellt jedoch das Abspielen einer mittels eines Programms – wie beispielsweise Impress von Open Office oder PowerPoint von Microsoft – erstellten Präsentationsdatei dar. Hier sind die Möglichkeiten nahezu unbegrenzt. Neben Texten und Bildern lassen sich so auch detaillierte Grafiken, Audiodateien und sogar Filme abspielen. Darüber hinaus bietet eine solche Software die Möglichkeit, Texte und Grafiken zu animieren, so dass bestimmte Inhalte hervorgehoben oder Zusammenhänge besser visuell dargestellt werden können.

Angesichts der Fülle an Möglichkeiten, die ein solches Programm bietet, scheint es verlockend, eine möglichst aufwendige, mit vielen Effekten versehene Präsentation zu gestalten. Dies mag durchaus sinnvoll sein, wenn man über inhaltliche Mängel hinwegtäuschen und so das Publikum hinters Licht führen will. Für den seriösen Referenten ist dies jedoch keine ernsthafte Option. Wer sich intensiv mit einer Forschungsarbeit auseinandersetzt, hat sicherlich auch den Anspruch, möglichst glaubwürdig und mit fundiertem Wissen aufzutreten. Deshalb gilt bei Präsentationen – egal mit welchen Medien – weniger ist mehr! Im Vordergrund stehen also immer die Ergebnisse und die erhobenen Daten und nicht die Präsentation selbst.

2 Präsentationsregeln

Im Folgenden führe ich die wichtigsten Regeln zum Erstellen und Vorführen einer Präsentation auf. Für den, der bereits öfters Ergebnisse und Daten vor einem Publikum darstellen musste, erscheint dieses Kapitel vielleicht weniger interessant. Nichtsdestotrotz sind diese Hinweise wichtig für eine gelungene Präsentation, auch wenn sie teilweise trivial erscheinen.

2.1   Nicht über Inhalte hinwegtäuschen

Wie oben bereits erwähnt, sollte bei einer Präsentation immer der Inhalt im Vordergrund stehen. Viele Effekte, die moderne Präsentationsprogramme bieten, sind zwar nett anzuschauen und lockern einen Vortrag oft auf, lenken gleichzeitig aber auch vom Wesentlichen ab. Meistens genügt es, wenn man die einzelnen zu präsentierenden Punkte nacheinander ganz schlicht einblendet, indem man sie beispielsweise von der Seite einfährt oder einfach nur auf dem Bildschirm erscheinen lässt. Blinken, Rotieren oder Einfahren von Objekten mit Hintergrundgeräuschen sind bei einer ernst gemeinten Präsentation fehl am Platz und bestenfalls für Scherzdateien geeignet, wie sie mittlerweile zu Dutzenden von Büro zu Büro per E-Mail verschickt werden.

2.2 Titel

Wie bei allen wissenschaftlichen Texten, ist es auch bei einem Vortrag unerlässlich, dem Thema einen prägnanten Namen zu geben, sich selbst und eventuell andere Beteiligte vorzustellen. Diese Informationen gehören immer an den Anfang. Schließlich steht der Autor auch nicht am Ende eines Buches, sondern ist bereits auf dem Einband für jedermann leicht zu erkennen.

Wichtig: die Titelfolie sollte eine Kontaktadresse beinhalten, unter welcher der Referent zu erreichen ist. Im Zeitalter digitaler Vernetzung sollte man vor allem seine E-Mail-Adresse angeben und eventuell die Internet-Adresse der Einrichtung oder des Projektes, wenn es eine solche denn gibt.

In den meisten Fällen schließt sich dann eine kurze Gliederungsübersicht an. Bei längeren Vorträgen – wie beispielsweise ganztägigen Seminaren – ist es ratsam, die entsprechenden Uhrzeiten für prägnante Ereignisse auf einem Flipchart oder in einem Handout darzustellen, damit sich die Zuhörer auf den zeitlichen Ablauf einstellen können und keine Angst haben müssen, dass sie nicht rechtzeitig zum Mittagessen oder Kaffee kommen.

2.3 Zeit und Abfolge

Die logische Abfolge von Folien spielt bei einer Präsentation eine große Rolle. Präsentationsfolien unterstützen einerseits den Vortrag des Referenten, sind also als eine Art Gedächtnisstütze oder roter Faden gedacht, an dem man sich orientieren kann. Dieser muss dann auch unbedingt erkennbar sein. Man sollte sich die Mühe machen, bei einer Präsentation einen Spannungsbogen aufzubauen, schließlich ist nichts beschämender als ein Schnarchen aus der letzten Reihe.

Folien dienen aber nicht nur dem Sprecher, sondern helfen dem Publikum, das Gesagte leichter zu erfassen. Wenn beispielsweise die Rede ist von verschiedenen Umsatzraten, unterteilt nach Branchen oder von Arbeitslosenquoten nach Nationalität, Geschlecht, Alter und erlerntem Beruf, dann muss man unbedingt auch entsprechende Grafiken parat haben, und sei es nur deswegen, um sich ständiges Nachfragen zu ersparen.

Ein weiterer wichtiger Punkt in diesem Zusammenhang ist die Dauer, die eine Folie angezeigt werden sollte. Um eine halbwegs mit Inhalten gefüllte Grafik oder auch verschiedene Textelemente richtig zu erfassen, benötigt unser Gehirn etwa zwei Minuten. So viel Zeit sollte man ihm denn auch geben, um das Gesehene zu verarbeiten und in den bisherigen Kontext einzuordnen. Meistens bedürfen Grafiken, Gliederungen und Tabellen sowieso gewisser Erläuterungen, die es erfordern, sie längere Zeit einzublenden.

Man kann aber auch den umgekehrten Fehler machen und bestimmte Inhalte zu lange anzeigen. Meistens ist dies eher von geringer Bedeutung, es kann allerdings sein, dass Schaubilder und Texte die Aufmerksamkeit des Publikums beeinträchtigen, wenn sie nicht mehr in den Kontext des Gesprochenen passen. Es ist also stets darauf zu achten, dass die angezeigten Inhalte auch mit dem was man erzählt korrespondieren.

2.4   Schrift

Fast alle Folien einer Präsentation beinhalten Text. Es liegt nahe zu glauben, hierbei nicht viel falsch machen zu können. Dennoch passiert es immer wieder, dass die hinteren Reihen bei einem Vortrag das Geschriebene nicht erkennen können. Dies ist besonders in großen Räumen wie dem Hörsaal einer Universität der Fall. Gerade hier, wo man eigentlich davon ausgeht, dass es sich bei Professoren und Dozenten um Profis handelt, passiert immer wieder der gleiche Fehler: Der Text auf Folien ist schlichtweg zu klein.

Grundsätzlich sollte man darauf achten, dass die verwendete Schrift gut lesbar ist, also keine Schnörkel oder unnötige Verzierungen enthält. Je nachdem welchen Schrifttyp man verwendet, ist eine Schriftgröße von mindestens 16 Punkten erforderlich, um die Lesbarkeit von allen Plätzen eines Raumes zu gewährleisten. Je größer ein Raum ist, umso leistungsstärker werden in der Regel auch die Projektoren und umso größer sind auch die Projektionsflächen, weshalb man für große Räume nicht besonders große Schriften verwenden muss. Wenn man sich nicht sicher ist, ob eine Schrift gut lesbar projiziert wird, sollte man entweder einen Schriftgrad größer wählen oder, wenn man die Möglichkeit dazu hat, zuvor einen Test im entsprechenden Raum durchführen. Dies empfiehlt sich ohnehin, wenn man die Präsentation mit einem fremden Laptop abhält und nicht sicher ist, ob die Projektorauflösung der entspricht, mit der man die Präsentation erstellt hat. Ansonsten besteht die Gefahr, dass Grafiken und Texte verschoben sind, sich überlappen und damit für das Publikum auch bei ausreichender Größe unentzifferbar werden.

2.5   Farben

Ein weiterer Punkt, der eine gelungene Präsentation ausmacht, ist die richtige Verwendung von Farben. Generell sollte man mit Farben sparsam umgehen – weniger ist auch hier mehr. In der Regel kommt man bei Text und Hintergrund mit zwei Farben aus. Wählt man dann noch eine für Hervorhebungen, beinhalten Textpassagen in Präsentationen nicht mehr als drei Farben. Außerdem sollte man sich darüber Gedanken machen, welchen Hintergrund man haben möchte und welche Farbe der überwiegende Teil des Textes haben soll. Hier gilt der Grundsatz: So unterschiedlich wie möglich, aber dennoch so harmonisch wie nötig. Die einfachste Kombination von Hintergrund und Schrift ist wohl schwarz und weiß. Beide Farben weisen einen maximalen Kontrast auf, egal welche man nun als Hintergrund- und welche als Schriftfarbe verwendet. Benutzt man andere Farbkombinationen, ist stets darauf zu achten, dass beide Farben miteinander harmonieren – „sich nicht beißen", wie der Volksmund sagen würde. Gute Kombinationen sind meistens zwei unterschiedliche Abstufungen der gleichen Farbe, also beispielsweise hell- und dunkelblau. Der Helligkeitsgrad sollte sich dann aber so viel wie möglich unterscheiden, insbesondere deswegen, da Projektoren oft ein etwas anderes Farbspektrum aufweisen als der heimische Monitor.

Bei Hervorhebungen sollte man ebenfalls darauf achten, dass sie zwar auffällig sind, sich aber nicht zu sehr mit dem übrigen Text beißen. Meistens genügt es, die entsprechende Textstelle fett zu machen und/oder zu unterstreichen. Von einer kursiven Darstellung ist abzuraten, da sie auf Monitoren und Projektoren meistens einen etwas „ungeglätteten" Charakter hat und man gelegentlich die einzelnen Pixel erkennen kann.

Schließlich noch eine Anmerkung zu Farbkombinationen, die man unbedingt vermeiden sollte. Laut Statistischem Bundesamt leiden etwa 10 Prozent der deutschen Männer an einer Rot-Grün-Schwäche. In Anbetracht dieses Umstandes sollte man also unbedingt auf Farbkombinationen verzichten, welche diese beiden Farben in irgendeiner Form beinhalten, also auch Braun-, dunkle Gelb- oder Orangetöne sowie sämtliche Schattierungen von Grün. Möchte man dennoch beide Farben verwenden, ist darauf zu achten, dass sie einen möglichst großen Unterschied beim Grauwert aufweisen.

2.6 Darstellung von Grafiken und Tabellen

Fast alle Präsentationen beinhalten Schaubilder in irgendeiner Form, seien es nun Tabellen, Trenddarstellungen, Balken- oder Kuchendiagramme. Was im vorangegangenen Teil über Text steht, gilt hier natürlich genauso – mit einer Einschränkung. Bei Grafiken macht es durchaus Sinn, bestimmte Teile wie Balken oder Linien mit unterschiedlichen Farben zu versehen. Schön ist es, wenn man jeder Rubrik eine andere Farbe zuweisen kann, was allerdings bei mehr als sechs oder sieben Merkmalsträgern schon schwierig werden dürfte, will man sich einigermaßen an obige Regeln halten. Sinnvoll ist es hier, auf verschiedene Schraffierungen oder Muster auszuweichen.

Aber nicht nur die Farbigkeit eines Diagramms entscheidet über seine Güte, sondern vor allem seine Genauigkeit und vollständige Beschriftung. Ein ordentliches Diagramm beinhaltet zunächst einen Titel, aus dem klar hervorgeht, um was es sich handelt, beispielsweise „Bevölkerungsanstieg der Gemeinde XY seit 1970". Als nächstes sind die Achsen inhaltlich und klar mit Einheiten zu benennen. Für unser Beispiel wären das also die „Jahre" auf der X-Achse und die „Anzahl der Personen, die in der Gemeinde leben". Manchmal macht es Sinn, größere Zahlen in Tausend oder gar in Millionen anzugeben, um die Beschriftung neben oder unter den Achsen nicht zu dominant werden zu lassen. Zu guter Letzt sollte man noch angeben, woher man das Diagramm hat, und zwar mit Verfasser, Titel des Werkes und der Jahreszahl. Ist das Internet die Quelle, ist unbedingt die gesamte Internetadresse anzugeben, etwa in der Art: www.statistischesbundesamt/statistiken/altersverteilung/bayern.htm. Näheres dazu in Kapitel 13 dieses Bandes.

Daneben gibt es noch einige Tricks, deren sich seriöse Referenten jedoch nicht bedienen. Hierzu ein Beispiel: Immer wieder sieht man in Zeitungen oder im Fernsehen Diagramme wie dieses:

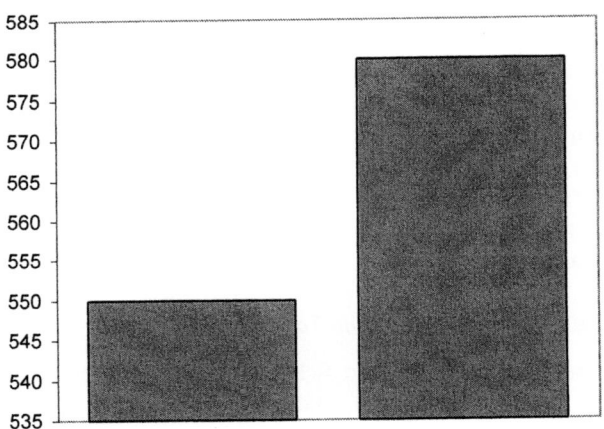

Wenn man einmal davon absieht, dass es dieser Grafik am Titel, der Quelle und vollständiger Achsen-Beschriftung fehlt, beinhaltet sie einen kleinen aber hochwirksamen optischen Trick. Optisch ist die rechte Säule etwa dreimal so hoch wie die linke. Betrachtet man aber nun die Skalierung der Y-Achse, so sieht man, dass sie nicht bei Null beginnt. Sie wurde kurzerhand unterhalb von 535 abgeschnitten, um die Dominanz der rechten Säule zu unterstreichen. Bereinigt man dieses Schaubild, so sieht es schon ehrlicher, wenngleich weniger eindrucksvoll aus.

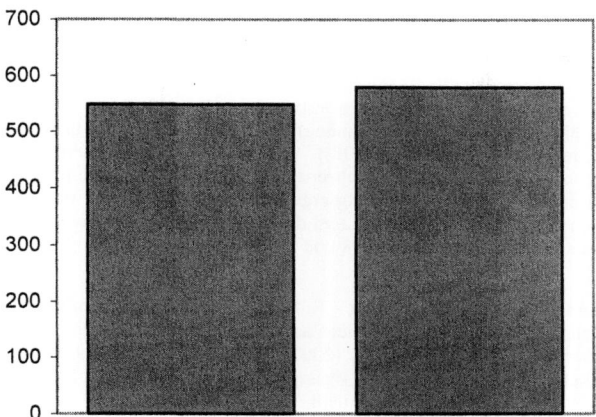

Wer sich näher mit solcherlei Tricks und Kniffen beschäftigen will, dem sei das Buch „So lügt man mit Statistik" von *Walter Krämer* (2008) empfohlen.

3   Anmerkung zu PowerPoint und Open Office Impress

Zu guter Letzt noch eine Bemerkung zur Präsentationssoftware PowerPoint von Microsoft. Dieses Programm bietet unendlich viele Möglichkeiten, Präsentationen optisch ansprechend und inhaltlich übersichtlicher zu gestalten. Dem PC-User, der mit den üblichen Microsoft-Produkten Word oder Excel bereits Erfahrung hat, wird sich dieses Programm intuitiv erschließen. Allen anderen sei als kleiner Einstieg das Tutorium empfohlen, das mit anderen Zusatzmaterialien auf der Verlagswebseite (www.vs-verlag.de) abgelegt ist. Es bietet eine kurze Übersicht über die allerwichtigsten Funktionen des Programms. Für eine vertiefende Lektüre sei auf das Literaturverzeichnis dieses Kapitels verwiesen.

Wer eine kostenlose aber nicht minder funktionale Alternative zu den Produkten von Microsoft sucht, dem sei Open Office ans Herz gelegt. Die Bedienung beider Programme ähnelt sich so sehr, sich dass selbst weniger versierte

Benutzer schnell in die Software einfinden werden. Daneben bietet Open Office in weiten Teilen eine Kompatibilität zu Dateien, die mit Microsoft Produkten erstellt wurden, was andersherum leider nicht der Fall ist. Wer Hilfe beim Umgang mit der Open Office Suite benötigt, findet diese ausführlich im Internet unter http://www.openoffice.org. oder http://de.openoffice.org. Unter beiden Adressen kann man sich auch die aktuelle Version herunterladen.

Weiterführende Literatur
Schiecke (2007) und *Schröder* (2009) führen in den Umgang mit PowerPoint ein, *Knoblauch* und *Schnettler* zeigen auf, welche Strategien des Präsentierens existieren und wie sie beim Publikum wirken (einschließlich des Umgangs mit Pannen). *Schneider* verdeutlicht in seinen Publikationen, wie man gut schreibt (z. B. *Schneider* (2008)). Wie man Forschungsergebnisse präsentiert, lernt man am besten, indem man Artikel in Fachzeitschriften sowie Bücher durchliest unter dem Gesichtspunkt, wie die Autoren ihre Forschungsergebnisse darstellen sowie was sie gut und was sie schlecht machen. *Haaland* u. a. (1996) erläutern die wichtigsten Regeln, die man bei der Erstellung von Grafiken beachten sollte. *Krämers* (2008 und 2010) Ausführungen sind knapper, dafür aber auf Deutsch.

Haaland, Jan-Aage/*Jorner*, Ulf/*Persson*, Rolf/*Wallgren*, Anders/*Wallgren*, Anders (1996): Graphing Statistics & Data. Creating Better Charts. Thousand Oaks/London/New Delhi: Sage
Knoblauch, Hubert/*Schnettler*, Bernt (Hg.) (2007): Powerpoint-Präsentationen. Neue Formen der gesellschaftlichen Kommunikation von Wissen. Konstanz: UVK
Krämer, Walter (2008): So lügt man mit Statistik. München/Zürich: Piper
Krämer, Walter (2010): Statistik verstehen. Eine Gebrauchsanweisung. München/Zürich: Piper
Schneider, Wolf (2008): Deutsch fürs Leben. Was die Schule zu lehren vergaß. Reinbek: Rowohlt.
Schiecke, Dieter (2007): Microsoft PowerPoint 2007. Das ganze Softwarewissen. Microsoftpress Deutschland
Schröder, Marion (2009): Präsentationen entwickeln und gestalten mit PowerPoint 2007. Rinteln: Merkur Verlag

Literaturverzeichnis

Akremi, Leila/*Ziegler*, Markus (2007): Skalenkonstruktion nach Mokken für mehrdimensionaleVariablenstrukturen. Ein Anwendungsbeispiel mit SPSS. Reihe: Bamberger Beiträge zur empirischen Sozialforschung. Band 14.

Alemann, Heine von (1984): Der Forschungsprozeß. Eine Einführung in die Praxis der empirischen Sozialforschung. 2., durchgesehene Auflage. Stuttgart: B. G. Teubner

Angele, German (2010): SPSS Statistics 18. Eine Einführung. Bamberg: Schriftenreihe des Rechenzentrums der Otto-Friedrich-Universität Bamberg.
www.uni-bamberg.de/fileadmin/uni/service/rechenzentrum/serversysteme/dateien/spss/skript.pdf.

Asher, Herbert B. (1983): Causal Modeling. Beverly Hills/London/New Delhi: Sage Publications

Atteslander, Peter u. a. (2000): Methoden der empirischen Sozialforschung. Berlin: De Gruyter

Backhaus, Klaus/*Erichson*, Bernd/*Plinke*, Wulff/*Weiber*, Rolf (Hg.) (2006): Multivariate Analysemethoden. Eine anwendungsorientierte Einführung. Berlin/Heidelberg/New York u. a.: Springer

Baur, Nina (2003a): Takeoff der Auswertung. Zur Vorbereitung statistischer Analysen. Reihe: Bamberger Beiträge zur empirischen Sozialforschung. Band 5

Baur, Nina (2003b): Wie kommt man von den Ergebnissen der Faktorenanalyse zu Dimensionsvariablen? Eine Einführung in die Dimensionsbildung mit SPSS für Windows. Reihe: Bamberger Beiträge zur empirischen Sozialforschung. Band 13

Baur, Nina (2010): Varianzanalyse, in: Fromm, Sabine (2010): Datenanalyse mit SPSS für Fortgeschrittene 2: Multivariate Verfahren. Wiesbaden: VS-Verlag

Baur, Nina/*Florian*, Michael (2008): Stichprobenprobleme bei Online-Umfragen. In: *Jackob*, Nikolaus/*Schoen*, Harald/*Zerback*, Thomas (Hg.) (2008): Sozialforschung im Internet. Methodologie und Praxis der Online-Befragung. Wiesbaden: VS-Verlag. 106-125

Baur, Nina/*Lamnek*, Siegfried (2007): Variables. In: *Ritzer*, George (Hg.): The Blackwell Encyclopedia of Sociology. Blackwell Publishing Ltd. S. 3120-3123

Beck-Bornholdt, Hans-Peter/*Dubben*, Hans-Hermann (2003a): Der Hund, der Eier legt. Erkennen von Fehlinformationen durch Querdenken. Reinbek: Rowohlt

Beck-Bornholdt, Hans-Peter/*Dubben*, Hans-Hermann (2003b): Der Schein der Weisen. Irrtümer und Fehlurteile im täglichen Denken. Reinbek: Rowohlt

Behnke, Joachim/*Behnke*, Nathalie (2006): Grundlagen der statistischen Datenanalyse. Eine Einführung für Politikwissenschaftler. Wiesbaden: VS-Verlag

Behnke, Joachim/*Behnke*, Nathalie/*Baur*, Nina (2010): Empirische Methoden der Politikwissenschaft. Paderborn: Ferdinand Schöningh

Benninghaus, Hans (2007): Deskriptive Statistik. Eine Einführung für Sozialwissenschaftler. Wiesbaden: VS-Verlag

Bleymüller, Josef/*Gehlert*, Günther/*Gülicher*, Herbert (1998): Statistik für Wirtschaftswissenschaftler. 11. Auflage. München: Verlag Franz Vahlen. S. 139-162

Bortz, Jürgen (2004): Statistik für Human- und Sozialwissenschaftler. Berlin/Heidelberg: Springer

Bortz, Jürgen (2005): Statistik für Human- und Sozialwissenschaftler. Heidelberg: Springer

Bortz, Jürgen/*Döring*, Nicola (2006): Forschungsmethoden und Evaluation für Human- und Sozialwissenschaftler. Berlin/Heidelberg: Springer

Bortz, Jürgen/*Lienert*, Gustav A./*Boehnke*, Klaus (2000): Verteilungsfreie Methoden in der Biostatistik. Berlin: Springer

Bredenkamp, Jürgen (1972): Der Signifikanztest in der psychologischen Forschung. Frankfurt am Main: Akademische Verlagsanstalt

Brosius, Felix (2005): SPSS-Programmierung. Effizientes Datenmanagement und Automatisierung mit SPSS-Syntax. Bonn: MITP-Verlag

Brosius, Felix (2006): SPSS 14. Bonn: MITP-Verlag

Brosius, Felix/*Brosius*, Gerhard (1996): SPSS. Base System and Professional Statistics. Bonn u. a.: Thomson. 347-392

Brosius, Hans-Bernd/*Koschel*, Friederike (2001): Methoden der empirischen Kommunikationsforschung. Eine Einführung. Wiesbaden: Westdeutscher Verlag

Bühner, M./*Ziegler*, M. (2009): Statistik für Psychologen und Sozialwissenschaftler. Pearson Studium

Cabena, Peter/*Hadjinian*, Peter/*Staaler*, Rolf/*Verhees*, Jaap/*Zanasi*, Alessandro (1997): Discovering Data Mining. From Concept to Implementation. Upper Saddler River (NJ): Prentice Hall

Carver, Ronald P. (1978): The Case against Statistical Testing. In: Harvard Educational Review 48. 378-399

Clauß, Günter/*Ebner*, Heinz (1971): Grundlagen der Statistik. Frankfurt a.M.: Harri Deutsch

Clauß, Günter/*Ebner*, Heinz (1982): Statistik. Für Soziologen, Pädagogen, Psychologen und Mediziner. Band 1: Grundlagen. 4. Auflage. Thun/Frankfurt am Main: Harri Deutsch

Cohen, Jacob (1988): Statistical Power Analysis for the behavioral sciences. Hillsdale/New York: Erlbaum

Creswell, John W. (1998): Qualitative Inquiry and Research Design. Choosing Among Five Traditions. Thousand Oaks/London/New Delhi: Sage.

Diaz-Bone, Rainer (2006): Statistik für Soziologen. Konstanz: UVK

Diehl, Jörg M./*Arbinger*, Roland (2001): Einführung in die Inferenzstatistik. Eschborn: Verlag Dietmar Klotz

Diehl, Jörg. M./*Staufenbiel*, Thomas (2007): Statistik mit SPSS für Windows. Eschborn: Klotz

Diekmann, Andreas (2007): Empirische Sozialforschung. Grundlagen, Methoden, Anwendungen. Reinbek: Rowohlt

Engel, Uwe (1998): Einführung in die Mehrebenenanalyse. Grundanlagen, Auswertungsverfahren und praktische Beispiele. Opladen: Westdeutscher Verlag

Engel, Uwe (2002): Methoden der empirischen Sozialforschung in Forschung und Lehre. In: Soziologie. Forum der Deutschen Gesellschaft für Soziologie. Heft 2/2002. S. 78-89

Esser, Hartmut (1999): Soziologie. Allgemeine Grundlagen. Frankfurt a. M./New York: Campus

Esser, Hartmut (2002): Wo steht die Soziologie? In: Soziologie. Forum der Deutschen Gesellschaft für Soziologie. Heft 4. S. 20-32

Ferstl, Otto K./*Sinz*, Elmar J. (2001): Grundlagen der Wirtschaftsinformatik. Band 1. 4., überarbeitete und erweiterte Auflage. München: Oldenbourg

Field, Andy (2009): Discovering Statistics Using SPSS. London et al.: Sage

Fisher, Ronald A. (1930): The design of experiments. Edinburgh: Oliver & Boyd

Flick, Uwe (2002): Qualitative Sozialforschung. Eine Einführung. 6., vollständig überarbeitete und erweiterte Ausgabe. Reinbek: Rowohlt

Flick, Uwe/*Kardoff*, Ernst von/*Steinke*, Ines (Hg.) (2000): Qualitative Sozialforschung. Ein Handbuch. Reinbek: Rowohlt

Friede, Christian/*Schirra-Weirich*, Liane (1992): Standardsoftware – Statistische Datenanalyse SPSS/PC +. Eine strukturierte Einführung, Reinbek: Rowohlt

Friedrichs, Jürgen (2006): Methoden empirischer Sozialforschung, Wiesbaden: VS-Verlag

Fromm, Sabine (2005): Binäre logistische Regressionsanalyse. Eine Einführung für Sozialwissenschaftler mit SPSS für Windows. Reihe: Bamberger Beiträge zur empirischen Sozialforschung. Band 11.

Fromm, Sabine (2010): Datenanalyse mit SPSS für Fortgeschrittene 2: Multivariate Verfahren. Wiesbaden VS-Verlag

Gigerenzer, Gerd (1981): Messung und Modellbildung in der Psychologie. München/Basel: Ernst Reinhardt Verlag

Gigerenzer, Gerd (1999): Über den mechanischen Umgang mit statistischen Methoden. In: *Roth*, Erwin/*Holling*, Heinz (Hg.) (1999): Sozialwissenschaftliche Methoden. Lehr- und Handbuch für Forschung und Praxis. 5. Auflage. München/Wien: R. Oldenbourg. S. 607-618

Gigerenzer, Gerd/*Krüger*, Lorenz/*Beatty*, John/*Daston*, Lorraine/*Porter*, Theodore/*Swijtink*, Zeno (1999): Das Reich des Zufalls. Wissen zwischen Wahrscheinlichkeiten, Häufigkeiten und Unschärfen. Heidelberg/Berlin: Spektrum Akademischer Verlag

Hager, Willi/*Westermann*, Rainer (1983): Planung und Auswertung von Experimenten. In: *Bredenkamp*, J./Feger, H. (Hg.) (1983): Hypothesenprüfung. Enzyklopädie der Psychologie, Themenbereich B, Serie I, Band 5. Göttingen: Hogrefe 24-238

Hager, Willi (2005) Vorgehensweisen in der deutschen psychologischen Forschung: Eine Analyse empirischer Arbeiten der Jahre 2001 und 2002. In: Psychologische Rundschau 56. S.191-200.

Han, Jiawei/*Kamber*, Micheline (2006): Data Mining. Concepts and Techniques. Morgan Kaufmann Publishers

Hartung, Joachim/*Elpelt*, Bärbel (2005): Multivariate Statistik. Lehr- und Handbuch der angewandten Statistik. München: Oldenbourg

Hartung, Joachim/*Elpelt*, Bärbel/*Kösener*, Karl-Heinz (2002): Statistik. München: Oldenbourg

Jann, Ben (2005): Einführung in die Statistik. München/Wien: Oldenbourg

Janssen, Jürgen/*Laatz*, Wilfried (2007): Statistische Datenanalyse mit SPSS für Windows. Heidelberg: Springer

Kaiser, H.F. (1974): An Index of Factorial Simplicity. In: *Psychometrika*. Band 39. S. 31-36

Kim, Jae-On/*Mueller*, Charles W. (1978): Factor Analysis. Statistical Methods and Practical Issues. Newbury Park/London/New Delhi: Sage Publications

Knobloch, Bernd (2001): Der Data-Mining-Ansatz zur Analyse betriebswirtschaftlicher Daten. In: Informationssystemarchitekturen. Heft 8 (2001). S. 59-116. http://www.seda.wiai.uni-bamberg.de/mitarbeiter/knobloch/publ/Knob01a.pdf

Knobloch, Bernd/*Weidner*, Jens (2000): Eine kritische Betrachtung von Data-Mining-Prozessen. Ablauf, Effizienz und Unterstützungsotentiale. In: Jung, R./Winter, R. (Hg.) (2000): Date Warehousing 2000. Methoden, Anwendungen, Strategien. Heidelberg: Physica. S. 345-365. http://pda15.seda.sowi.uni-bamberg.de/ceus/papers/[KnWe00].pdf

Krämer, Walter (2010): Statistik verstehen. Eine Gebrauchsanweisung. München/Zürich: Piper

Kreyszig, Erwin (1979): Statistische Methoden und ihre Anwendungen. Vandenhoeck & Ruprecht

Kromrey, Helmut (2006): Empirische Sozialforschung. Stuttgart: UTB

Kühnel, Steffen M./*Krebs*, Dagmar (2007): Statistik für die Sozialwissenschaften. Grundlagen – Methoden – Anwendungen. Reinbek: Rowohlt

Kumar, Vipin/*Steinbach*, Michael/*Tan*, Pang-Nin (2005): Introduction to Data Mining. London: Addison Wesley Publishing Company

Küsters, Ulrich (2001): Data Mining und Methoden: Einordnung und Überblick. In: *Hippner*, H./*Küsters*, U./*Meyer*, M./*Wilde*, K. D. (Hg.) (2001): Handbuch Data Mining im Marketing – Knowledge Discovery in Marketing Databases. Wiesbaden: Vieweg Verlag, S. 95-130. http://www.ku-eichstaett.de/Fakultaeten/WWF/Lehrstuehle/WI/Lehre/ACRM_bsc_PM/HF_sections/content/DM%203.pdf (14.7.2010)

Lewis-Beck, Michael S. (1980): Applied Regression. An Introduction. London/Beverly Hills: Sage

Lück, Detlev (2003): Datenaufbereitung. Arbeitsschritte zwischen Erhebung und Auswertung quantitativer Daten. Reihe: Bamberger Beiträge zur empirischen Sozialforschung. Band 21

Maier, Jürgen/*Maier*, Michaela/*Rattinger*, Hans (2000): Methoden der sozialwissenschaftlichen Datenanalyse. Arbeitsbuch mit Beispielen aus der Politischen Soziologie. München/Wien: Oldenbourg

Mayer, Martin (2001): Data Mining mit genetischen Algorithmen. http://www.sagenhaftwasda nochrausgeht.de im Jahr 2004

Mayntz, Renate/*Holm*, Kurt/*Hübner*, Peter (1978): Einführung in die Methoden der empirischen Soziologie. 5. Auflage. Opladen: Westdeutscher Verlag

Meulemann, Heiner (2000): Quantitative Methoden. Von der standardisierten Befragung zur kausalen Erklärung. In: *Soziologische Revue*. Sonderheft 5. S. 217-230

Neyman, Jerzy (1950): First Course in Probability and Statistics. New York: Holt

Ostmann, Axel/*Wutke*, Joachim (1994): Statistische Entscheidung. In: *Herrmann*, Theo/*Tack*, Werner H. (Hg.) (1994): Methodologische Grundlagen der Psychologie. Enzyklopädie der Psychologie, Themenbereich B, Serie I, Band 1. Göttingen: Hogrefe. 694-737

Pötter, Ulrich/*Rohwer*, Götz (2002): Methoden sozialwissenschaftlicher Datenkonstruktion. Weinheim/München: Juventa

Quatember, Andreas (2004): Der statistische Signifikanztest in der Krise. IFAS Research Paper Series. 2004-08. Website: www.ifas.jku.at (unter Research und Research Report).

Quatember, Andreas (2005): Das Signifikanz-Relevanz-Problem beim statistischen Testen von Hypothesen. In: ZUMA-Nachrichten 57. 128-150.

Ramez, Elmasri/*Navathe*, Shamkant B. (2006): Fundamentals of Database Systems. Addison Wesley

Reynolds, H.T. (1989): Analysis of Nominal Data. Newbury Partk/London/New Delhi: Sage

Roth, Erwin (Hg.) (1987): Sozialwissenschaftliche Methoden. Lehr- und Handbuch für Forschung und Praxis. 2., unwesentlich veränderte Auflage. München/Wien: R. Oldenbourg

Saldern, Matthias von (Hg.) (1986): Mehrebenenanalyse. Beiträge zur Erfassung hierarchisch strukturierter Realität. Weinheim/München: Psychologie Verlags Union/Beltz

Schlittgen, Rainer (1990): Einführung in die Statistik. Analyse und Modellierung von Daten. München/Wien (2. Auflage)

Schneekloth, Ulrich./*Leven*, Ingo (2003): Woran bemisst sich eine „gute" allgemeine Bevölkerungsumfrage? Analysen zu Ausmaß, Bedeutung und zu den Hintergründen von Nonresponse in zufallsbasierten Stichprobenerhebungen am Beispiel des ALLBUS. In: ZUMA-Nachrichten 53.16-57.

Schnell, Rainer (1986): Missing-Data-Probleme in der empirischen Sozialforschung. Inaugural-Dissertation zur Erlangung des akademischen Grades eines Doktors der Sozialwissenschaft an der Ruhr-Universität Bochum – Abteilung Sozialwissenschaft.

Schnell, Rainer (1997): Nonresponse in Bevölkerungsumfragen. Ausmaß, Entwicklung und Ursachen. Opladen: Leske + Budrich

Schnell, Rainer/*Hill*, Paul B./*Esser*, Elke (2004): Methoden der empirischen Sozialforschung. München: Oldenbourg

Schulze, Gerhard (1997): Messung: Postulate und Forschungspraxis. Paper 10 zum HS „Daten und Theorie I". WS 2001/2002. Otto-Friedrich-Universität Bamberg: Unveröffentlichtes Seminarpaper

Schulze, Gerhard (1998a): Skalierungsverfahren in der Soziologie. Paper 12 zum HS „Daten und Theorie I". WS 1997/1998. Otto-Friedrich-Universität Bamberg: Unveröffentlichtes Seminarpaper

Schulze, Gerhard (1998b): Zur Kritik der klassischen Testtheorie. Paper 13 zum HS „Daten und Theorie I". WS 1997/1998. Otto-Friedrich-Universität Bamberg: Unveröffentlichtes Seminarpaper

Schulze, Gerhard (1998c): Multivariate Analyse nichtmonotoner Syndrome. Paper 5 zum HS „Daten und Theorie II". SS 1998. Otto-Friedrich-Universität Bamberg

Schulze, Gerhard (2000): Die Interpretation von Ordinalskalen. Paper 2 zum HS „Forschung und soziologische Theorie II". SS 2000. Otto-Friedrich-Universität Bamberg: Unveröffentlichtes Seminarpaper

Schulze, Gerhard (2001a): Naturwissenschaft und Kulturwissenschaft. Paper 2 zum Hauptseminar „Soziologie der Forschung" an der Otto-Friedrich-Universität Bamberg im Sommersemester 2001

Schulze, Gerhard (2001b): Ist Wissensfortschritt in der Soziologie möglich? Paper 12 zum Hauptseminar „Wissenschaftstheorie für Sozialwissenschaftler" an der Otto-Friedrich-Universität Bamberg im Wintersemester 2000/2001

Schulze, Gerhard (2002a): Einführung in die Methoden der empirischen Sozialforschung. Reihe: Bamberger Beiträge zur empirischen Sozialforschung. Band 1. Bamberg

Schulze, Gerhard (2002b): Tatsachen und Repräsentation. Paper 9 zum HS „Daten und Theorie I". WS 2001/2002. Otto-Friedrich-Universität Bamberg: Unveröffentlichtes Seminarpaper

Schulze, Gerhard (2002c): Individuelle und kollektive Merkmale. Paper 11 zum HS „Daten und Theorie I". WS 2001/2002. Otto-Friedrich-Universität Bamberg: Unveröffentlichtes Seminarpaper

Schulze, Gerhard (2002d): Das Modell der klassischen Testtheorie in Grundzügen. Paper zum soziologischen Forschungspraktikum 2002/2003 an der Otto-Friedrich-Universität Bamberg. Bamberg 2002

Schulze, Gerhard (2002e): Soziologie der Stichprobenkonstitution. Paper zum soziologischen Forschungspraktikum 2002/2003 an der Otto-Friedrich-Universität Bamberg. Bamberg 2002.

Schulze, Gerhard (2002f): Kommensurabilität. Paper 13 zum HS „Daten und Theorie I". WS 2001/2002. Otto-Friedrich-Universität Bamberg: Unveröffentlichtes Seminarpaper

Schulze, Gerhard (2002g): Faktorenanalyse in Grundzügen. Paper zum soziologischen Forschungspraktikum 2002/2003 an der Otto-Friedrich-Universität Bamberg. Bamberg 2002

Schulze, Gerhard (2002h): Regressionsanalyse im Überblick. Paper zum soziologischen Forschungspraktikum 2002/2003 an der Otto-Friedrich-Universität Bamberg. Bamberg 2002.

Schulze, Gerhard (2002i): Missing Data. Paper zum soziologischen Forschungspraktikum 2002/2003 an der Otto-Friedrich-Universität Bamberg. Bamberg 2002.

Schulze, Gerhard (o.J.): Regressionsanalyse im Überblick. Bamberg (unveröffentlichtes paper)

Schur, Stephen G. (1994): The Database Factory. Active Database for Enterprise Computing. New York u. a.: John Wiley

SPSS Inc. (2005): SPSS 14.0 Syntax Reference Guide for SPSS Base, SPSS Regression Models, SPSS Advanced Models

Stelzl, Ingeborg (1982): Fehler und Fallen in der Statistik. Bern: Huber

Strauss, Anselm/*Corbin*, Juliet (1996): Grounded Theory. Grundlagen qualitativer Sozialforschung. Weinheim: Psychologie Verlags-Union

Stuber, Ralph (2003): Data Preprocessing – Datenvorverabreitungsschritte des Prozessmodells. erstellt am 16.01.2003, DIKO-Projekt an der Universität Oldenburg. http://www-is.informatik. uni-oldenburg.de/publications/2954.pdf (14.7.2010)

Thurstone, Luis Leon (1945): Multiple Factor Analysis. Chicago: University of Chicago Press

Überla, Karl (1977): Faktorenanalyse. Eine systematische Einführung für Psychologen, Mediziner, Wirtschafts- und Sozialwissenschaftler. 2. Auflage. Berlin/Heidelberg: Springer-Verlag

Vogel, Friedrich (1995): Parametrische und nichtparametrische (verteilungsfreie) Schätz- und Testverfahren. Studienskript, Bamberg

Vogel, Friedrich (1997): Studienskript Parametrische und nichtparametrische (verteilungsfreie) Schätz- und Testverfahren. Bamberg: Otto-Friedrich-Universität Bamberg

Vogel, Friedrich (1998): Messung von Zusammenhängen. Vorlesung im SS 98 an der Otto-Friedrich-Universität Bamberg

Vogel, Friedrich (2000): Beschreibende und schließende Statistik. Formeln, Definitionen, Erläuterungen, Stichwörter und Tabellen. 12., vollständig überarbeitete und erweiterte Auflage. München: Oldenbourg.

Watzinger, Daniela (Hg.) (2003): Mobilität im städtischen Raum. Dokumentation zum soziologischen Forschungspraktikum 2002/2003 an der Otto-Friedrich-Universität Bamberg. Reihe: Bamberger Materialien zur empirischen Sozialforschung. Band 1

Weber Max (1921): Wirtschaft und Gesellschaft. Grundriss der verstehenden Soziologie. 5., revidierte Auflage (1980). Tübingen: J.C.B. Mohr

Weber, Erna: Grundriss der biologischen Statistik, Gustav Fischer 7.Auflage Jena 1964.

Wellhöfer, Peter R. (1997): Grundstudium Sozialwissenschaftliche Methoden und Arbeitsweisen. Eine Einführung für Sozialwissenschaftler und Sozialarbeiter/-pädagogen. 2., überarbeitete und erweiterte Auflage. Stuttgart: Ferdinand Enke Verlag

Witten, Ian H./*Frank*, Eibe (2005): Data Mining. Practical Machine Learning Tools and Techniques. Morgan Kaufmann Publishers

Wittenberg, Reinhard/*Cramer*, Hans (2003): Datenanalyse mit SPSS für Windows. Stuttgart: Lucius & Lucius

Wottawa, Heinrich (1990): Einige Überlegungen zu (Fehl-) Entwicklungen der psychologischen Methodenlehre. In: Psychologische Rundschau 41. 84-107.

Zöfel, Peter (2002): SPSS- Syntax. Die ideale Ergänzung für effizientes Arbeiten. München: Pearson Studium

Stichwortverzeichnis

Z

Autoren

Leila Akremi, Dipl.-Soz., ist wissenschaftliche Mitarbeiterin am Institut für Soziologie an der Technischen Universität Berlin.

Forschungsschwerpunkte: Quantitative und qualitative Methoden der empirischen Sozialforschung, Evaluationsforschung, Messtheorie, Skalierungsverfahren.

Ausgewählte Publikationen: „Fans und Konsum", in: Roose, Jochen et al. (Hg.): Fans. Soziologische Perspektiven (mit Kai-Uwe Hellmann, 2010); „Einführung in die Skriptprogrammierung für SPSS", in: Baur, Nina/Fromm, Sabine (Hg.): Datenanalyse mit SPSS für Fortgeschrittene (2008); „Skalenkonstruktion nach Mokken für mehrdimensionale Variablenstrukturen. Ein Anwendungsbeispiel mit SPSS", Bamberger Beiträge für empirische Sozialforschung 14 (mit Markus Ziegler, 2007).

Kontaktadresse: Technische Universität Berlin • Fakultät VI: Planen – Bauen – Umwelt • Institut für Soziologie • Fachgruppe Methodenlehre • Franklinstr. 28/29 • 10587 Berlin • Email: leila.akremi@tu-berlin.de • http://www.mes.tu-berlin.de/v-menue/mitarbeiter/leila_akremi/

Nina Baur ist Professorin für Methoden der empirischen Sozialforschung am Institut für Soziologie an der Technischen Universität Berlin, stellvertretende Vorsitzende des Nutzerbeirats der GESIS und Secretary des Research Committee RC 33 (Logic and Methodology in Sociology) der ISA.

Forschungsschwerpunkte: Methoden-Mix, (einschließlich Methoden der interdisziplinären Forschung), Methoden der Prozessanalyse, der Innovationsforschung und der Raumforschung, Marktsoziologie.

Ausgewählte Publikationen: „Mixing Process-Generated Data in Market Sociology", in: Quality & Quantity (2010); „Empirische Methoden der Politikwissenschaft", Paderborn: Schöningh (mit Joachim und Nathalie Behnke; 2010); „Social Bookkeeping Data: Data Quality and Data Management", Special Issue der Zeitschrift HSR (2009); "Linking Theory and Data: Process-Generated and Longitudinal Data for Analysing Long-Term Social Processes", Special Issue der Zeitschrift HSR (2009).

Kontaktadresse: Technische Universität Berlin • Fakultät VI: Planen – Bauen – Umwelt • Institut für Soziologie • Fachgruppe Methodenlehre • Franklinstr. 28/29 • 10587 Berlin • Email: nina.baur@tu-berlin.de • www.mes.tu-berlin.de

Bernhard Dieckmann ist emeritierter Professor für Methoden der empirischen Sozialforschung am Institut für Berufliche Bildung und Arbeitslehre der Technischen Universität Berlin.

Forschungsschwerpunkte: Internationaler Vergleich von Bildungssytemen, Erwachsenenbildung, Weiterbildung.

Ausgewählte Publikationen: „Erwachsenenbildungs-/Weiterbildungsforschung – Forschungsmethoden", in: Wörterbuch Erwachsenenbildung (2010); „Schlüsselqualifikationen und Kompetenz im Spannungsfeld von allgemeiner, politischer und beruflicher Bildung" in: Arnold, Rolf et al. (Hg.): Kompetenzentwicklung durch Schlüsselqualifizierung (1999); „Wissenschaftliche Untersuchungen zur Situation von Kurleiterinnen und Kursleitern", in: Otto, Volker (Hg.): Professionalität ohne Profession (1997); „Kursleiter an Volkshochschulen in Berlin (Weet), Soziale Lage, Qualifikation und Motivation 1979 und 1990", in: TUB-Dokumentation Weiterbildung (1992).

Kontaktadresse: Technische Universität Berlin ● Franklinstraße 28 (FR 4-4) ● 10587 Berlin ● Email: bernhard.dieckmnn@gmx.net

Jan Engelhardt ist als selbständiger Designer und IT-Berater tätig.

Kontaktadresse: Hauptstraße 6 ● 71334 Waiblingen ● E-Mail: jan@engel-hardt.de ● www.engel-hardt.de

Sabine Fromm, Dr. rer. pol., ist wissenschaftliche Mitarbeiterin am Soziologischen Forschungsinstitut Göttingen (SOFI) an der Georg-August-Universität Göttingen.

Forschungsschwerpunkte: Methoden der empirischen Sozialforschung, Arbeitsmarktforschung, Bildungsforschung, Evaluationsforschung.

Ausgewählte Publikationen: „Datenanalyse mit SPSS für Fortgeschrittene 2 – Multivariate Verfahren", Wiesbaden VS-Verlag (2010); „Berichterstattung zur sozioökonomischen Entwicklung in Deutschland. Teilhabe im Umbruch. Zweiter Bericht", VS-Verlag, Wiesbaden (Forschungsverbund Sozioökonomische Berichterstattung, 2010); „Institutioneller Wandel als Hybridisierung". Die Entwicklung der globalen Börsenindustrie und der Konflikt um die Deutsche Börse AG", in: Berliner Journal für Soziologie (mit Hans-Jürgen Aretz; 2006); „Formierung und Fluktuation. Die Transformation der kapitalistischen Verwertungslogik in Fordismus und Postfordismus", Berlin: Wissenschaftlicher Verlag Berlin (2004).

Kontaktadresse: Soziologisches Forschungsinstitut Göttingen (SOFI) an der Georg-August-Universität Göttingen ● Friedländer Weg 31 ● 37085 Göttingen ● Email: sabine.fromm@sofi.uni-goettingen.de ● http://sofi-goettingen.de

Detlev Lück, Dr., vertritt die Professur für Soziologie der Familie und der privaten Lebensführung am Institut für Soziologie an der Universität Mainz.

Forschungsschwerpunkte: Mobilitätsforschung, Werte und Einstellungen, Familiensoziologie, Genderforschung, soziale Ungleichheit, international vergleichende Sozialforschung.

Ausgewählte Publikationen: „Intensified Challenging Balancing Acts. Combining Family Life and Career under the Condition of Job Mobility" in: Zeitschrift für Familienforschung (2010); „Insights into Mobile Living: Spread, Appearances and Characteristics", in: Schneider, Norbert F./Collet, Beate (Hg.): Mobile Living Across Europe II (mit Silvia Ruppenthal; 2010); „Der zögernde Abschied vom Patriarchat. Der Wandel von Geschlechterrollen im internationalen Vergleich" (2009); „The Values of Work and Care Among Women in Modern Societies", in: Oorschot, Wim van et al. (Hg.): Culture and Welfare State (mit Dirk Hofäcker; 2008); „Cross-National Comparison of Gender Role Attitudes and their Impact on Women's Life Courses", in: Blossfeld, Hans-Peter/Hofmeister, Heather (Hg.): Globalization, Uncertainty and Women's Careers (2006).

Kontaktadresse: Johannes Gutenberg-Universität Mainz ● Fachbereich FB 02 ● Institut für Soziologie ● Colonel-Kleinmann-Weg 2 ● 55099 Mainz ● detlev.lueck@uni-mainz.de ● http://www.staff.uni-mainz.de/lueckd/

Fred Mengering, Dr. phil. Dipl.-Psych., ist Studienrat im Hochschuldienst an der Technischen Universität Berlin.

Forschungsschwerpunkte: Sozialpsychologie, Politische Psychologie, Suchtforschung, Sprachstands-forschung, Präventions- und Gesundheitsforschung.

Ausgewählte Publikationen: „AIDS-Prävention mit sozial benachteiligten Kindern in der Republik Südafrika. Evaluation eines Pilotprojektes" in: Prävention und Gesundheitsförderung (mit Mary Lindner 2009); „Zur wissenschaftlichen Musikliteratur in den USA und in Deutschland. Eine empirisch-statistische Studie auf der Basis des ›Répertoire International de Littérature Musicale‹ (RILM)" Zeitschrift der Gesellschaft für Musiktheorie (mit Oliver Schwab-Felisch und David van der Kemp 2007); „Bärenstark – Empirische Ergebnisse der Berliner Sprachstandserhebung an Kindern im Vorschulalter", in: Zeitschrift für Erziehungswissenschaft (2005); „Zur Differentialpsychologie politischer Partizipation. Eine empirische Untersuchung zur Deskription politischen Partizipations-verhaltens mittels handlungstheoretischer Persönlichkeitskonstrukte", Frankfurt a.M.: Lang (1992).

Kontaktadresse: Technische Universität Berlin ● Abt. I – Studierendenservice ● Sekr. I E 2 ● Straße des 17. Juni 135 ● 10623 Berlin ● fred.mengering@tu-berlin.de

Simone Zdrojewski, Dipl.-Soz., promoviert bei Prof. Dr. Hans-Peter Blossfeld an der Otto-Friedrich-Universität Bamberg.

Forschungsschwerpunkte: Quantitative und qualitative Methoden der empirischen Sozialforschung, Arbeitsmarktsoziologie, Europäische Integration, vergleichende Wohlfahrtsstaatsforschung.

Ausgewählte Publikationen: „Patterns and Reasons of Ethnic Disadvantages at Labour Market Entry in France?", in Blossfeld, Hans-Peter (Hg.): Youth on Globalised Labour Markets (2010), „Increasing Employment Instability in France? Young People's Labor Market Entry and Early Career since the Early 1990s", in: Hans-Peter Blossfeld (Hg.): Young Workers, Globalization and the Labor Market (zusammen mit Yvette Grelet und Louis-André Vallet, 2008); „Segregation und Integration. Entwicklungstendenzen der Wohn- und Lebenssituation von Türken und Spätaussiedlern in der Stadt Nürnberg", in Schader-Stiftung (Hg.): Zuwanderer in der Stadt (2005).

Kontaktadresse: Simone Zdrojewski ● Email: simone.zdrojewski@t-online.de